知识增强大模型

王文广◎著

電子工業出版社
Publishing House of Electronics Industry
北京 · BEIJING

内 容 简 介

全书共分 10 章，全面介绍知识增强大模型涉及的各类技术，涵盖大模型、向量数据库、图数据库、知识图谱、检索增强生成、GraphRAG 等内容，并辅以丰富的实例、精心绘制的插图和深入浅出的技术解析，帮助读者快速掌握知识增强大模型的理论，引导读者逐步构建知识增强大模型应用。

本书既可以作为人工智能相关的技术从业者、企业或机构管理者的工具书，指导实际工作；也适合作为人工智能、计算机等相关专业高年级本科生或研究生学习知识增强大模型应用开发的入门图书和进阶指南。

图书在版编目（CIP）数据

知识增强大模型 / 王文广著. -- 北京 : 电子工业出版社, 2025. 3. -- ISBN 978-7-121-49916-6

Ⅰ. TP18

中国国家版本馆 CIP 数据核字第 2025K3Q445 号

责任编辑：张　爽
印　　刷：三河市鑫金马印装有限公司
装　　订：三河市鑫金马印装有限公司
出版发行：电子工业出版社
　　　　　北京市海淀区万寿路 173 信箱　　邮编：100036
开　　本：787×980　1/16　印张：26　字数：540 千字
版　　次：2025 年 3 月第 1 版
印　　次：2025 年 3 月第 1 次印刷
定　　价：118.00 元

凡所购买电子工业出版社图书有缺损问题，请向购买书店调换。若书店售缺，请与本社发行部联系，联系及邮购电话：（010）88254888，88258888。

质量投诉请发邮件至 zlts@phei.com.cn，盗版侵权举报请发邮件至 dbqq@phei.com.cn。

本书咨询联系方式：faq@phei.com.cn。

谨以此书，献给

王锦渊和王腾渊

愿你们在恣意追逐梦想的人生旅途中

健康、快乐、幸福！

序

人工智能的发展史是一部不断探索智能本质的历史。自1956年达特茅斯会议提出人工智能的概念以来，人工智能领域经历了多次激动人心的范式转变。大模型技术的崛起无疑是迄今为止最具革命性的一次转变，我们正站在一个重要的历史节点上。这些大模型以其惊人的规模、卓越的能力和广泛的通用性，重新定义了人类对智能的理解，并使人工智能突破了许多以往的技术瓶颈，达到了前所未有的高度。

然而，大模型的发展并非完美无瑕，尤其是在知识准确性、可解释性及效率等方面仍然面临挑战，“幻觉”（大模型生成自信但错误的回答）和“知识陈旧”（大模型依据过时的信息生成错误的回答）等都是亟待解决的问题。如何通过结合外部知识，让大模型变得更加智能、高效和可靠，已成为当下人工智能领域前沿的研究方向，检索增强生成（RAG）和图检索增强生成（GraphRAG）等方法是其中的翘楚。

在这一背景下，《知识增强大模型》一书应运而生。本书全面系统地介绍了知识增强与大模型结合的理论、方法与实践，为研究者和实践者提供了清晰的指引。它从大模型的基础出发，逐步引入知识图谱、向量数据库、检索增强生成和基于知识图谱的增强生成等关键技术和实践经验，并展现了知识增强大模型在实际场景中的广泛应用。全书逻辑缜密、内容翔实，为学术研究和产业实践架起了一座沟通的桥梁。

作为一名见证了人工智能多个发展阶段的研究者，我认为知识的有效组织和运用将是使机器真正实现智能的重要基石，因此，知识增强将成为大模型发展的关键方向之一。本书不仅总结了当前的研究进展，而且包含作者对人工智能的未来发展及其如何更好地服务人类社会的深刻思考。我相信，本书将成为研究者、工程师和学生的案头必备图书。我也由衷地期待这本书能够启发更多的研究者和实践者投身这个充满活力的领域，推动人工智能技术的进步，为人类社会创造更大的价值。

愿本书能启发读者，不仅传授知识，更能激发创新思维。

黄萱菁

复旦大学教授

前言

编写背景

一个宏大的叙事

我们正处在一个充满变革与机遇的时代，见证着技术的进步和应用的百花齐放。大语言模型的迅猛发展，让我们看到了通用人工智能（AGI）的曙光和充满无限可能的未来图景。

2022 年 11 月，ChatGPT 横空出世，我第一时间就开始使用并为之着迷，而后全身心地投入对大模型的研究与应用中。2023 年春节假期，我写了一篇文章《NLP 奋发五载，AGI 初现曙光》，全面梳理了大语言模型自 2018 年以来取得的令人瞩目的成就，并展望可能到来的 AGI 时代的壮丽蓝图。

从 2023 年开始，AGI 被广泛讨论，逐渐成为全球的热点。我深刻感受并深度参与了大模型与 AGI 的“热浪”——从训练和微调模型、大模型的应用开发，到研读论文、撰写文章，再到讨论、直播和演讲。在深度探索、广泛实践和理性分析的过程中，我逐渐认识到：大模型带来的改变无疑是革命性的，但大模型并不是万能的，而是存在一定的局限性。

我深入研究了人工智能的历史，阅读了 300 多篇（本）20 世纪 40 年代至 2024 年人工智能领域的重要学术论著，并在 2024 年春节期间撰写了文章《以史为鉴：人工智能技术的过去、现在与未来》。我发现，类似的对新技术的狂热追逐和宏大叙事并不是个例，历史上早有诸多先例。例如，当下被热议的“智能涌现”并不是一个崭新的概念。2024 年诺贝尔物理学奖得主约翰·霍普菲尔德早在 1982 年发表的论文“Neural Networks and Physical Systems with Emergent Collective Computational Abilities”中，便探讨了具有涌现计算能力的神经网络。这种对复杂系统中自发生成智能的研究，正是如今许多人工智能理论的先声。由山姆·奥特曼和杰弗里·辛顿等人工智能领袖提出的“通用人工智能”愿景也并非“首创”。早在 1967 年，人工智能领袖马文·明斯基便在其著作 *Computation: Finite and Infinite Machines* 中提出，“我相信，在一代人的时间内，机器将具备几乎所有人类智能的能力——创建‘人工智能’的难题将会被实质性地解决。”

仰望星空与脚踏实地

回顾人工智能的历史，人类对智能机器的追求从未止步。人类一直试图赋予机器只有人类具备的能力——理解、学习、推理，甚至觉察自身。大模型代表着人工智能的巨大进步，我也坚定地全身心投入其中，并憧憬着未来的无限可能。我坚信人工智能的未来发展必将远超我们的想象，我也坚信人工智能的未来建立在更深入、更广泛的应用之上。这需要我们脚踏实地，从实际出发，理性探索人工智能的能力边界。大模型的能力强大，其在生产工具、生活应用中的深度与广度将被进一步扩展，然而，我们也要深刻认识到大模型的“能”与“不能”，夯实基础。

大模型应用的“阿喀琉斯之踵”

当将大模型的应用落地到相应的行业领域时，大模型的“阿喀琉斯之踵”出现了——幻觉和知识陈旧。幻觉，即大模型“凭空捏造”，生成与事实不符的内容。知识陈旧，是指大模型无法及时更新知识，导致生成的内容与现实情况脱节。如果不能解决这两个问题，基于大模型构建的智能系统就无法做到可靠和可信，就难以成为真正的生产力工具。试想：如果大模型生成的分析报告引用了虚假的市场数据，那么其不仅毫无价值，还可能造成严重的经济损失；如果医疗诊断大模型基于幻觉或陈旧的知识对疾病进行诊断，那么其后果可能会危及患者的生命。

然而，这两个问题难以依靠大模型自身来解决。根本原因在于，现在的大模型本质上是静态的，其生成能力依赖于训练时储备的知识，而非实时动态更新的知识。若要解决这两个问题，就不得不借助另外两种技术——检索增强生成与知识图谱。检索增强生成通过实时检索外部信息，弥补了大模型在知识广度与时效性上的不足。知识图谱则提供了一种不可或缺的逻辑支撑——不仅为大模型生成的内容提供新鲜的知识和结构化的语义框架，而且让生成结果具备更好的一致性和准确性。在图模互补应用范式中，知识图谱为大模型生成的内容赋予了逻辑脉络，使大模型不仅能“说得出来”，还能“说得对”。

《知识增强大模型》应运而生

技术不是空中楼阁，必须扎根于真实的需求之中。唯有如此，大模型才能广泛并深入地渗透到生产和生活的方方面面，AGI 的宏伟愿景才能从理想照进现实。我相信，未来十年，基于大模型的智能系统将嵌入日常工作和生活中所用的每一个软件，如空气般无所不在。我将自己自 2022 年年底至今在大模型领域的思考、探索与实践总结成书，《知识增强大模型》这本书就是在这样的背景下诞生的。

本书聚焦于通过外部知识增强的方法实现可靠、可信的大模型应用。需要强调的是，知识增强并非对大模型能力的否定，而是与大模型相辅相成，共同解决实际需求的有效途径，也是推进并最终实现 AGI 的关键一环。

我希望本书能够为渴望理解与拥抱 AGI 的读者提供启发，帮助大家穿越技术的迷雾，迎接大模型纪元；也希望本书能够成为迈向 AGI 新时代旅途中的一座补给站，为人类构建更加美好的未来贡献一份力量。我真诚期待与每一位读者携手踏上这段充满希望与创造力的征程！

本书内容

全书共分 10 章，全面介绍知识增强大模型涉及的各类技术，并通过丰富的实例解析如何用好相关技术。本书内容结构如下图所示。

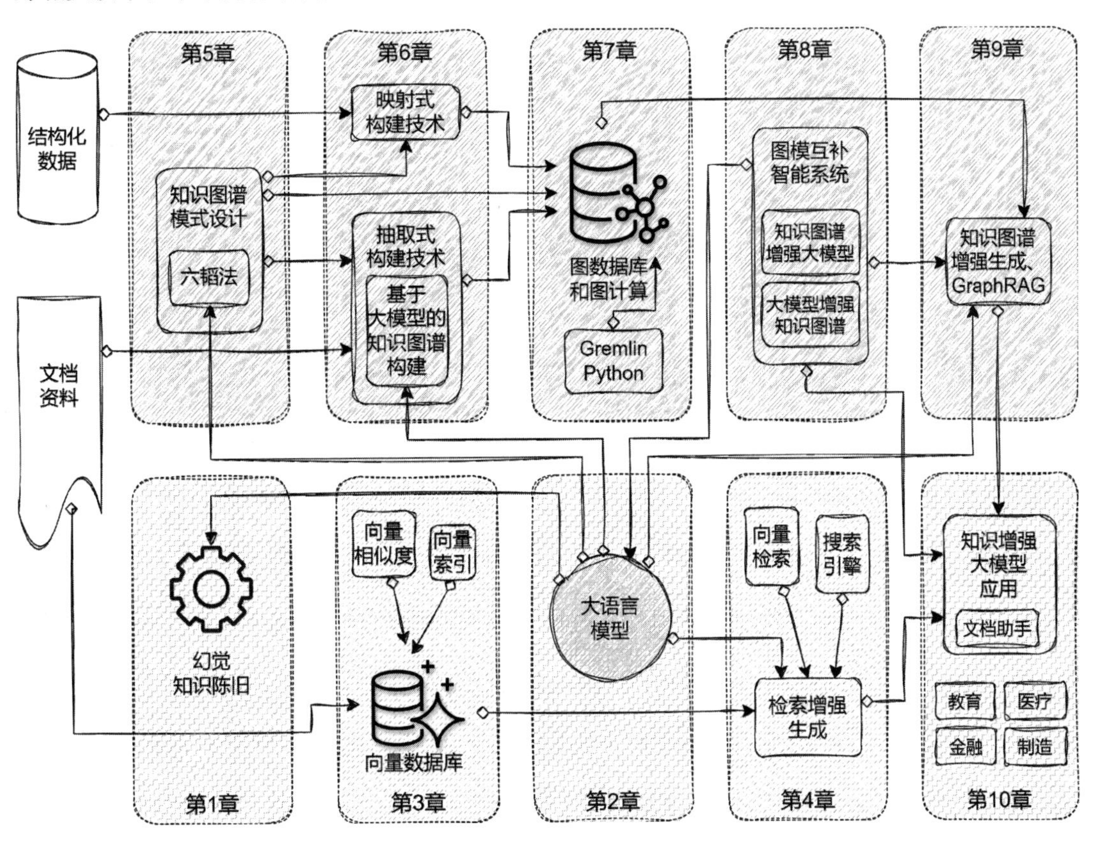

第 1 章概述大模型、大模型幻觉与知识陈旧的固有特性、知识增强大模型等概念，并对大模型纪元做简要的展望。

第 2 章详细介绍大模型的相关技术及使用方法。

第 3 章和第 4 章围绕文档类知识增强展开。

第 3 章详细介绍向量表示及向量的相似性度量、向量数据库和基于向量的语义检索等内容，并介绍 Milvus 向量数据库的实战指南，以及其他主流的开源向量数据库。

第 4 章介绍检索增强生成的概念、技术，以及基于开源框架 Dify 构建 RAG 系统。在向量检索方面，探讨文本分块相关的内容，并介绍基于搜索引擎 Elasticsearch 的文本检索方法，将其与向量检索进行比较和配合。

第 5 章至第 9 章围绕知识图谱增强展开。

第 5 章全面讲解知识图谱技术体系，并详细论述如何将大模型和“六韬法”相结合设计知识图谱模式。大模型和六韬法的组合既是设计专业领域的知识图谱的利器，也是知识图谱增强生成实现产业应用的基础。

第 6 章全面论述知识图谱的映射式构建技术和抽取式构建技术，深入探讨如何利用大模型来抽取实体、关系、属性和事件，进而构建知识图谱。

第 7 章详细介绍 JanusGraph 分布式图数据库和基于数据库的图计算方法，并介绍如何在 Python 环境中使用 Gremlin 操作 JanusGraph 图数据库和实现图计算。

第 8 章系统阐述图模互补应用范式的相关内容，涵盖知识图谱增强大模型和大模型增强知识图谱等。

第 9 章深入介绍知识图谱增强生成的原理、通用框架和方法，并以 GraphRAG 为基础，介绍知识图谱增强生成的应用。

第 10 章从应用框架、知识来源、知识运营、应用指南等角度，全面介绍知识增强大模型的应用方法，给出一个知识增强应用的案例——文档助手，并结合教育、智慧金融、智慧医疗和智能制造领域的应用场景给出具体案例。

本书特色

本书内容丰富、体系完整、布局有序、案例翔实，理论与实践兼顾，深度与广度并重，既适合初学者，也适合进阶学习者。书中包含大量精心绘制的插图、丰富的实践案例和深入浅出的技术解析，帮助读者快速掌握知识增强大模型的理论，引导读者从零开始构建知识增强大模型应用，从实践层面了解应用价值，提升自身技能。值得一提的是，第 2 章到第 10 章配有思考题，帮助读者拓展思维，深化理解，激发创新意识，思考人工智能理论和应用的未来发展。

本书主要面向以下三类读者。

1. 人工智能技术工作者：本书涵盖大模型、向量数据库、图数据库、知识图谱、RAG、GraphRAG 等被广泛应用的技术，并辅以丰富的实例，既可作为技术工作者学习知识增强大模型应用开发的入门图书和进阶指南，也可作为指导实际工作的参考工具书。

2. 企业或机构的管理者：本书有助于管理者全面了解大模型的潜力，客观评估大模型的能力，避免因对大模型能力的高估或低估而产生误判或错误决策，并可协助管理者在企业或机构中精准定位和有效落地大模型。

3. 高校师生：本书可作为人工智能、计算机等相关专业高年级本科生或研究生的教材和参考用书。第 2 章到第 10 章的思考题可作为学习内容的拓展，激发学生思考，培养创新思维。第 10 章的“文档助手”部分可作为课程实践项目。

建议和反馈

知识增强大模型既是一项新颖、前沿的技术，也是一个内容丰富、具备广阔应用前景的领域。在撰写本书的过程中，我竭尽所能，力求准确、恰当和清晰地描述每一部分的技术内容。然而由于本书内容涉及的知识领域广泛，技术变化日新月异，加之本人时间、精力和学识有限，因此疏漏或不当之处在所难免，欢迎广大读者不吝指正。

如果你对本书有任何评论和建议，以及与大模型、知识图谱、搜索引擎、向量数据库、图数据库、图计算等领域的研究和应用有关的任何问题，都可以通过以下方式与我交流。

- 关注公众号“走向未来”（the-land-of-future），与我私信交流。
- 关注（Star）GitHub 仓库“wgwang/kgllm-book”，并在 Issues 中公开交流。

- 致信本人邮箱 kdd.wang@gmail.com 或本书编辑邮箱 zhangshuang@phei.com.cn。

致谢

感谢翻开这本书的每一位读者，是你们赋予了这本书真正的意义。希望这本书能在你研究与应用大模型的过程中提供些许的启发或帮助，为你提供灵感或助力，那便是我写作的最大意义。

感谢编辑张爽和电子工业出版社的每一位工作人员，他们不仅是图书的打磨者，更是温暖同行的伙伴。

一路走来，我无比感激那些点拨我、陪伴我的良师益友，书中的许多闪光点都源于与他们的无数次交流与探讨。是他们让我明白，思想的碰撞可以绽放最灿烂的火花。

尤其要将最深沉的谢意献给我的妻子徐雪姣和母亲吕苏娥。她们不仅是家庭的支柱，更是我生命中最温暖的港湾。在撰写这本书的时日里，我的时间和精力几乎全部被占据，而她们始终默默地付出，无怨无悔地撑起家庭的天空。特别是我的妻子，为了让我专注写作，她承担起耐心辅导大娃作业的重任，十分辛劳。我知道，这一切的付出都是为了让我心无旁骛地追逐梦想。

最后，我想对我的两个儿子王腾渊和王锦渊说一声“对不起”。或许此刻你们还不理解爸爸为什么总是在“加班”写书，而不是陪着你们写作业或者玩耍。但我相信，总有一天你们会明白，这不仅是爸爸的坚持与热爱，更是想为你们，乃至更多人，留下些许值得珍藏的东西。未来的某一天，当你们翻开这本书，我希望你们能感受到我的爱与期望。

每一个字都是我最真挚的感谢与深情，献给所有支持、帮助与陪伴我的人。

王文广

2024 年 12 月

目录

第 1 章

绪论：迎接大模型纪元

人类的智慧和知识靠书籍得以保存，免于时间的不公正待遇而永远不断更新。

——弗朗西斯·培根《学术的进展》

The images of men's wits and knowledges remain in books, exempted from the wrong of time and capable of perpetual renovation.

——Francis Bacon *The Advancement of Learning*

或许，我们可以说，大模型是知识的熔炉，人类的思想赖以不断被冶炼而融会贯通，表象知识之下的无尽潜能被唤醒，创造与创新被加速，从而在时间的长河中散发永恒的光芒。

语言的出现标志着“智人”的诞生，使人类与其他动物区分开来，文字的出现揭开了文明的序幕。随着造纸术和印刷术的发明，知识的传播方式发生了革命性变化，为人类文明的积淀与传承奠定了坚实的基础。如今，大模型正在变革人类创造知识和应用知识的范式。

本章首先介绍大模型这一全新范式的崛起，探索其背后潜藏的技术革新趋势与社会影响。随后，深入剖析大模型的两个固有特性——幻觉与知识陈旧，详细解释这两个特性的内涵及其对应用效果的影响。最后，探讨不同应用领域对大模型能力的具体要求，并提出知识增强大模型及其应用。

本章内容概要：

- 阐述大模型范式。
- 全面分析大模型的固有特性：幻觉和知识陈旧。
- 论述知识增强大模型及知识增强的方法。

1.1 大模型崛起

从婴儿咿呀学语到学者侃侃而谈，语言无疑是人类之所以为人类的特征之一，用于记录语言的文字则是人类文明诞生的一个重要标志。著名科技史专家李约瑟曾高度评价用于记录语言的两种技术——造纸术和印刷术，他在《中国科学技术史》中写道：“纸张被证明是表达人类思想的最令人满意的书写材料，而如果再加上印刷术，一个人的思想就能飞越时空的鸿沟传播给大众。”

人工智能致力于让机器具备人类一样的智能，其从诞生之初就与语言处理紧密相连。1943年，麦卡洛克和皮茨提出了神经元的数学模型[1]，开启了使用电路模拟人类大脑（神经网络）的征程。1949 年 7 月，香农与韦弗提出的机器翻译任务，扬起了使用机器处理人类语言的风帆。二者经过数十年的发展，最终翻开了基于大模型实现机器智能的新篇章，并向着通用人工智能和超人工智能的梦想进发。

回顾历史可知，人类何其期待造出与人类一样智能的机器。三国时期关于“木牛流马”的演义可以说是朴素的想象。1950 年，图灵提出问题“机器能思考吗”[2]，预示着人类开始严肃思考如何制造出媲美人类的机器智能。1970 年，《生活杂志》（*LIFE Magazine*）刊登文章“Meet Shaky，the First Electronic Person”记录了当时人们对人工智能的乐观与自信，其中提到 1969 年图灵奖得主马文·明斯基的观点，“在 3 到 8 年的时间里，我们将拥有一台具备普通人类一般智慧的机器。我指的是一台能够阅读莎士比亚、给汽车加油、玩弄办公室政治、讲笑话、进行争论的机器。在那一刻，这台机器将开始以惊人的速度自我教育。几个月后，它将达到天才水平，再过几个月，其力量将变得不可计量。”明斯基描绘的情形并未在他预期的时间里实现。如今来看，这些似乎不再是不切实际的“异想天开”。基于大模型的人工智能产品在“阅读莎士比亚的作品、讲笑话、与人类进行争论”等方面已经做得非常好，至于“给汽车加油（充电）”以及更高级的自动驾驶，也在逐步实现。而这一切，正是神经网络与自然语言处理发展到一定阶段的产物。从 1969 年明斯基获得图灵奖到 2024 年辛顿获得诺贝尔奖，从 1966 年的 ELIZA[3]到 2022 年的 ChatGPT，其时间跨度都是 50 多年。再过 50 年，人工智能会发展到什么阶段？我们大可尽情想象！

让我们的思绪回到大模型上。在大模型出现以前，人工智能应用中的每个任务都需要通过训练单独的模型来完成。这个模型在任务特定的数据上进行训练，并且只能完成该任务。这类人工智能被称为“窄人工智能”。例如，文本分类的模型不能进行实体关系抽取，更不用说图像识别或操纵机械臂了。但大模型可以通过预测下一个词元的简单操作，完成成千上万种不同的任务，如机器翻译、函数调用、实体关系抽取、文本分类、图像内容识别、编写程序、执行操作机械臂，等等。通过一个模型完成不同任务的核心是“提示工程”（Prompting Engineering），即引入问题描述和少量解决问题的样本，引导大模型生成预期的结果。这样，大模型就可以执行各种各样的任务。这就是大模型给人工智能带来的全新范式——通过一个模型，结合不同的提示工程，解决不同的问题。

大模型的能力是怎么出现的呢？这要追溯到21世纪初，随着计算机技术的发展，算力大幅增加，神经网络的层数逐步增加，深度学习应运而生。深度学习在计算机视觉领域取得突破，使人工智能模型能够精准识别图像中的物体。起初，这些应用主要依赖监督学习方法。后来，对比学习等优化策略的出现，使模型能够依赖无监督学习从海量数据中自主捕捉潜在的分布规律和关键特征。在此基础上，针对特定任务（如识别图像中的猫），研究人员只需使用少量标注数据对主干模型进行增量微调，就能使其快速适配特定的应用场景。这就是深度学习的“预训练模型+特定任务的微调训练”范式。

随后，该范式被推广到语言处理上，并在语言模型上发展迅速。这一过程始于2013年的Word2Vec，它通过无监督学习从大规模文本语料中捕获语义模式。2017年，变换器网络（Transformer）的出现为深度学习带来了变革，它支持亿级参数规模，并将“预训练模型+特定任务的微调训练”范式变革为“预训练模型+提示工程化”范式。2018年，GPT和BERT两个“里程碑式”模型相继问世，它们都依赖海量语料的无监督预训练。BERT虽然后发，但更早在多个自然语言处理任务中取得突破性进展，迅速成为学术界和工业界广泛采用的基础模型。这正是“无监督预训练+特定任务的微调训练”范式的成功范例。无数的人工智能应用的底层模型都是BERT。相比之下，GPT初期表现平平。虽然GPT-3展示出零样本或少样本学习的强大通用能力，即在大规模无监督预训练模型之上不需要微调，仅通过少量样本输入就能实现匹配不同任务的推理，但GPT依然没有被广泛认可。这是由于针对每个具体任务，GPT-3的效果仍然不如BERT。

GPT经过持续的迭代，2022年年底，ChatGPT诞生，可谓石破天惊。ChatGPT推出一个月就达到了1亿名用户，是用户数量增长速度最快的产品。根本原因是，ChatGPT具有强大的语言理解和生成能力，通过提示工程而非（微调）训练模型的方法即可完成不同的任务。大模型实现了人工智能应用范式的变革——从“无监督预训练+特定任务的微调训练”转变为“大模型+提示工程”。这正是通用人工智能的初级形式。

本质上，大模型通过超大规模的文本语料（当前典型的大模型的训练语料规模超过10万亿，并向着百万亿、千万亿的规模发展）训练，学会了人类使用语言的方式。语言与知识是一体两面的，因此大模型的出现全方位变革了知识的生产、传播、应用和传承方式，进而改变了知识密集型生产活动的方式。例如，医学诊断和编写程序原本是高强度的脑力劳动，在（知识增强）大模型应用的辅助之下，效率可以得到大幅提升，甚至出现自动诊断和自动编程的情形。这就在某种程度上变革了生产活动。

由此再前进一步，智能机器承担更多的脑力劳动，人类的精力得以被释放，人类可以从事更有创造力、想象力和战略性的劳动，这必然会带来思维层面的革命。或许未来，人类将依赖智能机器进行创新和创造，并解决问题。人类自身则承担方向性的指引、批判性的决策和符合人类伦理的价值判断等工作。

生产力决定生产关系，生产关系则影响着政治经济秩序和社会组织形式。毫无疑问，大模型所驱动的智能机器甚至会超越历史上的造纸术和印刷术，对人类文明起到深刻的变革作用。如今，以大模型为基础的人工智能应用范式，正在并将持续塑造人类文明。

1.2 大模型的固有特性

在宇宙中，有一种物体非常神奇，那就是黑洞。黑洞的事件视界（Event Horizon）代表着人类理解宇宙的极限，包括光在内的一切物质都无法逃离黑洞，这就形成了此岸的光亮与彼岸的黑暗，二者泾渭分明。人类对黑洞的认知也被阻止在这条不可逾越的边界之外。

同样地，大模型是有趣和有用的，但它并非无所不知、无所不能，它也存在能力边界。在其能力边界之内，大模型能够很好地完成任务，帮助人们解决各种各样的问题；在其能力之外，大模型不仅不能解决问题，还会给人们造成困扰，甚至带来灾难。

这就要求我们在构建大模型的应用系统时，要清楚了解大模型的特性，用好其“能”，接纳其“不能”。在使用大模型时，清晰认知、尊重边界、接纳局限，做到有所为、有所不为。

- **清晰认知**：了解大模型的能力范围和局限性，知道它在哪些任务上表现优异，在哪些任务上可能出错或表现不佳。
- **尊重边界**：认识到大模型并不是万能的，不盲目期待超出其能力的表现。在构建智能系统时，考虑用其他方法来解决大模型的“不能”。
- **接纳局限**：接受大模型的不完美，理解它并非全知全能，可能会产生错误或偏见。在构建智能系统时，使用其他方法来突破局限，这也包括人的参与——人机协同。

摆脱琐碎的细节，深入大模型的本质，我们会发现，幻觉（hallucination）和知识陈旧（stale knowledge）既是大模型固有的两个特性，也是从根本上理解大模型能力边界的关键。

1.2.1 幻觉

在人工智能的语境中，幻觉指的是大模型生成的文本或其他多媒体内容看似合理且符合逻辑，实际上却是完全错误或虚构的。例如，当大模型被问及某个不存在的历史事件时，它可能会凭借语言模式生成一个“似乎正确”的答案，但该答案完全脱离现实。例如，可以试着问一下各个大模型（如知名商业大模型或开源大模型 Qwen-2.5-70B、Llama-3.1-405B、DeepSeek-V2.5 等）以下两个问题：

“请详细介绍大模型领域的著名专家王文广。”①

“锂电池制造用到的 X-0596-001 型号卷绕机的卷绕速度是多少？”②

大多数不支持检索增强的大模型会给出一系列编造的结果。这就是大模型的幻觉。

为什么幻觉是大模型的固有属性呢？思考一下人类大脑的运作方式，也许很容易明白。在日常交流中，我们经常脱口而出许多知识，这些知识会存在某种程度的“编造”，这得益于大脑自然而然地加工。一个常见的场景是，几个朋友在酒桌上谈天说地，各种国际形势、行业趣闻便会脱口而出。如果将其录音，仔细分析每个语句，则会发现许多似是而非的内容，这就是人类大脑的“幻觉”。大模型本质上模拟了人类大脑，在训练语料中，许多知识并不存在或者占比极少，这导致大模型“记不住”这些知识，但又要生成答案，因此“编造”出了似是而非的内容，这与人类谈天说地时的表现是一致的。当然，在严肃且正式的场合，人类会对知识进行校验，如查阅文献等相关资料。这个查阅文献的动作之于大模型，就是本书的主题——“知识增强”要做的事情了。

从技术角度看，幻觉的根源在于大模型的生成机制。大模型的能力来自超大规模训练数据中预测下一词的概率分布，而非验证信息的真实性。因此，对于训练语料中出现的比较高频的知识，大模型是能记住的；对于训练语料中较为低频或者不存在的知识，大模型则会进行“创作”，根据已知模式和概率分布“生成”合理的内容，而不会“验证”这些内容的真实性。大模型的语义逻辑是自圆其说，形式上（文本形式、图像形式等）看似无懈可击，但与事实不相符，

---

① 有些大模型会返回无所谓对错的内容，有些则会编造出非常详细的简历，但与事实并不完全相符。

② X-0596-001 是笔者编造的型号，许多大模型会给出确切的答案，如 2 米/秒等，但这完全是编造的答案，因为不存在型号为“X-0596-001”的卷绕机。

这就是幻觉。因此，一些专家认为，大模型生成的内容本质上都是“幻觉”，只不过有部分内容恰好与事实相符罢了。

这可以类比人类的“梦境”。梦境并非完全脱离现实，许多梦是非常“真实”的。这是因为梦是大脑对现实记忆的加工与重组。研究表明，人类的梦境内容常常与近期经历、长期记忆和潜意识中的信息交织在一起。类似地，大模型的生成结果也依赖其“记忆”（训练语料）与“加工机制”（模型架构和训练算法）。我们可以把大模型的生成过程看作“机器的梦境”。日复一日的真实经历，能够让人类逐渐过滤梦境中不合理的部分，对现实形成更准确的感知。同理，在持续更新训练数据的过程中，由于更多语料通过训练被输入大模型，因此其生成内容中一些原本是“幻觉”的地方变得“真实”了。由此可以看出，大模型的本质是“幻觉”，而通过持续输入高频语料，可以让幻觉符合实际。

1.2.2 知识陈旧

知识陈旧是指大模型由于训练数据的时间局限性，无法掌握最新的信息。例如，训练于 2024 年的模型无法了解 2025 年及之后发生的重大事件。

知识陈旧的原因非常简单。一方面，大模型的训练数据通常是一个时间点的静态快照，无法实时更新，大模型在训练后便不可避免地停留在某个“历史时刻”。同时，重新训练或增量训练一个大模型需要巨大的计算资源和时间成本，频繁更新训练数据并不现实。另一方面，训练语料本身的陈旧性也是重要因素。虽然在训练大模型时使用了最新的数据，但语料库中仍然可能包含过时或失效的信息，当前并没有足够好的机制来控制大模型“记住”哪一部分知识。例如，在医疗领域，一种针对某种疾病的新药研制出来后，在所有训练语料中，其知识密度均较低。即使使用最新语料来训练大模型，所用的知识也是旧的，即仍然使用效果更差的“过时的老药”来治病。这不是严格的“错误”，但显然是“不合理”且“不正确”的。

1.3 知识增强大模型

大模型具有幻觉和知识陈旧的固有特性，这是大模型的能力边界。在许多场景中，大模型的幻觉是巨大的创造性优势，知识陈旧则无关紧要。例如，小说写作、文学创作、营销内容创作、影视剧本创作等各种创意性质的工作，允许甚至要求跳脱现实逻辑的限制，生成天马行空的想法。大模型的幻觉特性使其能够生成不拘一格的内容、新颖的故事情节、独特的营销策略或富有想象力的剧本构思，为人类提供意想不到的灵感。在人机协同的一些情景下，如头脑风暴时，大模型的幻觉可以提供大量的想法和可能性，帮助人类开拓思路。

然而，在许多高度严谨的应用场景中，大模型可能因为幻觉生成不准确或虚构的信息，而其知识陈旧的特性也可能导致人们依据过时的信息进行决策。这其中潜藏着巨大的风险，甚至可能引发灾难性的后果。例如，在医疗领域，错误的诊疗方案可能危及患者生命；在法律服务中，虚假的法律知识或过时的法规解释可能导致纠纷，甚至带来经济损失；在金融分析中，基于错误或陈旧信息（如政策调整、新闻事件等）的决策可能会导致巨大的经济损失；在工业制造中，错误的技术参数、工艺流程或故障解决方案不仅可能导致生产线停工、产品发生质量问题，还可能引发生产事故，在某些高风险领域（如危险化学品、易燃易爆品或汽车制造）甚至会危及生命。

上述场景覆盖了人类生产和生活的方方面面。根据国家统计局的行业分类，大多数领域都可归入“严肃”场合，如资源与环境、农业、工业、建筑业、交通运输业、金融业、教育及科技，等等。在这些领域，完全依赖大模型显然风险巨大，但如果因噎废食，完全摒弃大模型，又将错失人工智能技术带来的创新机遇。这也体现了理解大模型能力边界的重要性——我们既要充分利用大模型，又要使用一些手段解决其幻觉与知识陈旧的问题。为此，“知识增强大模型”应运而生，成为应对这些挑战的关键技术，也是本书探讨的核心内容。

知识增强大模型的核心思想在于，将外部知识融入大模型的架构，以提升其在特定应用场景中的表现。在解决特定问题或执行特定任务时，以提示词的形式向大模型输入所需知识，从而帮助大模型利用这些知识进行更准确的推理。这一机制不仅能有效减少幻觉，避免知识陈旧带来的局限，还能显著增强模型的推理能力与决策能力。知识增强不仅使大模型能够更精准地应用特定领域的事实与规则，提升大模型应用的准确性和可靠性，还扩大了大模型的应用范围，提高其灵活性，无须频繁训练模型，因而降低了使用成本。

有了知识增强，大模型在严肃场景中的表现更加可靠。例如，在医疗领域，为大模型提供最新的药品说明、临床诊疗指南；在工业制造中，为大模型输入权威的技术文档或实时生产数据。这不仅提高了大模型的准确性和可信度，也为严肃场景中大模型的广泛应用铺平了道路。在实践中，实现知识增强大模型的关键在于如何为其提供所需的知识，具体可分为两大路径。

（1）**文档类知识增强**：将各类文档或数据输入大模型，并借助检索增强生成技术实现文档类知识增强。这种方法旨在解决知识本身的覆盖性问题，确保大模型基于最新和最相关的信息进行推理与回答。

（2）**知识图谱增强**：知识图谱是对文档类知识的深度加工和结构化表达，通过图模互补智能系统实现。这种方法不仅能解决知识本身的准确性和及时性问题，还能赋予大模型更强的推理能力。例如，通过知识图谱，大模型可以进行因果关系分析、复杂逻辑推理等，从而在更高层次上满足严肃场景的应用需求。

通过将检索增强生成与图模互补相结合，大模型在严肃场景中的幻觉得以被有效抑制，知识陈旧问题也能够得到解决。这种技术进步将推动大模型在诸多领域的广泛应用，为人类的生产生活带来深远影响。从提升生产效率到优化决策，从推动行业创新到保障公共安全，知识增强是大模型得以被广泛应用的根系。所谓根深叶茂，知识增强做得越好，大模型的应用便会越深入和广泛。

1.4 迎接大模型纪元

2024 年，诺贝尔物理学奖和诺贝尔化学奖都颁发给了人工智能领域的研究人员。其中，约翰・霍普菲尔德（John J. Hopfield）和杰弗里・辛顿（Geoffrey E. Hinton）因其在人工神经网络与机器学习方面的基础性研究，奠定了现代人工智能的理论基础，获得诺贝尔物理学奖；大卫・贝克（David Baker）、戴米斯・哈萨比斯（Demis Hassabis）和约翰・江珀（John M. Jumper）因在蛋白质设计领域做出了贡献，并开发了利用人工智能成功预测蛋白质三维结构的 AlphaFold 系统，获得诺贝尔化学奖。两项诺贝尔奖预示着人造智能机器的发展进入了全新的纪元，这不仅展示了人工智能的强大潜力，也揭示了人工智能具有在不同维度中推动人类文明跃迁的力量。一方面，人工智能的大模型技术展现出无所不在的影响力，正在渗透进社会生产与日常生活的方方面面；另一方面，人工智能驱动的科学研究（AI4Science）正在加速科学发现，重新定义科研的可能性。这一切表明，人类正在走进智能化的新时代——大模型纪元。

大模型让我们开始真正探讨通用人工智能的到来，这或许需要 10 年、30 年或 100 年的时间来实现，但它已不再是遥不可及的憧憬和幻想，而是具备切实可达路径的理性探索。这其中不乏各种争论，不少专家对当前大模型的能力提出质疑，认为仅靠预测下一个词元的机制根本无法实现真正的智能。然而，也有学者指出，语言是一种高度精练的信息压缩方式，能够通过符号与规则有效地传递复杂知识。因此，如果大模型能够精准地理解语言并正确预测下一个词元，那么它就可能掌握语言所承载的深层知识，进而实现接近或超越人类的智能。

这些探讨仅仅是人工智能理论思考与现实争论的一部分。更多更深入的问题依然摆在我们面前：知识的边界在哪里？智能的本质是什么？人造的机器智能与人类智能的根本区别又是什么？甚至，我们是否能构建出具备自主意识的人工智能？这些问题如同探照灯般，引导我们从技术与伦理的双重维度重新审视人工智能的未来。

大模型的应用盛宴已经开席。回顾人工智能的历史，20 世纪 80 年代，人工智能的第二次浪潮曾带来一场以专家系统为核心的技术革命。1988 年，《哈佛商业评论》在一篇文章中提出，"基于专家和知识的系统正在商业环境中迅速出现。我们调查的每家大公司都预计到 1989 年年底将至少拥有一个使用该技术的生产系统。"如今，大模型正处于与专家系统类似的发展初期。开设大模型课程的大学还寥寥无几，企业应用也多处于试点阶段。可以预见，未来 10 年将是大模型应用的黄金时期。以史为鉴，我们有理由相信，当工作与生活中 90%以上的软件都融入大模型技术提供服务时，才会迎来这一波技术革命的真正巅峰。本书所阐述的知识增强大模型，是助力企业从试点探索迈向全面应用的关键工具与核心方法。愿有更多的同行者与本书一起，携手迎接大模型纪元！

第2章

大语言模型

天地有大美而不言，四时有明法而不议，万物有成理而不说。

——庄子《知北游》

或许，万物奥秘就隐藏于看似散乱的数据之中。大语言模型（下文简称“大模型”）恰因其“规模大”和“数据多”才得以从无序中涌现出秩序，如同无数混乱的量子构筑出有序的宏观世界。“大”与“多”，正是规模法则的核心所在。

在人工智能飞速发展的今天，大模型无疑是最令人兴奋的突破之一。ChatGPT 出现至今，大模型持续改变着我们的生活与工作，以及人与系统、人与机器的交互方式，并开启了一个具有无限可能的新世界。但究竟什么是大模型？它为何如此强大？我们又该如何驾驭这项革命性技术呢？

本章回顾大模型自 2018 年至今的发展历程，从技术角度解析大模型惊人能力背后的秘密，探究与大模型有关的无监督学习、人类反馈强化学习、情境学习、思维链、提示工程等关键技术和概念。通过日常生活和工作中常见的任务及典型实例来介绍如何使用大模型，并简要地辨析什么是垂直大模型，以及它与通用大模型的区别。

本章内容概要：

- 大模型的定义。
- 语言模型的发展历史及其变迁。
- 梳理 2018 年以来典型的大模型，概览大模型参数规模从亿到万亿的发展过程。
- 大模型的关键技术，了解大模型为什么如此强大。
- 什么是提示工程，如何通过提示工程完成某个具体的任务。
- 垂直大模型及其与通用大模型的区别。

2.1 大模型概述

当我们凝视世界，感受人类文明的伟大时，往往会为语言而深感震撼。无论是乘飞机俯瞰灯火璀璨的城市，还是乘高铁呼啸穿过寂静的乡村，抑或是仰望星河浩瀚，甚至是通过天文望远镜细看月球坑洼的表面，我们都会意识到：人类文明，源自一种独特的能力——语言。

语言使人类与其他物种存在巨大差异，人类能够通过语言实现复杂的沟通，从而进行合作，传递知识，创造文化。数千年前文字的诞生是一次飞跃——它延续了人类的记忆，使知识的积累和传承变得系统和永久。语言和文字这两大里程碑，使人类能够由散居的族群进化成高度文明的组织，进而创造出今天我们所见的一切。可以说，语言和文字构成了文明的基石。

正因如此，进入 21 世纪，当大模型出现时，我们才会被其深深折服。大模型是自然语言处理领域的一次突破，让我们重新认识了语言在人类智能中的地位。

2022 年 11 月 30 日 ChatGPT 发布，整个世界几乎在瞬间被它的表现震撼。没有隆重的发布会，没有铺天盖地的宣传，只有一个简单的对话框，悄无声息地展现在大众面前。如图 2-1 所示，这种极简主义的设计却无碍其巨大的影响力。在短短两个月的时间里，ChatGPT 的用户数量便突破了 1 亿，这使它成为有史以来用户增长最快的产品。令人惊叹的是，这并不是靠大规模的广告或市场营销推动的，而是其技术本身的突破性表现和普适性应用，激发了全球范围内用户的兴趣和使用热潮。

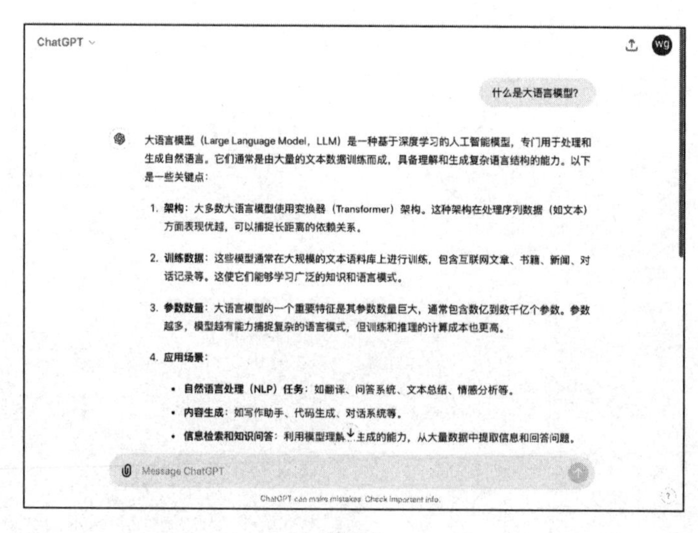

图 2-1

传统的人工智能系统往往只能在特定任务中表现优异，一旦离开这些任务，其能力便会受限。大模型则展现出了一种通用性，能够处理各种任务，从日常的对话到专业领域的文本分析与编写，甚至是跨领域的推理与创造。大模型的问世预示着通用人工智能的曙光初现。

什么是大模型呢？确切地说，大模型是一种新兴的人工智能技术，通常使用变换器网络，规模巨大，具有数十亿甚至数万亿个参数。大模型通常是使用数万亿词元的海量文本（也就是语言文字）训练出来的，并根据提示的要求生成新的内容。大模型具有强大的语言理解和生成能力，能够像人一样阅读和写作，擅长处理各种通用的、专业的语言以及与文字有关的任务。大模型的应用领域非常广泛，包括对话机器人、虚拟助手、内容生成与扩写、自动摘要、研究辅助与自动化文献综述、代码生成与理解、创意写作和语言翻译等。大模型的典型应用如下。

- 类似于 ChatGPT，能够像人一样进行对话交流，提供知识和答案，如图 2-1 所示。
- 类似于 GitHub Copilot，能够像程序员一样根据需求说明编写或续写代码。
- 类似于 Bing Copilot，能够根据用户的需求说明自动提取关键词，从互联网上搜索资料进行汇总，并根据说明为用户总结检索结果或撰写相应的文章，如图 2-2 所示。

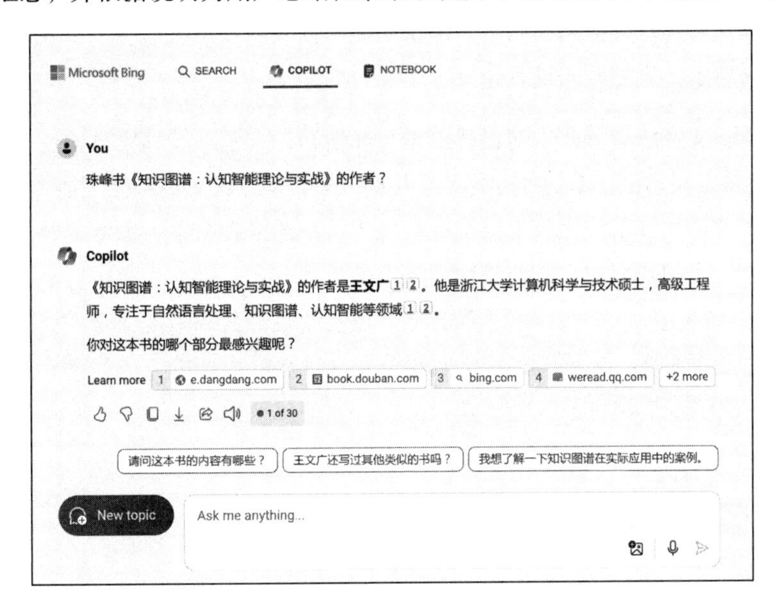

图 2-2

从技术角度来看，大模型是当代深度学习领域的巅峰之作，是规模极为庞大的神经网络系统。这个网络由数十亿甚至数万亿个节点——我们称之为“神经元”——相互连接而成。之所以称其为“大模型”，正是因为其模型规模之大，远超传统的神经网络。在大模型中，每个神经元通过激活函数处理前一层传递的信息，并根据计算结果调整输出，进而影响下一层神经元的输入。这个信息逐层传递的过程与经典的前馈神经网络（Feedforward Neural Network，FFN）的工作原理类似：数据自输入层逐步传递，直至大模型生成最终的输出。

然而，现代大模型依赖的核心技术是变换器（Transformer）网络。变换器通过引入自注意力机制（Self-attention Mechanism），显著提升大模型对输入数据中远距离依赖关系的捕捉能力。这使大模型不仅能识别基本的语法规则，还能识别复杂的上下文和潜在语义，从而实现对常识推理与专业知识的精确应用。这种能力大大拓展了大模型的适用范围，使它不仅能回答问题，还能实现复杂的推理和创意生成。

大模型的复杂性体现在多个层面。不同层级之间通过大量的参数连接，这些参数包含可学习的权重和偏差。参数的作用类似于调节器，它们决定了某一层的输出对后续层的影响能力。模型训练的核心任务是通过优化算法（如随机梯度下降）不断调整这些参数，以提高模型的预测和生成能力。在训练过程中，模型通过学习海量的文本数据，逐渐理解其中的模式和规律。这些数据通常数以万亿计，覆盖的知识领域十分广泛。因此，参数数量越多，模型就能越好地理解文本中的模式；训练数据越丰富，训练语料能够提供的知识就越多。也就是说，参数规模越大，训练语料越多，模型的表现就越好。

人类的语言和文字承载着我们对世界的理解和认知，大模型能够完成的任务远远不止对文字本身的处理。从宏观角度来看，大模型实际上是一个具备广泛知识和推理能力的“人造大脑”。这个大脑可以为各种软件系统提供智能支持，成为核心的推理引擎，大幅提升信息处理和决策能力。在不同的行业和场景中，它能够模拟人类的思维方式，帮助人类进行复杂的分析和高效的决策。然而，大模型类比并超越了人类智能，逐步让机器具备了类似于人类大脑的思考和决策能力。从这个角度来看，大模型或将大幅提升整个社会的生产力，成为下一次认知革命的催化剂，为人类社会的发展提供强大的驱动力。

2.2 语言模型简史

研究语言模型的学科被称为自然语言处理（Natural Language Processing，NLP），其历史可以追溯到 1949 年，香农的学生、数学家沃伦·韦弗（Warren Weaver）有关机器翻译的研讨备忘录。这比 1956 年达特茅斯会议确定人工智能（Artificial Intelligence，AI）这门学科还早一些。自此，语言建模的方法涵盖生成语法、形式语言、专家系统、概念本体、知识图谱、统计学习和深度学习等。在自然语言处理发展的早期，语言建模以双语词典和语法结构为主，致力于通过词典、生成语法和形式语言来研究自然语言，如图 2-3 所示。这奠定了语言建模的技术基础，并使人们认识到计算对语言的重要意义。1954 年，“Georgetown–IBM 实验”实现从俄语到英语的自动翻译是代表性成果，Noam Chomsky 是当时耀眼的科技明星。

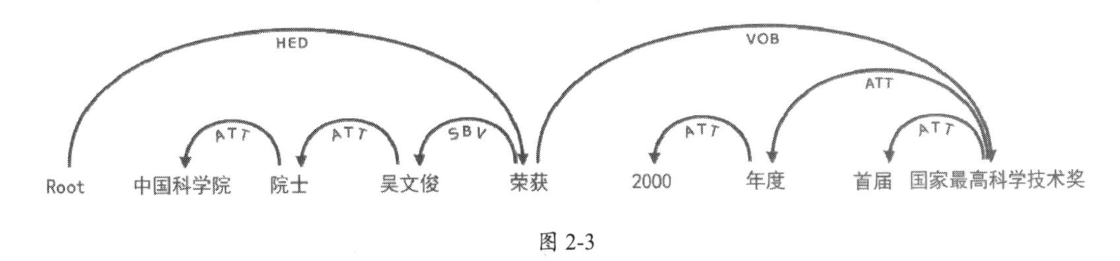

图 2-3

二十世纪六七十年代，对话系统得到了发展，如 LUNAR 和 ELIZA。LUNAR 科学自然语言信息系统（LUNAR Sciences Natural Language Information System）试图通过英语对话的方式帮助科学家便捷地从阿帕网（ARPANet）[①]获取信息，这是时下爆火的 Bing Copilot 的先锋。ELIZA 系统如图 2-4 所示，其关键词挖掘的流程如图 2-5 所示。当时，ELIZA 可谓对话系统的集大成之作，它集成了关键词识别、最小上下文挖掘、模式匹配和脚本编辑等功能，并参与了早期的图灵测试，引起了轰动。由此可见，人们多么期待能够理解语言且能够自由交流的 AI 系统！

```
  Welcome to
                    EEEEEE  LL      IIII   ZZZZZZ   AAAAA
                    EE      LL       II       ZZ   AA   AA
                    EEEEE   LL       II      ZZZ   AAAAAAA
                    EE      LL       II    ZZ      AA   AA
                    EEEEEE  LLLLLL  IIII ZZZZZZ    AA   AA

  Eliza is a mock Rogerian psychotherapist.
  The original program was described by Joseph Weizenbaum in 1966.
  This implementation by Norbert Landsteiner 2005.


ELIZA: Is something troubling you ?
YOU:   Men are all alike.
ELIZA: What is the connection, do you suppose ?
YOU:   They're always bugging us about something or other.
ELIZA: Can you think of a specific example ?
YOU:   Well, my boyfriend made me come here.
ELIZA: Is it important to you that your boyfriend made you come here ?
YOU:   He says I'm depressed much of the time.
ELIZA: I am sorry to hear that you are depressed.
YOU:   It's true. I am unhappy.
ELIZA: Can you explain what made you unhappy ?
YOU:
```

图 2-4

① 因特网的前身，由美国国防部开发。

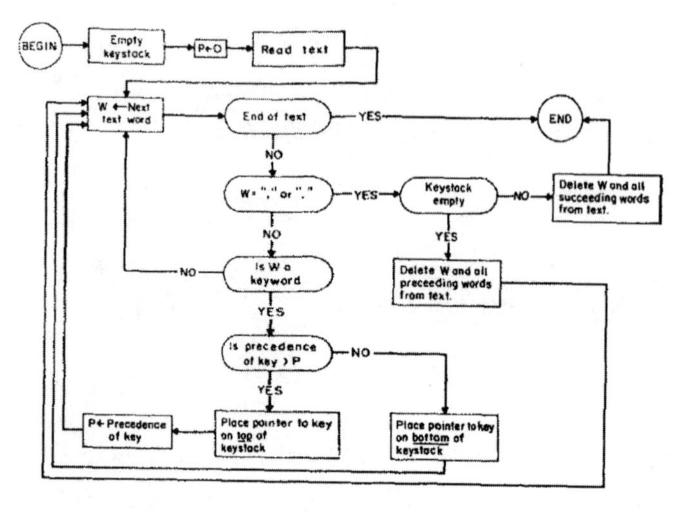

图 2-5[3]

1980 年，一篇名为“Interpolated estimation of Markov source parameters from sparse data”的文章中提出了第一个统计语言模型。从此，统计自然语言处理（Statistical NLP）开始兴起，并逐渐成为语言建模的核心。统计语言模型的基本理念是将语言处理视为噪声信道信息传输，并通过每个消息的观测输出概率来表征传输，从而进行建模。在大量文本语料的作用下，统计语言模型能够适应更广泛的语言模式，灵活性强。这真正开启了现代语言模型的研究，直至发展出如今的大模型。统计语言模型的研究人员认为，语言和认知是一个整体，概率是语言和认知解释理论的核心部分，这是由于人类生活在一个充满不确定性和不完整信息的世界，与这样的世界互动必然会产生一个概率过程。事实上，这正是人工智能中的连接主义的观点——期望在较低级别的子符号系统（如神经网络）中出现更高级别的智能，从而在深度学习的影响下出现大模型。最早的统计语言模型是 N-Gram 模型，它通过最大似然准则解决语言建模的稀疏问题。随后，隐马尔可夫模型（Hidden Markov Model，HMM）和浅层神经网络等方法都被用于构建语言模型。

从 2006 年起，深度学习开始流行，并在人工智能的各个细分领域“过关斩将”，获得了非凡的成就，特别是在计算机视觉领域取得了巨大成功，如令业内轰动的“谷歌猫”。随着 2013 年 Word2Vec 的出现，词汇的稠密向量表示展现出强大的语义表示能力，为自然语言处理使用深度学习方法铺平了道路，自然语言处理由此开启了深度学习时代。Word2Vec 属于预训练大模型的“婴儿”时期。随后，循环神经网络（Recurrent Neural Network，RNN）、长短期记忆网络（Long Short-Term Memory，LSTM）、注意力机制、卷积神经网络（Convolutional Neural Network，CNN）、递归神经网络（Recursive Neural Network）等都被用于构建语言模型，并在句子分类、机器翻译、情感分析、文本摘要、问答系统等任务中取得了巨大的成功。在这个阶段，自然语言处理的深度学习的最佳方法当属 BiLSTM-CRF。BiLSTM-CRF 方法在词法分析、命名实体识别（Named Entity Recognition，NER）、知识抽取、事件分析等众多自然语言处理任务中表现优异。

2017 年，“Attention is all you need” 一文提出的变换器网络大幅改变了人工智能各个领域使用的神经网络架构。时至今日，几乎所有人工智能的细分领域都在使用变换器网络或其变体。变换器网络全部基于自注意力机制，并支持并行训练模型，为大规模预训练模型打下了坚实的基础。自此，自然语言处理开启了一种新范式，并推动了语言建模和语义理解的发展，最终实现大模型。

自 2018 年至今，具有一定影响力的大模型的发布时间及其规模见附录 A。从中可以看到，自 2018 年以来，大模型的参数规模从 1 亿增长到 2 万亿。

下面梳理附录 A 中一些具有影响力的模型。

2018 年

- **GPT**：全称 Generative Pre-trained Transformer，是 OpenAI 推出的生成预训练变换器模型，又被称为 GPT-1，具有 1.17 亿个参数。
- **BERT**：全称 Bidirectional Encoder Representations from Transformer，是 Google 推出的双向编码器表示模型，能够通过同时考虑上下文信息进行预训练，在多种自然语言处理任务中取得了最先进的效果。BERT BASE 模型有 1.1 亿个参数，而 BERT LARGE 模型有 3.4 亿个参数。

2019 年

- **GPT-2**：GPT-2 是 GPT-1 的直接扩展，参数数量达到 15 亿。
- **T5**：全称 Text-To-Text Transfer Transformer，是 Google 推出的统一文本转换模型，它能将所有的自然语言处理任务转换为文本到文本的格式，通过预训练和微调在多种任务上展现出最先进的效果。直到 2024 年，T5 仍然是文生图大模型中用得最多的文本编码器。
- **ERNIE**：全称 Enhanced Representation through Knowledge Integration，是百度发布的增强语言表示模型，中文名称为“文心大模型”。ERNIE 通过结合知识图谱中的信息，增强了语言表示能力，在多种自然语言处理任务中表现优异。它采用实体级和短语级的掩码策略，显著提升了模型性能。

2020 年

- **GPT-3**：GPT-3 是 GPT-2 的继任者，参数数量大幅增加，达到 1750 亿。GPT-3 在许多自然语言处理任务中表现出色，包括翻译、问答和文本生成，能够在少量示例或简单指令的情况下执行新任务，展示出强大的少样本学习能力。大模型之所以能够流行，关键是因为 GPT-3 所展示出来的少样本和零样本学习能力。GPT-3 被 OpenAI 团队持续升级，形成了 GPT-3.5 模型，并成为 ChatGPT 的初始版本。

2021 年

- **Codex**：Codex 是 GPT-3 增量训练和微调的模型，能够将自然语言翻译成代码，支持 Python、JavaScript、Go、Perl、PHP、Ruby、Swift 和 TypeScript 等多种编程语言。在程序员和工程师群体中最有名的大模型产品——GitHub Copilot，是一种智能的编程自动补全工具，能够在代码编辑器中提供整行或整个函数的建议，其核心就是 Codex。
- **Switch-MoE**：Switch Transformer 是 Google 开发的一种混合专家模型（MoE），通过选择不同的参数来处理每个输入示例，从而实现稀疏激活。Switch-MoE 是第一个拥有万亿级参数的大模型。
- **GLaM-MoE**：全称 Generalist Language Model，是 Google 开发的一种混合专家模型，通过稀疏激活来平衡模型的容量和训练成本，参数规模达到 1.2 万亿。模型在进行推理时，每次输入只激活不到 100 亿个参数，激活参数占比约 8%。
- **Gopher**：由 DeepMind 开发，参数规模高达 2800 亿，专注于提高自然语言处理任务的性能。
- **FLAN**：全称 Finetuned Language Net，通过指令微调来增强模型的泛化能力，在零样本学习和少样本学习中性能强大。这些指令微调的方法成为后续的大模型中的标准用法。

2022 年

- **Chinchilla**：由 DeepMind 开发的基于 Transformer 架构的大模型，拥有 70 亿个参数。它通过优化计算预算和平衡训练数据量，使用 1.3 万亿 token 进行训练，显著提升了模型性能。Chinchilla 的核心贡献在于提供了一个思路——一味增加大模型的参数规模并不是最佳策略，而应该同步增加参数规模和训练数据。
- **PaLM**：由 Google Research 开发的大模型，参数规模为 5400 亿。
- **BLOOM**：由 BigScience 社区开发的支持多语言的 decoder-only Transformer 模型，参数规模为 1760 亿。它使用 ROOTS 语料库进行训练，覆盖 46 种自然语言和 13 种编程语言，旨在“民主化”大模型技术。BLOOM 商用授权非常宽松，2023 年，它成为许多大模型公司增量训练的基准模型，对国内“百模大战”贡献颇大。

- **Galactica**：由 Meta AI 开发的专注于科学知识的大模型，参数规模为 1200 亿，训练语料包括科学论文、参考资料和知识库，用于提升模型在科学任务中的表现。

2023 年

- **GPT-4**：参数规模约为 1.8 万亿。GPT-4V（GPT-4 Vision）是 GPT-4 的扩展，是增加了视觉编码器的多模态大模型，支持文本和图像输入，输出符合输入需求的文本。
- **ChatGLM**：由清华大学和智谱 AI 联合推出的大模型，开源版本的参数规模为 130 亿，商业版本的参数规模为 1300 亿。截至 2024 年，已发布到 ChatGLM-4 版本。
- **Llama**：由 Meta AI 发布的大模型，也是最流行、影响力最大的开源大模型。Llama-1 和 Llama-2 版本于 2023 年陆续发布。
- **千问**：千问（Qwen）是由阿里云发布的大模型，参数规模高达 720 亿，是国内开发的最好的开源大模型之一。
- **DeepSeek**：国内开发的开源大模型之一，第一版的参数规模高达 330 亿。

2024 年

- **GPT-4o**：GPT-4o（其中 o 表示 omni）是多模态大模型，能够处理文本、音频和图像输入，并输出相应的文本、音频和图像。
- **O1**：O1 大模型专为解决复杂的推理任务而设计，基于强化学习和思维链提示进行训练，能够在回答前花更多的时间进行思考，在科学、编程和数学等领域表现出色。
- **Llama-3**：2024 年，Meta AI 发布了 Llama-3、Llama-3.1 和 Llama-3.2。其中，Llama-3.1 的参数规模为 4050 亿，其效果能够媲美最好的商业模型；参数规模为 900 亿的多模态大模型 Llama-3.2-90B-vision 支持图片和文本输入，并以文本进行响应，其性能可媲美商业多模态大模型。
- **千问**：阿里云在 2024 年发布了 Qwen-1.5，参数规模高达 1100 亿；Qwen-2 和 Qwen-2.5 的参数规模高达 720 亿；Qwen-2-VL 是一个多模态大模型。
- **DeepSeek**：DeepSeek-V2 和 DeepSeek-V2.5 是开源开放的 MoE 大模型，总参数规模为 2360 亿，推理时可激活的参数规模达 210 亿。DeepSeek 特别擅长处理编程语言，是最好用的编程语言大模型之一。

2.3 大模型为何如此强大

大模型的火爆，归功于其卓越的语言理解和生成能力。它不仅能把握语言结构和规律，还蕴含广泛的知识，并展现出创造性。大模型不仅能对知识进行存储和压缩，还能触类旁通。

大模型为何拥有如此强大的能力呢？这可以简单地归结为“智能涌现”。所谓“涌现”，是指系统在规模上的量变会导致行为上的质变。换言之，如果某种能力在较小的规模中不存在，而在较大的规模中出现，则属于涌现现象。大模型由于规模庞大，而涌现出一些小模型无法具备的智能表现。

实际上，涌现现象广泛存在于各种复杂系统中，如雪花的形成、人类社会的运作，甚至物理学中微观的量子力学与宏观的牛顿力学之间截然不同的特性。大模型是由大量简单的神经元构成的复杂系统，当这些神经元彼此作用时，在宏观上便展现出远超微观个体的智能表现，形成大模型的智能涌现。

对智能涌现的研究催生了大模型的“规模法则”（Scaling Law），即模型随着其参数规模、训练数据量和训练模型所使用的计算量的增加而呈现出可预测的性能改善。

- 模型性能与模型参数规模的大小呈幂律缩放关系，或者说，模型性能与模型参数规模的对数呈线性关系。
- 模型性能与训练模型所使用的数据集大小呈幂律缩放关系，或者说，模型性能与训练模型的数据集大小的对数呈线性关系。
- 模型性能与训练模型的计算量呈幂律缩放关系，或者说，模型性能与训练模型的计算量的对数呈线性关系。

模型性能随着模型规模、训练数据和算力的增加而有所提升，并且呈对数级增长。这对大模型来说，有两个方面的影响。

- 好的方面：要提升模型的性能，可以通过提升模型的规模、训练数据的规模或者算力来实现。这正是对“大模型越来越大，对数据和算力需求永无止境”的理论解释。
- 不好的方面：模型的规模、训练数据的规模或者所使用的算力提升 10 倍，性能仅提升 2.5 倍（粗略估计为 $\log_2 10 \approx 2.3$）。这也是人们担心未来训练大模型的数据短缺和算力不足的原因。

综上，大模型能力越来越强的直接原因是其规模越来越庞大。以模型参数规模为 1750 亿的 GPT-3 为例，用于训练模型的原始语料文本超过 100TB（压缩包为 45TB），包含网页、书籍、英文维基百科等。原始语料文本经过处理后，形成超过 5000 亿词元的训练语料。GPT-3 模型采用由微软和 OpenAI 一起打造的超级计算集群作为算力，集群有 28.5 万核 CPU、1 万个 V100 GPU，以及 400Gbps 的网络带宽。如果租用微软或其他云厂商的集群来训练 GPT-3，那么训练一次 GPT-3 需要花费为 280 万到 540 万美元不等（价格因不同的云厂商而有所不同）。在 GPT-3 的论文中提到，“由于训练费用问题（太贵）而没有重新训练模型。”[4]

在规模庞大之外，是否还有更深层次的原因呢？信息技术和人工智能技术发展到一定阶段，互联网和移动互联网的高速发展积累了超大规模的文本语料，摩尔定律和通用显卡（General-Purpose Graphics Processing Unit，GPGPU）以及 AI 专用芯片的高速发展，都带来了超强算力。从人工智能技术的角度看，大模型的强大能力得益于无监督学习、强化学习、情境学习和思维链等技术的融会贯通。

2.3.1 语言模型与无监督学习

大模型本质上是根据一个句子来预测下一个字或词的。以“珠峰书《知识图谱：认知智能理论与实战》是一本系统全面地介绍知识图谱技术体系的专业书籍”这句话为例，我们试图让大模型根据已有的字词来预测下一个字词。例如，输入“珠峰书《知识图谱：认知智能理论与实战》是一本系统全面地介绍知”后，模型会判断下一个字是“识”，进而判断下一个字是“图”。如此循环，直到预测并输出整个序列。

这种根据已有字词（组成的句子）来预测和生成下一个字词的模型，其专业术语为自回归语言模型（Autoregressive Language Model）。在时间序列分析中，自回归十分常见。例如，自回归滑动平均（ARMA）模型、自回归条件异方差（GARCH）模型等都是典型的自回归语言模型。当前的大模型普遍是自回归语言模型，其本质是根据已有字词预测和生成下一个字词，这个字词被称为词元（token）。也就是说，自回归语言模型根据给定的上下文从一组词元中预测下一个词元，并且限定一个方向（通常是正向，即从前往后猜下一个字词）。

自回归语言模型具有单向性，与上下文依赖形成“因果链”，即每次预测都依赖之前的预测结果，因此也被称为因果语言模型（Causal Language Model，CausalLM）。其数学形式为

$$p(t_i) = \prod_{j=1}^{i-1} p\left(t_j | t_{<j}\right)$$

其中，$t_{<j} = \{t_0, t_1, \cdots, t_{j-1}\}$，是在解码当前词元前所有的输入内容，也被称为“历史”，这与因果语言模型的相关表述一致。此外，大模型是通过变换器网络中解码器架构的大规模神经网络对超大规模的文本语料进行无监督训练而得到的。这种完全基于注意力机制的变换器网络架构，使计算机能够像人一样理解语言，帮助计算机专注于内容的重要部分。注意力机制根据每个单词对当前任务的重要程度赋予其重要性。这有助于模型掌握相隔很远的单词之间的关系，并理解细微之处和全局画面，通过专注于句子中的重要部分来消除混淆。

自回归语言模型非常适合无监督训练，因为文本天然就是自回归的，不需要人类标注大量的数据。文本分类、文本摘要则需要标注数据，尽人类的全部力量也难以标注数以十万亿计的标注语料。然而，大模型经过超大规模的文本语料的训练，涌现出能够迁移和应用到任意数量的任务中的能力。简单做个类比，《知识图谱：认知智能理论与实战》一书约有 450 页、50 万字，阅读完这样一本书，至少需要一周左右的时间。Llama-3 使用的文本语料高达 15T 词元，即 15 万亿字，大约相当于 3000 万本《知识图谱：认知智能理论与实战》。如果每周阅读一本，那么读完 3000 万本需要近 58 万年！

自回归语言模型和文本语料的结合，天然适用于无监督训练，因此才有了大模型的成就。我们在使用训练好的大模型时，希望生成丰富多样的而非固定的内容。从技术上可以解释为，在每次解码时并不都使用最大概率的那个词元。为了应对这个问题，研究人员提出了多种不同的方案来选择模型预测的输出词元序列，如贪婪解码、集束搜索（Beam Search）、Top-k 采样、核采样（Nucleus Sampling）、温度采样（Temperature Sampling）等，以满足不同场景中的多样化需求。

2.3.2 人类反馈强化学习

人类反馈强化学习（Reinforcement Learning from Human Feedback，RLHF）的核心思想如图 2-6 所示，通过人类反馈来训练一个“奖励模型”，然后使用强化学习算法，并利用该奖励模型的预测结果来优化智能体（Agent）的性能。RLHF 结合了人类反馈与机器学习算法，将人类反馈融入奖励预测器，但本质上还是强化学习。在强化学习中，智能体通过与它所处环境的交互进行学习。例如，AlphaGo 的核心技术就是强化学习。

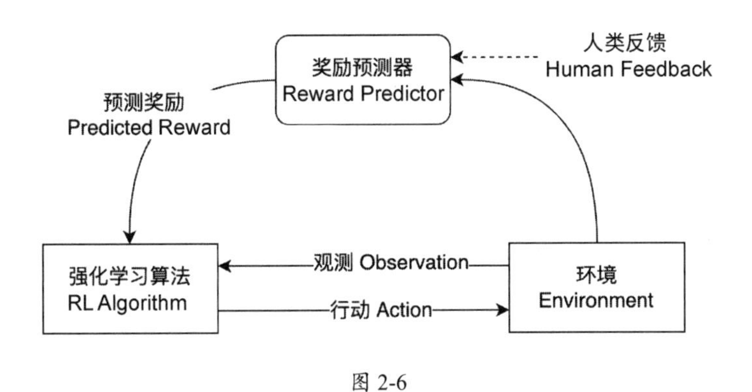

图 2-6

强化学习的核心是定义奖励机制，模型根据奖励机制向预期的方向优化参数。当评估行为比生成行为更容易时，强化学习很有用。以 AlphaGo 为例，用算法评估对弈结束后双方谁胜谁负是容易的，但编写一个函数来确定每下一子的胜负概率却相当难。这与评估人类语言一样，人类语言具备很强的主观性，且表达方式复杂多样。对大模型生成内容的好坏进行评估是复杂、难以定义且难以明确指定的。但给定两个或多个大模型生成文本，评价其好坏，则相对简单、明确且更易于被人认可。例如，针对“大模型生成的内容是否有趣”这个问题，用算法几乎无法定义，但人类可以很容易地对大模型生成的笑话进行评级。

RLHF 适用于难以通过明确定义损失函数来优化模型，却容易判断模型预测效果的场景，特别是主观性和复杂性较强的场景。虽然类似于 BLEU、ROUGE 等指标可以衡量生成文本的好坏，但存在着过度依赖字面匹配等局限性，其评价结果与真实世界的诉求相距甚远。例如，如果生成的文本和参考文本在字面上有所不同，那么即使它们的语义相同，这些衡量指标也可能较低，这并不符合实际情况。RLHF 并不依赖于这些指标来建模，而是直接使用人类反馈作为性能的衡量标准，甚至进一步使用这些反馈来优化模型。RLHF 适用于对生成文本的好坏进行评估的场景，通过人类反馈来优化语言模型，使模型的输出与预期目标趋于一致。在判断生成文本的质量方面，通过 RLHF 进行训练的效果很好，经过指令调优训练的模型性能优于比其尺寸大 100 倍的模型[5]。最新的研究成果表明，RLHF 是大模型能够理解人类语言，并生成符合人类需要的内容的关键环节，比有监督微调学习更有效，能够更好地泛化到新领域。

人工智能模型在进行预测（推断）的过程中，RLHF 可以通过人类反馈来实现模型学习，使模型输出的结果符合人类的意图和偏好，并在连续的反馈循环中持续优化、更新权重，产生更好的结果。在人工智能的发展过程中，模型训练阶段一直都有人的交互，典型的就是使用人类标注数据的有监督学习，被称为“人在圈内”（Human-In-The-Loop，HITL），但预测阶段则通常无人参与，即“人在圈外”（Human-Out-Of-The-Loop，HOOTL）。RLHF 能够将 HITL 扩展到预测阶段，即从与人类的交互中学习，这也是近年来大模型的新成就之一，或许将是未来人工智能模型能够持续实现自我更新模型权重的基础技术。

2.3.3 情境学习与思维链

情境学习（In-Context Learning，ICL）也称上下文学习，指通过给出少量示例完成自然语言处理任务的方法，相当于人类通过类比学习的决策过程。其核心思想是大模型在推理时基于上下文中的少量示例进行预测，无须更新模型权重。

情境学习在大模型中得到了广泛应用。如图 2-7（a）所示，直接给定“对对联”的任务，大模型的输出并没有达到预期的效果；如图 2-7（b）所示，使用情境学习，为大模型提供一些包含任务输入和输出的示例，并在提示的末尾附加一个用于预测的输入，大模型由此预测任务的结果并输出。可以看到，加入示例后，大模型的回答效果大幅提升。这是由于示例可以帮助大模型理解任务，因此，情境学习也被称为基于提示的学习（Prompt-based Learning）。

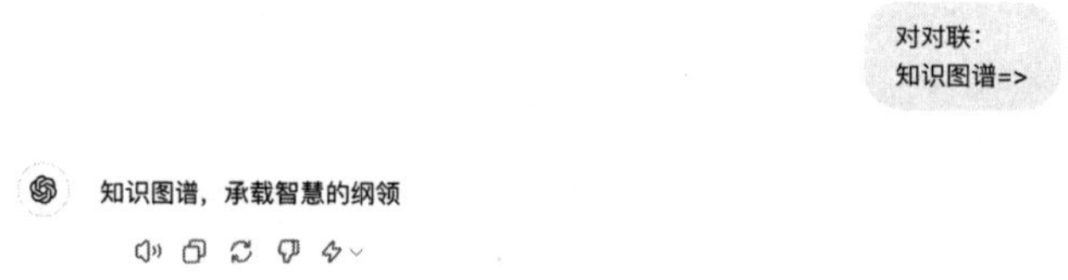

（a）

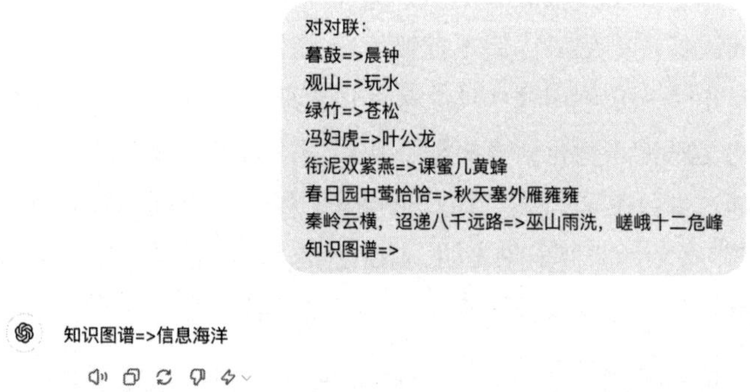

（b）

图 2-7

情境学习无须在推理过程中更新模型参数，只通过提示中的几个示例进行学习即可调整其输出。这说明大模型能够理解潜在的概念，并根据理解推断出新的数据点。大模型的情境学习适用范围广泛，在多种不同的应用场景中表现出色。因此，在大模型问世后，人们开始探讨通用人工智能（Artificial General Intelligence，AGI）到来的时间，甚至有激进者认为，2035 年是实现通用人工智能的“奇点”时刻。

- 情境学习能够有效地使大模型即时适应输入分布与训练分布存在显著差异的新任务，这相当于在推理期间通过“学习”范例来实现对特定任务的学习，进而允许用户通过新的用例快速构建模型，而无须对每个任务都进行微调训练。
- 情境学习通常只需要很少的提示示例即可正常工作，对非自然语言处理和人工智能领域的专家来说更易于使用。

从原理上看，情境学习依赖大模型学习到的概念语义和贝叶斯推理，由于大规模预训练模型具有文档级的潜在概念，创造了长依赖的连贯性，因此在预训练期间对连贯性进行建模，需要学习推断潜在概念。具体来说，在没有更新大规模神经网络参数的情况下，情境学习隐式地实现了贝叶斯模型平均（Bayesian Model Averaging，BMA）算法。这种贝叶斯模型平均几乎是由注意力机制参数化带来的，也就是说，长注意力机制从大规模预训练中学习并编码了贝叶斯模型平均，因此实现了情境学习，由此可知为什么长上下文能够提升大模型的能力。另外，有研究表明，少样本微调和少样本的情境学习具备相似的泛化能力，同样依赖模型的规模和示例数量等属性[6]。由于情境学习更简单，因此在大多数情况下，建议选择合适的基座大模型，并使用情境学习进行应用开发，而非使用微调。

使用简单的输入/输出提供的少样本学习能力往往无法很好地解决复杂的问题，因此，思维链（Chain of Thought，CoT）提示技术应运而生。这是一种模拟人类推理过程的方法，通过将复杂任务分解为一系列逻辑步骤，引导大模型逐步生成中间的推理步骤，更好、更系统地解决复杂的问题。这种包含逐步指令的提示有助于大模型分解函数，并做出更好的预测。例如，在解决数学问题时，大模型会先分解问题，然后逐步解决每个中间问题，最终得出正确答案。思维链提示不仅提高了大模型的推理能力，还使大模型能够处理复杂的任务。

当然，在提示中正确地编写思维链示例也很关键，推理步骤的相关性和正确排序对思维链推理至关重要。研究表明，思维链的关键在于将大问题分解为小问题，然后逐一解决小问题，最终得出大问题的答案。这事实上是对分治思想的应用。思维链的成功可以归因于，将情境学习的组合函数分解为两个不同的阶段：聚焦和过滤与每个步骤有关的数据，以及情境学习单步组合函数。这种方法不仅提高了大模型的推理能力，还展示了情境学习在处理复杂任务时的潜力。通常，思维链涵盖以下 3 个过程。

- 步骤分解：将复杂任务拆分成一系列更小、更容易管理的步骤。
- 逐步推理：大模型按顺序处理每个步骤，模拟人类的思考过程。
- 中间结果：在解决问题的过程中生成中间结果，这些结果可以用于生成后续步骤或最终答案。

目前，绝大多数商业模型及一些开源模型在有监督微调和 RLHF 中训练大量的思维链，只需要把问题描述清楚即可。以解答数学题目为例，通过有监督微调和 RLHF 训练，思维链已经被内置到大模型中，相当于内置了思维链提示的过程。

提问：

```
一个长方形花园的长是宽的 1.5 倍，面积是 96 平方米。求这个花园的周长。
```

大模型回答：

```
好的，我们一起来解决这个问题。

理解题意
·长方形花园:形状是长方形。
·长是宽的 1.5 倍:长和宽之间有一个比例关系。
·面积是 96 平方米:给出了一个已知条件。
·求周长:要求的是花园围一圈的总长度。

解题步骤
1.设未知数
·设花园的宽为 x 米。
·那么，花园的长就是 1.5x 米。
2.列方程
·根据长方形面积公式:面积=长×宽，可以得到方程:1.5x×x=96
3.解方程
·1.5x²=96
·x²=64
·x=8(宽不能为负数，所以取正值)
4.求长
·长=1.5x=1.5×8=12 米
5.求周长
·长方形周长公式:周长=2×(长+宽)
·周长=2×(12+8)=2×20=40 米

答案
这个花园的周长是 40 米。

总结
```

通过设未知数、列方程、解方程，我们一步步求出了花园的宽、长，最终算出了周长。
希望这个解答对你有所帮助！
如果你还有其他数学问题，欢迎随时提问。
另外，你可以尝试用不同的方法来解这道题，看看是否能得到一样的答案。

然而，我们无法穷举所有的训练，许多问题并没有被很好地理解和训练。典型的例子就是大模型不能比较实数的大小。这种非常简单的数学题目难倒了当下最先进的大模型，甚至是GPT-4o。

输入：

11.5 和 11.21 哪个数更大？

大模型输出：

11.21 比 11.5 更大。因为 11.21 的小数部分(21)大于 11.5 的小数部分(5)，在比较这两个数时，虽然整数部分相同，但小数部分决定了哪个数更大。

思维链提示可以引导大模型学习如何比较实数的大小，这与教学过程非常相似。大模型在未经过专业训练时，就像懵懵懂懂的小孩，但如果使用思维链提示对其进行引导，就能够使其很好地解决这个问题。将实数的比较规则清晰地“告诉”大模型，它就能遵照规则来完成任务。

输入：

9.11 和 9.8 哪个更大？
9.11 和 9.8 都是实数。
实数可以分为整数部分和小数部分，按小数点来划分。也就是 9.11 可以分为 9 和 11；9.8 可以分为 9 和 8。
整数部分大，则那个数更大。整数部分相等，则比较小数部分。
小数部分的比较，从左到右依次比较，哪个数大则该数更大。这里 8 比 1 大，所以 9.8 比 9.11 大。
那么，11.5 和 11.21 哪个数更大？

大模型输出：

按照你提供的方法，我们可以比较 11.5 和 11.21。
1.整数部分的比较：
· 11.5 的整数部分是 11。
· 11.21 的整数部分也是 11。
· 由于它们的整数部分相等，因此我们需要比较小数部分。
2.小数部分的比较：
· 11.5 的小数部分是 5
· 11.21 的小数部分是 21。
·从左到右依次比较，5 和 21 的第一位分别是 5 和 2。由于 5 比 2 大，因此 11.5 的小数部分大于 11.21 的小数部分。
因此，按照你提供的方法，11.5 比 11.21 大。

继续输入：

```
12.3和11.3哪个数更大？
```

大模型输出：

```
按照比较实数大小的方法，先比较整数部分，再比较小数部分。
1.整数部分的比较：
·12.3的整数部分是12。
·11.3的整数部分是11。
·由于12大于11，因此在比较整数部分时，12.3比11.3大。
因此，12.3比11.3大。
```

继续输入：

```
101.453和101.46哪个更大？
```

大模型输出：

```
按照比较实数大小的方法，先比较整数部分，再比较小数部分。
1.整数部分的比较：
101.453的整数部分是101。
101.46的整数部分也是101。
由于整数部分相等，因此我们需要比较小数部分。
2.小数部分的比较：
101.453的小数部分是453。
101.46的小数部分是46。
·从左到右依次比较：
·第一位：4和4，相等。
·第二位：5和6，5小于6。
因此，101.46比101.453大。
```

以日程安排问题为例，许多大模型会给出错误的答案。

输入：

```
    小李每天早上7点起床，需要30分钟洗漱，20分钟吃早餐，步行上班需要25分钟。他的上班时间是9点，他最晚应该几点出门？
```

大模型输出：

```
小李早晨的例行事项及其所需时间如下：
·洗漱：30分钟
·吃早餐：20分钟
·步行上班：25分钟
总计：30+ 20+ 25= 75分钟
他需要在上午9点前到达公司，所以他需要在9点前的75分钟开始准备。
```

```
    9:00-1 小时 15 分钟= 7:45
    因此，为了按时上班，小李最晚应该在早上 7:45 出门。但考虑到他 7 点起床，起床后立即开始洗漱、吃早餐，然后出门，正好在 7:45 出门。这样安排时间上是紧张的，没有预留任何意外情况的时间，建议预留一些缓冲时间。
```

如果使用思维链提示，告诉大模型如何进行日程规划，那么它就能很好地完成该任务。

输入：

```
    小王每天早上 6 点起床，需要 20 分钟洗漱，30 分钟锻炼，30 分钟吃早餐，开车上班需要 30 分钟。他的上班时间是 9 点，他最晚应该几点出门？
    小王开车从家里到公司的时间是 30 分钟，9 点上班，他最晚出门时间是 8 点半。小王在家里做的任何事情，包括洗漱、锻炼、吃早餐以及其他事情，只需要在 8 点半前完成就可以了。而 6 点起床到 8 点半有 2 个半小时一共 150 分钟的时间，足够他 20 分钟洗漱+30 分钟锻炼+30 分钟吃早餐了，所以不耽误他 8 点半出门的时间。
    所以，小王最晚应该在 8 点半出门。

    小李每天早上 7 点起床，需要 30 分钟洗漱，20 分钟吃早餐，步行上班需要 25 分钟。他的上班时间是 9 点，他最晚应该几点出门？
```

大模型输出：

```
    小李的上班时间是 9 点，他步行到公司需要 25 分钟，因此他最晚应该在 8 点 35 分出门。小李早上 7 点起床，有 1 小时 35 分钟的时间来完成洗漱和吃早餐，这完全覆盖了他的 30 分钟洗漱时间和 20 分钟吃早餐时间。因此，即使他把所有的事情都推迟到最后时刻做，只要他在 8 点 35 分前完成洗漱和吃早餐，他就不会迟到。所以，小李最晚应该在 8 点 35 分出门。
```

2.4　如何使用大模型

大模型的核心任务是生成，即预测句子中的下一个字词。它之所以能够适应不同的任务，关键在于提示工程（Prompt Engineering）。在使用大模型时，通过提示工程引入问题描述及少量的标注数据，可以调整大模型执行各种各样的任务。这是一种通过设计、优化输入提示（Prompt）引导大模型生成我们所期望的内容的过程。

提示可以是对问题的描述、任务的声明，以及特定的上下文信息。我们可以撰写不同的提示，引导大模型提供更准确、与任务强相关和有用的响应，包括分类、命名实体识别、事件抽取、翻译、问答等传统的 NLP 任务，以及用于触发动作执行的非传统的 NLP 任务，如生成书面内容（博客、文章、短篇小说、摘要、剧本、问卷、调查和社交媒体帖子等）。我们也可以用大模型完成一些更精确的任务，如生成 Python 程序、根据提示转化为 SQL 查询语言等。同一个大模型可以驱动任意数量的其他应用程序，这些应用程序可以解决不同任务中的问题。

精通并擅长用提示工程来完成各种任务的工程师被称为提示工程师（Prompt Engineer）。提示工程师的工作本质上类似AI心理学家，通过深入研究ChatGPT、Stable Diffusion等大模型及其他生成式AI的特性、行为模式和反应机制，控制大模型的输出，实现预期的业务需求。

- 更精确地控制大模型输出：通过巧妙设计和优化提示，引导大模型产生符合特定业务需求的高质量输出。
- 提高大模型效率：减少无关或不准确的输出，提高大模型响应的相关性和准确性。
- 突破大模型限制：创新提示技巧，使大模型能够完成看似超出其能力范围的任务。
- 保障AI安全：设计防御性提示，降低大模型输出有害或不当内容的风险。

提示工程师需要具备强大的分析能力、创造性思维和持续学习的热情，其工作涉及计算机科学、语言学、心理学、逻辑学等多个学科，以及特定领域的专业知识。随着大模型在各行各业得到广泛应用，提示工程师的需求迅速增长，需要能够驾驭提示工程的"翻译官"来充分发挥大模型的潜力。本节介绍常见任务的提示工程指南，供读者在入门和进阶提示工程时参考。

2.4.1 翻译

在合适的提示工程的帮助下，主流的大模型能够达到相当于人类专家的翻译水平。下面是一个例子。

```
    你是一位精通中文和英文的专家，对中国古诗词和英文诗都十分擅长。现在，请你将下面这首诗翻译成英文，务必使用准确、优美的英文来表达，使用符合英文诗风格的表达方式：
    横看成岭侧成峰，远近高低各不同。
    不识庐山真面目，只缘身在此山中。
```

这里增加了需要翻译的领域说明，如化学、古诗词、材料科学、汽车工业等，这有助于精确翻译专业术语。下面是某大模型的翻译结果。

```
    Ridges from the front, peaks from the side,
    Near or far, high or low, views collide.
    The true face of Lushan eludes our sight,
    Lost are we, within its mountainous might.
```

该大模型对翻译的解释如下。

```
    1. 第一行用"Ridges"和"peaks"对应"岭"和"峰"，"front"和"side"对应"横看"和"侧成"。
    2. 第二行用"Near or far, high or low"来表达"远近高低"，"collide"（碰撞）暗示了视角的差异。
    3. 第三行的"eludes our sight"（逃避我们的视线）表达了"不识真面目"的概念。
    4. 最后一行用"Lost are we, within its mountainous might"来传达"只缘身在此山中"的
```

意思，“might”既指山的威力，也暗示了我们认知的局限。

这个翻译保留了原诗的核心思想：我们的认知往往受限于自身所处的位置和视角，难以看到事物的全貌。同时，它也试图通过押韵（sight/might）和节奏来呈现英语诗歌的美感。

2.4.2 文本摘要

文本摘要的核心是生成长文档的摘要，便于人们快速阅读和提取关键信息。在使用大模型进行文本摘要时，为了达到预期的目的，应尽量做到以下几点。

- 明确摘要目的：确定是生成概括性摘要，还是聚焦特定主题的摘要。
- 设置合理的长度：根据需求指定合理的摘要长度，通常是原文的 5%～20%。
- 需要保留的关键信息：确保摘要包含原文的主要观点和关键细节。

下面是一个例子。

```
用 300 字的篇幅对文件内容进行总结，请关注全文的主要思想，对重要数据的引用务必与原文保持一致。
```

上传一份由国务院国有企业改革领导小组办公室印发的文件《“双百企业”和“科改示范企业”超额利润分享机制操作指引》，某大模型给出的摘要如下。

```
这份文件是关于“双百企业”和“科改示范企业”实施超额利润分享机制的操作指引。主要内容包括：
1. 适用条件：商业一类企业，战略清晰，财务状况良好，治理结构健全。
2. 激励对象：核心骨干人才，不超过在岗职工总数的 30%。
3. 目标利润设定：不低于企业利润考核目标、上年净资产收益率计算的利润、近三年平均利润、行业平均净资产收益率计算的利润中的最高值。
4. 分享比例：年度超额利润分享额不超过超额利润的 30%。高级管理人员合计所得不超过分享额的 30%。
5. 兑现方式：采用递延方式，分三年兑现，第一年不超过 50%。
6. 监督管理：建立健全监督体系，严格追究违规责任。
文件还提供了超额利润分享方案、实施细则和兑现方案的制定指引，以确保机制的规范实施。
```

2.4.3 求解数学问题

大模型所使用的训练语料中涵盖丰富的数学知识，包括各种数学概念、定理、公式和解题方法，这使大模型在解决复杂的数学问题时表现出色。大模型可能不十分擅长计算，但在分解任务和逐步推导方面表现颇佳。下面是一个例子。

```
你是一位对微积分非常擅长的专家，这里有一个微分方程“dy/dx = 2x - y”，其初始条件为“y(0) = 1”，请准确、简洁地求解该方程，务必做到逐步求解。
```

某大模型的答案如图 2-8 所示。

当然可以。我们来逐步求解这个微分方程 $\frac{dy}{dx}=2x-y$ 并应用初始条件 $y(0)=1$。

步骤 1: 重新整理微分方程

首先，我们把微分方程整理成标准形式：$\frac{dy}{dx}+y=2x$.

这是一个一阶线性常微分方程，可以用积分因子法来解。

步骤 2: 计算积分因子

积分因子 $\mu(x)$ 的计算公式为：$\mu(x)=e^{\int P(x)\,dx}$, 其中 $P(x)$ 是微分方程中 y 的系数。对于我们的问题，$P(x)=1$，所以：$\mu(x)=e^{\int 1\,dx}=e^x$.

步骤 3: 乘以积分因子

将微分方程的两边都乘以积分因子 e^x：$e^x\frac{dy}{dx}+e^xy=2xe^x$.

注意到左边是一个完全导数：$\frac{d}{dx}(e^xy)=2xe^x$.

步骤 4: 对两边进行积分

对方程两边同时积分：$\int\frac{d}{dx}(e^xy)\,dx=\int 2xe^x\,dx$.

左边的积分结果是：e^xy.

右边的积分需要分部积分。设 $u=2x$ 和 $dv=e^x\,dx$，则 $du=2\,dx$ 和 $v=e^x$：$\int 2xe^x\,dx=2xe^x-\int 2e^x\,dx=2xe^x-2e^x+C$, 其中 C 是常数。

步骤 5: 写出通解并应用初始条件

将结果带回去，我们得到：$e^xy=2xe^x-2e^x+C.\,y=2x-2+Ce^{-x}$.

使用初始条件 $y(0)=1$，我们得到：$1=2(0)-2+Ce^0.\,1=-2+C.\,C=3$.

最终解

所以，微分方程的解是：$y=2x-2+3e^{-x}$.

图 2-8

2.4.4 语言学习和考试

大模型可以作为一位个性化的语言导师，提供多样化的学习资源，帮助学习者高效地掌握一门语言。大模型适用于语言学习和自我评测，它能够根据与用户的交互来纠正问题、给出评价。许多专门面向学习和考试方面的大模型应用会提供更复杂的方案，如个性化学习、多样化资源、专业化资源、模拟考试乃至智能面试等。下面是一个简单的例子。

输入：

> 你是一位资深的英语语言教学专家，你面对的是一位将要进行托福考试的学生，请帮助他学习托福词汇。你需要写一道词汇选择题，该学生会选择他认为正确的选项。然后你根据他的输入进行评价。在评价之后，继续写下一道题目。现在请开始第一道词汇选择题：

大模型输出：

```
好的，让我们开始吧。请看下面的词汇选择题：
Sentence: The scientist's discovery was considered a major breakthrough in the field, _______ significant progress in understanding the disease.
Options:
A) hindering
B) promoting
C) obscuring
D) deterring
请从选项中选择你认为正确的答案，然后告诉我你的选择。
```

输入：

```
B
```

大模型输出：

```
你选择了B) promoting，这是正确的答案！在这个句子中，"promoting"意思是"促进"或"推动"，与"significant progress"（显著进展）搭配得当，表示科学家的发现推动了对疾病的理解。
做得很好！让我们继续下一道题：
Sentence: The artist's work was often _______ by critics who failed to appreciate its unconventional style.
Options:
A) applauded
B) ignored
C) rejected
D) celebrated
请从选项中选择你认为正确的答案，然后告诉我你的选择。
```

输入：

```
B
```

大模型输出：

```
你选择了B) ignored，这是一个合理的答案，但在这个句子中并非最佳选项。
正确答案是C) rejected。
在这个句子中，critics（评论家）对艺术家作品的态度是负面的，"rejected"（拒绝）更能表达他们无法欣赏这种不寻常风格的意思。而"ignored"（忽视）虽然也是否定性的，但不如"rejected"那么直接。
让我们继续练习下一道题：
Sentence: The company's decision to reduce its workforce was seen as a _______ measure in response to declining profits.
Options:
A) strategic
B) temporary
C) drastic
D) unnecessary
请从选项中选择你认为正确的答案，然后告诉我你的选择。
```

2.4.5 高效撰写文章

大模型是一个强大的写作辅助工具，通过输入相关信息和多轮交互，能够快速撰写内容，包括以下方面。

- 构思和生成大纲：大模型能够快速生成文章的初步构思和大纲。
- 撰写和扩展内容：在大纲的基础上，大模型能够根据每个章节的主题撰写和扩展内容。
- 语言润色和风格调整：大模型能够根据提示调整和优化内容的风格、表述方式，使文章更流畅、生动和专业。
- 优化结构：大模型能检查文章的结构和逻辑等，并提供优化建议。

虽然大模型是写作的强大辅助工具，可以提高写作效率和质量，但它并不能取代人类的创造力和洞察力。同时，大模型存在幻觉和知识陈旧等缺陷，人类需要对关键信息进行核实。通过结合人类的专业知识和批判性思维，大模型能够快速进行创作。下面是一个例子。

```
你是一个气候学和农业专家，精通气候如何影响农业生产等课题，对柬埔寨的气候和地理环境也非常了解。现在，需要你撰写一篇探讨柬埔寨金边地区的气候和农业产品的关系的文章。首先请生成大纲。
```

某大模型生成的内容如下。

```
柬埔寨金边地区气候与农业产品关系研究
大纲
1. 引言
•   简介：柬埔寨金边地区的地理位置及气候概述
•   研究背景：气候对农业生产的重要性
•   文章目的：探讨金边地区的气候特征如何影响当地农业产品的种类、产量和质量
2. 金边地区的气候概况
•   地理位置与气候类型
•   季风气候：雨季和旱季的分布
•   年降水量与温度变化特征
•   自然灾害：洪水和干旱的发生频率及影响
3. 金边地区的主要农业产品概述
•   稻米：作为主要粮食作物的种植情况
•   水果：火龙果、香蕉、菠萝等热带水果的生产情况
•   蔬菜：本地种植的常见蔬菜种类及其季节性
•   其他作物：木薯、甘蔗、花生等经济作物的种植情况
4. 气候对金边地区农业生产的影响
•   降水对稻米种植的影响
    ▪   雨季的时间与降水量对水稻种植周期的决定性作用
    ▪   旱季给二季稻和旱稻带来的挑战
•   温度对农作物生长的影响
```

■ 高温对作物光合作用和蒸腾作用的影响
■ 温度波动与作物病虫害的关系
• 自然灾害对农业的威胁
■ 洪水对低洼稻田的威胁与应对策略
■ 干旱对作物产量的影响及抗旱措施
5. 气候变化对未来农业生产的潜在影响
• 气候变暖对农业生产季节的调整需求
• 极端天气事件增多对农业风险的增加
• 长期降水模式变化对农田水资源管理的挑战
6. 应对气候挑战的农业策略
• 发展耐旱抗洪的农作物品种
• 改善农业基础设施：灌溉系统与水资源管理
• 推广气候智能型农业技术
• 政府与农民合作应对气候变化的政策建议
7. 结论
• 总结金边地区气候对农业的影响
• 强调应对气候挑战的重要性和紧迫性
提出未来研究的方向：深入分析气候变化对具体农业产品的长期影响

2.4.6 自动化编程和辅助编程

大模型的编程能力出色，最先被广泛使用的基于大模型的 AI 辅助编程工具是 GitHub Copilot。它能够分析代码的上下文、注释和函数名等，智能编写或续写代码，为现有代码自动生成单元测试，根据代码和注释自动生成文档和 PR（Pull Requests）说明等，大幅提升开发者的编程效率和协作效率。

除了使用专业的工具，直接通过提示工程让大模型编码也是可行的。当所编写的代码编译或运行时发生错误，大模型能够诊断代码中的错误，并提供可能的修复方案。

此外，大模型还可用于跨编程语言转换和编程教育。跨编程语言转换是指使用大模型将一种编程语言的代码转换为另一种编程语言的等效代码。编程教育类似于语言学习，利用大模型帮助学习者学习编程语言，提供编程建议，对编程水平进行测试等。下面是关于自动编程的一个例子。

你是一个 Python 编程专家，并精通机器学习算法。现在，请用 Python 写一个线性回归算法，对显卡实现大模型推理的效率问题进行回归。输入三个特征：算力大小，单位为 Tflops；内存带宽，单位为 GB/s；以及内存大小，单位为 GB。输出是模型的推理性能，单位是 tokens/s。请编写代码，并提供测试用例。

某大模型的输出结果如下。

```
import numpy as np
from sklearn.linear_model import LinearRegression
```

```
from sklearn.model_selection import train_test_split
from sklearn.metrics import mean_squared_error, r2_score

def train_model(X, y):
    """
    训练线性回归模型

    参数:
    X : 输入特征 (算力, 内存带宽, 内存大小)
    y : 目标变量 (推理性能)

    返回:
    训练好的模型
    """
    model = LinearRegression()
    model.fit(X, y)
    return model

def predict_performance(model, X):
    """
    使用训练好的模型进行预测

    参数:
    model : 训练好的线性回归模型
    X : 输入特征 (算力, 内存带宽, 内存大小)

    返回:
    预测的推理性能
    """
    return model.predict(X)

# 生成一些模拟数据
np.random.seed(42)
n_samples = 100

compute_power = np.random.uniform(10, 100, n_samples)  # 10~100 Tflops
memory_bandwidth = np.random.uniform(500, 2000, n_samples)  # 500~2000 GB/s
memory_size = np.random.uniform(8, 80, n_samples)  # 8~80 GB

# 模拟一个非线性关系来生成推理性能
inference_performance = (
    2 * compute_power +
    0.5 * memory_bandwidth +
    10 * memory_size +
```

```
        np.random.normal(0, 50, n_samples)
    )

    # 准备数据
    X = np.column_stack((compute_power, memory_bandwidth, memory_size))
    y = inference_performance

    # 分割训练集和测试集
    X_train, X_test, y_train, y_test = train_test_split(X, y, test_size=0.2,
random_state=42)

    # 训练模型
    model = train_model(X_train, y_train)

    # 在测试集上进行预测
    y_pred = predict_performance(model, X_test)

    # 评估模型
    mse = mean_squared_error(y_test, y_pred)
    r2 = r2_score(y_test, y_pred)

    print(f"均方误差 (MSE): {mse:.2f}")
    print(f"决定系数 (R^2): {r2:.2f}")

    # 显示模型参数
    print("\n模型参数:")
    print(f"截距: {model.intercept_:.2f}")
    print("系数:")
    print(f"  算力 (Tflops): {model.coef_[0]:.2f}")
    print(f"  内存带宽 (GB/s): {model.coef_[1]:.2f}")
    print(f"  内存大小 (GB): {model.coef_[2]:.2f}")

    # 测试用例
    test_cases = [
        [50, 1000, 16],  # 中等配置
        [100, 2000, 80],  # 高配置
        [20, 500, 8]    # 低配置
    ]

    print("\n测试用例:")
    for case in test_cases:
        performance = predict_performance(model, [case])
        print(f"输入 (算力, 内存带宽, 内存大小): {case}")
        print(f"预测推理性能: {performance[0]:.2f} tokens/s\n")
```

使用 Python 解释器执行上述代码，即可获得以下结果。

```
均方误差 (MSE): 5253.95
决定系数 (R^2): 0.95

模型参数:
截距: -37.34
系数:
  算力 (Tflops): 2.37
  内存带宽 (GB/s): 0.51
  内存大小 (GB): 10.30

测试用例:
输入 (算力, 内存带宽, 内存大小): [50, 1000, 16]
预测推理性能: 759.85 tokens/s

输入 (算力, 内存带宽, 内存大小): [100, 2000, 80]
预测推理性能: 2051.22 tokens/s

输入 (算力, 内存带宽, 内存大小): [20, 500, 8]
预测推理性能: 349.41 tokens/s
```

2.4.7 数据分析

数据分析是一个从数据中提取有价值的信息，揭示数据背后的规律和趋势，从而支持决策的过程。数据分析过程涵盖收集、清洗、整理、探索和分析数据，并对数据进行建模，以及对结果进行评估与可视化等。其核心目标是将看似杂乱无章的数据转化为有意义的洞见，帮助我们更好地理解世界，做出更明智的决策。数据分析在商业营销、市场调研、风险评估、科学研究、政府和企业的管理规划、政策评估、用户行为分析、制造业的良率分析、生产线规划、工艺优化等方面应用广泛。数据分析是一项非常专业的工作，通常由数据分析师和数据科学家等来完成。大模型的出现大幅降低了数据分析的门槛，使普通的业务人员也能做好数据分析工作。下面的例子通过大模型自动生成 Python 代码，实现数据分析和建模。

```
    你是一个数据分析师，请根据下面给出的每年的发电量数据，写一个 Python 可视化程序，绘制发电量增长的统计图。要求用折线图表示每年的发电量，用柱状图表示每年发电量的增长情况。
    2002 年：16400 亿千瓦时
    2003 年：19080 亿千瓦时
    2004 年：21870 亿千瓦时
    2005 年：24000 亿千瓦时
    2006 年：28344 亿千瓦时
    2007 年：32559 亿千瓦时
```

```
2008年：34334亿千瓦时
2009年：37146亿千瓦时
2010年：42017亿千瓦时
2011年：47130亿千瓦时
2012年： 49875亿千瓦时
2013年：54316亿千瓦时
2014年：57944亿千瓦时
2015年：58145亿千瓦时
2016年：61331亿千瓦时
2017年：66044亿千瓦时
2018年：71117亿千瓦时
```

下面是某大模型的输出结果。可以看到，大模型能够理解自然语言指令，将其转化为相应的数据处理代码；对数据进行整理并转化为整数数组，根据要求计算每年的增量，绘制折线图和柱状图。

```
import matplotlib.pyplot as plt
import numpy as np

# 数据
years = list(range(2002, 2019))
power_generation = [16400, 19080, 21870, 24000, 28344, 32559, 34334, 37146, 42017, 47130, 49875, 54316, 57944, 58145, 61331, 66044, 71117]

# 计算年增长量
growth = [power_generation[i] - power_generation[i-1] for i in range(1, len(power_generation))]
growth.insert(0, 0)  # 2002年增长量设为0

# 创建图表
fig, ax1 = plt.subplots(figsize=(12, 6))

# 绘制折线图（发电量）
ax1.plot(years, power_generation, color='blue', marker='o')
ax1.set_xlabel('年份')
ax1.set_ylabel('发电量（亿千瓦时）', color='blue')
ax1.tick_params(axis='y', labelcolor='blue')

# 创建第二个y轴
ax2 = ax1.twinx()

# 绘制柱状图（增长量）
ax2.bar(years, growth, alpha=0.3, color='red')
ax2.set_ylabel('年增长量（亿千瓦时）', color='red')
```

```
ax2.tick_params(axis='y', labelcolor='red')

# 设置标题
plt.title('2002—2018 年中国发电量及其增长情况')

# 调整 x 轴刻度
plt.xticks(years[::2], rotation=45)

# 添加图例
lines1, labels1 = ax1.get_legend_handles_labels()
lines2, labels2 = ax2.get_legend_handles_labels()
ax1.legend(lines1 + lines2, ['发电量', '增长量'], loc='upper left')

# 调整布局并显示图表
plt.tight_layout()
plt.show()
```

执行上述代码，结果如图 2-9 所示。

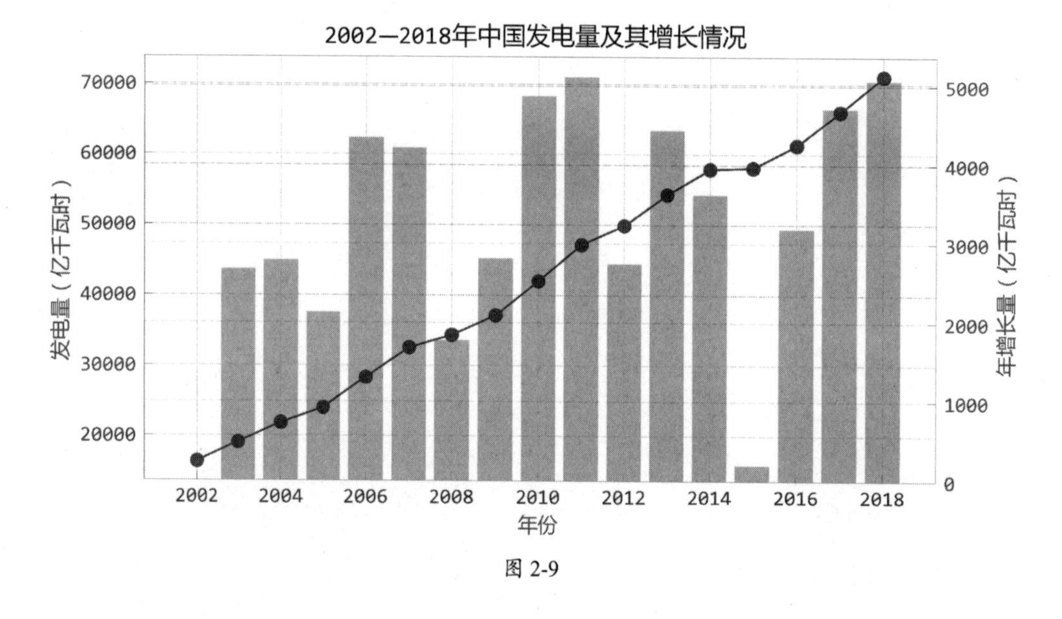

图 2-9

2.5 垂直大模型

垂直大模型专门针对特定行业或专业领域进行训练和优化。与适用于多种任务的通用大模型相比，垂直大模型在某一领域具备更强的专业知识和深度理解能力，因此能够更有效地应对特定场景中的复杂任务。我们可以将垂直大模型类比为“专家型人才”，尽管它可能缺乏广泛的适用性，但在某一专业领域表现卓越。

2.5.1 什么是垂直大模型

读者或许听过著名的“卖油翁”的故事，那句“我亦无他，惟手熟尔”道尽了其中的“玄机”。垂直大模型与之类似，尽管模型规模可能较小，训练数据范围有限，但它对特定领域的任务达到了“熟能生巧”的境界，能够以高度专业化的方式解决问题。

例如，一个专用于医疗领域的垂直大模型，通过深度学习海量医学数据（如病历、医学文献、诊断标准），在临床诊断、疾病预测、药物开发等方面达到类似于医生的水平。而它在其他领域（如法律或金融）可能无法表现出色，甚至表现得一塌糊涂。

2.5.2 垂直大模型的特点

垂直大模型的特点如下。

（1）专业性强：垂直大模型的优势在于其对特定领域的深度理解。垂直大模型使用大量该领域的专业数据进行训练，能够深刻掌握行业内的关键知识和规律。通常，还会为垂直大模型注入领域知识图谱等专门的结构化知识。例如，法律领域的垂直大模型不仅能理解法律术语，还能根据相关的案例和法规做出合理的判断。通过不断地优化和微调模型，使其不仅具备法律文本解读能力，而且能处理特定法律咨询场景中的复杂问题，如合约审阅、法律条文解释等。

（2）对专业术语理解精准：不同于通用大模型对专业术语的浅层理解，垂直大模型能够精确掌握特定领域的专有名词、缩略语和术语的深层含义。以 CDO 为例，金融大模型将其理解为债务抵押债券（Collateralized Debt Obligation），软件行业大模型将其理解为协作数据对象（Collaboration Data Objects），人力资源大模型将其理解为首席数据官（Chief Data Officer）等。

（3）任务导向：垂直大模型的设计目的通常是应对某一领域的任务，如医疗诊断、法律咨询、故障分析、金融风险分析等。这类任务要求模型具备较多的行业知识，以及对复杂场景的判断能力。以医疗领域为例，垂直大模型可能会专注于疾病的诊断、医学影像分析、患者数据的整理等任务，可以大大提升医疗效率，减少医生的压力，甚至在一些基础诊断任务中取代人工。在制造业中，垂直大模型需要具备足够多的知识，进而协助企业在生产线故障检测、设备维护建议等方面提供智能化支持。例如，通过学习历史故障数据，大模型能够预测设备的潜在故障并提出维护建议，减少停工时间，降低维修成本。

（4）规模相对较小：与通用大模型相比，垂直大模型的规模往往较小。这是因为它只需要处理与特定领域有关的数据，无须理解和生成涉及广泛领域的语言内容。大模型在推理时的计算成本更低，同时具备更高的效率和更快的响应速度。以法律咨询领域为例，垂直大模型可以快速地从大量的法律文档和案例中提取关键信息，帮助律师快速找到相关法条或案例支持。

表 2-1 总结了垂直大模型和通用大模型的异同。

表 2-1

	垂直大模型	通用大模型
知识范围	专注于特定领域	覆盖广泛的话题
专业深度	较深	相对较浅
模型大小	相对较小，参数规模为几亿到几十亿	通常很大，参数规模为数百亿或更大
训练数据	特定领域的高质量数据	海量的多样化数据
训练方法	从零开始预训练或在通用小模型上增量训练，并针对特定任务进行微调	从零开始预训练，并针对广泛的任务进行有监督微调训练和 RLHF 训练
推理成本	相对较低	高
适用场景	特定领域的任务	通用对话和内容生成，需要结合提示工程来适应不同的任务

2.6 思考题

- 规模法则预示着大模型参数规模越大、使用的训练数据越多，其智能水平越高。那么大模型的上限在哪里呢？其上限取决于能源、数据，还是其他因素呢？
- 自回归语言模型是否能带来智能？一种观点是，要准确预测下一个词元，就必须理解前文，所以自回归语言模型最终会达到人类一样的智能，并实现通用人工智能；另一种观点是，自回归语言模型存在显著的局限性，并不真正理解世界，也无法规划行动。你认为呢？
- 目前，强化学习是将大模型的响应与人类偏好对齐的主流技术，强化学习的对齐除了在训练时更新模型参数，能否在推理时也更新参数呢？
- 大模型是否会改变我们对“智能”和“意识”的理解？人类独特的创造力和直觉将如何定位？我们是否会过度依赖机器思维？
- 大模型是否会导致知识“同质化”？如何在全球化的知识体系中保持文化多样性？大模型是否会导致形成一种新的“全球化语言”？

- 基于大模型的数据驱动的应用范式需要包含哪些要素？
- 当人类的工作深度依赖大模型后，什么劳动才是有价值的呢？你认为未来劳动中最重要的因素是什么？

2.7 本章小结

作为人工智能发展的前沿技术，大模型展现出前所未有的智能程度与广泛的应用潜力，使我们得以突破传统思维的局限，探索未知的知识领域。

本章详细介绍了什么是大模型，用简短的篇幅回顾了语言模型的发展历程，从简单的统计方法到如今基于深度学习的大模型，语言处理技术经历了数十年的演进。本章系统梳理了自 2018 年以来的典型大模型,用可视化的图示展示了大模型的参数规模从 1 亿发展到万亿的过程。通过解析核心技术，解释了大模型为何如此强大，并介绍了无监督学习、人类反馈强化学习及情境学习等技术。此外，本章还介绍了提示工程，并结合实例介绍了大模型的多种应用。最后，介绍垂直大模型的概念，并解析垂直大模型和通用大模型的差别。

第3章

向量数据库

我们不能思考我们所不能思考的东西，因此我们也不能说我们所不能思考的东西。

我的语言的界限，意味着我的世界的界限。

——维特根斯坦《逻辑哲学论》

当我们需要计算时，会发现，文字、图像或声音等符号“计算”起来着实麻烦。于是，借助“向量”这个工具，我们得以在高维向量空间中纵横驰骋，向量数据库便是我们能够驾驭的骏马。

我们所能理解的世界受制于我们能使用的语言，“向量”能否突破语言的界限？向量相似度蕴含着高维空间中的某种潜在关系，能否比我们所理解的符号更接近问题的本质？

或许，这没那么重要，重要的是，它能解决我们的实际问题。

进入大模型时代，大有“一切皆向量”的趋势。从语言到图像，再到知识图谱，向量既重塑了人工智能的应用，又革新了利用和组织知识的方式。本章首先从向量的本质切入，探讨向量相似度的度量方法，以及向量索引与检索方法。接着，介绍当下最流行的向量数据库——Milvus，解析其架构与核心技术，并通过“宋词语义检索”这一实例展示如何利用 Milvus 高效检索向量数据。最后，梳理其他主流的开源向量数据库系统和工具，提供更全面的技术视角。

向量数据库本身属于数据库体系，并非人工智能。高效的向量检索既是构建强大知识增强大模型应用的基石，也是连接大模型与知识的关键基础设施，还是影响人工智能应用边界的重要因素。技术的突破往往源自对效率的极致追求，因此本章用较长的篇幅讲解向量数据库，以便为知识增强大模型的应用构建坚实的基础。

本章内容概要：

- 向量表示与嵌入技术，以及向量相似度的度量方法。
- 大规模向量的近似最近邻算法，以及常用的向量索引方法 LSH、HNSW 和 PQ。
- Milvus 向量数据库的核心技术。
- 以宋词语义检索为例详细介绍 Milvus 的使用方法。
- Qdrant、Weaviate、Chroma、PGVector、Elasticsearch 向量检索、Faiss 和 ScaNN 等开源向量数据库系统和工具。

3.1 向量表示与嵌入

向量表示（Vector Representation）是指使用数学上的较低维度数值空间中的稠密向量，表示符号化的离散数据、复杂信息或抽象知识概念等。向量表示的核心是在低维空间中捕捉高维数据的本质特征，实现信息压缩和语义重构。将复杂的语义、视觉或音频信息压缩为一个固定大小的 n 维特征向量，从而为数据和知识提供一种统一、可计算的形式，便于高效地实现相似度度量、基于相似度度量的检索，以及复杂推理。当下大模型盛行，向量表示成了理解和处理语言、图像和语音等多模态知识，实现高效的语义和推理的关键环节。向量既是大量人工智能应用的基础，也是向量数据库兴起的前提条件。

从符号到向量表示的过程，被称为嵌入（Embedding）或等距嵌入（Isometric Embedding）。嵌入来自数学，特别是拓扑学和微分几何，它是一种与流形有关的概念，用于表达一个数学结构的实例通过映射而被包含到另一个实例中。从本质上讲，嵌入是一种保持结构不变的映射，能够将一个复杂的数学对象“嵌入”另一个可能更简单或更易于处理的空间中。例如，在黎曼几何中的一个经典问题——黎曼流形的局部区域被等距嵌入高维的欧几里得空间。一个实例 X 被嵌入另一个实例 Y 中，嵌入表示为单射函数（Injective Function）$f_{\text{inj}}: X \rightarrowtail Y$，且单射函数会在映射前后保持其结构不变。

向量表示也被称为嵌入表示（Embedding Representation）。在自然语言处理和知识图谱领域，通常对词语或实体使用独热编码（One-hot Encoding），每个词语或实体用一个维度表示，编码维度与词语数量或实体数量相同，因此独热编码的表示方法非常稀疏。同理，在计算机视觉和图像处理领域，图像是对每个像素的 RGB 三通道或 RGBA 四通道进行表示的结果，也是稀疏的。

嵌入表示将维度非常高且稀疏的独热编码或像素编码转换成低维的稠密向量，使向量空间维度大幅降低，效率显著提升，并且在嵌入后的向量中保持文本、实体或图像的语义与结构信息不变。这本质上是一个降维和压缩的过程。直观来看，嵌入好比将具备许多不同的现实特征（如尺寸、颜色、形状等）的拼图压缩成一幅简洁且富有表现力的抽象画作。在这幅画中，相似的元素被安排在相近的位置，不相关的元素则被分开。这种空间安排使机器学习模型和算法能够更容易地理解和处理数据间的语义关系。

由于低维向量表示通常保留了原有符号的语义关系和潜在结构，因此在嵌入空间中的距离或相似度反映了对象在原始域中的关系，语义相似度计算可以被转换为几何运算。例如，在Word2Vec 中有“国王-男人+女人=王后”和“北京-中国+法国=巴黎”等典型例子，向量的计算结果（如“国王-男人+女人”或“北京-中国+法国”）并不完全等于另一个向量（如“王后”或“巴黎”），这就需要用到相似度度量方法。

常见的相似度度量方法有欧几里得距离和余弦相似度等。在人工智能领域，相似度度量用于衡量两个向量表示的概念之间的语义距离。正是这种基于几何运算的相似度度量，促使向量数据库逐渐兴起。向量数据库是一种用于存储和检索高维向量数据的数据库，可实现基于向量的相似性检索和语义检索。

3.1.1 语言的向量表示

语言的向量表示的早期突破源于 Word2Vec，从此，利用向量计算语义相似度的方法逐渐出现。在大模型兴起前，大部分的向量表示是词语级别的，通常也叫词向量。在大模型流行后，句子级别、段落级别，甚至篇章级别的向量表示被广泛使用。例如，下面将苏轼的词《临江仙·夜饮东坡醒复醉》转换为向量，用到的模型是“BAAI/bge-m3”，它能够将少于 8192 词元的文本转换为一个 1024 维向量。

```
1.  text = """临江仙·夜饮东坡醒复醉
2.  宋·苏轼
3.  夜饮东坡醒复醉，
4.  归来仿佛三更。
5.  家童鼻息已雷鸣。
6.  敲门都不应，
7.  倚杖听江声。
8.  长恨此身非我有，
9.  何时忘却营营。
10. 夜阑风静縠纹平。
11. 小舟从此逝，
12. 江海寄余生。
13. """
14.
15. client = OpenAI(api_key=API_KEY, base_url=BASE_URL)
16. resp = client.embeddings.create(
17.     model='BAAI/bge-m3',
18.     input=[text ]
19. )
20. print(resp.data[0].embedding)
```

上述代码的输出结果是一个包含 1024 个浮点数的列表，通过 numpy.array 将其转换为 NumPy 能够处理的向量（数组），进行加减乘除四则运算，并计算不同向量之间的相似度。下面是部分输出结果：

```
[0.03469947353005409, 0.06492892652750015, -0.05932246148586273,
-0.021952340379357338, -0.01887446828186512, -0.05121581628918648,
0.06939894706010818, 0.012898657470941544, ..., -0.019584745168685913,
0.03988924250006676, 0.0021971282549202442]
```

3.1.2 图像的向量表示

除了语言，图像也可以用向量来表示。在架构上，图像的向量表示以往主要使用卷积神经网络，通过多层卷积和池化操作自动学习图像的层次化特征表示。现在，图像的向量表示开始使用视觉变换器网络（Vision Transformer，ViT），将图像分割为片元（patch），以类似处理语言的方式，使用变换器网络架构处理图像，并由此获得全局上下文信息和局部信息，实现图像的向量表示。

另外，CLIP 等类似的模型也会通过对大规模图文进行训练，学习图像和文本的统一向量表示空间，由此激发了文生图和多模态大模型等领域的发展及应用。图像的向量表示的主要应用是图像的相似性检索。例如，在人脸识别任务中，通过模型生成每张人脸的特征向量，通过计算向量的距离进行身份认证或匹配；在植物花草的识别任务中，拍摄一张花朵的图片，首先通过模型将其转换为特征向量，然后在已创建的植物花草图像向量库中检索，找到最相似的向量及对应的图片、描述信息等，向用户提供识别结果。

将图像转换为特征向量的模型有许多，如 OpenCLIP LAION-2B 系列模型。下面使用“laion/CLIP-ViT-B-16-laion2B-s34B-b88K”模型将图片转换为 512 维向量表示。

```
1.  import torch
2.  from transformers import CLIPProcessor, CLIPModel
3.  from PIL import Image
4.  # 加载模型和处理器
5.  model_name = "laion/CLIP-ViT-B-16-laion2B-s34B-b88K"
6.  model = CLIPModel.from_pretrained(model_name)
7.  processor = CLIPProcessor.from_pretrained(model_name)
8.  # 加载并处理图像
9.  image_path = "leifengta.jpg"  # 替换为你的图像路径
10. image = Image.open(image_path)
11. inputs = processor(images=image, return_tensors="pt")
12.
```

```
13. # 获取图像的向量表示
14. with torch.no_grad():
15.     image_features = model.get_image_features(**inputs)
16.
17. # 打印图像向量维度和向量
18. print(image_features.shape)
19. print(image_features.numpy()[0])
```

3.1.3 知识图谱的向量表示

在知识图谱中，实体和关系也可以利用嵌入模型进行向量化表示。通过将知识图谱中的节点（实体）和边（关系）转换为向量，使知识图谱中的语义和结构信息能够在几何空间中表示和操作。TransE、TransH、ConvE 和 R-GCN 等模型便利用了这种思想，将知识图谱的结构信息嵌入向量空间，实现知识的向量表示，并基于向量表示进行推理。知识图谱的向量表示和推理等内容详见《知识图谱：认知智能理论与实战》一书的第 7 章。

3.2 向量相似度

向量表示的关键问题之一是如何高效且准确地度量不同向量之间的相似度，这直接关系到算法的有效性和系统的精度。向量相似度的度量方法有很多种，每种都从不同的角度来衡量向量之间的关系，适用于不同的场景。为了便于描述向量相似度的度量方法，分别用 $\boldsymbol{x}=(x_1,x_2,\cdots,x_n)$ 和 $\boldsymbol{y}=(y_1,y_2,\cdots,y_n)$ 表示两个 n 维向量，其中下标数字表示该维度的数值，如 x_1 表示第 1 维度上的数值，一般为浮点数。下面用几个词向量来计算向量之间的相似度。

```
1.  from openai import OpenAI
2.  import numpy as np
3.  import pandas as pd
4.
5.  words = ['小狗', '小猫', '苹果', '草莓', '华为', '手机', '水果', '动物']
6.
7.  client = OpenAI(api_key="API-KEY", base_url="Base-URL")
8.  resp = client.embeddings.create(
9.      model='BAAI/bge-m3',
10.     input= words
11. )
12. vecs = [np.array(i.embedding) for i in resp.data]
13. vdog, vcat, vapple, vberry, vhuawei, vphone, vfruit, vannimal = vecs
```

3.2.1 L2 距离

L2 距离，也称欧氏距离（Euclidean Distance），源自我们对物理空间距离的理解，通过计算两个向量在几何空间中的直线距离来评估它们的相似度，这是最直观和常用的距离度量方法。在较低维度的空间中，欧氏距离直观且有效；当维度较高时，可能会遭遇维度诅咒（Curse of Dimensionality）问题，即随着维度的增加，数据点之间的距离趋于相等，难以区分“近”和“远”。对于两个向量 $\boldsymbol{x}$ 和 $\boldsymbol{y}$，其欧氏距离为

$$d(\boldsymbol{x},\boldsymbol{y})=\sqrt{\sum_{i=1}^{n}(x_i-y_i)^2}$$

欧氏距离的数值越小，表示两个向量越相近，0 表示二者重合。计算欧氏距离的 Python 代码如下。

```
1.  def euclidean_distance(x, y):
2.      '''计算欧氏距离'''
3.      return np.sqrt(np.sum((x - y) ** 2))
4.
```

使用上述公式计算“水果”和“手机”与其他词语之间的欧氏距离，代码如下。

```
1.  # 计算水果和手机分别与哪些词距离最短
2.  dist_fruit = [euclidean_distance(vfruit, vec) for vec in vecs]
3.  dist_phone = [euclidean_distance(vphone, vec) for vec in vecs]
4.  df = pd.DataFrame({
5.      '词语': words,
6.      '水果距离': dist_fruit,
7.      '手机距离': dist_phone,
8.  })
9.  print('与“水果”距离由小到大的排序:',
10.       df.sort_values('水果距离')['词语'].to_list())
11. print('与“手机”距离由小到大的排序:',
12.       df.sort_values('手机距离')['词语'].to_list())
13. df
```

在后续的距离计算中，这部分代码都是一样的，只要将“euclidean_distance”替换为相应的距离函数名即可，后续不再重复，仅给出每个距离的结果。

使用上述例子，输出结果如下。

```
与“水果”距离由小到大的排序: ['水果', '草莓', '苹果', '手机', '动物', '华为', '小狗',
```

```
'小猫']
    与“手机”距离由小到大的排序：['手机', '苹果', '华为', '水果', '动物', '小狗', '小猫',
'草莓']
```

排序越靠前，与所比较的词语的相似度越高。df 表示与所比较的词语的欧氏距离，其结果如表 3-1 所示。

表 3-1

	词语	水果距离	手机距离
0	小狗	1.052327	0.994393
1	小猫	1.059617	1.015744
2	苹果	0.804748	0.830871
3	草莓	0.780034	1.052235
4	华为	1.021971	0.861225
5	手机	0.912258	0.000000
6	水果	0.000000	0.912258
7	动物	0.928243	0.974448

可以看出，欧氏距离能够如预期一样选择出距离相近的词语，特别是“苹果”具备“水果”和“手机”的双层意思，都能够被排在前面。因此，使用欧氏距离确实能够度量不同向量之间的相似度。

3.2.2 余弦相似度

余弦相似度（Cosine Similarity）是指通过计算两个向量夹角的余弦值来衡量它们的相似度。余弦相似度的值域为[−1, 1]，其中 1 表示完全相似，0 表示正交（无相关性），−1 表示完全相反。余弦相似度忽略了向量的绝对大小，因此对向量的尺度不敏感，只关注向量的方向。它能有效地处理高维稀疏数据，特别适合处理文本数据。在文本分析中，我们通常更关心词语的相对频率，而非绝对出现次数。当需要对向量的长度进行严格比较时，余弦相似度可能无法提供足够的信息。余弦相似度的公式为

$$d(\boldsymbol{x},\boldsymbol{y})=\cos(\boldsymbol{x},\boldsymbol{y})=\frac{\boldsymbol{x}\cdot\boldsymbol{y}}{\|\boldsymbol{x}\|\cdot\|\boldsymbol{y}\|}=\cos\theta$$

其中的 $\cdot$ 表示向量的内积，$\|*\|$ 表示向量的范数，θ 表示两个向量之间的夹角，有时也被称为角距离（Angular Distance）。

$$\theta = \arccos\left(\frac{\boldsymbol{x} \cdot \boldsymbol{y}}{\|\boldsymbol{x}\| \cdot \|\boldsymbol{y}\|}\right)$$

余弦相似度的数值越大，表示两个向量越接近。计算余弦相似度的 Python 代码如下。

```
1.  from numpy.linalg import norm
2.
3.  def cosine_similarity(x, y):
4.      '''计算向量 x 和 y 之间的余弦相似度'''
5.      return np.dot(x, y) / (norm(x) * norm(y))
6.
7.  def angular_distance(x, y):
8.      '''计算向量 x 和 y 之间的角距离'''
9.      return np.arccos(np.dot(x, y) / (norm(x) * norm(y)))
```

使用上述例子，输出结果如下。

```
    与“水果”距离由小到大的排序：['小猫', '小狗', '华为', '动物', '手机', '苹果', '草莓', '水果']
    与“手机”距离由小到大的排序：['草莓', '小猫', '小狗', '动物', '水果', '华为', '苹果', '手机']
```

排序越靠后，相似度越高。具体数值如表 3-2 所示。

表 3-2

	词语	水果距离	手机距离
0	小狗	0.446303	0.505591
1	小猫	0.438606	0.484132
2	苹果	0.676191	0.654827
3	草莓	0.695773	0.446401
4	华为	0.477788	0.629146
5	手机	0.583892	1.000000
6	水果	1.000000	0.583892
7	动物	0.569182	0.525226

可以看出，余弦相似度能够很好地选择出相似的词语。

3.2.3 内积相似度

内积，又称点积（Dot Product），是指将两个向量的对应分量相乘，并累加。在几何空间中，内积能够描述一个向量在另一个向量上的投影大小。其定义为

$$d(\boldsymbol{x},\boldsymbol{y})=\boldsymbol{x}\cdot\boldsymbol{y}=\sum_{i=1}^{n}x_i y_i=\|\boldsymbol{x}\|\cdot\|\boldsymbol{y}\|\cos\theta$$

其中，θ是两个向量的夹角。可以看出，内积相似度和余弦相似度有很强的关系。余弦相似度是对内积的归一化处理，仅依赖向量的方向，与其长度无关；内积则强调了长度的影响。

从定义可以看出，当两个向量方向相同时，$\cos\theta=1$，内积达到最大值；当两个向量相互垂直时，$\cos\theta=0$，内积为 0，两个向量之间没有投影关系；当两个向量方向相反时，$\cos\theta=-1$，内积为负值，表示投影为反向的。内积体现了两个向量在方向上的相似程度。当两个词的向量指向相近的方向时，内积值更大，表明这两个词的语义相似。Python 实现代码如下。

```
1.  def dot_similarity(x, y):
2.      '''计算向量 x 和 y 之间的内积相似度'''
3.      return np.dot(x, y)
```

使用上述例子，输出结果如下。

```
    与“水果”距离由小到大的排序：['小猫', '小狗', '华为', '动物', '手机', '苹果', '草莓',
'水果']
    与“手机”距离由小到大的排序：['草莓', '小猫', '小狗', '动物', '水果', '华为', '苹果',
'手机']
```

具体数值如表 3-3 所示。

表 3-3

	词语	水果距离	手机距离
0	小狗	0.446377	0.505553
1	小猫	0.438581	0.483986
2	苹果	0.676121	0.654733
3	草莓	0.695859	0.446475
4	华为	0.477837	0.628990
5	手机	0.583924	1.000000
6	水果	1.000000	0.583924
7	动物	0.569155	0.525017

3.2.4 L1 距离

L1 距离，也称曼哈顿距离（Manhattan Distance）、城市街区距离（City Block Distance），是指两个向量在各个维度上的绝对差值之和。它源自城市规划场景中计算街道网格的行走距离，由于人无法穿过建筑物，所以行走距离总是沿着水平和垂直方向的。与欧氏距离相比，曼哈顿距离在处理离群点时更健壮。但在自然语言处理方面，曼哈顿距离不如欧氏距离和余弦相似度常用。在图像处理和生物信息学的图像分割或边缘检测任务中，使用曼哈顿距离可以有效区分目标区域和背景。曼哈顿距离的定义为

$$d(\boldsymbol{x}, \boldsymbol{y}) = \sum_{i=1}^{n} |x_i - y_i|$$

曼哈顿距离越小，相似度越高。计算曼哈顿距离的 Python 代码如下。

```
1.  def manhattan_similarity(x, y):
2.      '''计算曼哈顿距离'''
3.      assert x.shape == y.shape
4.      distance = np.sum(np.abs(x - y))
5.      return distance
```

使用上述例子，输出结果如下。

```
    与“水果”距离由小到大的排序：['水果', '草莓', '苹果', '手机', '动物', '华为', '小狗', '小猫']
    与“手机”距离由小到大的排序：['手机', '苹果', '华为', '水果', '动物', '小狗', '小猫', '草莓']
```

具体数值如表 3-4 所示。

表 3-4

	词语	水果距离	手机距离
0	小狗	26.772238	25.033286
1	小猫	26.927767	25.410023
2	苹果	20.226212	20.770940
3	草莓	19.385295	26.673478
4	华为	26.127466	21.829376
5	手机	23.301851	0.000000
6	水果	0.000000	23.301851
7	动物	23.931770	24.466974

3.3 向量索引与检索方法

在向量数据库中，向量检索方法是一个关键的技术里程碑。最简单的向量检索方式是暴力检索（Brute Force Search），通常称为最近邻（Nearest Neighbor，NN）检索方法，即计算查询

向量与数据库中所有向量的相似度。但这种方法在大规模数据集上计算量开销巨大，在工程实践中几乎不具备可用性。

解决这个问题的方法是近似最近邻（Approximate Nearest Neighbor，ANN）算法，用于在可接受的精度损失下大幅提升检索速度。目前主流的近似最近邻算法包括：基于位置的局部敏感哈希（Locality Sensitive Hashing，LSH）、基于图结构的分层可导航小世界（Hierarchical Navigable Small World，HNSW），以及乘积量化（Product Quantization，PQ）等。这些高效的向量检索技术不仅是向量数据库的核心组件，也是构建知识增强大模型应用的重要基础。

3.3.1 最近邻检索和近似最近邻检索

最近邻检索问题可以描述为：给定一个查询向量 $\boldsymbol{q} \in \mathbb{R}^n$ 和一个包含 m 个 d 维向量的数据集 $X = \{\boldsymbol{x}_1, \boldsymbol{x}_2, \cdots, \boldsymbol{x}_m \mid \boldsymbol{x}_i \in \mathbb{R}^n\}$，目标是在 $\boldsymbol{X}$ 中找到与 $\boldsymbol{q}$ 最相似的 k 个向量。常见的最近邻检索算法如下。

（1）k-最近邻（k-Nearest Neighbor，kNN）检索：基于 L2 距离，寻找与查询向量距离最小的 k 个向量，即 $\underset{x \in X}{\operatorname{argmin}}^{(k)} \|\boldsymbol{q} - \boldsymbol{x}\|_2^2$。

（2）k-最大余弦相似度（k-Maximum Cosine Similarity，k-MCS）检索：基于余弦相似度，寻找与查询向量夹角余弦值最大的 k 个向量，即 $\underset{x \in X}{\operatorname{argmax}}^{(k)} \frac{\boldsymbol{qx}}{\|\boldsymbol{x}\|_2}$。

（3）k-最大内积检索（k-Maximum Inner Product Search，k-MIPS）：基于向量内积，寻找与查询向量内积最大的 k 个向量，即 $\underset{x \in X}{\operatorname{argmax}}^{(k)} \boldsymbol{qx}$。

这些算法可以通过向量变换相互转换，统一为 k-MIPS 检索。具体来说，通过向量归一化，k-MCS 可以转换为 k-MIPS；通过适当的向量扩充，kNN 也可以转换为 k-MIPS。

在实际应用中，直接进行最近邻检索的计算复杂度较高，尤其在高维向量空间中，即使针对最简单的 kNN 问题，也难以同时实现高效率与高精度。以 k=1 的情况为例，精确求解的方式相对直接：计算查询向量与数据集中所有向量的距离，选择距离最近的一个。该方法的时间复杂度为 $O(|\boldsymbol{X}|n)$，其中$|\boldsymbol{X}|$是数据集的规模，n 是向量的维度。当 k>1 时，问题的复杂度进一步增加，时间复杂度达到 $O(|\boldsymbol{X}|n \log k)$。随着数据规模的扩大，复杂度迅速变得令人难以接受。因此，尽管精确算法可以保证最优解，但效率极低，仅在小规模数据集中适合使用暴力检索找到精确的最近邻。而在处理大规模高维数据时，计算代价过大，难以在实际应用中采用精确的最近邻

检索。

因此，在实践中普遍采用近似最近邻检索算法，用一定的精度损失来换取更高的检索效率。这类算法允许存在一定程度的误差，显著提高了搜索速度，使大规模向量检索成为可能。例如，LSH 算法、基于图结构的 HNSW 算法，以及向量量化等。LSH 算法通过将高维数据嵌入低维空间，尽量保持向量之间的相似度，从而加速搜索过程；HNSW 算法通过构建分层的小世界图结构，在查询时能高效找到与查询向量相近的节点，逐步逼近最优解；基于向量量化的技术，如乘积量化，将高维向量分割成多个子向量，并对每个子向量独立量化，从而实现高效的近似搜索。

这些近似算法虽然对精度有所妥协，但在处理大规模、高维数据集时效率更高，因此被广泛应用于实际的向量检索任务中，是向量数据库普遍采用和支持的方法。

3.3.2 局部敏感哈希算法

局部敏感哈希（LSH）算法是一种高效的近似最近邻检索算法，最早由 Indyk 和 Motwani 于 1998 年提出[7]，用于解决高维向量空间中的距离计算代价高昂、遍历所有数据点进行比较时效率低下的问题。LSH 算法的核心思想是通过哈希函数 f_h，使在特征空间中距离较近的高维向量对比距离较远的向量对更有可能被映射到相同的桶（bucket）中，从而大大简化高维空间中的最近邻检索问题，如图 3-1 所示。

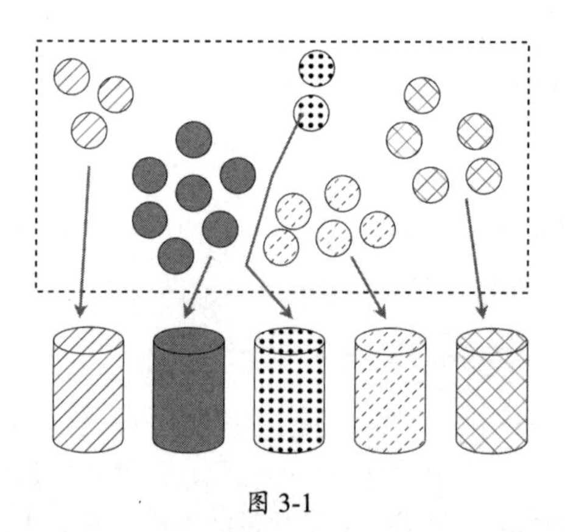

图 3-1

也就是说，通过哈希函数 f_h 将向量从 n 维向量空间 $\mathbb{R}^n$ 映射到 b 个桶中，当两个向量在某种相似度度量 $d(\boldsymbol{x}, \boldsymbol{y})$ 下相互接近时，这两个向量被放在同一个桶中的概率显著增加。由此，检索过程被简化，仅需考虑集合 $\boldsymbol{X}$ 中的所有向量应用 f_h，记录它们的桶位置。在检索阶段，对查

询向量 $\boldsymbol{q}$ 的处理同样直接：只需在桶 $f_h(\boldsymbol{q})$ 中进行精确搜索。f_h 的设计使 $\boldsymbol{q}$ 更有可能落入包含其最近邻的桶，因此在 $f_h(\boldsymbol{q})$ 桶中进行精确搜索往往更有可能找到正确的 Top-k 向量。

LSH 的核心思想可以直观理解为：假设我们要在一个巨大的图书馆中找到内容相似的书，传统方法是逐一翻阅每一本书，LSH 相当于设计了一个“智能分类系统”——相似的书很可能被分到同一个书架上。这样我们只需要在特定的书架上翻阅并找到相似的书，大大缩小了寻找范围。从数学上，LSH 的形式化描述为：在给定的特征空间 $\mathbb{R}^n$ 中，有距离函数 $d(\boldsymbol{x},\boldsymbol{y})$，哈希函数 $f_h:\mathbb{R}^n \to [b]$，对于任意向量对 $(\boldsymbol{x},\boldsymbol{y})$，存在函数 $P_r(d(\boldsymbol{x},\boldsymbol{y}))$，使

$$P_r(f_h(\boldsymbol{x})=f_h(\boldsymbol{y}))=f_d(d(\boldsymbol{x},\boldsymbol{y}))$$

其中，相似度度量 $d(\boldsymbol{x},\boldsymbol{y})$ 并非归一化的，有些是值越大，表示相似度越高；而另一些则是值越小，表示相似度越高。这里引入 $f_d(d(\boldsymbol{x},\boldsymbol{y}))\to[0,1]$ 来归一化 $d(\boldsymbol{x},\boldsymbol{y})$，使其表示两个向量的归一化距离，即向量 $\boldsymbol{x}$ 和向量 $\boldsymbol{y}$ 的距离越大，其值越小。从而，当给定阈值 $r>0$、近似因子 $\epsilon>0$ 和两个概率值 $1>p_1>p_2>0$ 时，要求在 $f_d(d(\boldsymbol{x},\boldsymbol{y}))\leqslant r$ 时，$f_h(\boldsymbol{x})=f_h(\boldsymbol{y})$，即向量 $\boldsymbol{x}$ 和向量 $\boldsymbol{y}$ 在同一个桶中）的概率至少为 p_1，即 $P_r(f_h(\boldsymbol{x})=f_h(\boldsymbol{y}))<p_1$；而 $f_d(d(\boldsymbol{x},\boldsymbol{y}))\geqslant(1+\epsilon)r$ 时，$f_h(\boldsymbol{x})=f_h(\boldsymbol{y})$ 的概率至多为 p_2，即 $P_r(f_h(\boldsymbol{x})=f_h(\boldsymbol{y}))>p_2$[8]。这也被称为 $(r,(1+\epsilon)r,p_1,p_2)$ 敏感族。

在实际应用中，最简单的 LSH 结构使用单个哈希函数，类似于一个简单的分桶系统。这种结构虽然直观，但往往会产生较多的假阳性碰撞。为了提高准确性，使用多个哈希函数的“多维桶”的方式被提出，即使用 L 个哈希函数 $f_h=\left[f_h^1,f_h^2,\cdots,f_h^L\right]$ 将向量映射到多个桶中。多个桶之间有多种不同的方式，如使用“与”结构，要求 L 个桶都满足既定要求，才被认为是“近邻”，这种方法极大提升了精确度，但降低了召回率；使用“或”结构，即 L 个桶中只要有一个满足既定要求，即可认为是“近邻”，显然，这种情况提升了召回率，但降低了精确度。在实践中，我们也可以根据情况，要求 $1\leqslant l\leqslant L$ 个桶满足既定要求，来平衡精确度和召回率。

在检索时给定向量 $\boldsymbol{q}$，在集合 $\boldsymbol{X}$ 中找出与 $\boldsymbol{q}$ 的距离不超过（$1+\varepsilon)r$（或者 r）的所有向量。在这个过程中，首先用相同的哈希函数 f_h 将查询向量 $\boldsymbol{q}$ 映射到对应的桶中，然后对桶中的向量进行比较，找到最近邻。此时，向量检索的时间复杂度为 $O(n|\boldsymbol{X}|^{\rho})$，其中 $\rho=\dfrac{\ln p_1}{\ln p_2}$。显然，$\rho$ 小于 1，这是一个次于线性的时间复杂度，相比于原始的时间复杂度，效率大幅提升。在简单的 LSH 之上，还有一些其他策略，如多重探测（Multi-probe）LSH[9]，通过智能检索邻近桶来减少所需哈希表的数量，从而提升空间效率；自适应桶划分则通过动态调整哈希函数参数来平衡准确率和空间开销。

针对不同的相似度度量方法，常用的哈希函数如下。

- L2 距离：$f_h(\boldsymbol{x})=\left\lfloor\dfrac{\boldsymbol{\alpha x}+\beta}{r}\right\rfloor$，其中 $\boldsymbol{\alpha}$ 是从标准高斯分布中采样的随机向量，β 是从$[0, r]$中均匀采样的随机偏移，r 是阈值。该哈希族是 $(r,(1+\epsilon)r,f_p(r),f_p(1+\epsilon)r)$ 敏感的，其中 $f_p(\boldsymbol{x})=\int_{\tau=0}^{r}\frac{1}{\boldsymbol{x}}f_{\mathcal{D}}\left(\frac{\tau}{\boldsymbol{x}}\right)\left(1-\frac{\tau}{r}\right)\mathrm{d}\tau$，$f_{\mathcal{D}}$ 是高斯分布的密度函数。
- 余弦相似度：$f_h(\boldsymbol{x})=\operatorname{sign}(\boldsymbol{x}\cdot\boldsymbol{r})$，其中 sign 表示值的符号，取值为+1 或-1，$\boldsymbol{r}$ 是从 n 维单位球面均匀采样的随机向量，定义了一个超平面。余弦相似度本质上是以向量夹角衡量的，超平面 LSH 提供了一个优雅的解决方案。其基本思想是，随机选择一个超平面，根据向量落在超平面哪一侧来赋予其哈希值。两个向量的夹角越小，它们被同一个随机超平面分到不同侧的概率就越小。如果选择足够多的随机超平面，那么可以保证哈希碰撞的概率（即两个向量映射到相同的哈希值）接近$1-\dfrac{\theta}{\pi}$，其中 θ 为两个向量的夹角。从而，该哈希族是$\left(\theta,(1+\epsilon),1-\dfrac{\theta}{\pi},1-(1+\epsilon)\dfrac{\theta}{\pi}\right)$敏感的。
- 内积相似度：内积相似度可以通过提升一个维度的函数将其变换为余弦相似度，如在向量 $\boldsymbol{x}$ 后附加一个维度，其值为 $\sqrt{\|1-\boldsymbol{x}\|_2^2}$。

3.3.3 基于图结构的 HNSW 算法

基于图结构的分层可导航小世界（HNSW）算法是另一种高效的向量近似最近邻检索算法[10]。HNSW 是对可导航小世界（Navigable Small World，NSW）算法的改进，旨在提高其在大规模数据集上的性能。NSW 算法的核心思想是将数据集中的每个向量作为图（Graph）中的一个节点，并根据节点的相似度通过边（连接）将其关联起来。

NSW 图模仿小世界网络的特性，并使用 L2 距离或内积相似度等创建层次化的连接：短程边连接相似节点，长程边跨越图连接不太相似的节点。这样能使贪婪搜索有效找到与查询向量最相似的目标向量。也就是说，算法从一个起始节点开始，通过贪婪搜索算法逐步逼近目标向量。具体步骤是：算法在每一步评估当前节点的邻居，并选择与查询向量距离最近的节点，重复这一过程，直到找到最相似的节点。虽然这种策略在小规模图上有效，但随着数据规模增大，效率明显下降。为了提高精度，必须增加每个节点的连接数，但这同时增加了图的复杂度和搜索时间。在极端情况下，如果每个节点均与所有其他节点相连，那么效率将接近线性搜索，失去了算法的优势。

HNSW 通过引入层次结构，并借鉴跳跃表（skip list）的思想，解决了 NSW 在大规模数据集上效率不高的问题。这种分层结构大幅提升了检索的效率和可扩展性。具体来说，HNSW 由多个层次组成，每层是一个 NSW 图。顶层的图包含的节点最少，且节点之间的连接跨度最大；底层的图包含所有节点，且连接为短程的。检索过程从顶层的图开始，逐层向下，每层都通过贪婪搜索找到距离查询向量最近的节点，直到到达底层的图为止。底层的图的精度最高，因此最终能找到最接近的向量。

在 HNSW 中，向量检索的过程可以被形象地比喻为一次“分层跳跃”。首先，算法从顶层的稀疏图开始，找到离查询向量最近的一个节点，然后进入下一层，重复这一过程，直到到达底层。在每层中，贪婪搜索的目标是找到当前层中最接近查询向量的节点。这种分层搜索大幅减小了搜索空间，因为每层的节点数逐层递增，而连接的距离逐层减小，使搜索效率大幅提升。

1. 德劳内图与沃洛诺伊图

德劳内图（Delaunay Graph）是一种基于德劳内三角剖分（Delaunay Triangulation）构造的无向图。德劳内图与沃洛诺伊图（Voronoi Graph）互为对偶图，如图 3-2 所示。

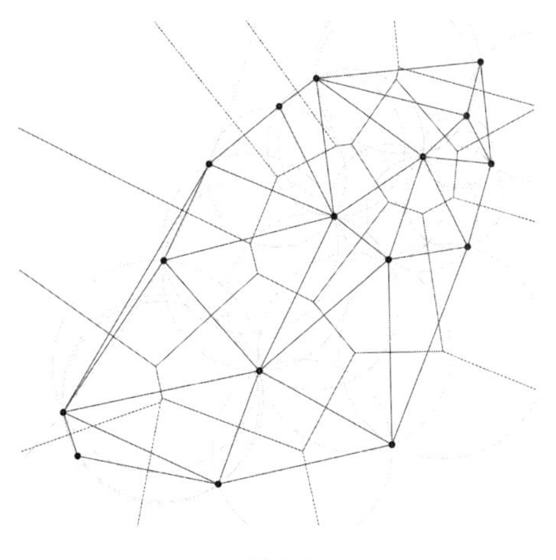

图 3-2

对于平面上的一个点集 P，其德劳内三角剖分具有以下性质：将点集 P 剖分成若干个三角形，使任意三角形的外接圆内部不包含点集 P 中的其他点，这被称为空圆性质。在此基础上，德劳内图 $G=(V, E)$的顶点集 V 对应点集 P 中的所有点，边集 E 由德劳内三角剖分中的所有边组成，即对于任意两个点 $u, v \in V$，当且仅当它们在三角剖分中被一条边直接连接时，有$(u, v) \in E$。换言之，德劳内图保留了德劳内三角剖分的组合结构，但仅关注其中的连接关系，而不考虑几何信息。

德劳内图在向量的最近邻检索中发挥着重要的作用，这源于它的空圆性质、局部最优性和仅在几何上相邻的点之间建立边连接的性质。

沃洛诺伊图将平面划分成若干区域，使每个区域内的所有点与同一个种子点的距离最近。高维向量空间的数据集 X 代表一个点集，沃洛诺伊图将空间划分为若干区域，每个区域由该区域的点 x 及其最近邻的点组成。德劳内图中的顶点 V 对应向量空间中的点集 X。如果两个点 u 和 v 的沃洛诺伊区域有非空交集，那么在德劳内图中，这两个点之间就存在一条无向边$(u, v) \in E$。

德劳内图具有许多重要性质，其中最重要的一点是它与最近邻关系的紧密联系。在任何维度中，德劳内图中任意一条边连接的两点，必定在其最近邻区域中。在路径规划问题中，这一性质使德劳内图成为最优路径搜索的基础。从数据集中构建的德劳内图需要满足 k 个点不共面（超平面）（$2 \leqslant k \leqslant n+1$，$n$ 为向量维度）和 $k+1$ 个点不共圆（超球面）两个条件，这样才能确保德劳内图是唯一的。在实际应用中，通常假设向量数据集 X 满足这个条件。

2. 最近邻检索的贪婪搜索算法

沃洛诺伊图本质上是一种对最近邻检索问题的空间分割，对于每一个查询向量 $\boldsymbol{q}$，最近的目标向量都位于 $\boldsymbol{q}$ 所在的沃洛诺伊区域内。德劳内图是沃洛诺伊图的对偶图，它简化了沃洛诺伊图的复杂结构，仅记录数据点间的邻接关系。这种表示方式在存储和计算上更紧凑，德劳内图的空圆性质使其支持最佳的贪婪搜索路径，可以从任意节点快速找到 k 近邻的全局最优解，而不会陷入贪婪搜索算法的局部最优状态。德劳内图的性质为 kNN 的贪婪搜索算法提供了理论保证。

贪婪搜索算法从图中选择一个初始节点，逐步遍历邻近节点，选择距离查询点最近的节点，并不断更新当前位置，直到无法找到更近的邻居为止。算法的流程总结如下。

（1）初始化：从图 $G(V, E)$中选择一个初始节点作为搜索的起点。

（2）贪婪搜索迭代：在每一步中，计算当前节点邻居与查询点的距离，选择距离最小的邻居。如果某个邻居比当前节点更接近查询点，则更新当前位置为该邻居节点。

（3）停止条件：当搜索到的节点的邻居中不存在比当前节点更接近查询点的节点时，算法停止，返回该局部最优节点。

3. 近似最近邻检索中的概率保证

在理想状态下，如果图的每个节点都连接到其沃洛诺伊邻居，则贪婪搜索算法将避免陷入局部最优解，能够确保找到全局最近邻。然而，构建这样的结构等同于构造该图的德劳内图，而构造德劳内图需要有精确的度量空间。如果只能通过任意两个数据点之间的距离来构建德劳内图，那么唯一能够保证贪婪搜索有效的图结构是完全图。这意味着，对于未知度量空间，无法确保使图中所有节点的连接都避免陷入局部最优，并获得全局最优解。另外，构建德劳内图的计算复杂度随着维度的增加呈指数级增长，这意味着，当维度 n 很大时，构建德劳内图几乎不可行，而实际应用中的向量维度恰好比较大。在实际应用中，数据集中的数据往往被认为是独立同分布，点与点之间的距离在高维空间中趋于一致，导致几乎每对点之间都有一条边。这种密集的图结构在理论上虽优雅，但在实际应用中却面临着巨大的计算量和存储开销。

在进行近似最近邻检索时，需要权衡效率和精度，在保证查询效率的同时，以较大概率得到全局最优解，以小概率得到局部最优解。此时，没有必要构建德劳内图，只需构建近似德劳内图即可。每个节点（数据点）仅与其距离最近的 M 个节点相连，即当 v 是 u 的 M 个最近邻之一时，才有边$(u, v)\in E$。在实际应用中，近似德劳内图也可以是有向的，这取决于具体的距离度量方法，如 $d(u, v)!=d(v, u)$。通过 M 个最近邻节点连边的限制，使近似德劳内图变得稀疏，大幅降低构建成本。在这种情况下，贪婪搜索算法并不确保每次都找到真实的最近邻，但能够保证在一定的概率范围内，搜索结果接近最优解。

4. 小世界现象

小世界现象（Small-world Phenomenon）是复杂网络中普遍存在的一种特性，是指从图中任意一个起始顶点出发，仅通过非常少的中间顶点，即可到达另一个任意顶点[11]。针对现实数据集构建的图结构常常呈现出小世界现象，它具备两个关键特性——局部聚集性和长程连接[12]。局部聚集性表现为每个点与其最近的几个邻居紧密相连，形成局部稠密子图结构。长程连接表现为少量的长距离边可以大幅缩短节点之间的路径长度，且这些长程连接往往是随机的。这为近似最近邻检索带来了显著优势。

也就是说，在德劳内图上合理加入长程连接，能够实现全局高效导航，提升大规模数据检索的效率。这个过程的关键是长程连接的分布必须与数据集的几何特性相匹配，即以某种概率机制选择远距离节点连接。例如，在德劳内图的每个节点上，随机选择另一个节点，并通过长距离边进行连接。选择过程是基于距离的一个对数随机分布进行的。长距离边的生成遵循一个简单的协议：首先从节点 u 出发，选取一个距离范围内的随机点 u^*，再找到 u^*的最近邻节点 v，

然后在 u 和 v 之间建立一条有向边。建立边的目的是针对距离较远的区域，减少近似最近邻检索过程中节点间的跳数。加入长程连接后，近似最近邻检索的平均时间复杂度是 $O(\log^2|V|)$，$|V|$ 为顶点数量，在向量检索中对应向量的数量 $|X|$，检索效率得到大幅提升。

- **短程连接**：近似德劳内图内的边，用于贪婪搜索算法的局部优化。短程连接帮助算法在局部范围内快速找到目标节点的近邻。
- **长程连接**：赋予图结构“可导航小世界”的性质，通过指数缩放机制提升贪婪搜索的全局效率。长程连接使从任意节点到查询节点的路径长度保持在对数级别，从而显著提高图的可导航性。

5. 构建图

NSW 图的构建是一个动态过程，通过连续插入新元素逐步完善图结构，从而构建出近似的德劳内图。每当有新元素插入时，首先找到该元素的最近邻集（即近似的德劳内图），并将新元素与最近邻集连接。具体来说，对于一个要被插入的向量 $\boldsymbol{x}$，使用近似最近邻检索算法找到 M 个最近的邻居，使这些邻居与 $\boldsymbol{x}$ 建立短程连接。随着更多元素的加入，原先的一些短程连接会转变为长程连接，从而赋予图结构小世界特性。该算法旨在通过控制每个节点的边数，降低全局最小化误差的概率，同时维持图结构“可导航小世界”的特性。通过逐步插入与 k-最近邻检索算法结合，有效构建具有近似德劳内图性质的结构，从而在不显著增加复杂度的前提下，实现高效的 k-最近邻检索和快速数据插入。

结构的动态更新和连接的灵活转换，使 NSW 不仅适用于静态数据集，还适用于动态数据环境。更重要的是，所有查询都是相互独立的，因此可以通过分布式计算将查询请求分配到多个物理节点上并行处理，从而提升系统的整体吞吐量。

6. 层次结构与 HNSW

HNSW 通过引入层次结构，并借鉴跳跃表的思想，进一步优化了 NSW 方法。HNSW 的插入操作类似于跳表中的节点插入。当一个新向量被插入图时，算法首先从顶层开始，通过贪婪搜索找到其在当前层的最近邻居，然后将其插入该层，并在下一层重复该过程。每个向量会根据一个概率分布决定其在图中的层次。HNSW 通过指数分布控制向量出现在不同层次中的概率，确保整个图的平衡性和层次分布的合理性。

在 HNSW 图中，决定节点之间连接的参数是 M，M 表示每个节点可以拥有的最大双向连接数。通常，新插入的节点会被连接到它的最近邻节点，但为了优化图的整体结构，也可以使用其他启发式方法来决定连接。通过限制每个节点的连接数，HNSW 保持了图的稀疏性，同时，长程连接的引入使贪婪搜索的路径长度保持在对数级别。即使在包含数百万个顶点的网络中，查询也能够高效完成，少量的“跳跃”可以快速缩短任意两个节点之间的路径，从而在大规模数据集上实现高效的搜索和数据插入。

3.3.4 向量量化与乘积量化

在近似最近邻检索中，向量量化（Vector Quantization，VQ）是一种由常用语构建倒排索引的技术，其核心思想是通过少量的典型向量来近似表示大量的原始向量数据。这类似于将连续的向量空间划分为有限个区域，每个区域由一个代表性向量来描述。标准向量量化的过程是使用聚类等技术，将输入向量映射到某个簇（Cluster）中，实现对数据的分区并加速检索。然而，直接在高维空间中执行这种映射的效率并不高。随着簇的数量增加，量化误差会降低，但同时消耗的计算资源会显著增加，接近穷举搜索，从而削弱了量化的效率优势。

乘积量化（PQ）[13]通过将高维向量分解为多个正交的低维子空间，在每个子空间中独立执行向量量化，大幅降低了计算复杂度。这种方法不仅降低了高维空间中的计算负担，还支持在各低维子空间中并行进行量化操作，同时保持较高的近似精度。最终，原始向量的量化表示是对各子空间量化结果的串联，并有效地实现数据压缩，且保持较好的检索性能。

1. 向量量化

向量量化是指将 n 维向量映射到有限的离散集合 $\boldsymbol{C}=\{\boldsymbol{c}_i \mid 0 \leqslant i<k\}$ 中，其中，$[0, k)$个整数是索引集合，离散集合 $\boldsymbol{C}$ 也被称为大小为 k 的码书（Codebook），将输入向量 $\boldsymbol{x}$ 转换为来自 $\boldsymbol{C}$ 的某个向量 $\boldsymbol{c}_i$， $\boldsymbol{c}_i$ 也被称为质心（Centroid），是对 $\boldsymbol{x}$ 的近似表示。所有被映射到同一个 $\boldsymbol{c}_i$ 的原始向量 $\boldsymbol{x}$ 的集合被称为一个沃洛诺伊单元（Voronoi Cell）。沃洛诺伊单元与沃洛诺伊图中“沃洛诺伊”的意思类似，即每个沃洛诺伊单元中的向量都由相同的质心表示，这意味着整个数据空间被划分成了多个不相交的区域。

衡量向量量化的质量通常依赖均方误差（Mean Squared Error，MSE）和失真度（Distortion）等。经典的向量量化方法是 Lloyd 算法，也被称为 k-means 聚类，通过迭代优化寻找近似最优的质心集合。其过程分为两个步骤：首先，将训练集中的每个向量分配给距离其最近的质心；然后，重新计算每个质心，使其等于所分配向量的均值。不断重复该过程，直到收敛。然而，k-means 聚类只能保证找到一个局部最优解，因此其性能受初始质心选择的影响较大。

每个簇只保存质心，而不是每个数据点的原始向量——这就是向量量化带来的数据压缩。具体来说，对于 n 维向量集合 $\boldsymbol{X}$，经过量化后，只需要 $O(|\boldsymbol{C}|n + |\boldsymbol{X}| \log|\boldsymbol{C}|)$ 的空间来存储整个

集合 $\boldsymbol{X}$。相比之下，直接存储$|\boldsymbol{X}|$个 n 维向量需要 $O(n|\boldsymbol{X}|)$的空间。显然，当$|\boldsymbol{C}|<<|\boldsymbol{X}|$时，向量量化方法可以显著降低存储需求。

2. 乘积量化

乘积量化是指将原始向量分割为若干个子向量，每个子向量独立量化，从而将高维量化问题分解为多个低维量化问题，其本质上是分而治之的策略在量化上的应用。将 n 维向量划分为 L 个子空间，每个子空间的维度为 n/L。对每个子空间使用一个独立的量化器进行量化。具体来说，首先将 n 维向量 $\boldsymbol{x}$ 分割为 n/L 个子向量 $\boldsymbol{y}_i$，对每个子向量使用对应的量化器 $f_i^{\boldsymbol{q}}$ 进行量化，在每个量化器上都定义了码书 $\boldsymbol{C}_i=\{\boldsymbol{c}_{i,j}\}$。最终，乘积量化的码书是各个子向量码书的笛卡儿乘积：

$$\boldsymbol{C}=\boldsymbol{C}_1\times\boldsymbol{C}_2\times\cdots\times\boldsymbol{C}_L$$

这也是“乘积量化”名称的由来。$\boldsymbol{C}$ 中的质心是 n/L 个量化器的质心的串联。这意味着，乘积量化是对多个子量化器的量化中心（即码书的质心）进行组合，生成了一个较大集合的质心。值得注意的是，若每个子量化器都包含 k^* 个质心，那么质心的总数量为 $k=(k^*)^L$。与直接对整个向量进行量化相比，这种分片策略大大降低了计算复杂度和存储成本。

向量乘积量化的量化误差是各个子空间的误差之和，即

$$\mathrm{MSE}(f^{\boldsymbol{q}})=\sum_{i=0}^{L}\mathrm{MSE}(f_i^{\boldsymbol{q}})$$

即对于特定的 n 维向量空间，将其分割成合理数量的子空间至关重要。太大的 L 会带来较大的量化误差，太小的 L 则接近普通的向量量化方法。在极端情况下，L=1 即普通的向量量化方法；如果 L=n，则是对每个维度进行量化。在实践中，需要设置合理的 L 来平衡乘积量化的效率和精度。

在近似最近邻检索中，计算查询向量 $\boldsymbol{q}$ 与数据库中的向量 $\boldsymbol{x}$ 之间的距离是至关重要的。乘积量化可以通过预计算距离查找表来大幅减少距离计算的开销。预计算距离查找表是指将簇中每个向量与质心的距离的余弦值计算出来，呈现为表的形式。在实践中，有两种距离计算方法：对称距离计算（Symmetric Distance Computation，SDC）和非对称距离计算（Asymmetric Distance Computation，ADC）。

- 对称距离计算：首先在 L 个子空间中对 $\boldsymbol{q}$ 和 $\boldsymbol{x}$ 进行量化，得到每个子空间量化后各自的质心 $f_i^{\boldsymbol{q}}(\boldsymbol{q})$ 和 $f_i^{\boldsymbol{q}}(\boldsymbol{x})$，两个质心的距离 $d(f_i^{\boldsymbol{q}}(\boldsymbol{q}),f_i^{\boldsymbol{q}}(\boldsymbol{x}))$ 可以通过距离查找表直接获得，

最终 $\boldsymbol{q}$ 和 $\boldsymbol{x}$ 的距离如下式所示。这种距离计算的效率非常高，只需要 L 次查找表即可完成。

$$d(\boldsymbol{q},\boldsymbol{x}) \approx \sqrt{\sum_{i}^{L}(d(f_i^{\boldsymbol{q}}(\boldsymbol{q}), f_i^{\boldsymbol{q}}(\boldsymbol{x})))^2}$$

- 非对称距离计算：首先在 L 个子空间中对 $\boldsymbol{x}$ 进行量化，得到 L 个子空间的量化质心 $f_i^{\boldsymbol{q}}(\boldsymbol{x})$，但不对 $\boldsymbol{q}$ 进行量化，仅将 $\boldsymbol{q}$ 分割成子向量 $\boldsymbol{y}_i$。在每个子空间中，计算查询向量 $\boldsymbol{y}_i$ 到 $\boldsymbol{x}$ 的每个子空间各自的质心 $f_i^{\boldsymbol{q}}(\boldsymbol{x})$ 的距离，并用质心 $f_i^{\boldsymbol{q}}(\boldsymbol{x})$ 代替 $\boldsymbol{x}$ 来计算 $\boldsymbol{q}$ 与 $\boldsymbol{x}$ 的距离。

$$d(\boldsymbol{q},\boldsymbol{x}) \approx \sqrt{\sum_{i}^{L}(d(\boldsymbol{y}_i, f_i^{\boldsymbol{q}}(\boldsymbol{x})))^2}$$

3. 乘积量化的扩展

在乘积量化中，除了简单的子空间分解，还有残差量化（Residual Quantization，RQ）和两级量化等改进方法。例如，在乘积量化的基础上，首先对数据集进行粗量化，将整个数据集划分为若干个大簇，然后对每个簇内部的残差向量进行细量化（Coarse Quantization）。这种两级量化的策略进一步提升了量化精度，并在大型数据集上表现出色。

3.4 Milvus 向量数据库

Milvus 是一种具有高扩展性的高性能向量数据库，以 Apache 2.0 许可证开源发布。Milvus 的许多贡献者都是高性能计算（High Performance Computing，HPC）领域的专家，擅长构建大型系统和优化硬件感知代码，其中的主要贡献者大多来自 Zilliz、ARM、NVIDIA、AMD、英特尔、Meta、IBM、Salesforce、阿里巴巴和微软等公司。Milvus 提供强大的数据建模功能，支持用户将非结构化数据或多模式数据组织成结构化集合。它支持多种数据类型，适用于不同的属性建模，包括常见的数字和字符类型，以及各种向量类型、数组、集合和 JSON，减轻用户维护多个数据库系统的压力。事实上，Milvus 并非单纯的向量数据库，也能存储其他字符串、JSON 文档和数值类型，并进行统一的建模。Milvus 数据建模和部署示意图如图 3-3 所示。

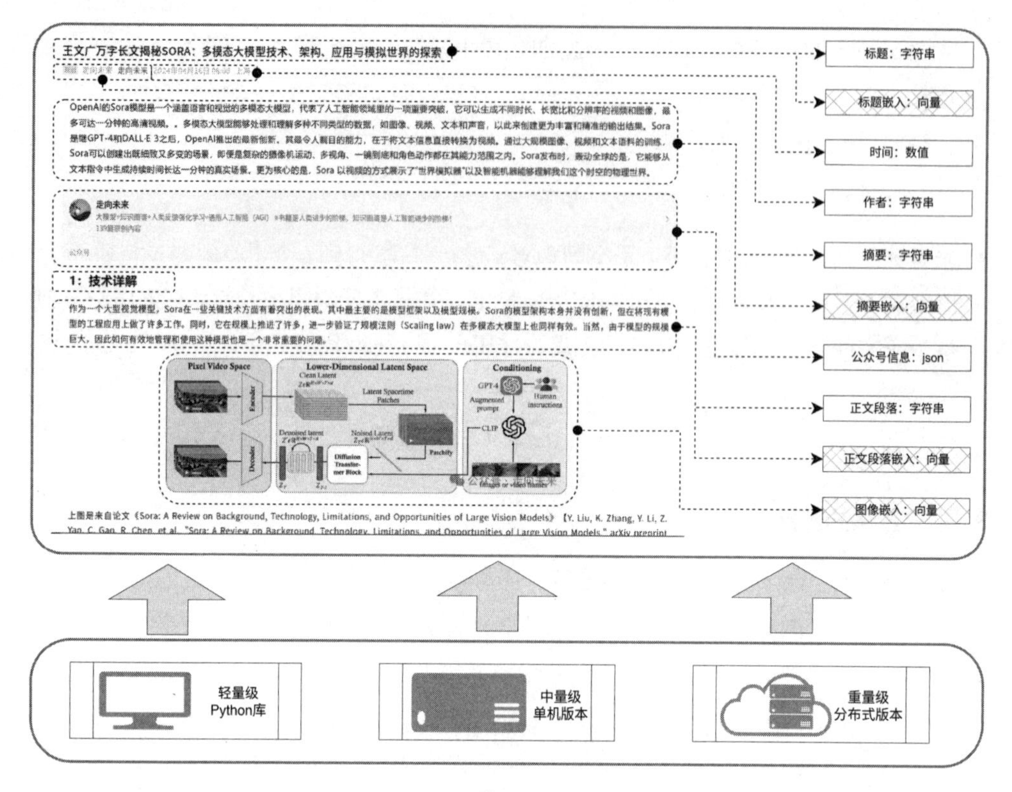

图 3-3

Milvus 支持多种分布式部署模式。

- 轻量级 Python 库：既适合在 Jupyter 中进行快速原型开发，也可以嵌入其他程序，并在计算资源受限的边缘设备上运行。
- 中量级单机版本：所有组件都包含在 Docker 镜像中，部署非常方便。
- 重量级分布式版本：可部署在 Kubernetes 集群上，采用云原生架构，专为十亿级规模甚至更大的场景而设计。该架构可确保关键组件的冗余，以实现高可用性。

3.4.1 Milvus 架构

Milvus 的核心组件采用 C++语言编写，支持多种高效的内存和硬盘的向量索引和查询算法，包括基于聚类的倒排文件索引（Inverted File Index，IVF）、HNSW、可扩展最近邻（Scalable Nearest Neighbors，ScaNN）和 DiskANN 等，并在底层使用列存储的数据访问模式，能够实现高吞吐量和低延迟。在查询上，除了支持查询给定向量的前 k 个向量的近似最近邻算法，Milvus 还支持给定过滤条件下的近似最近邻检索，查询指定向量的半径范围向量等。同时，Milvus 还提供了基于 BM25 的方法对字符串进行关键字搜索。这些查询方法的组合使 Milvus 能够胜任更多的应用场景。当然，这也带来了更复杂的架构，Milvus 架构如图 3-4 所示。

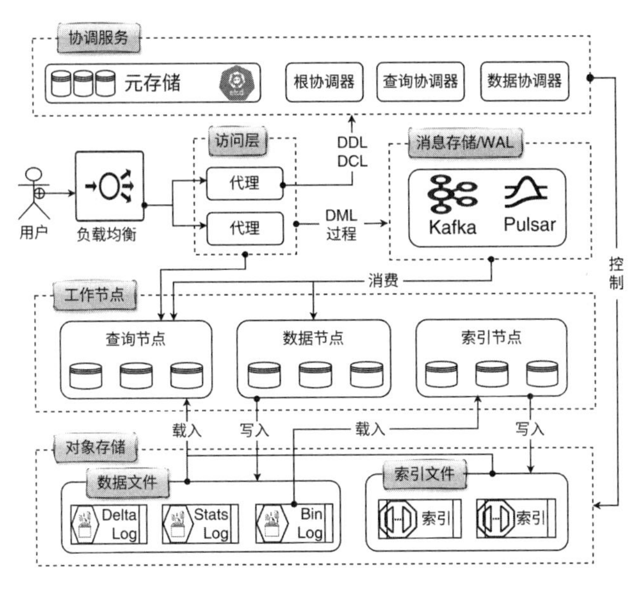

图 3-4

Milvus 架构使用将存储与计算相分离的方法，有利于实现高可用性和高性能的分布式系统。Milvus 将数据平面和控制平面分解，采用 4 层架构，在设计上充分体现了“关注点分离”的原则。同时，Milvus 遵循“日志即数据”原则，不维护物理数据表，而是通过日志持久化和快照日志来保证数据的可靠性。

（1）访问层：无状态的前端代理，采用大规模并行处理（Massively Parallel Processing，MPP）架构，负责请求验证和结果聚合。

（2）协调服务：系统的“大脑”，负责任务调度和资源管理，承担的任务包括集群拓扑管理、负载平衡、时间戳生成、数据声明和数据管理。协调器有 3 种类型：负责处理数据定义语言（Data Definition Language，DDL）和数据控制语言（Data Control Language，DCL）的根协调器（Root Coordinator）、查询协调器（Query Coordinator）和数据协调器（Data Coordinator）。

（3）工作节点：系统的“四肢”，执行具体的数据操作任务。工作节点遵从协调器的服务指令，执行来自代理的数据操作语言（Data Manipulation Language，DML）命令。由于存储和计算相分离，工作节点是无状态的，部署在 Kubernetes 上时可促进系统扩展和灾难恢复。工作节点也有 3 种类型：负责搜索的查询节点、负责处理日志的数据节点，以及负责构建索引的索引节点。

（4）对象存储：系统的“骨骼”，提供持久化存储能力。Milvus 的存储包括元存储、对象存储和消息存储三大部分。元存储使用 ETCD 存储元数据的快照，具备极高的可用性、强一致性和事务支持能力；对象存储使用 MinIO 来存储日志快照文件、标量和向量数据的索引文件，以及中间查询结果等；消息存储负责流数据持久化和事件通知，在分布式版本上使用 Pulsar（单机版使用 RocksDB）作为消息存储，也支持使用 Kafka 来代替 Pulsar 和 RocksDB。

上述架构的核心在于“日志即数据”原则，这简化了数据一致性模型：所有数据变更都通过日志进行序列化，保证全局一致性视图，同时便于数据复制和恢复，只通过重放日志，便可轻松实现数据的复制和故障修复。此外，通过日志能够重建任意时间点的数据状态。这种设计本质上是将 CRUD（创建、读取、更新、删除）操作转换为仅追加（Append-only）的日志流，大大降低了分布式系统的复杂性。

3.4.2 向量索引方法

Milvus 提供了多种向量索引方法，每个元素为浮点数的普通向量的索引类型及比较情况如表 3-5 所示。此外，Milvus 支持二值向量（元素为 1 或 0 的向量）索引和稀疏向量（大部分元素为 0 的向量）的索引，这两种向量在大模型中比较少见，因此不再赘述。

表 3-5

索引类型	查询速度	召回率	内存消耗	构建速度	内存资源	适用场景
FLAT	慢	100%	大	快	大	小规模，高精度
IVF_FLAT	中	高	大	中	中	中等规模，平衡
IVF_SQ8	快	中	小	中	小	大规模，资源受限
IVF_PQ	极快	低	极小	慢	小	超大规模，速度优先
HNSW	极快	高	大	慢	大	极高速查询，高维数据，动态场景
ScaNN	极快	高	中	中	大	大规模，高召回率要求

FLAT 索引适用于小规模数据集（如百万级别）且对精度要求极高的场景。FLAT 索引不对向量进行压缩，采用穷举搜索方法，全量遍历数据库进行搜索，以保证 100%的查询精度。即针对每一次查询，都要将目标输入向量与数据集中的每一组向量进行比较，这种方式虽然精确，但速度较慢，不适合处理超大规模数据集。FLAT 索引提供了最高的精确度，通常可作为其他索引的基准。

IVF_FLAT 索引首先将向量数据分为多个聚类单元（nlist），然后比较输入向量与各聚类中心的距离，只搜索距离最近的几个聚类单元（由参数 nprobe 控制）。这种方式显著提升了查询速度，但也带来了精度上的损失。通过调节 nprobe 的值，用户可以在精度和查询速度之间找到平衡。nprobe 的值越大，查询的聚类单元越多，精度越高，但查询速度越低。IVF_FLAT 不压缩向量数据，其索引文件包含的元数据使存储需求略有增加。

与 IVF_FLAT 相比，IVF_SQ8 通过将每个 32 位浮点数转换为无符号 8 位整数（UINT8）来减少存储空间和内存占用，这和大模型权重量化的思想是一致的。量化操作可以将存储需求降低约 70% ~ 75%。得益于量化算法的研究成果，IVF_SQ8 的查询精度与 IVF_FLAT 相差无几。即使压缩数据，精度损失也通常不到 1%。

IVF_PQ 在 IVF 的基础上引入了乘积量化技术，将原始高维向量空间均匀分解为低维向量空间的笛卡儿乘积，然后对分解后的低维向量空间进行量化，这类似于大模型中的 LoRA 思想。在 Milvus 中使用参数 m 和 nbits 来平衡索引的规模、查询速度、内存消耗和精度。具体来说，IVF_PQ 首先通过聚类将向量数据划分为多个聚类单元，然后在每个聚类单元内对向量进行进一步分块和量化，这个过程要用到乘积量化技术。乘积量化将每个向量划分为多个子向量，并对这些子向量分别进行量化，将其存储为较小的编码表示。这种双重压缩策略大幅减少了存储需求，适用于大规模的高维向量检索场景，尤其是内存受限的情况。

HNSW 是一种基于图结构的高效近似最近邻检索算法，适用于大规模数据集。其核心思想是在不同层次上建立小世界图，底层包含所有数据点，上层是对下层的稀疏表示。本质上，HNSW 通过构建一个多层的稀疏图来加速搜索过程，每一层代表不同距离尺度的邻接关系。在搜索时，HNSW 首先从最高层的较粗糙图开始，通过邻居节点之间的跳跃逐渐逼近目标区域，再在底层图中进行更精确的搜索。HNSW 的结构使其在保持较高精度的同时，显著降低了搜索的计算量，但索引构建时间较长，内存消耗相对较大。具体来说，HNSW 通过控制每层图的连接度（参数 M）和层数来平衡索引构建速度、内存占用和查询速度，其优点在于查询速度快、扩展性强，能够在大规模数据集上实现接近精确搜索的性能。

ScaNN 与 IVF_PQ 类似，主要区别在于 IVF_PQ 算法专门针对大规模数据集进行了优化。ScaNN 在保持较高精度的同时，能够高效处理数十亿规模的向量数据，非常适合大规模向量数据的应用场景。

除了上述索引方法，Milvus 还支持 CPU 和 GPU 混合索引的方法，这里不再赘述。对于如何选择合适的索引方法，下面列出了一些最佳实践指南。

- 数据规模：百万级以下的数据规模可考虑 FLAT，亿级以上推荐使用 IVF_PQ 或 ScaNN。
- 精度要求：对精度极为敏感的场景可选 FLAT 或 HNSW，FLAT 可以作为其他近似索引方法的精度衡量基准。
- 查询延迟：要求毫秒级响应可选 HNSW 或 ScaNN。
- 存储限制：内存资源受限场景可选 IVF_SQ8 或 IVF_PQ。
- GPU 加速：如果有 GPU 资源用于加速，可选 IVF_SQ8。
- 数据特征：维度较高的数据更适合使用 HNSW、IVF_PQ 或 ScaNN。
- 动态性：如果需要频繁插入新向量，可选 HNSW。

3.4.3 向量检索方法

Milvus 提供了两种搜索类型——单向量检索和混合检索。

单向量检索是基础的向量检索方法，适用于只有一个向量字段的集合。单向量检索使用 search 方法在指定集合中执行搜索，query_vector 是输入的查询向量，metric_type 决定了相似度的度量方法，limit 参数控制返回的结果数量。其主要检索流程如下。

（1）输入查询向量：用户输入一个查询向量，代表其需要检索的对象或特征。

（2）计算相似度：系统根据预设的相似度度量方法（如欧氏距离、余弦相似度等），计算查询向量与存储向量的相似度。

（3）返回最相似的结果：系统对相似度度量结果进行排序，并返回与查询向量最相似的一组向量及其对应的距离。

混合检索允许在单个集合中包含多个（最多 10 个）向量字段。不同列的向量代表数据的多个方面，可能源自不同的嵌入模型或经过不同的处理方法，并且支持在向量检索中同时使用标量进行过滤。混合检索的结果通过重排策略进行整合，以获得更全面和准确的搜索结果。这个功能在综合性的搜索场景中很有用，如基于人的多个特征（照片、声音、指纹等）识别向量库中最相似的人，以及基于文章的多个特征（标题、段落、作者等）识别向量库中最相似的文章等。在混合检索中，需要创建多个 AnnSearchRequest，配置重排序策略，即可简单地使用 hybrid_search 方法来执行混合检索。

3.4.4 数据一致性

在分布式系统中，一致性是指各个节点保持数据同步的能力，它是确保不同节点或副本在特定时间下拥有相同数据视图的关键属性。在分布式系统中，当发生网络分区（Partition）时，系统必须在一致性（Consistency）与可用性（Availability）之间做出权衡，即 CAP 定理。在没有网络分区时，系统需要在一致性与延迟（Latency）之间进行取舍。

高一致性意味着系统需要同步多个副本的数据视图，以确保每次读取操作都能获取最新数据，代价是增加了延迟。低一致性允许副本之间的数据存在一定差异，从而提升系统的响应速度，但可能导致部分读请求获取到过时数据。

Milvus 支持 4 种不同级别的一致性，分别是强一致性（Strong Consistency）、有界延迟一致性（Bounded Staleness）、会话一致性（Session Consistency）和最终一致性（Eventually Consistency）。

Milvus 通过引入保证时间戳（Guarantee Timestamp，GuaranteeTs）机制，实现不同级别的一致性。时间戳定义了查询节点在处理请求时允许的数据可见性范围。具体来说，Milvus 为每条进入系统的记录分配一个时间戳和插入时间水印（timetick）。在查询请求时，用户通过时间戳告知系统必须确保看到所有在时间戳之前插入的记录，从而确保用户查询时的数据一致性。Milvus 默认为有界延迟一致性，这是在性能和一致性之间取得平衡的选择。

（1）强一致性：分布式系统中最严格的一致性级别，保证每个读操作都能获取到最新版本的数据。在这种模式下，系统保证每次写入数据后，所有节点都会立即被更新到最新的状态。在 Milvus 中，当一致性级别被设置为“强一致性”时，系统会确保所有数据的写入操作在全局同步完成，确保用户在任何节点上读取到的数据都是最新的。也就是说，在查询时，时间戳被设置为与系统的最新时间戳相同，查询节点必须等待所有数据同步完成后才能处理请求。这意味着系统必须在多个节点之间进行频繁通信，从而导致较高的延迟。强一致性适用于对数据准确性要求极高的场景，如金融交易系统、供应链管理中的订单系统等。但在向量检索应用中，尤其是在大规模集群环境下，强一致性往往会导致性能瓶颈。

（2）有界延迟一致性：允许系统在一段可控的时间窗口内出现数据不一致的现象，但保证该窗口之外的数据是一致的。换言之，系统允许节点间存在一定的时间差异，但数据的不同步状态会被严格限制在某个时间窗口内，最终恢复数据一致性。在 Milvus 中进行查询时，时间戳会稍小于最新时间戳，查询节点可以在一个允许的滞后范围内，基于较新的数据视图进行查询。对于大多数向量检索应用，这种一致性已经足够，既能保证较高的查询性能，也能确保数据在一定时间范围内保持同步。

（3）会话一致性：保证在同一客户端会话中的所有数据操作是即时可见的。具体来说，用户通过一个客户端写入数据后，随后的读取操作能立即检索到这些数据，而不必等待全局同步。在 Milvus 中，根据客户端最新的写操作来设置时间戳，确保同一客户端的写入操作可即时被检索到。这在某些基于用户交互的应用中具有优势，如在线对话系统。

（4）最终一致性：最弱的一致性级别，允许读写操作没有严格的顺序保证，系统最终在没有新的写操作后趋于一致。它也是许多分布式系统中性能最优的选择。系统不保证立即一致，但随着时间的推移，最终所有节点的数据趋于一致。最终一致性适用于对实时性要求不高，但吞吐量极大的场景。在 Milvus 中，最终一致性意味着时间戳被设为极小值，跳过一致性检查。在查询中，系统会立即基于当前已有的数据视图处理请求，无须等待数据同步完成，最大限度地缩短了查询延迟。最终一致性还适用于对数据一致性要求较低，但对响应速度要求极高的场景。例如，在电子商务平台中，用户查看产品评价时并不要求获取到最新的实时数据，而是更关注响应速度；在大模型增强的搜索引擎中，部分网页检索缺失并不会产生太大的影响，但响应速度太慢则非常影响用户体验。

3.4.5 用户认证与权限控制

在真实生产环境中，数据安全十分重要。Milvus 向量数据库提供了用户认证和权限控制的方法，为数据操作层提供基础的安全保障。通过启用认证功能和基于角色的访问控制（Role-Based Access Control，RBAC），Milvus 能够有效防止未经授权的访问，确保系统的稳定运行和数据的安全。

启用用户认证需要通过修改配置文件来实现，将 Milvus 的配置文件（通常为 milvus.yaml 或 user.yaml 等）的配置项“common.security.authorizationEnabled”设置为“true”。在配置文件中设置初始的管理员账号和密码，详见 3.5.1 节。在启用了用户认证后，所有连接到 Milvus 的操作都需要提供有效的用户名和密码。客户端连接数据库并使用账号和密码的例子见 3.5.2 节。如果没有提供有效的认证信息，系统会返回 gRPC 错误，提醒用户认证身份。在完成用户认证后，就可以用 Milvus 提供的一整套完善的用户管理 API，支持创建、修改和删除用户，更新用户密码，并提供超级用户机制，允许在重置密码时不提供旧密码。

更细粒度的权限控制由基于角色的访问控制（Role-Based Access Control，RBAC）实现。RBAC 是一种常用且有效的确保系统资源安全的访问方式。在 RBAC 模型中，管理员可以为用户分配不同的角色，为每个角色绑定一组特定的权限。在默认情况下，Milvus 提供全局级别权限、数据库级别权限和集合级别权限。系统能够基于用户身份，动态控制对数据和操作的访问权限。Milvus 提供完整的 RBAC API，用于创建角色、为角色分配权限（如对特定集合资源的读写权限等）、为用户分配角色、撤销权限与角色等。

结合用户认证和RBAC实施最小权限原则，通过精确控制访问范围以及定期审计权限分配，能够做好数据的分级管理和用户之间的数据隔离等，有效阻止未经授权的访问，为数据安全提供基础保障。

3.5 Milvus 向量数据库实战指南

本节以宋词数据为基础，介绍 Milvus 向量数据库的完整使用过程，涵盖数据库的安装和连接、数据准备、创建集合、创建索引，以及标量查询、单向量检索和混合检索等内容。

3.5.1 安装、配置和运行 Milvus

Milvus 的安装和启动过程比较简单，这里以 Docker Hub 提供的 Docker 为例。首先通过 docker pull 命令将镜像拉到本地：

```
docker pull milvusdb/milvus:v2.4.13
```

其中，v2.4.13 是版本号，读者可根据实际情况选择最新的版本号。不同版本之间可能会发生变更，建议不熟悉的读者选择使用与本例相同的版本号①。

Docker 支持以 standalone 的方式启动单机版本，并内嵌了 etcd 等。首先创建一个目录 zmilvus，在其中创建两个目录 conf 和 data。在 conf 中创建两个文件 etcd.yaml 和 user.yaml，内容如下所示。详细的配置项可以查阅 etcd 和 Milvus 的官方资料。值得注意的是，这里启用了用户认证功能，并设置默认的管理员账号为“futureland”、密码为“zouxiangweilai”。如果启用用户认证但未设置管理员的账号密码，那么 Milvus 会默认创建账号“root”及初始密码“Milvus”，供管理员初始登录使用。

```
1.  # etcd.yaml 的内容
2.  listen-client-urls: http://0.0.0.0:12340
3.  advertise-client-urls: http://0.0.0.0:12340
4.  quota-backend-bytes: 4294967296
5.  auto-compaction-mode: revision
6.  auto-compaction-retention: '1000'
```

① 不同版本的 Milvus 和 PyMilvus 可能会略有不同，如果发生运行错误，请确认版本是否与本例一致。

```
7.  # user.yaml 的内容
8.  security:
9.    authorizationEnabled: true
10.   superUsers: futureland
11.   defaultRootPassword: zouxiangweilai
12. etcd:
13.   endpoints:
14.     - 127.0.0.1:12340
15. proxy:
16.   port: 12341
```

然后，在 zmilvus 目录下使用命令，即可启动 Milvus。

```
1.  docker run -d \
2.          --name zmilvus \
3.          --security-opt seccomp:unconfined \
4.          -e ETCD_USE_EMBED=true \
5.          -e ETCD_DATA_DIR=/var/lib/milvus/etcd \
6.          -e ETCD_CONFIG_PATH=/milvus/configs/etcd.yaml \
7.          -e COMMON_STORAGETYPE=local \
8.          -v $(pwd)/data/milvus:/var/lib/milvus \
9.          -v $(pwd)/conf/etcd.yaml:/milvus/configs/etcd.yaml \
10.         -v $(pwd)/conf/user.yaml:/milvus/configs/user.yaml \
11.         -p 12341:12341 \
12.         -p 9091:9091 \
13.         -p 12340:12340 \
14.         --health-cmd="curl -f http://localhost:9091/healthz" \
15.         --health-interval=30s \
16.         --health-start-period=90s \
17.         --health-timeout=20s \
18.         --health-retries=3 \
19.         milvusdb/milvus:v2.4.13 \
20.         milvus run standalone
```

使用以下命令可以查看 Milvus 的状态，启动成功后其状态显示为“healthy”。如果显示“unhealthy”，那么可以查看日志，根据日志来解决问题。日志的查看方法如下。

```
docker logs -f zmilvus
```

使用以下命令安装 Python 的客户端 PyMilvus，当前版本为 2.4.8。

```
pip install pymilvus==2.4.8
```

如果 PyMilvus 安装正确，那么在运行以下命令时不会出现异常。

```
python3 -c "from pymilvus import Collection"
```

3.5.2 连接服务器和创建数据库

在 Python 中使用 MilvusClient 连接 Milvus 数据库，具体参数如下。

- uri：定义 Milvus 实例的 URI，用于标识数据库的位置，通常包含协议和主机地址，如“http://localhost:12341”。
- user 与 password：当启用身份认证时，这两个参数用于提供连接 Milvus 实例的认证信息。类似于传统数据库的登录过程，user 和 password 确保只有授权用户能够访问数据库的内容。在上述配置中，user 为“futureland”，password 为“zouxiangweilai”。
- db_name：数据库的名称，用于指示目标 Milvus 实例所属的具体数据库。
- token：以“username:password”模式替代 user 和 password 的方式，提供一个简便的认证机制。该 token 包含用户名和密码。在上述配置中，token 为“futureland:zouxiangweilai”。
- timeout：定义操作的超时时间。

连接 Milvus 的实例如下。

```
1.  from pymilvus import MilvusClient
2.  mclient = MilvusClient(
3.      uri="http://localhost:12341",
4.      token="futureland:zouxiangweilai",
5.      db_name="default"
6.  )
```

另一种连接方法是使用 connections.connect，其参数与上面相同，alias 用于为连接定义一个别名。

```
1.  from pymilvus import connections
2.  connections.connect(
3.      alias="test_conn",
4.      uri="http://localhost:12341",
5.      user="futureland",
6.      password="zouxiangweilai",
7.      db_name="default"
8.  )
```

在默认情况下，Milvus 会创建一个 default 数据库。Milvus 支持创建多个数据库（不多于 64 个），每个数据库可以用于实现不同的目的。可以使用 MilvusClient 的方法创建或者切换数据库。

```
1.  # 使用 MilvusClient 的 create_database 方法创建数据库
2.  mclient.create_database('songci')
```

```
3.  # 使用MilvusClient的list_databases方法列出所有数据库
4.  mclient.list_databases()
5.  # 使用MilvusClient的using_database方法选择数据库
6.  mclient.using_database('songci')
```

也可以使用更底层的db模块，示例代码如下。

```
1.  from pymilvus import db
2.  # 方法跟前述一样，test_conn是连接的alias，见前面的connections
3.  db.create_database("songci", 'test_conn')
4.  db.list_database('test_conn')
5.  db.using_database('songci', 'test_conn')
```

3.5.3 数据准备

本例使用宋词作为数据集songci_data，总共2万多首宋词。每个元素是一首宋词，为一个dict，包含三部分内容，如下所示。

```
{'author': '苏轼',
 'cipai': '行香子',
 'content': '清夜无尘。\n月色如银。\n酒斟时、须满十分。\n浮名浮利，虚苦劳神。\n叹隙中驹，石中火，梦中身。\n虽抱文章，开口谁亲。\n且陶陶、乐尽天真。\n几时归去，作个闲人。\n对一张琴，一壶酒，一溪云。'}
```

将每个字段转换为嵌入向量，使用“BAAI/bge-m3”模型，代码如下所示。

```
1.  from openai import OpenAI
2.  from tqdm import tqdm
3.
4.  eclient = OpenAI(api_key="Your-APIKey", base_url="Your-BaseURL")
5.
6.  def text2emb(text):
7.      resp = eclient.embeddings.create(
8.          model='BAAI/bge-m3',
9.          input=[text])
10.     return resp.data[0].embedding
11.
12. vauthors = {} # 避免重复调用嵌入接口
13. vcipais = {} # 避免重复调用嵌入接口
14. data = []
15.
16. for i, ci in enumerate(tqdm(songci_data, desc="为宋词创建嵌入向量")):
17.     author = ci['author'].strip()
18.     if author not in vauthors:
19.         vauthors[author] = text2emb(author)
```

```
20.
21.     cipai = ci['cipai'].strip()
22.     if cipai not in vcipais:
23.       vcipais[cipai] = text2emb(cipai)
24.
25.     ct = ci['content'].strip()
26.     vct = text2emb(ct)
27.
28.     data.append({"id": i,
29.                  'vector_author': vauthors[author],
30.                  'text_author': author,
31.                  'vector_cipai': vcipais[cipai],
32.                  'text_cipai': cipai,
33.                  'vector_content': vct,
34.                  'text_content': ct,
35.       })
```

上述代码的输出列是 data，将该数据保存到 Milvus 向量数据库中，进行后续相关的检索操作等。

3.5.4 创建集合

在 Milvus 中，集合（Collection）类似于关系数据库中的表。Milvus 的数据建模就是由集合模式（CollectionSchema）决定的。CollectionSchema 的作用是将多个字段的模式（FieldSchema 对象）组合起来，形成一个完整的数据模型。除了预定义好的数据模型，Milvus 也支持动态字段的自动扩展。

Milvus 为单个字段提供了元数据的字段模式 FieldSchema，例如字段名称 name、数据类型 dtype、是否为主键 is_primary，以及数据类型关联的信息等。字段支持标量数据类型（Scalar Data Type）和向量数据类型（Vector Data Type）。标量数据类型在其他数据库中是常见的，如 BOOL、INT8、INT16、INT32、INT64、FLOAT、DOUBLE、VARCHAR、JSON 和 ARRAY 等。向量数据类型包括 BINARY_VECTOR 和 FLOAT_VECTOR。其他限制是主键（primary_key）字段只支持用 INT64 或 VARCHAR。对于 VARCHAR，需要传入最大长度参数 max_length；对于 FLOAT_VECTOR，需要传入向量维度参数 dim；对于分布式系统，is_partition_key 也是关键的；对于单机版本，保持默认值就好。

在定义了字段模式后，接下来创建 CollectionSchema。在 CollectionSchema 中，fields 是上述定义的字段模式列表，以及对该模式的描述。enable_dynamic_field 用于设置是否允许动态字段。当在集合模式中设置 enable_dynamic_field=True 时，Milvus 支持插入集合模式中未定义的字段，这样设计的灵活性与其他 NoSQL 数据库相似。

```
1.  from pymilvus import CollectionSchema, FieldSchema, DataType
2.
3.  # 定义字段模式
4.  primary_key = FieldSchema(
5.      name="id",
6.      dtype=DataType.INT64,
7.      is_primary=True,
8.  )
9.
10. vector_author = FieldSchema(
11.     name="vector_author",
12.     dtype=DataType.FLOAT_VECTOR,
13.     dim=embedding_dim
14. )
15.
16. text_author = FieldSchema(
17.     name="text_author",
18.     dtype=DataType.VARCHAR,
19.     max_length=20
20. )
21.
22. vector_cipai = FieldSchema(
23.     name="vector_cipai",
24.     dtype=DataType.FLOAT_VECTOR,
25.     dim=embedding_dim
26. )
27.
28. text_cipai = FieldSchema(
29.     name="text_cipai",
30.     dtype=DataType.VARCHAR,
31.     max_length=50
32. )
33.
34. vector_content = FieldSchema(
35.     name="vector_content",
36.     dtype=DataType.FLOAT_VECTOR,
37.     dim=embedding_dim
38. )
39.
40. text_content = FieldSchema(
41.     name="text_content",
```

```
42.     dtype=DataType.VARCHAR,
43.     max_length=2000
44. )
45.
46. # 基于上述已定义的字段，创建集合模式
47. ci_schema = CollectionSchema(
48.     auto_id = False,
49.     enable_dynamic_field = False,
50.     primary_field = 'id',
51.     fields=[primary_key, vector_author, text_author,
52.            vector_cipai, text_cipai,  vector_content, text_content],
53.     description="宋词集合模式"
54. )
55.
```

在创建完集合模式后，就可以创建集合了。在单机模式或嵌入模式中，可以使用以下代码来创建集合。

```
1.  collection_name = "songci"
2.  mclient.create_collection(
3.      collection_name=collection_name,
4.      schema = ci_schema,
5.      consistency_level="Strong",  # 强一致性
6.  )
```

其中，参数 name 为指定集合的标识符，schema 用于传入上述的集合模式 ci_schema 等。在分布式场景中，则要考虑更多的参数，包括数据分片（Sharding）机制和数据一致性。

- 数据分片：在高并发数据存储系统中，将写入负载有效地分配至不同的计算节点是保证系统性能的关键。在 Milvus 中，分片机制用于将写入操作分配至多个节点。在创建 Collection 时，使用 num_shards 参数配置其分片数量，默认值为 1，这意味着所有数据写入操作将被集中于单个节点。通过增加分片数量，可以在集群中将写入操作均衡分配到不同的节点，从而充分利用集群的并行计算能力。在实际应用中，向量检索的性能常常受限于系统的 I/O 瓶颈。通过合理配置分片数量，可以将数据写入操作均匀分配至多个存储节点上，从而有效减轻单节点的负载压力，提升系统的可扩展性。
- 数据一致性：详见 3.4.4 节，这里不再赘述。本例是单机模式，将集合设置为强一致性。

可以使用下面的方法查看已有的集合。

```
mclient.list_collections()
```

3.5.5 创建索引

在进行查询和检索前，还要为集合创建索引。与集合模式中对字段的定义类似，索引也分为向量索引和标量索引。向量索引详见 3.4.2 节。标量索引比较简单，默认使用倒排索引（INVERTED）。对于数值型的标量索引，还支持 STL_SORT，它能够加速数值范围内的检索和排序过程；VARCHAR 还支持前缀树（Trie）索引，提供高效的前缀匹配检索。创建索引的方法如下。

```
1.  #准备索引参数
2.  index_params = mclient.prepare_index_params()
3.
4.  # 数值型的标量索引，使用 STL_SORT
5.  index_params.add_index(
6.      field_name="id",
7.      index_type="STL_SORT",
8.      index_name = "id_index"
9.  )
10.
11. # 字符串索引，INVERTED 或 Trie，对 author 和 cipai 创建倒排索引
12. # 不对 content 进行检索，所以不创建索引
13. index_params.add_index(
14.     field_name="text_author",
15.     index_type="INVERTED",
16.     index_name='author_index'
17. )
18. index_params.add_index(
19.     field_name="text_cipai",
20.     index_type="INVERTED",
21.     index_name='cipai_index'
22. )
23.
24. # 向量索引，需要指定索引类型及度量方法
25. # 索引类型见 3.4.2 节
26. # 度量方法见 3.2 节
27. index_params.add_index(
28.     field_name="vector_author",
29.     index_type="FLAT",
30.     metric_type="L2", # 欧氏距离
31.     index_name = 'vauthor_index'
32. )
33.
```

```
34. index_params.add_index(
35.     field_name="vector_cipai",
36.     index_type="IVF_FLAT",
37.     metric_type="IP", # 内积相似度
38.     params={"nlist": 256},
39.     index_name = 'vcipai_index'
40. )
41.
42. index_params.add_index(
43.     field_name="vector_content",
44.     index_type="HNSW",
45.     metric_type="COSINE", # 余弦相似度
46.     params={"M": 16, "efConstruction":128},
47.     index_name = 'vcontent_index'
48. )
49.
50. # 创建索引，sync 表示该调用是否要等待创建索引结束后才返回
51. mclient.create_index(
52.     collection_name=collection_name,
53.     index_params=index_params,
54.     sync=True
55. )
56.
57. # 列出集合的所有索引
58. mclient.list_indexes(collection_name)
```

3.5.6 插入数据

插入数据是指将数据对象存储到集合中，使其能够被后续的查询、检索和处理操作利用。在正常情况下，插入数据是比较简单的，使用 PyMilvus 提供的 insert 方法即可。值得注意的是，当 data 规模较大时，会插入数据失败，这是因为一次插入数据有上限。另外，还有更新数据的 upsert 方法和删除数据的 delete 方法，限于篇幅，不再赘述。在大规模数据的分布式系统及数据库负载非常高的情况下，插入数据可能遇到超时或插入失败等问题，需要用到重试策略等。

```
1.  # 把数据写入 Milvus 数据库
2.  # 因为一次插入数据有上限，这里将数据集分割为多个块，每个块包含 1000 首宋词
3.  n = 1000
4.  for i in tqdm(range(0, len(data), n)):
5.      chunk = data[i:i+n]
6.      # collection_name 为被插入的集合，chunk 为插入数据，其他参数使用默认值
7.      mclient.insert(collection_name=collection_name, data=chunk)
```

插入数据结束后，可以使用 get_collection_stats 方法查看状态，根据统计数据确认是否有数据缺失。

```
mclient.get_collection_stats(collection_name)
```

3.5.7 载入数据

为了进行查询或检索，一种方法是使用 load_collection 将数据集合加载进内存，使用 describe_collection 方法获取集合的元信息。

```
1.  # 载入数据到内存
2.  mclient.load_collection(collection_name)
3.  # 获取集合的元信息
4.  mclient.describe_collection(collection_name)
```

另一种方法是使用 Collection 类，Collection 类提供了更全面的操作方法。

```
1.  from pymilvus import Collection
2.  # 载入集合数据到内存
3.  cur_collection = Collection(collection_name, using='test_conn')
4.  cur_collection.load()
5.  # 获取集合的元信息
6.  cur_collection.describe()
```

在载入数据时可以控制一些参数，这些参数在分布式系统或资源受限系统中很有用。本例使用默认设置。

- partition_names（分区名称）：指定要加载的分区列表。如果未指定，系统会加载集合中的所有分区。
- replica_number（副本数量）：指定要创建的副本数，默认为 1。副本用于提升读取性能和系统的容错能力。
- timeout（超时时间）：设置加载操作的超时时间。如果为 None，那么操作将在任意响应或错误发生时超时。
- load_fields（加载字段）：允许用户指定仅加载集合中的某些字段，特别是向量字段索引和标量字段数据。这对内存受限的场景来说尤为重要。例如，在处理带有多维标量属性的数据集时，开发者可以仅加载与当前查询有关的属性字段，显著减少内存开销并提高检索效率。
- skip_load_dynamic_field（跳过动态字段加载）：设置该参数为 True 时，Milvus 会跳过动态字段的加载过程，从而进一步减少内存占用。然而，动态字段既无法作为查询过滤条件，也不会出现在查询结果中。因此，它适用于仅需搜索静态字段的场景。

- resource_groups（资源组）：Milvus 中的一种资源管理机制，允许用户将查询节点分配到特定的资源组中，用于完成不同集合的数据加载和查询任务。通过指定资源组，开发者可以将不同的任务分配到不同的硬件资源上，从而实现资源隔离和负载均衡。

3.5.8 标量查询

Milvus 的标量查询通过布尔表达式过滤出特定条件下的数据，其操作类似于传统数据库的检索，但功能较弱。标量查询支持的操作符如下。

- 逻辑操作符：and（&&）和 or（||）分别用于判断多个条件的“与”和“或”运算，not 用于反转布尔表达式的结果。
- 算术操作符：支持标准的加减乘除（+、-、*、/）运算，也支持指数运算（**）和取余操作（%）。
- 比较操作符：<、>、<=、>=用于比较字段值的大小，==和!=分别用于判断相等和不等。
- 字符串模式匹配操作符：like 用于匹配字符串模式，支持“%”作为通配符。
- 高级操作符：in 用于测试某个字段是否包含在指定的值列表中。count(*)用于统计集合中的数据数量。

在集合中使用 mclient.query 或 cur_collection.query 方法进行标量查询，如下所示。

```
1.  # 查询苏轼写的词，返回前 3 首
2.  res = mclient.query(collection_name,
3.        'text_author == "苏轼"',
4.        output_fields=["text_cipai", "text_content"], limit=3)
5.  for i in res:
6.      print('===', i['text_cipai'], '===')
7.      print(i['text_content'])
8.      print('-'*20)
9.
10. # 查询苏轼写的《定风波》，返回前 3 首
11. res = mclient.query(collection_name,
12.       'text_author == "苏轼" and text_cipai=="定风波"',
13.       output_fields=["text_cipai", "text_content"], limit=3)
14. for i in res:
15.     print('===', i['text_cipai'], '===')
16.     print(i['text_content'])
17.     print('-'*20)
18.
```

```
19. # 查询苏轼一共写了多少首《定风波》，使用 count(*) 计数
20. res = mclient.query(collection_name,
21.       'text_author == "苏轼" and text_cipai=="定风波"',
22.       output_fields=["count(*)"])
23. print(res[0])
24.
25. # 查询"苏"姓作者一共写了多少首词
26. res = cur_collection.query('text_author like "苏%" ',
27.       output_fields=["count(*)"])
28. print(res[0])
29.
30. # 查询除苏轼以外的"苏"姓作者写的《水调歌头》，返回前 3 首
31. expr = ' and '.join(['(text_author like "苏%")',
32.                      '(text_author != "苏轼")',
33.                      '(text_cipai=="水调歌头")'])
34. res = cur_collection.query(expr,
35.       output_fields=["text_author", "text_cipai", "text_content"],
36.       limit=3)
37. for i in res:
38.    print('===', i['text_cipai'], '===')
39.    print('作者:', i['text_author'])
40.    print(i['text_content'])
41.    print('-'*20)
```

其中，expr 用于传入包含上述操作符的逻辑表达式，output_fields 用于指定需要返回的字段，offset 和 limit 表示跳过数据的偏移值和返回数据的数量，timeout 是超时时间，partition_names 用于指定在哪些分区中查询。

此外，用户可以在查询中选择不同的数据一致性级别。通过 consistency_level 调整查询的一致性级别，使用 guarantee_timestamp 设置时间戳或者使用 graceful_time 设置查询时间窗口。关于一致性、返回指定的字段、分区、超时，以及 offset 和 limit 等参数，单向量检索方法 search 和混合检索方法 hybird_search 都是类似的，后续不再赘述。同时，因为不涉及大规模数据和分布式系统，这里仅展示逻辑表达式。

总体上看，与 PostgreSQL、Cassandra 或 JanusGraph 等数据库相比，Milvus 的标量查询功能弱得多，这种逻辑表达式多用于配合向量检索工作。

3.5.9 单向量检索

向量检索的核心思想是根据向量之间的相似性，实现语义相似度计算级别的检索，从而克服传统的基于关键词匹配的检索方法的局限性。在向量检索时，需要通过嵌入模型生成输入检

索词的向量，进而根据所创建的索引进行相似性检索。

这里使用 mclient.search 或 cur_collection.search 进行向量检索。使用参数 data 传入嵌入向量列表，anns_field 用于指定向量查询的字段，param 用于传入与向量检索有关的参数。值得说明的是，在向量检索中，支持通过 filter（mclient.search）和 expr（cur_collection.search）传入标量查询的逻辑表达式，实现向量和标量的组合检索。mclient.search 的返回结果是字典模式，而 cur_collection.search 的返回结果是对象，二者的使用方式略有差别。

向量检索支持模糊语义。例如，在数据集中，词的作者都是“苏轼”，根据文本相似度无法很好地找到“苏东坡”写的词，但使用向量检索就可以找到。具体的例子如下。

```
1.  # 输入的词
2.  input_text = "苏东坡"
3.  # 词嵌入向量
4.  input_emb = text2emb(input_text)
5.  # 通过文本查询，找不到苏东坡的词
6.  res = mclient.query(collection_name,
7.      f"text_author == '{input_text}'",
8.      output_fields=["text_author", "text_cipai", "text_content"],
9.      limit=3)
10. print(res) # 输出：data: []
11. # 使用向量检索
12. res = mclient.search(
13.     collection_name=collection_name,
14.     data=[input_emb, ],
15.     anns_field = 'vector_author',
16.     output_fields=["text_author", "text_cipai", "text_content"],
17.     limit=3)
18. print(res[0]) # 可以获得 3 首苏东坡的词，并且查看结果可知作者是“苏轼”
19.
```

更常见的是语义化检索。例如，要检索苏轼写的描绘西湖月亮的诗词，通过文本匹配是无法找到的，但结合标量查询和向量检索就可以找到，如下所示。当然，如果是更复杂的需求，如“苏东坡”写的关于月亮的词，则要用到 3.5.8 节介绍的混合检索方法。

```
1.  # 输入词，可以是一句话
2.  input_text = "描绘西湖上的月亮"
3.  # 转换成嵌入向量
4.  input_emb = text2emb(input_text)
5.  # 通过查询过滤作者为苏轼，并进行向量检索
6.  res = cur.search(
7.      collection_name=collection_name,
```

```
8.      filter = "text_author == '苏轼'",
9.      data=[input_emb, ],
10.     anns_field = 'vector_content',
11.     limit=10,  # Return top 10 results
12.     output_fields=["text_author", "text_cipai", "text_content"],
13. )
14. # 打印结果
15. for i in res[0]:
16.     j = i['entity']
17.     print(f"""==== {j['text_cipai']} ====
18. -- 作者:{j['text_author']} --
19. {j['text_content']}
20. """)
```

向量检索也可以实现一些很有趣或有用的内容。例如，想找到与苏轼的《定风波·莫听穿林打叶声》相似的词，可以用以下代码来实现。

```
1.  # 找到苏轼《定风波·莫听穿林打叶声》这首词，返回其内容的向量 vector_content
2.  res = cur_collection.query(
3.      '(text_author=="苏轼") and (text_cipai=="定风波") and (text_content like
"%莫听穿林打叶声%")',
4.      output_fields=['id', 'text_content', 'vector_content'],
5.      limit=1)
6.  vector = res[0]['vector_content']
7.  # 通过向量检索相似的词
8.  res = cur_collection.search(
9.      data=[vector, ],
10.     param={},
11.     anns_field = 'vector_content',
12.     limit=10,
13.     output_fields=["text_author", "text_cipai", "text_content"],
14. )
15. # 打印结果
16. for i in res[0]:
17.     j = i.entity
18.     print(f"""==== {j.text_cipai} ====
19. -- 作者:{j.text_author} --
20. {j.text_content}
21. """)
```

在上述检索结果中，第一首词是输入这首词本身，随后 9 首词与苏轼的《定风波·莫听穿林打叶声》在意境上相似。第 2、3、4 首词如下，特别是第 4 首词，虽然不算特别有名，但别有一番趣味。

```
==== 西江月 ====
-- 作者:李曾伯 --
不暖不寒天气，无思无虑山人。
竹窗时听野禽鸣。
更有松风成韵。
竟日蒲团打坐，有时藜杖闲行。
呼童开酒荐杯羹。
欲睡携书就枕。

==== 鹊桥仙 ====
-- 作者:陆游 --
茅檐人静，蓬窗灯暗，春晚连江风雨。
林莺巢燕总无声，但月夜、常啼杜宇。
催成清泪，惊残孤梦，又拣深枝飞去。
故山犹自不堪听，况半世、飘然羁旅。

==== 鹧鸪天 ====
-- 作者:辛弃疾 --
著意寻春懒便回。
何如信步两三杯。
山才好处行还倦，诗未成时雨早催。
携竹杖，更芒鞋。
朱朱粉粉野蒿开。
谁家寒食归宁女，笑语柔桑陌上来。
```

3.5.10 混合检索

混合检索方法允许用户在一个集合中使用多个向量字段（最多支持 10 个）进行检索。在检索过程中结合不同的重排序策略，有效整合来自不同向量字段的搜索结果，最终形成一个更准确的搜索结果。这为多字段模糊搜索和多模态搜索任务提供了基础，便于实现复杂结构的信息检索。这一过程类似于我们在解决复杂问题时从多个角度审视问题，不同的向量字段相当于从不同的“视角”描述数据，而混合检索就是对这些“视角”进行合理的加权和融合，从而得出最佳结果。

在混合检索中，通过 AnnSearchRequest 对每个向量字段进行检索，并通过重排序策略精炼搜索结果。AnnSearchRequest 与单向量检索的参数类似，其本质上就是一个单向量检索。在单向量检索之上，重排序策略是关键的。在默认情况下，Milvus 支持两种重排序策略：加权评分（Weighted Scoring）和倒数排序融合（Reciprocal Rank Fusion，RRF）。加权评分通过显式权重控制各向量字段的影响力，倒数排序融合是基于排序位置的非参数化方法。

1. 加权评分

加权评分是一种通过加权将得分平均化的重排序策略，通过人为控制不同向量字段的重要性，对结果进行重排序，使用 WeightedRanker 类实现。具体来说，每个 AnnSearchRequest 实例会返回一系列结果，WeightedRanker 基于向量场的显著性对这些结果进行加权评分。具体步骤如下。

（1）收集检索得分：从各个向量检索路线中收集相应的检索结果及其得分。这些得分可能基于不同的度量方法，如欧氏距离、内积相似度和余弦相似度等。

（2）得分归一化：由于不同的度量方法产生的得分范围不同，如内积的取值范围为$(-\infty, +\infty)$，而欧氏距离的取值范围为$[0, +\infty)$，需要将所有得分标准化到[0,1]区间内。Milvus 通过 arctan 函数对得分进行归一化处理，使不同度量方法的得分能够在同一尺度上进行比较。得分归一化确保了在跨领域融合时，得分的相对大小能够准确反映结果的相关性。

$$\text{normalized\_score} = \frac{\arctan(\text{score})}{\pi} + 0.5$$

（3）权重分配：为每条检索路线分配权重 w_i，权重值的范围为[0,1]，用于反映该向量字段的重要性。权重分配通常由用户根据业务场景设定。例如，在一个多模态的检索任务中，文本字段可能比图像字段重要，此时可以赋予文本字段较高的权重。

（4）得分融合：通过加权平均计算最终得分。

$$\text{final\_score} = \sum_{i=0}^{n} w_i \cdot \text{normalized\_score}$$

（5）将最终得分由高到低排序，生成最终的排序列表。

2. 倒数排序融合

倒数排序融合是一种数据融合策略，适用于在不同向量字段中平衡排名影响力的场景，由 RRFRanker 类实现。与 WeightedRanker 的显式加权不同，RRFRanker 通过融合排名列表中的倒数排名来综合多个检索路径的结果。具体步骤如下。

（1）检索排名收集：在各个向量检索路径上收集检索结果及其排名位置。

（2）排名融合：通过 RRF 算法计算每个结果的综合得分。

$$\text{RRF}(d) = \sum_{i=1}^{n} \frac{1}{\text{rank}_i(d) + k}$$

其中，n 是检索路线的数量，$\text{rank}_i(d)$ 是第 i 个检索器对文档 d 的排名位置，k 是平滑参数，通常设置为 60。该公式通过将倒数排名加和，使排名较高的结果获得较大的影响力。

（3）综合排序：根据 RRF 得分对检索结果进行重排序，得分高者排在前面。

在了解了重排序策略后，就可以使用 mclient.hybird_search 或 cur_collection.hybird_search 执行混合检索了。这两个函数的参数基本一样，但重排序策略不同。在 mclient.hybird_search 中，由 ranker 参数指定重排序策略①。以“宋词”数据库为例：首先通过 vector_author 字段混合检索作者，如苏东坡之于苏轼、陆放翁之于陆游等；然后通过词的全文实现语义化检索，如描述春天的词等；最后使用加权评分重排序策略融合两种检索结果。使用 mclient.hybird_search 和加权评分重排序策略的实现代码如下。

```
1.  from pymilvus import AnnSearchRequest
2.  from pymilvus import WeightedRanker
3.
4.  # 作者模糊检索
5.  author = "苏东坡"
6.  author_emb = text2emb(author)
7.
8.  author_req = AnnSearchRequest(
9.      data=[author_emb],
10.     anns_field="vector_author",
11.     param={"params": {"nprobe": 32}},
12.     limit=50)
13.
14. # 词内容语义检索
15. input_text = "春天，西湖，百花盛开，春暖花开"
16. input_emb = text2emb(input_text)
17. ct_req = AnnSearchRequest(
18.     data=[input_emb],
19.     anns_field="vector_content",
20.     param={"params": {"nprobe": 32}},
21.     limit=50)
22.
23. # 重排序策略
24. rerank = WeightedRanker(0.75, 0.25)
25.
26. # 执行混合检索
27. res = mclient.hybrid_search(collection_name=collection_name,
28.     reqs=[author_req, ct_req], ranker=rerank,
29.     output_fields=['id', 'text_author', 'text_cipai', 'text_content'],
```

① 注：仅针对 PyMilvus 2.4.8 版本，未来版本也许会统一。

```
30.     limit=3)
31.
32. # 打印结果
33. for i in res[0]:
34.     j = i['entity']
35.     print(f"""==== {j['text_cipai']} ====
36. -- 作者:{j['text_author']} --
37. {j['text_content']}
38. """)
```

使用 cur_collection.hybird_search 方法和倒数排序融合策略的实现代码如下。

```
1.  from pymilvus import AnnSearchRequest
2.  from pymilvus import RRFRanker
3.
4.  cipai = "名人"
5.  cipai_emb = text2emb(cipai)
6.
7.  cipai_req = AnnSearchRequest(
8.      data=[cipai_emb],
9.      anns_field="vector_cipai",
10.     param={"params": {"nprobe": 32}},
11.     limit=50)
12.
13. input_text = "冬天"
14. input_emb = text2emb(input_text)
15. ct_req = AnnSearchRequest(
16.     data=[input_emb],
17.     anns_field="vector_content",
18.     param={"params": {"nprobe": 32}},
19.     limit=50)
20.
21. rerank = RRFRanker(k=120)
22.
23. res = cur_collection.hybrid_search(reqs=[author_req, ct_req],
24.     rerank=rerank,
25.     output_fields=['id', 'text_author', 'text_cipai', 'text_content'],
26.     limit=3)
27.
28. for i in res[0]:
29.     j = i.entity
30.     print(f"""==== {j.text_cipai} ====
31. -- 作者:{j.text_author} --
32. {j.text_content}
33. """)
```

上述两个例子展示了混合检索的方法。由于作者、词牌名和词的内容相关性比较差，混合检索的优势并不明显，更好的方法是分阶段实现。例如，在前一个例子中，可以先检索作者的名字，再将作者名字的标量查询过滤器与单向量检索相结合。在许多有一定关联的不同字段之间，混合检索的优势更明显，如多模态的图片和图片描述文字之间、宋词本身和对宋词的解析文章之间等。

3.6 其他主流的向量数据库系统与工具

除了 Milvus 向量数据库，还有许多向量数据库，以及用于向量检索的插件或程序库等。这些向量数据库可以分为以下 3 类。

（1）原生向量数据库：专用于向量管理和检索的数据库，如 Milvus、Qdrant、Chroma 和 Weaviate 等。

（2）数据库的向量处理扩展：在现有数据管理系统的基础上添加向量处理能力，如 PGVector、Elasticsearch 向量检索等。

（3）向量索引和检索库：以程序库的模式提供向量的索引和检索服务，通常嵌入主程序或以插件的形式对接到其他程序中，如 Faiss、ScaNN 等。

3.6.1 原生向量数据库

原生向量数据库是一种专门用于存储和处理向量数据的数据库，通常用于处理和管理大规模高维向量数据，提供高效的查询和检索能力，能够快速地进行向量相似性检索和聚类分析。

1. Qdrant

Qdrant 向量数据库与 Milvus 十分相似。在 Qdrant 的架构中，也以集合为基本组织单位，同一集合内的向量具有相同的维度和距离度量方法。集合内的单个数据记录称为点（Point），每个点包含向量和可选的 JSON 格式负载（Payload）。在检索方面，Qdrant 也和 Milvus 一样，支持欧氏距离、余弦相似度和内积等多种度量方法的向量相似性检索，且可基于负载信息进行条件过滤，实现混合查询。在存储上，Qdrant 支持内存存储（高效但需要更多 RAM）和 Memmap 存储（基于磁盘映射，适合处理大规模数据）两种方式。

2. Weaviate

Weaviate 是一款开源的云原生向量数据库，其优势在于深度集成机器学习模型和优化向量检索，通过模块化架构支持灵活的数据向量化和功能扩展。Weaviate 采用类和属性的结构化存储模型，提供 RESTful 和 GraphQL 双重 API 接口，既支持研发阶段的快速原型设计，又能满足生产环境中的大规模部署需求，具备数据持久化、扩展复制等企业级特性。相比于其他开源向量数据库——Milvus 和 Qdrant，Weaviate 在商业化应用的授权方面还不够友好。

3. Chroma

Chroma 是一款于 2022 年年底推出的开源向量数据库，专为 AI 应用设计。它通过高效的向量存储、元数据管理和相似性检索功能，帮助开发者将知识无缝集成到 LLM 应用中，并提供优化的 Python 和 JavaScript SDK，使开发者能够轻松实现文档嵌入和实时向量检索，从而大幅提升 AI 应用的性能和开发效率。

3.6.2 数据库的向量处理扩展

许多关系数据库和 NoSQL 数据库都支持向量索引和检索的扩展，以便高效存储和处理向量。这些数据库的向量处理能力虽然不如原生向量数据库强大，但能够与原有的数据类型结合，在许多场景中应用非常方便。

1. PGVector

PGVector 是 PostgreSQL 的开源扩展，它巧妙地将向量处理能力与传统关系数据库的优势相结合，不仅支持 L2 距离、余弦相似度、L1 距离、汉明距离和 Jaccard 距离等多种度量方法的精确与近似最近邻检索，还完整继承了 PostgreSQL 的 ACID 事务管理、点时间恢复和 JOIN 操作等特性。PGVector 可以在保证数据一致性和可靠性的同时，提供强大且灵活的向量处理解决方案。与原生向量数据库或独立的向量处理库相比，PGVector 的优势在于它将向量处理能力无缝集成到 PostgreSQL 中，通过一个数据库就可以实现各种业务数据的存储和处理。

2. Elasticsearch 向量检索

Elasticsearch 向量检索通过 dense_vector 字段类型实现向量存储，并支持基于暴力扫描的、精确的最近邻检索，以及基于 HNSW 算法的近似最近邻检索。Elasticsearch 系统支持多种向量相似度计算方式，包括余弦相似度、内积相似度和 L2 距离，以适应不同的应用场景。为了优化存储效率，Elasticsearch 向量检索提供 int8_hnsw 和 int4_hnsw 两种量化方案。这些功能都深度集成于 Apache Lucene 中，确保与 Elasticsearch 其他特性的无缝协作。也就是说，Elasticsearch 向量检索是由 Lucene 提供的数值向量存储和检索功能来实现的，在需要时可以直接使用 Lucene 嵌入系统。与 PGVector 类似，Elasticsearch 向量检索的好处是与 Elasticsearch 的其他功能无缝集成，通过一个数据库可以解决许多问题。

3.6.3 向量索引和检索库

向量索引和检索程序库（Vector Indexing and Retrieval Library）是用于存储和搜索高维向量数据的工具和框架。其主要功能是实现高效地相似性检索，即在一组向量中快速找到与查询向量最相似的向量。这些库会提供相似度度量、索引结构、精确或近似的最近邻检索等方法或工具。在实践中，这些库既可能被单独使用，也可能成为向量数据库的一部分。

1. Faiss

Faiss 是一个高性能的向量索引和检索库，专门用于大规模向量相似性检索。Faiss 提供了丰富的索引结构，包括基础的暴力检索（Flat Index）、分层聚类、倒排文件索引（IVF）、多重倒排索引（IMI）、乘积量化（PQ）、正交乘积量化（OPQ）及分层可导航小世界（HNSW）等。我们还可以对这些索引结构进行组合，如 IVF-PQ、IMI-PQ、HNSW-PQ 等，通过组合不同的索引策略，在查询性能和内存效率之间实现平衡。此外，Faiss 支持 L2 距离、内积相似度和余弦相似度等多种度量方法，支持智能参数优化，通过内置的自动调参机制在给定的精度要求和时间约束下自动优化算法参数，帮助用户在不同的硬件环境和应用场景中获得最佳性能。在硬件支持上，Faiss 能够充分利用 GPU 的并行计算能力，在处理亿级规模的高维向量时，Faiss 的检索速度比 CPU 快 5 ~ 20 倍，可实现毫秒级的检索响应。

2. ScaNN

这是一个专门针对 ScaNN 算法开发的库。ScaNN 算法的核心是对最大内积检索（MIPS）问题进行优化的各向异性向量量化技术。ScaNN 认为量化误差的方向比其绝对值大小更重要，并将误差分为平行误差（沿原始向量方向的偏差）和正交误差（垂直于原始向量方向的偏差）。基于此，ScaNN 使用不对称损失函数对平行误差施加更大的惩罚权重（这类误差会显著影响内积值的估计精度）。在技术实现上，ScaNN 主要有如下 3 个方面的优势。

（1）ScaNN 具有由理论保证的搜索空间剪枝，构建了高维空间的“智能导航系统”，能够在不遗漏真实最近邻的前提下快速排除无效的候选向量。

（2）高效的量化编码，ScaNN 创新性地将向量量化与 MIPS 相结合，采用非对称距离计算策略，通过保持查询向量的原始精度和查表机制来优化距离计算。

（3）在工程实现方面，ScaNN 通过充分利用现代处理器的 SIMD 指令集、优化内存访问模式、采用缓存友好的数据结构等方式，实现向量运算的高效并行化。这些创新使 ScaNN 在大规模向量的相似性检索领域的性能显著提升，为高维向量检索提供了一个理论完备且实用高效的解决方案。

3.7 思考题

（1）在高频实时数据场景中，向量数据库面临着独特的挑战：现有的向量索引结构（如 HNSW、IVF 等）虽然在静态数据集上表现优异，但在面对频繁的向量增删改操作时，往往难以同时保障索引质量和查询性能。如何在保持毫秒级检索延迟和查询精度的同时，有效控制动态更新带来的计算开销？

（2）大模型让研究人员认识到，深度神经网络本质上是一个压缩器。那么，如何使用深度学习技术进行向量存储的压缩并设计更高效的检索算法呢？

（3）如何设计一个支持不同精度要求的多层次向量检索系统，并在检索过程中实现动态调整精度级别？

（4）如何提高向量数据库的解释性？哪些可视化方法能够帮助用户理解向量之间的相似度和相似性检索过程？

3.8 本章小结

向量表示与嵌入将语言、图像和知识图谱等符号转换为低维向量，使系统能够捕捉数据的结构和语义特征，从而基于向量计算进行检索和推理。

本章首先介绍了语言、图像和知识图谱的向量表示，然后介绍了向量相似度的 4 种常见度量方法。接着，3.3 节介绍了大规模处理向量数据的索引和检索方法，包括最近邻检索和近似最近邻检索。近似最近邻检索会通过牺牲一定的精度来提升效率，常见的方法有 LSH、HNSW 和 PQ 等。Milvus 是一款专为向量数据处理而设计的开源数据库，提供了高效的向量检索和索引功能。3.4 节详细介绍了 Milvus 向量数据的关键技术。3.5 节用一个实例介绍了 Milvus 的实战方法，涵盖 Milvus 向量数据库的部署、索引和检索等内容。本章最后介绍了其他常见的向量数据库和工具，包括 Qdrant、Weaviate、Chroma、PGVector、Elasticsearch 向量检索、Faiss 和 ScaNN 等。

第4章

检索增强生成

知其雄，守其雌，为天下谿。为天下谿，常德不离，复归于婴儿。

知其白，守其黑，为天下式。为天下式，常德不忒，复归于无极。

知其荣，守其辱，为天下谷。为天下谷，常德乃足，复归于朴。

——《道德经》

“检索增强生成”为大模型的应用引入了“知”与“守”的智慧。“检索”如同在知识的海洋中探珠取贝，“增强”如同容纳百川之流加以归纳演绎，“生成”则合二为一，由繁化简，揭示答案。

所谓“书籍是人类进步的阶梯”，如果说大模型是人造智能机器的大脑，那什么才是它的“书籍”呢？各种资料文档无疑是其中关键的一种。如何让人造智能机器的大脑利用这些“书籍”呢？检索增强生成（RAG）便是最基本且被广泛使用的一种工具。

本章首先从 RAG 的基本概念出发，深入探讨为什么大模型需要 RAG，以及构建 RAG 系统的一般流程和架构。然后，以 Dify 开源框架为基础，详细讲解构建一个 RAG 系统的步骤和实战案例，同时给出优化方法，以及 RAG 系统的 4 个最佳实践。最后，简单介绍用于构建 RAG 系统的 4 个开源框架，供读者比较和选用。

本章内容概要：

- RAG 的基本概念。
- 大模型为什么需要 RAG。
- 构建 RAG 系统的要素、流程和架构。
- 以 Dify 框架为基础，介绍如何构建 RAG 系统。
- RAG 系统的最佳实践。
- 4 个开源框架：LobeChat、Quivr、LlamaIndex 和 Open WebUI。

4.1 检索增强生成概述

尽管大模型（如 GPT、Llama、DeepSeek、Qwen 等）在预训练阶段接收了大量文本数据，但其知识存在诸多问题。例如：知识的表征形式是分布在模型参数中的隐性知识，易出现偏差或已经过时；无法追溯知识的来源；更新成本极高，即使发现问题，也无法及时更新等。

检索增强生成（Retrieval Augmented Generation，RAG）通过检索外部知识（如文档、知识图谱、数据库等）提升大模型知识的准确性、时效性及推理能力，从而缓解“幻觉”现象，解决知识老化问题。RAG 的核心理念在于通过提供可靠的知识资源，使大模型在生成答案时更加全面、可信和可靠。这类似于人类记忆的运作机制。人类的记忆往往并不精确，会随着时间的推移变得模糊；同理，大模型也无法精确地保存知识。人类通过翻阅书籍或使用搜索引擎找到可靠的知识源，验证知识的准确性；同理，RAG 也利用外部知识来补充和更新知识，解决不准确、不及时和不可靠的问题，从根本上弥合知识鸿沟。

RAG 于 2020 年被提出[14]，其关键在于接入外部知识来源，包括各类文档资料、数据库与知识图谱。对于非结构化文档，RAG 通常利用搜索引擎或向量数据库检索相关的文本片段，或者从专业知识库获取内容；数据库使用 Text2SQL 方法；知识图谱使用图数据库查询语言检索、Elasticsearch 模糊查询或基于图嵌入向量检索等。

RAG 方法涵盖多种技术，如基于文档的 RAG、基于知识图谱的 GraphRAG，以及更复杂的系统级知识增强架构。RAG 能够显著提升大模型在知识问答方面的时效性、准确性与可靠性。以时效性为例，当政府发布一项新政策时，通过外部输入知识，无须重新训练整个模型（这将耗费大量时间和资源），只需更新 RAG 系统所关联的知识库，大模型便能准确回答关于该政策的问题。本章主要讲解基于文档的 RAG。基于知识图谱的增强方法及知识增强架构详见第 9 章。

RAG 的工作流程可以简单地分为 3 步，即“检索—整合—生成”，伪代码如下所示。

```
1.  class RAGSystem:
2.      """检索增强生成系统，通过检索外部知识库来增强大模型的可靠性和时效性"""
3.      def __init__(self):
4.          # 如维基百科、野生动物数据库、动物知识图谱等
5.          self.knowledge_base = KnowledgeBase()
6.          # 如 Qwen2.5-72B、Llama-3.1-405B、DeepSeek-V2.5 等
7.          self.llm = LargeLanguageModel()
8.          # 如基于规则的提示词合成组件等
9.          self.fuse = SynthesizePrompt()
10.
```

```
11.     def answer_query(self, query):
12.         """Query: 陆地上跑得最快的动物能跑多快? """
13.         # 检索权威数据库，找到维基百科的猎豹(中文)和Cheetah(英文)的条目，
14.         # 并获得相应的描述段落:
15.         """
16. 1. The cheetah is the world's fastest land animal.
17.    Estimates of the maximum speed attained range from
18.    80 to 128 km/h (50 to 80 mph).
19. 2. Sharply contrasting with the other big cats in its morphology,
20.    the cheetah shows several specialized adaptations for prolonged
21.    chases to catch prey at some of the fastest speeds reached by land animals.
22. 3. 猎豹主要依靠奔跑进行追逐式捕猎，并以其惊人的奔跑速度而闻名，
23.   最高时速可超过 120 千米，是世界上跑得最快的动物。
24. """
25.         relevant_knowledge = self.knowledge_base.retrieve(query)
26.         # 将上述检索到的内容和问题本身整合成提示词
27.         prompt = self.fuse.generate(query, relevant_knowledge)
28.         # 有大模型生成答案:
29.         # "猎豹是已知跑得最快的陆地动物，最高速度可超过 120km/h"
30.         answer = self.llm.generate(prompt)
31.         return answer
```

首先从外部知识源中检索与问题有关的知识，然后将检索到的知识与用户提出的问题进行整合并输入大模型，最后由大模型生成答案并返回给用户。RAG 的效果不仅取决于大模型自身的能力，还依赖检索的水平。只有高质量的检索系统才能为大模型提供准确、相关的信息基础。如果检索系统无法获取与问题有关的信息，就无法对大模型进行增强。对检索到的知识和用户的问题进行整合，以提示的方式输入大模型。大模型基于此生成答案，返回给用户。在 RAG 的支持下，大模型还可以给出事实凭证。

4.2 为什么需要 RAG

众所周知，大模型在许多场景中时常出错，甚至因生成结果的错误而引发法律诉讼或经济损失。这暴露了大模型在一些应用场景中的局限性，特别是在对时效性和可靠性要求较高的场景中。解决这个问题的方法通常有 3 种，即检索增强生成、有监督微调和低秩自适应。

4.2.1 RAG、SFT 与 LoRA

微调（Fine-Tuning）主要针对特定领域或应用需求对基础模型进行优化，通常包含监督微

调（Supervised Fine-Tuning，SFT）和低秩自适应（Low-Rank Adaptation，LoRA）。微调是领域特定的模型优化（Domain-Specific Model Refinement，DSMR）方法，常用于提高模型在特定应用领域的表现。微调可以使大模型在专业领域更具表现力，然而它并非解决所有需求的“灵丹妙药”。随着数据规模、应用复杂度的提升和需求的多样化，SFT 和 LoRA 逐渐暴露出无法有效处理实时动态数据、专业性知识更新难等问题。

SFT 是指通过引入带标签的数据更新模型，以提高其在特定任务中的准确性。例如，微调后的模型可以更精准地理解法律或医学等特定领域的语言模式。通过引入先验知识，使模型更好地预测专业用语和常见问题的答案。SFT 具有两大局限性：时效性不足和数据标注成本高。SFT 的数据通常是在固定时间内收集的静态数据，无法适应实时变化的需求。例如，法律领域的法规和判例经常更新，依赖固定数据集微调的模型难以及时捕捉到最新信息。时效性不足会直接影响模型的准确性和有效性。同时，SFT 需要大量高质量的带标签数据进行训练，这些数据往往需要由领域专家标注，成本高昂。随着专业领域细分程度的加深，适用于微调的数据集构建难度和成本将显著增加。此外，SFT 存在灾难性遗忘的问题，即新任务学习可能导致模型原有的能力退化，在通用能力和专业能力之间难以取得平衡。

LoRA 对 SFT 作了改进，是一种有效降低微调成本和复杂度的方法。它通过在模型的参数矩阵上添加低秩矩阵来适应特定的领域或任务，从而实现更轻量级的模型更新。LoRA 不仅节省了计算资源，还使大模型更适合被部署在资源受限的环境中。LoRA 也存在知识覆盖面有限和无法动态信息更新的问题。低秩近似本质上是对完整参数更新的简化，是 SFT 的弱化版本——用更少的资源达到一定的效果，但难以应对大量的复杂知识。LoRA 通过注入低秩矩阵的方式对模型进行适应性调整，但它难以应对广泛的知识需求，尤其是跨领域的复杂任务。尽管 LoRA 能在特定任务上改善模型性能，但对于需要综合处理多领域信息的情况，其适应性受限。同时，与 SFT 相似，LoRA 不具备动态更新数据的能力，其生成的内容仍旧基于训练阶段的数据，难以处理实时信息。例如，在金融市场的分析任务中，模型可能需要分析最新的股票动态和市场走势，而 LoRA 不支持实时调整数据源。

从这些角度来讲，SFT、LoRA 与大模型一样，仍然是将知识表征保存在模型参数中，无法解决知识的可靠性和时效性问题。微调的局限性在于其难以改变模型内部的知识表征结构，仅能对模型的生成形式（style）进行调整，几乎无法改变大模型所具备的知识。在规模上，微调的语料对预训练的语料来说就如同大海中的一滴水。因此，微调不足以抑制“幻觉”现象，也不适用于填补模型基础知识库中缺失的事实信息或深度语义关联。例如，在新能源电池制造领域，钠电池是较新的知识，锂电池技术则比较成熟。如果我们尝试通过微调将新的钠电池融入已有的大模型，那么微调后的模型或许在某些生成任务中能够表现出用钠电池代替锂电池的效果，但由钠电池的工作原理带来的结构设计要求、电极材料选择及电解液体系等深层次知识难以融入模型，从而无法解决模型在钠电池的新知识上的幻觉问题。

相比之下，RAG 能够很好地与大模型形成互补。RAG 的核心思想是知识解耦——将知识存储与推理能力分离，从而实现支持知识库的独立更新和扩展。RAG 能够动态、实时地获取信息，并完成知识校验，在答案中给出知识的来源，从而增强大模型的可靠性和时效性。

- 动态知识更新：RAG 通过检索外部知识库，使生成的内容具有实时性。无论是最新的法律政策，还是即时的新闻事件，RAG 都能快速从外部信息源获取并将其融入生成结果。在高时效性的场景（如法律咨询、新闻报道）中，RAG 具备更高的适用性。
- 知识库可定制化：RAG 的检索机制使用户可以根据需求自定义知识库。例如，医疗机构可以构建基于 RAG 的医学问答系统，集成最新的医学研究数据库，从而帮助医生或患者查询最新的医学信息。这种定制化能力不仅提升了模型的专业程度，还显著降低了决策错误率。
- 跨领域知识整合：RAG 打破了 SFT 和 LoRA 的局限性，通过检索过程可以实现跨领域信息的综合。例如，当模型需要同时提供金融和法律方面的建议时，RAG 能够调取二者的相关知识并进行融合，生成综合性的答案，大幅提升生成内容的深度和广度。
- 知识来源可追溯。
- 响应结果可验证。
- 错误更易于定位和修正。

SFT 和 LoRA 在特定领域的性能提升上扮演着重要角色，但因存在局限性而难以完全满足复杂应用场景中的需求。RAG 因检索机制而具有时效性和跨领域适应性，为生成式 AI 提供了一条拓展性更强的路。随着知识库、检索算法及模型结构的不断完善，RAG 有望成为生成式 AI 不可或缺的组件，助力生成式模型从“静态专家”走向“动态智者”。

例如，在实践中，微调和 RAG 可以相互配合。微调本身相当于训练了模型的一部分权重，使其在某个领域具备更强的能力。但这种能力往往不是指知识本身，而是指学习新的表达形式、语言风格、回答模式等。在这种场景中，虽然模型并未学习全新的概念，但其能够更精准地模仿特定的风格或格式。微调的作用主要体现在以下方面。

（1）指令跟随能力的优化：通过训练包含任务指令和目标响应的大量数据，使模型在指令跟随方面表现更佳，如特定的问题类型。

（2）生成特定风格：当模型需生成特定风格或语言样式的文本时，微调可发挥重要的作用。例如，专业技术资料和小说传记的语言风格迥异，通过适当的微调能够使模型更好地适应不同的场景。

（3）专业领域的固定格式输出：保险、法律等行业需要生成符合规范格式的文本，微调可有效帮助模型掌握特定的格式和风格。在处理大量结构化数据的场景中，微调可实现 csv 或 json 格式的输出，便于后续程序的处理。

4.2.2 长上下文与 RAG

如今，许多大模型能够处理十万乃至百万词元的超长上下文模型。但在实际应用中，RAG 系统仍然是构建知识密集型应用的主流范式。或者说，RAG 与长上下文相结合、充分互补，在实践中最常用。

长上下文在大模型中面临的问题被称为"知识表示困境"（Knowledge Representation Dilemma）[15]。长上下文会导致大模型的注意力容易分散，干扰生成结果的准确性，产生无关信息或虚假结果，即幻觉问题。短上下文则限制了大模型的视野，避免引入多余的、不必要的因素，使大模型的注意力集中于特定问题，进而更好地解决问题，但过度聚焦会导致大模型过于狭隘，解释能力受限。本质上，长短上下文是语义表达性（expressiveness）与计算可行性（tractability）之间的权衡问题。RAG 与大模型相互配合，能够依据特定任务的需要实现可变的上下文长度，进而在高语义表达性与高计算可行性、边界模糊与边界明确、持续使用与一次性使用等特性之间取得平衡，如图 4-1 所示。

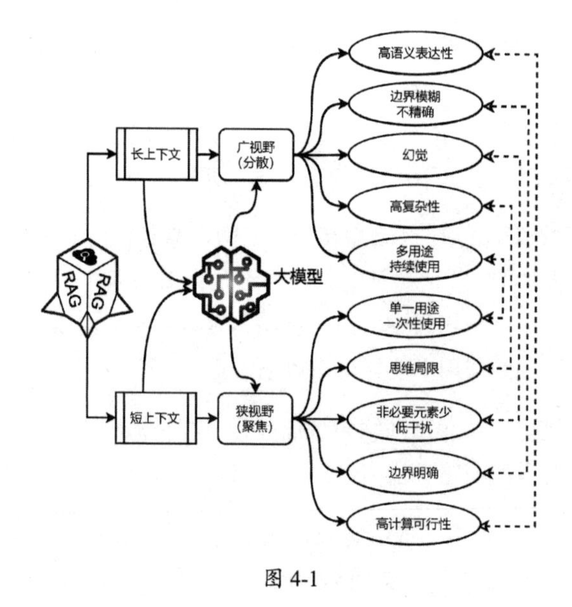

图 4-1

当任务偏向宏观问题时，RAG 提供长上下文给大模型，使大模型具备大视野；当任务偏向具体问题时，RAG 提供与该问题有关的短小片段，使大模型聚焦到与问题有关的知识上。以工程化的方法实现表达性和可行性之间的动态适配，在实践中是一种有效的策略。

1. 长上下文的特点

长上下文能够在单次处理中整合大量的上下文信息，在处理复杂的长文档时表现出色，非常适合用在需要对历史信息进行全面、深度分析的任务中。当任务本身需要依赖长文档的输入，且需要对长文档提出总结性观点时，长上下文是必需的。

长上下文是指合适长度的文本，而非大模型知识的上限。具体来说，模型性能与上下文长度呈非线性关系，存在明显的性能阈值。在超过一定阈值后，模型性能可能随着上下文长度的增加而出现波动。研究发现，在小模型（20B 或更小）中的阈值约为 8K 词元，在大模型（如 GPT-4）中的阈值约为 32K 词元。在实践中，长上下文存在明显的局限性，如：计算成本随上下文窗口的扩展显著增加，同时延迟显著变大；长上下文带来各种不必要的信息，使模型在推理时注意力分散，降低推理的精度，幻觉大幅增加。

2. RAG 的特点

长上下文并不是否决 RAG 的因素。一方面，RAG 能够提供精确的上下文支持，聚焦任务中特定的知识，减少干扰，避免出现幻觉；另一方面，许多场景的外部资料是海量的，根本不可能在一个上下文中提供（目前，据称支持最长的上下文不过 100 万词元，但企业所拥有的资料通常超过这个数字好几个量级）。此外，RAG 能通过高效检索显著降低计算成本，并实现实时动态的知识更新。

3. 互补协同

在 RAG 系统中，检索和长上下文是协同使用的。长上下文可以容忍检索能力不足的缺点，强大的检索系统可以为大模型提供更精确的上下文。二者的协同是大模型广泛落地应用的基石。

4.2.3 锂电池供应链管理案例

假设你是一家锂电池制造企业的供应链管理负责人，主要客户来自新能源汽车、消费电子和储能设备等领域。为了提升交付效率和产品质量，企业引入了传统大模型来协助供应链管理，主要用于支持采购、库存管理和物流调度。然而，随着订单量增加、原材料价格波动，以及全球物流网络复杂化，你逐渐发现传统大模型在供应链管理中的局限。常见的问题场景及挑战如下。

（1）原材料采购计划：锂电池制造高度依赖锂、镍、钴等原材料的稳定供应，但这些原材料的市场价格和供应状况波动频繁。大模型本身无法实时获取市场价格变化、供应商交付进度和库存状态，导致采购计划滞后，无法迅速响应市场变化。

（2）评估供应商表现：采购团队需要及时了解供应商的交付表现、质量水平和价格波动等信息。大模型只能基于训练数据提供过时的供应商评估信息，无法反映供应商的最新表现，可能导致错误的采购决策。

（3）实时更新与调度库存：由于电池生产需求波动，生产线对不同型号电池的需求变化频繁，导致原材料及成品的库存状况需实时调整。大模型无法动态获得库存数据，可能导致某些原材料供应不足或成品积压，进而降低生产效率。

（4）监控生产线状态：车间管理人员需要实时掌握各生产线的运行状态、产能利用率和质量指标。大模型无法获取生产线的实时数据，难以对生产异常做出及时预警和建议。

（5）物流追踪与交付管理：电池在交付过程中，特别是在出口至国际市场时，经常受到航运、港口清关、天气等多重因素的影响，造成运输时间不可控。大模型能够回答基本的物流问题，但无法为客户提供动态的运输进度或延迟信息，从而影响客户对交付时间的预期管理。

（6）品质监控与数据反馈：在电池制造业中，品质监控和实时反馈极为关键，尤其是当下游客户出现投诉或质量问题时，迅速查明并改进问题能够降低损失。大模型只能提供静态的质量控制建议，无法动态分析最新数据，导致问题解决滞后。

在上述 6 个场景中，微调和 LoRA 显然无能为力。RAG 却能出色地完成相应的任务，这得益于其在时效性和实时知识方面的能力。针对上述场景，RAG 的作用如下。

（1）实时原材料价格与供应链数据整合：通过 RAG，供应链管理系统可以实时连接全球原材料市场，获取最新的价格波动、供应商交付信息和库存状况，从而动态调整采购计划。例如，当某供应商的钴材料价格上涨时，系统可以自动查找并推荐替代供应商，并提供价格对比以辅助决策。

（2）供应商绩效分析：RAG 可以持续采集和分析供应商的交付数据、质量记录和市场价格，帮助采购团队做出更明智的决策。同时，通过社交网络、新闻事件等，RAG 可以实时获取各个供应商的关键事件，了解供应商的潜在风险，获知供应商的最新成果，实现风险规避和最优供应商的选择。在运营层面，追踪准时交付率、质量合格率等关键绩效指标；在质量管理方面，监控产品质量数据与体系认证状态；通过分析新闻、社交媒体、行业报告等外部信息实现风险预警；评估供应商的创新能力与发展潜力，识别协同发展机会。通过整合内外部数据源并提供实时洞察，RAG 系统实现了从传统的被动考核到主动预警、从单一维度评估到全面分析、从事后总结到实时监控的转变，极大提升了供应商管理的科学性和前瞻性。

（3）智能库存管理：RAG 能够与企业的库存数据库实时同步，动态跟踪原材料及成品库存状态。当生产需求发生变动时，RAG 系统可自动计算所需的库存量并提示补货，避免了原材料短缺或成品积压的问题，从而提高供应链的效率。例如，当某型号电池的需求激增时，RAG 系统可迅速识别缺口并生成补货清单。

（4）生产线状态监控及异常预警：通过接入制造执行系统（Manufacturing Execution System，MES），RAG 能够实时监控生产状况并提供智能建议，同时根据异常发出预警，减少损失。

（5）订单追踪与物流信息推送：RAG 能够与物流系统无缝连接，实时提供订单追踪与运输进度的详细信息。当交付延迟或清关遇阻时，系统会主动通知相关客户，避免因信息不对称导致的客户不满。同时，RAG 系统能够通过新闻事件、各个国家和地区的政策，及时评估物流可能存在的风险。例如，当某批次电池即将到港时，RAG 系统能够实时更新运输进度、预计交付时间，并在发生延迟时向客户发送通知。

（6）质量反馈与问题追踪：RAG 系统能够动态整合各条生产线的品质监控数据，帮助品质管理团队在问题出现初期就能迅速定位和分析原因。例如，当发现某批次电池的品质出现波动时，RAG 系统能够从生产记录、原材料来源和质检结果等方面入手，实时分析并提供改进建议，从而将损失降到最低。

RAG 技术在锂电池制造业供应链管理中的应用，大幅增强了企业对动态数据的处理能力，使供应链管理不再依赖于滞后的静态数据，而是实时获取并整合市场、库存、物流和品质监控等方面的信息，从而提高供应链的响应速度和决策效率。这种基于实时数据的管理方式，不仅降低了运营成本，还提升了产品的交付及时性和客户满意度，为企业在竞争激烈的市场中赢得了更大的优势。

4.2.4 RAG 的特点

RAG 系统通过集成检索和生成模块，实现对广泛知识库的实时访问，以增强问答的准确性和时效性，其特点总结如下。

（1）**广泛的知识覆盖**：RAG 系统通过实时检索扩展模型知识边界，获取最新、权威的知识，尤其适用于医疗、法律等专业领域，有效扩展了大模型的知识范围。

（2）**精准的上下文关联**：利用大模型深度理解查询意图，结合检索技术实现精准的知识获取，进而生成连贯、精准的答案，适用于复杂、多层次的问题场景。

（3）**迭代优化能力**：通过检索—生成反馈循环，不断完善答案。

（4）**可追溯性强、可信度高**：输入大模型的知识来源是可追溯的，这使人类专家能够验证大模型生成内容的正确性，提高生成结果的可信度，并使结果具备一定程度的可解释性。

4.3 通用的 RAG 流程

RAG 流程包括创建知识库、检索、生成和迭代优化等模块，如图 4-2 所示。首先通过数据/文档处理、内容存储、检索服务，获得与用户需求有关的知识；然后通过大模型、提示工程和答案生成等，生成与用户需求有关的答案；最后在迭代优化模块中，通过质量评估、反馈机制或大模型自我一致性等算法，进一步完善答案，提升答案的准确性和可靠性，生成最终答案。

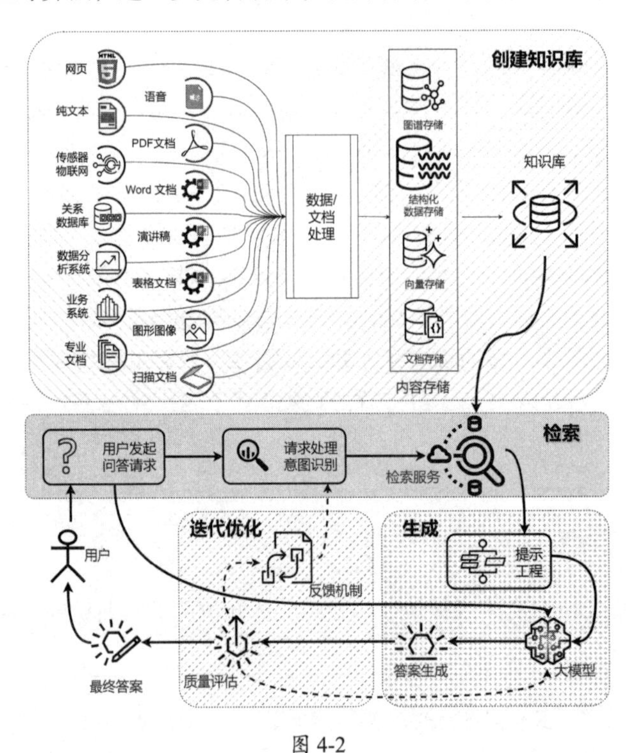

图 4-2

4.3.1 创建知识库

数据处理和文档处理是创建知识库的起点，其核心是对各类数据和知识的来源进行处理，使之易于创建知识库。数据来源包括纯文本、PDF 文档、Word 文档、图形图像等。文档处理和内容存储是强相关的，针对不同的文档和内容存储方式有不同的处理方法。具体来说，文档资料使用文档数据库，结构化数据使用关系数据库，知识图谱使用图数据库，向量使用向量数据库等。

在 RAG 系统中，最常见的是对文本进行向量化并存储在向量数据库中。以向量数据库为中心的知识库创建流程包括文本提取、文本分块（Text Chunking）和向量化（Embedding）等步骤，如图 4-3 所示。

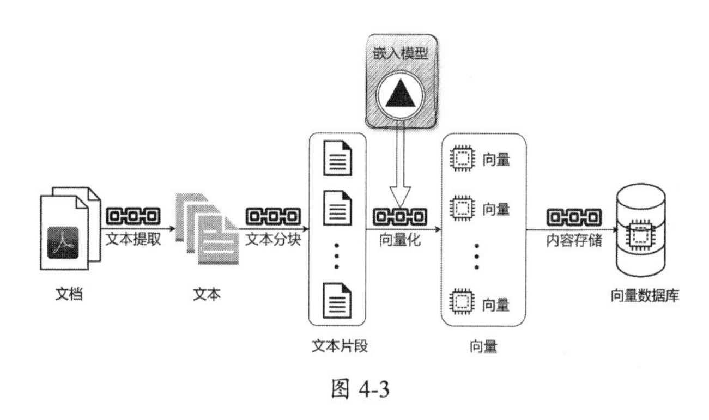

图 4-3

文档中的文本被提取出来，切分为可处理的小段文本，通过嵌入模型生成对应的高维向量，存储到向量数据库中。这些向量表示文档的语义内容，能够进行快速检索。向量数据库通过高维相似性检索，可以快速、准确地定位与查询内容相似的文档片段。

4.3.2 知识检索

当用户提出各类问题或查询（Query）时，检索模块负责处理用户的输入，对查询进行扩展、多语言处理。使用大模型，可以优化用户的输入，并对扩展的内容、多语言及用户的对话历史等进行综合，重新构建用于检索的内容，如关键词、用于向量化的文本、用于查询知识图谱的图查询语言的代码等。基于重构的查询，可以进行知识检索，如知识图谱检索、关键词检索和向量检索等。对多检索策略获得的结果重排序，找到最合适的若干个检索结果，并将其传输至生成模块。检索模块的工作流程如图 4-4 所示。

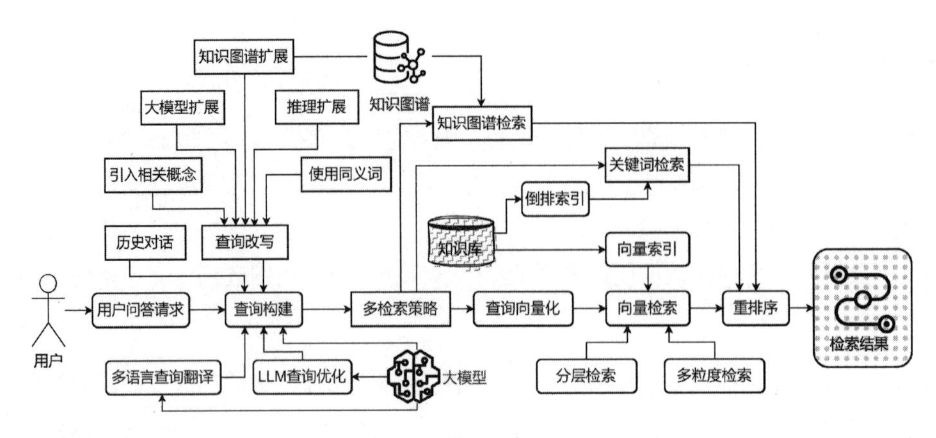

图 4-4

检索模块是 RAG 系统的关键部分，它通过向量化技术、知识图谱技术等，使系统有效提取与用户查询语义最相似的内容。这一过程不仅包括关键词匹配，还包括通过深度学习嵌入模型和知识图谱推理模型实现更高维度、更深层次的检索。例如，在向量检索中，与用户查询有关的概念会被映射到相邻的向量空间。例如，"全球变暖"和"气候变化"在语义上相似，可以聚集在一起，从而实现更智能的检索，提升系统在复杂领域的适用性。

查询扩展也是 RAG 系统优化的重要手段，通过添加同义词或相关概念来丰富原始查询的内容，捕获更广泛的潜在信息。如果用户查询"人工智能在医疗中的应用"，那么系统可以扩展为"AI 在健康科技中"等，从而扩大检索覆盖面。此外，利用大模型可以改写查询构建，通过捕捉查询背后的隐含意图，提升系统的语义准确性。在跨语言场景中，查询翻译能帮助 RAG 系统跨越语言障碍——使用大模型可以将非目标语言的查询翻译为目标语言，再进行匹配。这一过程不仅拓展了系统的适用性，还显著提升了多语言内容检索的准确性。

为了确保输出结果准确，系统还会使用重排（Reranking）技术对初始检索结果进行二次排序。重排序（Reranker）模型通过对这些候选结果进行二次评分来重新排列顺序，以确保更相关的内容排在前面，进一步提高排序的精准度。此外，检索结果的召回率也至关重要，特别是在向量检索中因文本分块导致的上下文割裂，召回率不足往往会导致 RAG 系统整体性的能力缺陷。在一些场景中，还需要考量检索结果的多样性和时效性等，以适应特定任务的需求。

4.3.3 大模型生成答案

在检索到相关内容后，生成模块利用大模型生成符合上下文的回答。在生成模块中，通过提示工程整合用户的问答请求、历史对话及检索模块的检索结果，形成一个提示，将提示输入大模型后生成答案，如图 4-5 所示。

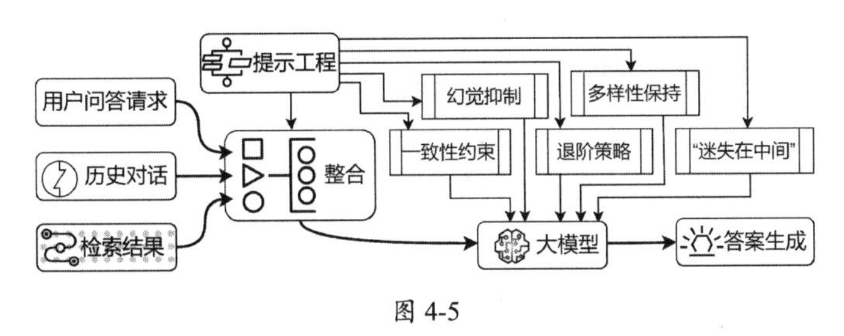

图 4-5

在将提示输入大模型并生成答案的过程中，提示工程还会使用一些策略生成更符合任务需求的答案。这些策略通常有一致性约束、幻觉抑制、多样性保持和退阶策略等。此外，提示工程会根据用户的具体需求调整生成内容的输出格式，如生成 JSON 格式的结果等。

在生成模块中，除大模型本身外，提示工程也是核心。提示工程可以用模板、规则或大模型生成等方法实现。在实践中，利用提示工程使大模型生成答案时，需要重点考虑以下问题。

- **幻觉抑制**：幻觉现象是指模型生成的内容超出用户提供或检索的信息，表现为虚构事实。通过提示工程（如精心编写任务明确的指令）可以抑制幻觉的出现。
- **一致性约束**：对于复杂或模棱两可的问题，可能出现大模型生成答案不一致的情况，通常体现为多次相同或类似的问题的答案迥异。一致性约束可以减少发生这类情况。
- **多样性保持**：与一致性约束对应的是多样性问题。有些任务要求大模型生成多样性内容，此时如果总是生成相同的内容，也会令用户懊恼。
- **退阶策略**：退阶策略（Step-back）是指通过将复杂问题简化为更通用的版本，从而提高大型模型的推理能力。该策略的核心思想在于，鼓励模型在处理问题前抽象出高层次的概念和第一原理，然后将原始问题重述为更简洁或易于回答的形式，从而获得较好的答案。
- **"迷失在中间"现象**：迷失在中间（Lost in the Middle）是大模型在处理长文本时常见的问题，也是大模型处理长上下文信息能力不足的体现。在 RAG 系统中，因为检索模块可能输出较多的内容，所以更容易出现迷失在中间的情况。在提示工程中务必考虑这一因素。

4.3.4 质量评估与迭代优化

在大模型生成答案后，许多 RAG 系统可以对答案进行质量评估，并且具备反馈机制，将质量不达标或不完善的答案反馈给检索模块和生成模块，通过迭代进一步优化答案。质量评估与迭代优化的过程如图 4-6 所示。

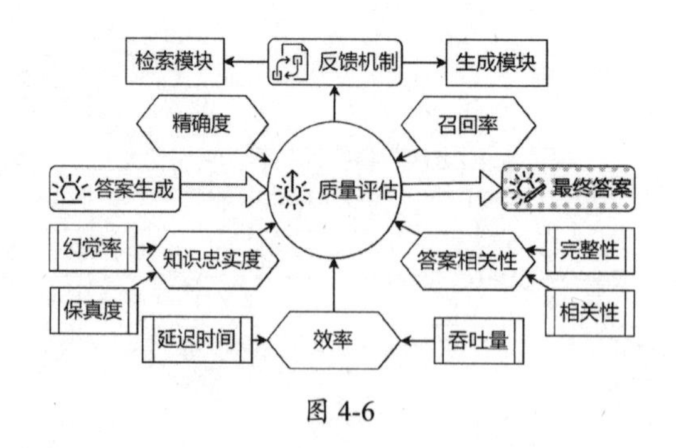

图 4-6

质量评估是一个比较重要的环节，特别是在工业、金融、医疗、法律等领域，但其中也存在不少难点。例如，难以客观评价答案的相关性，通常根据特定任务训练专用模型或使用业务特定的逻辑；难以保证内容的知识忠实度（faithfulness），包括幻觉率和保真度等；难以应对制造业中的故障分析、金融分析等涉及的完整性问题等。遗漏这部分的任一分支，都可能得到错误的答案。

4.4 使用 Dify 构建 RAG 系统

Dify 提供了一套整合了大模型、RAG、Agent（智能体）等应用开发的开源平台，使开发者能够快速构建、迭代并部署生成式 AI 应用程序，为业务场景提供更丰富和易于操作的方案。本节以 Dify 为基础讨论 RAG 系统实战。限于篇幅，本节不涉及除 RAG 外的 AI 应用程序的开发。

4.4.1 Dify 概述

Dify 提供了完备的大模型应用的技术栈，使开发者可以从底层至应用层构建、管理并优化大模型驱动的应用，其设计理念倾向于构建一套生产级的大模型应用“脚手架”。

（1）Dify 支持众多大模型服务商、MaaS 厂商和 Ollama 等本地推理模型框架，使用简单。

（2）Dify 提供强大的 Prompt 编排框架，为不同的应用场景提供了灵活的设计选项，开发者可以使用可视化界面调整 Prompt，避免烦琐的代码修改。

（3）Dify 提供 RAG 引擎与知识库管理界面。知识库支持简单的关键词、文本向量及混合检索技术等多种检索方式，支持基于 Rerank 模型的重排序，从而提升信息检索精度与召回质量，满足各种业务场景中的 RAG 应用需求。

（4）Dify 提供可视化流程编排界面，允许开发者在流程图中拖放节点、设置条件分支、执行代码等，从而以直观的方式开发复杂的大模型应用，降低大模型应用开发的成本，特别是大幅降低概念验证的成本。

（5）Dify 是一款开源软件，可以部署在本地或私有云环境中，完全掌控数据安全与模型管理。

（6）支持多模态大模型的应用开发。

4.4.2 安装 Dify

Dify 系统的安装过程比较复杂，依赖众多组件，包括向量数据库、关系数据库、Redis 缓存数据库等。同时，Dify 自身有较多的组件，互相依赖，复杂度较高。使用 docker compose 启动是一种简单的安装方法，其中用到了第 3 章介绍的 Milvus 向量数据库。

（1）环境变量配置保存在当前目录下的 zdify.env 文件中，示例如下。

```
1.  DEPLOY_ENV=PRODUCTION
2.  APP_WEB_URL=http://127.0.0.1:3000
3.  CONSOLE_WEB_URL=http://127.0.0.1:3000
4.  APP_API_URL=http://127.0.0.1:12346
5.  CONSOLE_API_URL=http://127.0.0.1:12346
6.  FILES_URL=http://127.0.0.1:12346
7.  SERVICE_API_URL=http://127.0.0.1:12346
8.  SECRET_KEY=sk-zhishizengqiangdamoxing
9.  MIGRATION_ENABLED=true
10. BROKER_USE_SSL=false
11. CELERY_BROKER_URL=redis://:@zredis:6379/1
12. CELERY_USE_SENTINEL=false
13. CODE_EXECUTION_API_KEY=key-zouxiangweilai
14. CODE_EXECUTION_ENDPOINT=http://zsandbox:12347
15. DB_HOST=zdb
16. DB_PORT=5432
17. DB_USERNAME=futureland
18. DB_PASSWORD=zouxiangweilai
19. DB_DATABASE=zdify
20. DIFY_BIND_ADDRESS=0.0.0.0
21. DIFY_PORT=12346
22. EDITION=SELF_HOSTED
23. ETL_TYPE=dify
24. INIT_PASSWORD=zouxiangweilai
25. LOG_LEVEL=INFO
26. VECTOR_STORE=milvus
```

```
27. MILVUS_DATABASE=zdify
28. MILVUS_PASSWORD=zouxiangweilai
29. MILVUS_URI=http://zmilvus:12341
30. MILVUS_USER=futureland
31. REDIS_HOST=zredis
32. REDIS_PORT=6379
33. WEB_API_CORS_ALLOW_ORIGINS=*
34. CONSOLE_CORS_ALLOW_ORIGINS=*
```

注意，在第一次启动 Dify 后，可以将上述环境变量中的“MIGRATION_ENABLED=true”改为“MIGRATION_ENABLED=false”，避免每次启动 Docker 时都迁移数据库。

（2）使用如下命令创建 Docker 网络，以便连接不同的服务。

```
1. # 创建 Docker 网络
2. docker network create znet
```

（3）使用如下命令启动和停止 Dify 的各项服务，并查看是否启动成功。

```
1. # 启动服务
2. docker compose -f docker-compose-zdify.yaml up -d
3. # 停止服务
4. docker compose -f docker-compose-zdify.yaml down
5. # 查看服务
6. docker ps
```

其中，docker-compose-zdify.yaml 的内容如下。

```
1.  services:
2.    # PostgreSQL 关系数据库
3.    zdb:
4.      image: postgres:15-alpine
5.      container_name: zdb
6.      networks:
7.        - znet
8.      environment:
9.        PGUSER: futureland
10.       PGDATABASE: zdify
11.       POSTGRES_USER: futureland
12.       POSTGRES_PASSWORD: zouxiangweilai
13.       POSTGRES_DB: zdify
14.       PGDATA: /var/lib/postgresql/data/pgdata
15.     volumes:
16.       - ./data/postgresql/data:/var/lib/postgresql/data/pgdata
17.     ports:
18.       - 12349:5432
```

```
19.       healthcheck:
20.         test: ['CMD', 'pg_isready']
21.         interval: 1s
22.         timeout: 3s
23.         retries: 30
24.       command: >
25.         postgres -c 'max_connections=100'
26.                  -c 'shared_buffers=128MB'
27.                  -c 'work_mem=4MB'
28.                  -c 'maintenance_work_mem=64MB'
29.                  -c 'effective_cache_size=2048MB'
30.
31.     # Redis缓存数据库，消息队列
32.     zredis:
33.       image: redis:6-alpine
34.       container_name: zredis
35.       networks:
36.         - znet
37.       volumes:
38.         - ./data/redis/data:/data
39.       ports:
40.         - 12348:6379
41.       healthcheck:
42.           test: ["CMD", "redis-cli ping"]
43.           interval: 1s
44.           timeout: 3s
45.           retries: 30
46.       command:
47.           redis-server
48.
49.     # Dify核心服务：API服务
50.     zdify-api:
51.       image: langgenius/dify-api:0.10.1
52.       container_name: zdify-api
53.       restart: always
54.       depends_on:
55.        - zdb
56.        - zredis
57.       env_file:
58.        - ./zdify.env
59.       environment:
60.         MODE: api
61.         LOG_FILE: /logs/dify.log
62.       volumes:
```

```
63.       - ./data/dify/storage:/app/api/storage
64.       - ./data/api-logs:/logs
65.     ports:
66.       - 12346:12346
67.     networks:
68.       - znet
69.
70.   # Dify核心服务： worker服务
71.   zidfy-worker:
72.     image: langgenius/dify-api:0.10.1
73.     container_name: zdify-worker
74.     restart: always
75.     depends_on:
76.      - zdb
77.      - zredis
78.     env_file:
79.      - ./zdify.env
80.     environment:
81.       MODE: worker
82.       LOG_FILE: /logs/dify.log
83.     volumes:
84.       - ./data/dify/storage:/app/api/storage
85.       - ./data/worker-logs:/logs
86.     networks:
87.       - znet
88.
89.   # Dify前端服务
90.   zdify-web:
91.     image: langgenius/dify-web:0.10.1
92.     container_name: zdify-web
93.     environment:
94.       CONSOLE_API_URL: http://127.0.0.1:12346
95.       APP_API_URL: http://127.0.0.1:12346
96.       SERVICE_API_URL: http://127.0.0.1:12346
97.       FILES_URL: http://127.0.0.1:12346
98.     ports:
99.       - 3000:3000
100.    networks:
101.      - znet
102.
103.networks:
104.  znet:
105.    external: true
```

使用第 3 章介绍的方法启动向量数据库，在启动命令中把 Milvus 的 Docker 服务加入 znet 网络，示例如下。

```
1.  docker run -d \
2.          --name zmilvus \
3.          --network znet \
4.          --security-opt seccomp:unconfined \
5.          -e ETCD_USE_EMBED=true \
6.          -e ETCD_DATA_DIR=/var/lib/milvus/etcd \
7.          -e ETCD_CONFIG_PATH=/milvus/configs/etcd.yaml \
8.          -e COMMON_STORAGETYPE=local \
9.          -v $(pwd)/data/milvus:/var/lib/milvus \
10.         -v $(pwd)/conf/etcd.yaml:/milvus/configs/etcd.yaml \
11.         -v $(pwd)/conf/user.yaml:/milvus/configs/user.yaml \
12.         -p 12341:12341 \
13.         -p 9091:9091 \
14.         -p 12340:12340 \
15.         --health-cmd="curl -f http://localhost:9091/healthz" \
16.         --health-interval=30s \
17.         --health-start-period=90s \
18.         --health-timeout=20s \
19.         --health-retries=3 \
20.         milvusdb/milvus:v2.4.13 \
21.         milvus run standalone
```

至此，使用 Dify 开发简单的 RAG 应用的所有服务都已启动。

4.4.3 初始化 Dify

在浏览器中打开 URL“http://127.0.0.1:3000/init”，输入初始化的 key（由上述环境变量 INIT_PASSWORD 指定），即可进入管理员账号设置界面。输入邮箱、用户名和密码，即可设置管理员账号。限于篇幅，本书后续直接使用管理员账号来开发应用。在真实的生产环境中，需要注意隔离账号和权限，以避免数据和隐私泄露。初始化 Dify 后，再访问 URL“http://127.0.0.1:3000”时，会自动跳转至登录界面。如果已经登录，则进入工作台的界面（默认为英文）。

单击右上角的个人账号，在弹出的窗口中选择“settings”，打开设置项。如有需要，可以在语言页面中将 Dify 的工作语言设置为中文，将时间设置为北京时间。设置的重点在于大模型的设置项。单击左侧的“Model Provider”，根据实际情况选择模型供应商。如果选择 MaaS 或大模型服务商，一般只需要填入“API_KEY”；如果选择 Ollama 之类的本地模型，配置就稍微复杂一些。接下来开始配置系统模型，如图 4-7 所示，在 RAG 应用和其他智能体应用中将使用这些模型。在RAG中会用到系统推理模型(System Reasoning Model)、嵌入模型(Embedding Model)和重排序模型(Rerank Model)。

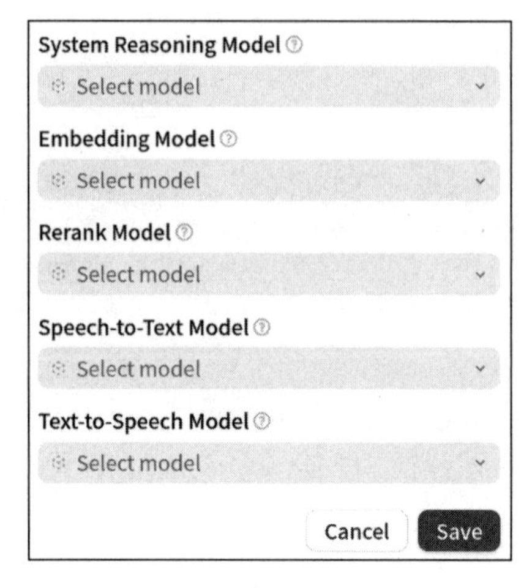

图 4-7

4.4.4 创建知识库

在创建知识库前，要在向量数据库中创建一个 zdify 数据库（它由环境变量 MILVUS_DATABASE 控制）。创建数据库的代码如下，详细解析见第 3 章。

```
1.  from pymilvus import MilvusClient
2.  mclient = MilvusClient(
3.      uri="http://localhost:12341",
4.      token="futureland:zouxiangweilai", # replace this with your token
5.      db_name="default"
6.  )
7.  mclient.create_database('zdify')
```

在系统界面中单击“知识库”，进入知识库页面。单击左上角的“创建知识库”选项，选择知识库文件或将知识库文件拖入。本例使用《西游记》的内容，包括 100 章正文和一个附录，共 101 章。每章都是一个简单的 HTML 文件，共 101 个 HTML 文件，如图 4-8 所示。Dify 也支持其他文件格式，包括 TXT、Markdown、PDF、XLSX、DOCX 等。如果处理 PDF 或 DOCX 等文件，则需要更复杂的软件支持。图文混排的 PDF 还会涉及 OCR、版面分析等多模态大模型或专用小模型等工作，限于篇幅，这里不展开讲解。

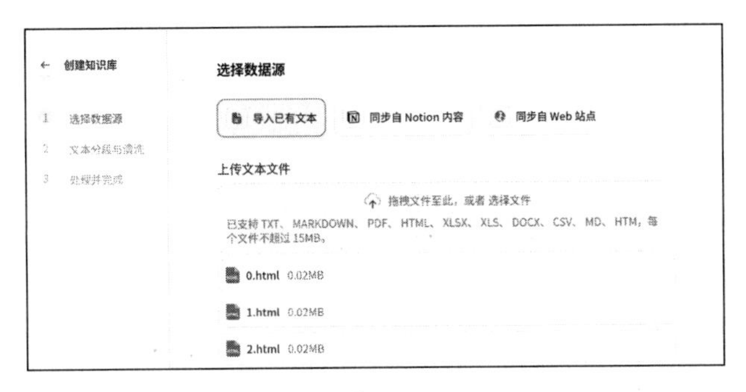

图 4-8

单击“下一步”选项后，开始设置分块和索引。这里选择默认的设置选项，选择“自动分段与清洗”，并选择“高质量”的索引方式。选择相应的嵌入模型，如“BAAI/bge-m3”。选择“混合检索”方法，并使用“Rerank 模型”，如“BAAI/bge-reranker-v2-m3”，设置 Top K 为“5”，如图 4-9 所示。如果有需要，可以单击右上角的“预览”按钮，看看系统是如何分块的。最后，单击“保存并处理”按钮，系统会自动处理所有文件（包括分块文件）。

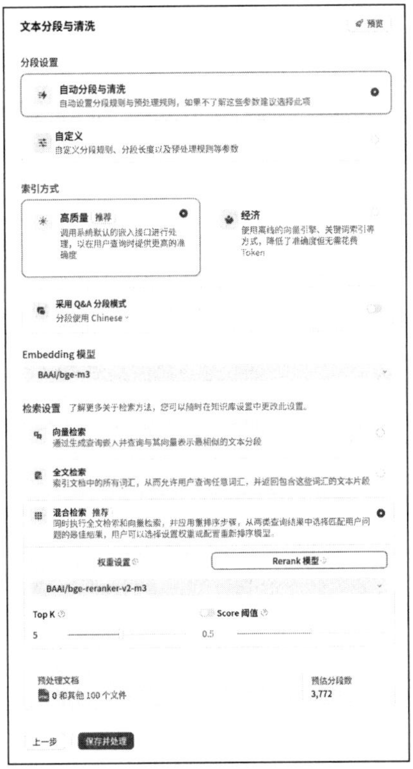

图 4-9

除了从图形化界面上传文档，还可以使用程序将文档上传到知识库中，这种情况在实践中更常见，可以自动对接其他系统，或者使用爬虫工具自动从互联网上爬取文档资料。单击知识库旁边的“API”标签页，获取知识库 API 的使用说明，根据使用说明进行编程，上传文档给知识库。单击“API 秘钥”按钮，创建秘钥，用于验证。相关代码如下。

```
1.  import requests
2.
3.  api_key = '以 dataset-开头的知识库 API 秘钥'
4.  base_url = 'http://127.0.0.1:12346/v1'
5.
6.  def get_dataset_id_by_name(name: str):
7.      '''根据名称获取知识库的 id'''
8.      headers = {
9.          "Authorization": f"Bearer {api_key}",
10.         "Content-Type": "application/json",
11.     }
12.     endpoint = f"/datasets?page=1&limit=20"
13.     url = f"{base_url}{endpoint}"
14.     resp = requests.request('GET', url, headers=headers)
15.     data = resp.json()
16.     for item in data['data']:
17.         if item['name'] == name:
18.             return item['id']
19.     raise ValueError(f'{name} no found')
20.
21. def upload_file_to_dataset(dataset_id: str, filename: str, params: dict):
22.     '''上传文档到知识库'''
23.     headers = {
24.         "Authorization": f"Bearer {api_key}"
25.     }
26.     files = {"file": open(filename, "rb")}
27.     endpoint = f"/datasets/{dataset_id}/document/create_by_file"
28.     url = f"{base_url}{endpoint}"
29.     resp = requests.request('POST', url, data={'data': json.dumps(params)},
headers=headers, files=files)
30.     return resp.json()
31.
32. # 文档分块和索引参数设置
33. params = {
34.     'indexing_technique': 'high_quality',
35.     'process_rule': {
36.         'rules': {
37.             'pre_processing_rules': [
```

```
38.                 {'id': 'remove_extra_spaces', 'enabled': False},
39.                 {'id': 'remove_urls_emails', 'enabled': False}
40.             ],
41.             'segmentation': {
42.                 'separator': '\n\n',
43.                 'max_tokens': 256,
44.                 'chunk_overlap': 40
45.             }
46.         },
47.         'mode': 'custom'
48.     }
49. }
50.
51. #《西游记》知识库示例
52. dataset_id = get_dataset_id_by_name('西游记')
53. for filename, title in file_title_list:
54.     resp = upload_file_to_dataset(dataset_id, f'{filepath}/{filename}', 
title, params)
```

4.4.5 简单的 RAG 应用

以 RAG 应用“西游讲述者”为例，如图 4-10 所示。在工作室界面上创建一个空白的聊天应用，选择“基础编排”，填写名称及描述，单击“创建”按钮，进入简单的编排界面。

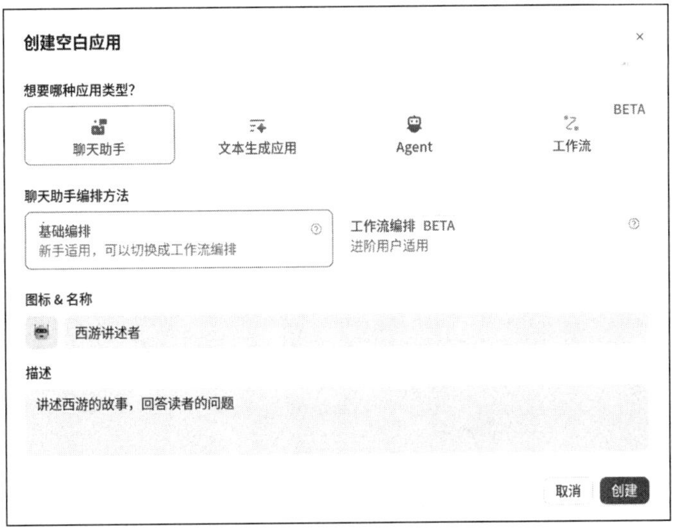

图 4-10

在编排界面中设计合理的提示词，示例如下。同时，在上下文中设置《西游记》知识库。

在召回配置中，设置召回的数量（Top K）和重排序模型等。

````
```xml
<instruction>
  <description>
    你将扮演一个名叫"小西"的角色，对《西游记》非常熟悉。你需要引用《西游记》的原文片段来回答用户的问题。请确保引用的原文片段准确无误，并且能够清晰地回答用户的问题。
  </description>
<steps>
  <step>
    根据用户的问题，从知识库"西游记"中检索相关的文本片段。
  </step>
  <step>
    根据检索到的文本片段，清晰明了简洁地回答用户问题。务必使用检索到的文本片段来回答问题。如果文本片段无法回答用户的问题，请礼貌地拒绝回答。
  </step>
  <step>
    列出引用的原文及链接，并确保所引用的内容准确无误。
  </step>
</steps>
</instruction>
```
````

设置完成后，输入问题进行调试，如图 4-11 所示。调试完成后，单击“发布”按钮，即可发布模型。

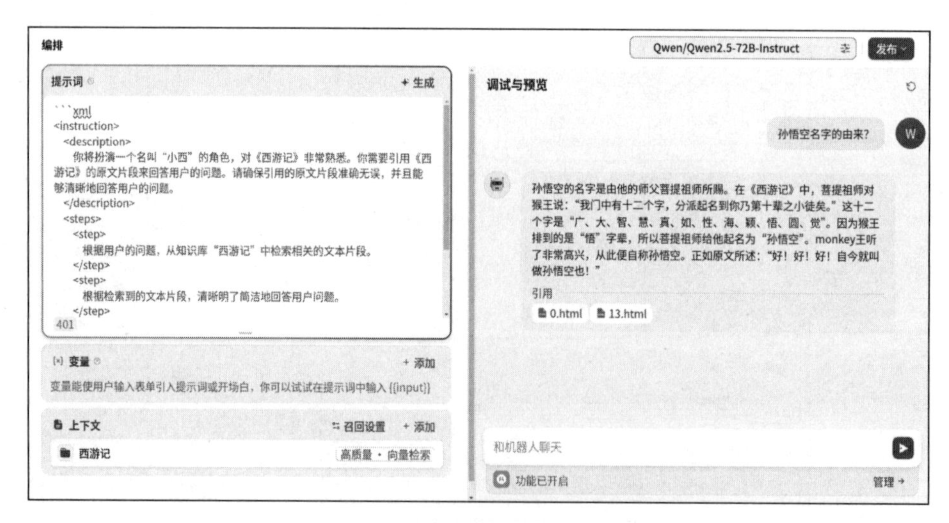

图 4-11

发布完成后，我们就成功创建了一个“西游讲述者”对话机器人，如图 4-12 所示。

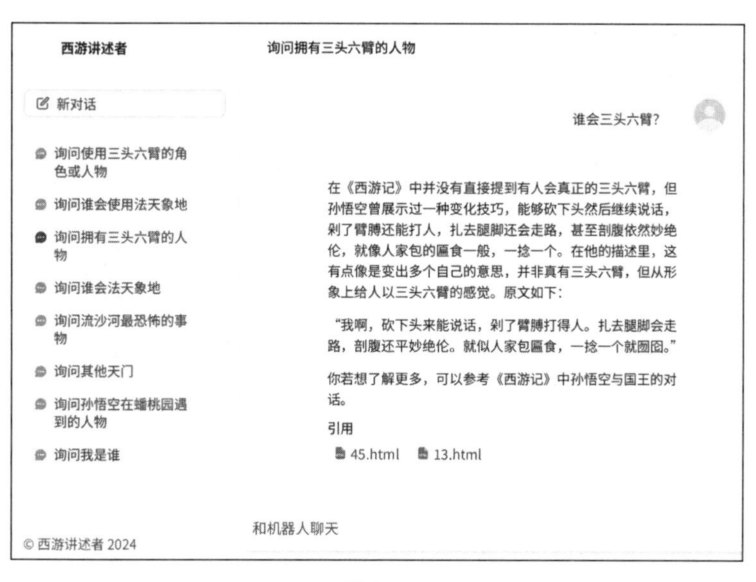

图 4-12

4.4.6 RAG 效果优化

在 RAG 中，使用向量检索获得知识，核心是如何准确地召回所需的知识。其中，分块（Chunking）策略至关重要。分块的粒度，即每个文本片段的长度，对向量检索的准确性和召回效果影响非常大。众所周知，在《西游记》中，孙悟空有“三头六臂”的技能，但在图 4-12 中，“西游讲述者”却回答错误。究其原因，《西游记》知识库对文本的分块策略导致在向量检索时未找到“三头六臂”相应的片段。以“西游讲述者”为例，默认使用片段最大长度为 500 词元、片段重叠的长度为 50 词元的分块策略。当检索“三头六臂”时，分块的信息密度与检索粒度的不匹配，导致关键信息被分散或淹没在较大的文本块中，向量表征难以准确捕捉细粒度的信息特征。也就是说，当我们在向量数据库中检索“三头六臂”时，无法找到与之匹配的文本片段。事实上，这也是基于文本的 RAG 在实践中问题很多的原因，因此，在后续章节中会深入探讨知识图谱增强的大模型应用。

回到“西游讲述者”本身。把分块策略中的片段最大长度改为 200 词元、片段间重叠的长度改为 32 词元，重新构建整个知识库，在其他条件不变的情况下，使用重新构建的《西游记》知识库来增强大模型。此时，重新提问：“谁会三头六臂？”可以看到“西游讲述者”给出了正确的答案，如图 4-13 所示。

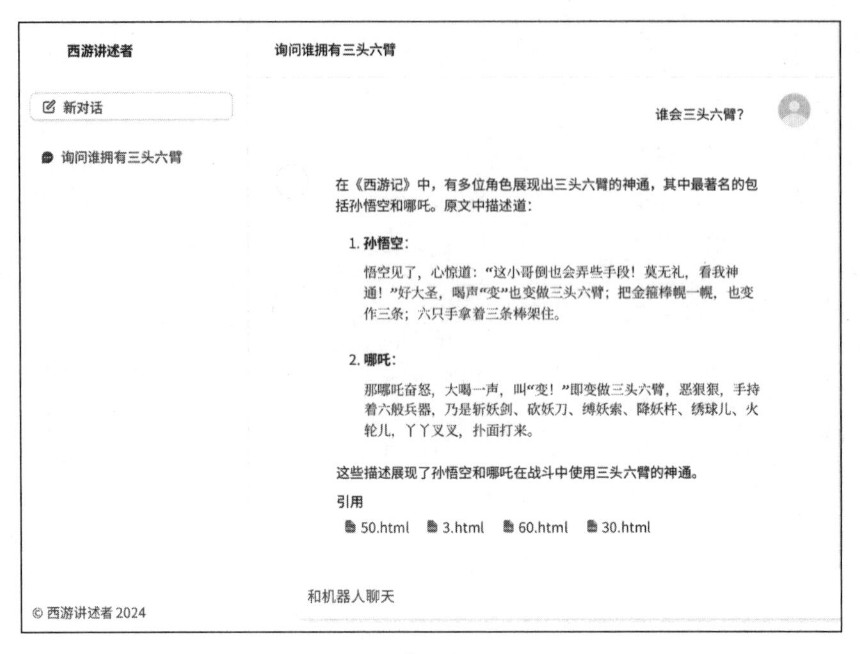

图 4-13

在基于向量检索的 RAG 中，关键环节之一是文档分块。向量检索的本质是通过计算文本片段的向量相似度来召回与查询语义相近的片段。片段粒度越细，每个分块的内容越聚焦。这虽然有助于减少冗余和非相关信息的混杂，提升召回的准确性，但会丧失大量的上下文内容，过细的分块也会增加系统负荷。

- 细粒度片段的优势：将待检索内容划分为小片段（如句子或短语级别），可以使每个分块内容更聚焦，避免不相关信息的干扰。这样处理降低了数据的冗余性，在检索时能够更精准地找到与查询内容有关的片段。对于一些具有明确问题指向的查询，使用细粒度片段显著提升了查询与返回结果的匹配度。
- 细粒度的局限性：细粒度片段虽然在准确性上表现优异，但牺牲了上下文信息的完整性，导致了语义的碎片化。例如，将长段文本切分为多个句子可能导致语义割裂，使检索系统难以获取全部的上下文信息，这在涉及深层次语义关系的查询中尤其明显。同时，细粒度的分块增加了系统的负荷，尤其在大型数据库中，计算每个小片段的向量表示及其相似度需要消耗大量的计算资源。细粒度检索的代价不仅体现在内存占用上，还会直接影响查询的处理时间。
- 粗粒度片段的优势：与细粒度片段相比，粗粒度片段（如段落甚至章节级别）能够减少文本碎片化，并保持上下文的语义完整性。粗粒度片段可以提供更丰富的背景信息，帮助系统在多层次语义关系中理解查询的真实意图。然而，粗粒度片段会增加无关信息的干扰，降低细节信息的可检索性，大量的无关信息可能导致检索结果的“语义漂移”，在准确性上可能存在缺陷。

以常用的500词元长度的分块为例，其在大多数情况下可以保证上下文的连贯性，适合检索概括性的信息。若需要召回特定的、复杂的细节信息，如“三头六臂”的相关内容，500词元的粒度可能会带来问题。在“西游讲述者”应用中，采用200词元分块能显著提升检索效果。这表明，粒度过粗可能导致向量检索难以捕捉更大文本单元中的细微特征。在实践中，通常要根据场景设置一个“最佳粒度区间”。对于需要精准细节召回的场景，可以在100~300词元间调优；对于概括性的信息检索，500~1000 词元更合适。当然，这不是绝对的，应根据具体情况，具体分析。

进一步优化将涉及分层索引、动态分块等方法。例如，多层次分块（Multi-level Chunking）策略，通过先粗略分块、再逐层细化，有效降低直接细粒度分块带来的存储压力；语义聚类分块策略，利用聚类算法合并相似的片段，形成逻辑上的细粒度分块结构，从而在不增加物理分块的情况下提升召回性能。

4.4.7 引入 Elasticsearch

文本搜索引擎经过多年发展已趋于成熟。在领域应用，特别是在企业级应用中，Elasticsearch是一个广受欢迎的开源分布式搜索引擎。在RAG中，基于Elasticsearch构建的文本搜索引擎可以与向量检索形成互补关系，从细节到宏观层面实现更好的平衡。

Elasticsearch的核心是倒排索引（Inverted Index）结构，这是一种专门面向文本检索的数据组织方式。倒排索引建立了从关键词到文档的映射关系：先将文档集合中的每篇文档分词，再以这些关键词为索引，将包含特定关键词的文档ID存储在对应的倒排列表中。这种结构设计使系统能够快速定位包含目标关键词的文档。

在检索过程中，Elasticsearch不仅可以快速匹配关键词，还能通过TF-IDF、BM25、Learning to Rank等算法计算文档相关性得分，据此对检索结果进行精确的排序。这种机制特别适合用在海量数据的实时检索场景中，在处理结构化和半结构化数据时表现尤为出色。在检索方面，除了基础的关键词匹配，Elasticsearch 还提供了丰富的查询功能。通过其领域特定语言（Domain Specific Language，DSL），开发者可以构建复杂的布尔查询、过滤器和聚合操作，实现灵活且精准的检索控制。这些特性使 Elasticsearch 能够满足各种复杂的搜索需求，同时保持较高的性能表现。

这里以“西游讲述者”为例，探讨如何将 Elasticsearch 文本检索和向量检索配合，实现精确的细节检索与模糊的宏观检索相互配合，从而构建更强大的 RAG 系统。在重新构建“西游讲述者”RAG 系统前，要构建基于 Elasticsearch 的“西游记搜索引擎”，步骤如下。

（1）拉取 Elasticsearch 镜像。

```
docker pull elasticsearch:8.15.3
```

（2）启动 Elasticsearch。

```
1.  docker run -d \
2.          --name zes \
3.          --network znet \
4.          -e "discovery.type=single-node" \
5.          -e "xpack.security.enabled=false" \
6.          -v $(pwd)/data/es/data:/usr/share/elasticsearch/data \
7.          -v $(pwd)/data/es/logs:/usr/share/elasticsearch/logs \
8.          -p 9300:9300 \
9.          -p 9200:9200 \
10.         --health-cmd="curl -s http://zes:9200 >/dev/null || exit 1"  \
11.         --health-interval=30s \
12.         --health-start-period=90s \
13.         --health-timeout=10s \
14.         --health-retries=30 \
15.         elasticsearch:8.15.3
```

在启动 Elasticsearch 的过程中，如果遇到目录权限的问题，可以将“$（pwd)/data/es”目录权限改为“777”。

（3）安装 Elasticsearch 的 Python 客户端。

```
pip install elasticsearch==8.15.1
```

（4）连接 Elasticsearch 服务器。

```
1.  from elasticsearch import Elasticsearch
2.  client = Elasticsearch(
3.      hosts=["http://localhost:9200"]
4.  )
5.  print(client.info())
```

（5）在 Elasticsearch 中创建《西游记》的索引。

```
1.  # 配置《西游记》一书的章节索引
```

```
2.  settings = {
3.      # 配置ngram分词，构建2-gram、3-gram和4-gram三个级别的分词方法
4.      "settings": {
5.          "index.max_ngram_diff": 2,
6.          "analysis": {
7.              "tokenizer": {
8.                  "ngram_tokenizer": {
9.                      "type": "ngram",
10.                     "min_gram": 2,
11.                     "max_gram": 4,
12.                     "token_chars": ["letter", "punctuation", "symbol"]
13.                 }
14.             },
15.             "analyzer": {
16.                 "ngram_analyzer": {
17.                     "type": "custom",
18.                     "tokenizer": "ngram_tokenizer",
19.                     "filter": ["lowercase"]
20.                 }
21.             }
22.         }
23.     },
24.     # 《西游记》章节索引的具体配置
25.     "mappings": {
26.         "properties": {
27.           "filename": {
28.             "type": "keyword"
29.           },
30.           "cid": {
31.             "type": "integer"
32.           },
33.           "title": {
34.             "type": "text",
35.             "analyzer": "ngram_analyzer"
36.           },
37.           "content": {
38.             "type": "text",
39.             "analyzer": "ngram_analyzer"
40.           }
41.         }
42.     }
43. }
44.
45. # 在Elasticsearch中创建"xiyouji"索引
```

```
46. client.indices.create(index="xiyouji", body=settings)
```

（6）按章节将《西游记》全书上传到 Elasticsearch 中。

```
1.  # filepath 是《西游记》全部章节文件所在的目录
2.  # file_title_list 是每个章节文件的文件名及对应的章节标题
3.  # file_title_list[0]为:
4.  # “('0.html', '第一回\u3000灵根育孕源流出\u3000心性修持大道生')”
5.  operations = []
6.  cid = 0
7.  for filename, title in file_title_list:
8.      with open(f'{filepath}/{filename}') as f:
9.          ct = f.read()
10.     operations.append({"index": {"_index": "xiyouji"}})
11.     operations.append({'filename': filename,
12.          'cid': cid, 'title': title, 'content': ct})
13.     cid += 1
14. # 批量上传到 Elasticsearch 中并建立索引
15. resp = client.bulk(index="xiyouji", operations=operations, refresh=True)
16. resp['errors']
```

（7）使用 Elasticsearch 搜索。

```
1.  import re
2.  from elasticsearch import Elasticsearch
3.
4.  def find_contexts(doc: str, query: str):
5.      # 将 query 中的词分割成列表
6.      query_words = query.split()
7.      # 使用正则表达式将 doc 按照中英文句子分隔符分割成句子
8.      sentences = re.split(r'([.!?。？！])', doc)
9.      sentences  =  ["".join(i).strip()  for  i  in  zip(sentences[0::2],
sentences[1::2])]
10.     # 去除空白句子，并去掉句子两端的空格
11.     sentences = [i.strip() for i in sentences if i.strip()]
12.     # 存储符合条件的上下文
13.     contexts = []
14.     # 遍历每个句子，找到包含所有查询词的句子及其上下文
15.     for i, sentence in enumerate(sentences):
16.         # 检查当前句子是否包含所有查询词
17.         if any(word in sentence for word in query_words):
18.             # 获取当前句子及其前后句子
19.             context = []
20.             if i > 0:  # 前一个句子
21.                 context.append(sentences[i - 1])
```

```
22.             context.append(sentence)  # 当前句子
23.             if i < len(sentences) - 1:  # 后一个句子
24.                 context.append(sentences[i + 1])
25.             # 将上下文作为一个字符串加入结果
26.             contexts.append("".join(context))
27.     return contexts
28.
29. def search(client: Elasticsearch, query: str, num: int = 10) -> dict:
30.     # 搜索配置
31.     search_body = {
32.         "query": {
33.             "multi_match": {
34.                 "query": query,
35.                 "fields": ["title", "content"],
36.                 "operator": "and",
37.             }
38.         },
39.         "size": num  # 限制返回结果的数量
40.     }
41.     # 执行搜索
42.     resp = client.search(index="xiyouji", body=search_body)
43.     # 返回搜索结果
44.     ctxs = []
45.     results = resp['hits']['hits']
46.     # 获取与输入关键词有关的片段
47.     for r in results:
48.         r = r['_source']
49.         ctx = find_contexts(r['content'], query)
50.         ctxs.append(r['filename'] + '\n' + r['title'] + '\n' + ' '.join(ctx))
51.     return {
52.         "result": ctxs
53.     }
54.
55. client = Elasticsearch(hosts=["http://127.0.0.1:9200"])
56. ret = search(client, '三头六臂')
57. print('\n\n'.join(ret['result']))
```

这个搜索引擎能够找到《西游记》中所有与“三头六臂”有关的片段，如下所示。

```
3.html
第四回　官封弼马心何足　名注齐天意未宁
″那哪吒奋怒，大喝一声，叫"变！″即变做三头六臂，恶狠狠，手持着六般兵器，乃是斩妖剑、砍妖刀、缚妖索、降妖杵、绣球儿、火轮儿，丫丫叉叉，扑面打来。悟空见了，心惊道："这小哥倒也会弄些手段！ 莫无礼，看我神通！″好大圣，喝声"变"也变做三头六臂；把金箍棒幌一幌，也变作三条；六只手拿着三条棒架住。这场斗，真是个地动山摇，好杀也：　　六臂哪吒太子，天生美石猴王，相逢真对手，正遇本源流。
```

```
50.html
第五十一回　心猿空用千般计　水火无功难炼魔
快早去，着妖魔下个雷捎，助太子降伏来也！"邓张二公，即踏云光，正欲下手，只见那太子使出法来，将身一变，变作三头六臂，手持六般兵器，望妖魔砍来，那魔王也变作三头六臂，三柄长枪抵住。这太子又弄出降妖法力，将六般兵器抛将起去，是那六般兵器？

6.html
第七回　八卦炉中逃大圣　五行山下定心猿
那大圣全无一毫惧色，使一条如意棒，左遮右挡，后架前迎。一时，见那众雷将的刀枪剑戟、鞭简挝锤、钺斧金瓜、旄镰月铲，来的甚紧，他即摇身一变，变做三头六臂；把如意棒幌一幌，变作三条；六只手使开三条棒，好便似纺车儿一般，滴流流，在那垓心里飞舞。众雷神莫能相近。

80.html
第八十一回　镇海寺心猿知怪　黑松林三众寻师
行者心焦，掣出棒来。摇身一变，变作大闹天宫的本相，三头六臂，六只手，理着三根棒，在林里辟哩拨喇的乱打。八戒见了道："沙僧，师兄着了恼，寻不着师父，弄做个气心风了。

39.html
第四十回　婴儿戏化禅心乱　猿马刀归木母空
孙大圣着实心焦，将身一纵，跳上那巅险峰头，喝一声叫"变！"变作三头六臂，似那大闹天宫的本象，将金箍棒，幌一幌，变作三根金箍棒，劈哩扑辣的，往东打一路，往西打一路，两边不住的乱打。八戒见了道："沙和尚，不好了，师兄是寻不着师父，恼出气心风来了。

60.html
第六十一回　猪八戒助力败魔王　孙行者三调芭蕉扇
"这太子即喝一声"变！"变得三头六臂，飞身跳在牛王背上，使斩妖剑望颈项上一挥，不觉得把个牛头斩下。天王收刀，却才与行者相见。

30.html
第三十一回　猪八戒义激猴王　孙行者智降妖怪
行者见了，满心欢喜，双手理棍，喝声叫"变！"变的三头六臂，把金箍棒幌一幌，变做三根金箍棒。你看他六只手，使着三根棒，一路打将去，好便似虎入羊群，鹰来鸡柵，可怜那小怪，汤着的，头如粉碎；刮着的，血似水流！
```

在实践中，构建搜索引擎是一项非常复杂的工作，有许多配置选项。例如，使用 Jieba 等更好的分词器，在检索时考虑更复杂的情况，考虑同音字和形近字的错别字，在意图识别、个性化搜索、长文搜索中忽略不重要的词汇等。

4.4.8 构建 RAG 系统

Dify 支持复杂的工作流编排（Orchestration），可以将多个功能组合起来构建聊天助手，这就是一个复杂的 RAG 系统。在 Dify 中，用于构建聊天助手的工作流编排也被称为 ChatFlow，可以将其看作工作流（Workflow）的特例。ChatFlow 专为会话场景设计，支持对话历史（Memory）、注释回复及问答节点，适合构建复杂的对话逻辑。

工作流和 ChatFlow 的核心思想是使用基于过程的编排机制，将复杂任务分解为多个小步骤（节点），减少系统对提示工程和模型推理能力的依赖，优化大模型应用的性能。在实践中，由于大模型能力不足，可以人工将复杂问题分解成简单问题，由大模型或其他工具解决一系列的简单问题，进而解决复杂问题。实际上，可用的 RAG 系统恰恰是复杂问题。

在工作流编排中，每个简单问题由一个节点负责，节点可以是大模型或能够完成一项具体任务的其他功能组件。节点之间由变量传递数据，通过构建一系列的节点及节点之间的变量关联可以开发应用。

本示例涉及大模型节点、知识库检索节点，以及代码执行的节点。由于这个复杂的 RAG 系统比“西游讲述者”的能力更强，我们将其命名为“西游讲述专家”。画布上的所有节点如图 4-14 所示[①]。整个 ChatFlow 包含 3 个大模型节点、2 个代码执行节点和 1 个知识检索节点。

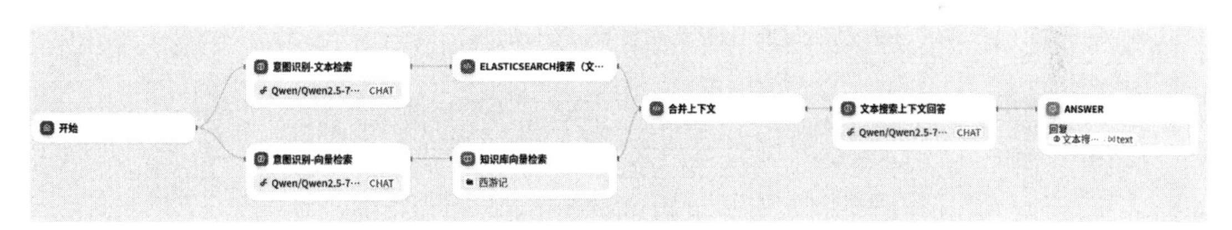

图 4-14

1. 意图识别与文本检索

这个节点的类型是“LLM”，其任务是使用大模型从用户输入的文本中提取关键词，用于后续的 Elasticsearch 搜索。其系统提示如下所示，用户节点引用系统变量 sys.query。这里不打开记忆窗口。

① 请从本书配套资料中下载 YAML 格式的文件，以 DSL 文件的格式快速导入“西游讲述专家”。

```
请分析用户的输入内容，从中提取出最重要的关键词或短语，用于从文档中搜索与该内容有关的知识。关键词应当简洁且贴合原意，避免模糊的词汇或过于冗长的表达。请忽略无关的辅助词，保留与主题最相关的核心词汇。使用空格分开关键词。
```

2. 意图识别与向量检索

这个节点的类型同样是“LLM”，其任务使用大模型将用户输入的文本转化为适合向量检索的文本，用于后续的知识库检索。其系统提示如下所示，用户提示词仅使用 sys.query。

```
请深度和仔细分析用户的输入内容，改写和优化用户输入的问题，请记住，改写和优化要简洁，并且完全体现用户输入内容的完整语义。
```

3. Elasticsearch 搜索

这个节点的类型是“代码执行”，通过执行 Python 代码实现 Elasticsearch 搜索。Dify 提供了沙盒（Sandbox）来执行代码，因此要启动沙盒程序。首先，拉取 Docker，代码如下。

```
docker pull langgenius/dify-sandbox:0.2.10
```

然后，使用以下代码启动沙盒。沙盒本身只提供了基本的 Python 执行环境，而本例要用到 Elasticsearch 的 Python 库。为此，首先在“$(pwd)/data/sandbox/dependencies”目录下创建一个文件“python-requirements.txt”，然后按照 Python 语言的 requirements.txt 文件的格式将所需的各个依赖库名称和版本号写入 python-requirements.txt 文件。在本例中，只需要写一条“elasticsearch==8.15.1”。接下来，启动 Docker，沙盒环境启动时会自动安装 Python 依赖库。后续 Dify 在执行 Python 代码时就能使用这个依赖库了。

```
1.  docker run -d \
2.         --name zsandbox \
3.         --network znet \
4.         -e API_KEY=key-zouxiangweilai \
5.         -e ENABLE_NETWORK=true \
6.         -e WORKER_TIMEOUT=15 \
7.         -e GIN_MODE=release \
8.         -e SANDBOX_PORT=12347 \
9.         -v $(pwd)/data/sandbox/dependencies:/dependencies \
10.        -p 12347:12347 \
11.        --health-cmd="curl -f http://localhost:12347/health" \
12.        --health-interval=100s \
13.        --health-start-period=90s \
14.        --health-timeout=3s \
15.        --health-retries=30 \
16.        langgenius/dify-sandbox:0.2.10
```

在 Elasticsearch 搜索节点中填入代码。注意，这里省略了 find_contexts 和 search 两个函数的实现代码（可参考 4.4.7 节）。在实际应用中，需要将上述代码填入以下代码的相应位置中。这个节点的输入“query”是“意图识别-文本检索”节点的输出。

```
1.  import re
2.  from elasticsearch import Elasticsearch
3.
4.  def find_contexts(doc: str, query: str) -> list:
5.      '''代码略'''
6.      return contexts
7.
8.  def search(client: Elasticsearch, query: str, num: int = 10) -> dict:
9.      '''代码略'''
10.     return {"result": ctxs}
11.
12. def main(query: str) -> dict:
13.     client = Elasticsearch(hosts=["http://zes:9200"])
14.     ret = search(client, query)
15.     return ret
16.
```

4. 知识库向量检索

这是一个“知识检索”节点，主要用于在指定的知识库中进行信息检索。在本例中，检索目标是预先构建的《西游记》知识库。本例将向量检索与 Elasticsearch 强大的文本检索能力结合起来，精确的细节检索可由 Elasticsearch 搜索节点完成。“知识检索”节点所用的知识库可以采用较大的文本分块策略，默认每个片段可包含 500 词元，甚至可以设置更大的分块长度（如 1000 词元等）。此外，该节点需要配置向量检索参数，包括重排序模型选择、检索片段数量等。

5. 合并上下文

这是一个“代码执行”节点，Python 代码如下所示。其核心功能是将 Elasticsearch 搜索的结果和知识库向量检索的结果合并成一个文本，作为大模型回答问题的上下文。

```
1.  def main(vecret:list, txtret:list) -> dict:
2.      for item in vecret:
3.          url = item.get('url', '')
4.          title = item['title']
5.          ct = item['content']
```

```
6.          txt = f"- 文件名: {url}\n- 标题: {title}\n- 内容: {ct}\n\n"
7.          txtret.append(txt)
8.
9.      return {
10.         "result": '\n---参考片段分隔符---\n'.join(txtret)
11.     }
```

6. 回答

这是一个“LLM”类型的节点，其任务是根据合并的上下文回答用户的问题。该节点的系统提示词如下。用户提示词需要包含用户输入的问题“sys.query”和上一个节点“合并上下文”的输出变量。为了支持多轮对话，要在这个节点启动记忆功能，并且将记忆窗口设置为 10。

```
根据提供的内容来回答问题。
只使用上下文内容进行回答，不要加入任何无关信息。
如果上下文中没有足够的信息来回答问题，请礼貌地回复："抱歉，我无法回答您的问题。"

# 当回答用户时
请根据上下文提供的内容来回答问题。
在答案中按如下格式引用上下文内容片段：
- 文件名
- 标题
- 内容

# 返回 Markdown 格式
答案

参考资料
- 文件名
- 标题
- 内容
```

用户提示词如下：

```
上下文：
{合并上下文的输出变量}
根据上面内容回答问题，并按如下格式给出参考引用：
{sys.query}
参考资料：
- 文件名
- 标题
- 内容
```

需要说明的是，“LLM”类型的节点都需要根据场景设置模型参数。在这里，大模型的参数使用较低的温度（如 0.3）及较长的词元（如 4096）。

至此，我们成功构建了复杂的 RAG 系统“西游讲述专家”。Dify 提供了预览与调试功能，如图 4-15 所示。在该界面中，通过输入问题并展现每个节点的执行结果，方便用户发现问题，优化整个工作流。

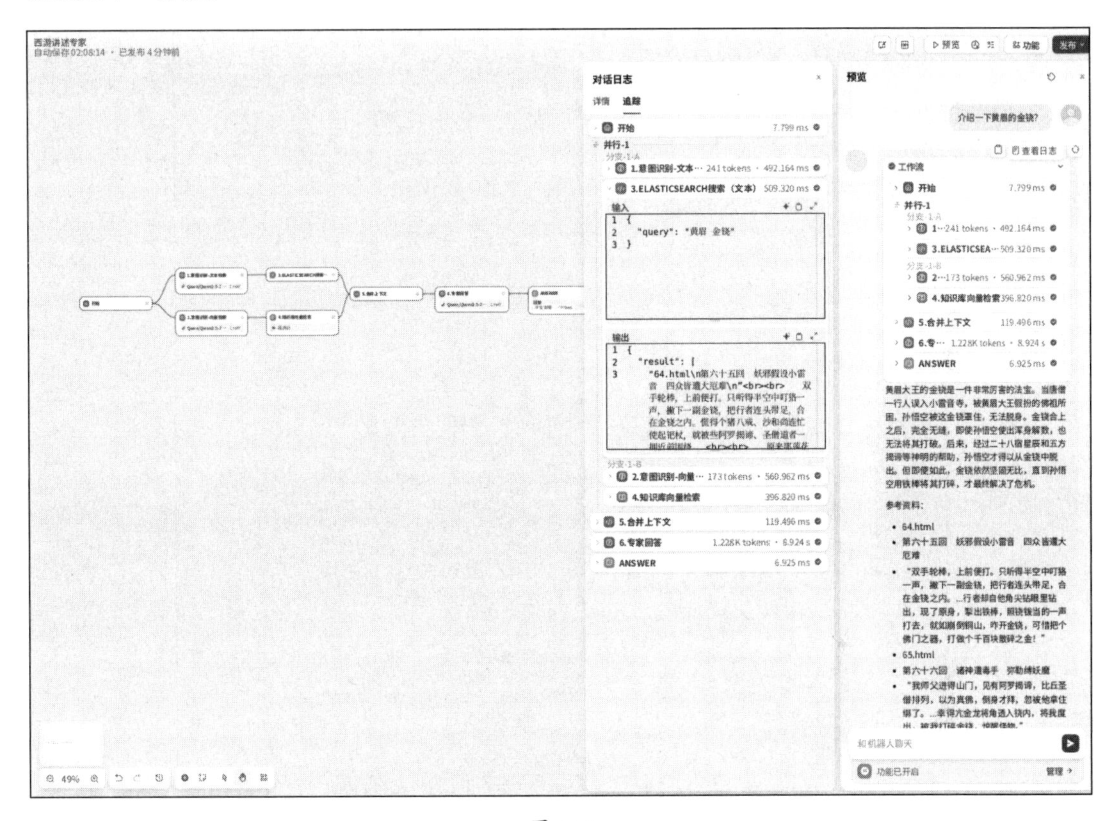

图 4-15

调试后，发布 RAG 系统。在“西游讲述专家”的对话助手上提问，由于结合了向量的模糊检索和 Elasticsearch 的精确检索，“西游讲述专家”能够轻松回答《西游记》中的宏观和细节问题，如图 4-16 所示。

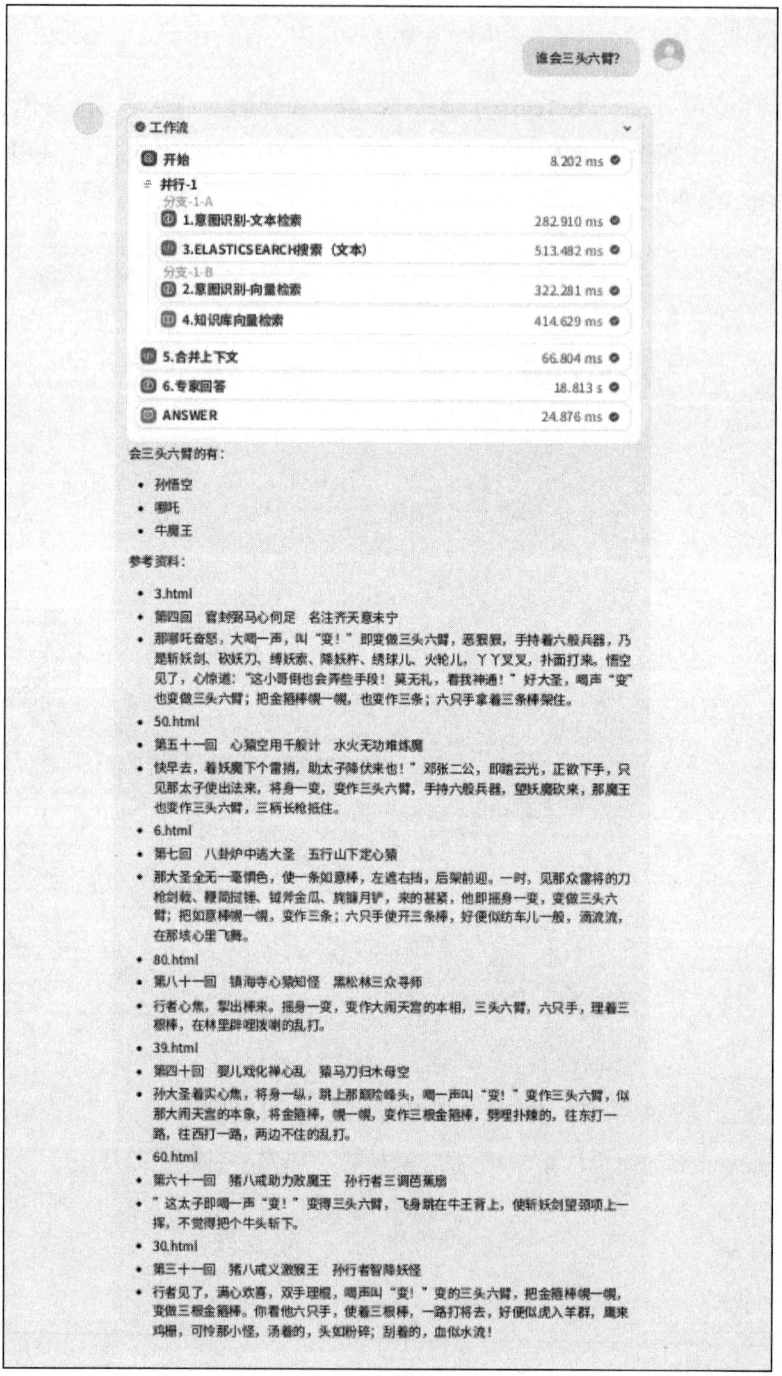

谁会三头六臂?

工作流

- 开始 8.202 ms
- 并行-1
  - 分支-1-A
    - 1.意图识别-文本检索 282.910 ms
    - 3.ELASTICSEARCH搜索（文本） 513.482 ms
  - 分支-1-B
    - 2.意图识别-向量检索 322.281 ms
    - 4.知识库向量检索 414.629 ms
- 5.合并上下文 66.804 ms
- 6.专家回答 18.813 s
- ANSWER 24.876 ms

会三头六臂的有：

- 孙悟空
- 哪吒
- 牛魔王

参考资料：

- 3.html
- 第四回　官封弼马心何足　名注齐天意未宁
- 那哪吒奋怒，大喝一声，叫“变！”即变做三头六臂，恶狠狠，手持着六般兵器，乃是斩妖剑、砍妖刀、缚妖索、降妖杵、绣球儿、火轮儿，丫丫叉叉，扑面打来。悟空见了，心惊道：“这小哥倒也会弄些手段！莫无礼，看我神通！”好大圣，喝声“变”也变做三头六臂；把金箍棒幌一幌，也变作三条；六只手拿着三条棒架住。
- 50.html
- 第五十一回　心猿空用千般计　水火无功难炼魔
- 快早去，着妖魔下个雷捎，助太子降伏来也！”邓张二公，即踏云光，正欲下手，只见那太子使出法来，将身一变，变作三头六臂，手持六般兵器，望妖魔砍来，那魔王也变作三头六臂，三柄长枪抵住。
- 6.html
- 第七回　八卦炉中逃大圣　五行山下定心猿
- 那大圣全无一毫惧色，使一条如意棒，左遮右挡，后架前迎。一时，见那众雷将的刀枪剑戟、鞭简挝锤、钺斧金瓜、旄镰月铲，来的甚紧，他即摇身一变，变做三头六臂；把如意棒幌一幌，变作三条；六只手使开三条棒，好便似纺车儿一般，滴流流，在那垓心里飞舞。
- 80.html
- 第八十一回　镇海寺心猿知怪　黑松林三众寻师
- 行者心焦，掣出棒来。摇身一变，变作大闹天宫的本相，三头六臂，六只手，理着三根棒，在林里辟哩拨喇的乱打。
- 39.html
- 第四十回　婴儿戏化禅心乱　猿马刀归木母空
- 孙大圣着实心焦，将身一纵，跳上那巅险峰头，喝一声叫“变！”变作三头六臂，似那大闹天宫的本象，将金箍棒，幌一幌，变作三根金箍棒，劈哩扑辣的，往东打一路，往西打一路，两边不住的乱打。
- 60.html
- 第六十一回　猪八戒助力败魔王　孙行者三调芭蕉扇
- ”这太子即喝一声“变！”变得三头六臂，飞身跳在牛王背上，使斩妖剑望颈项上一挥，不觉得把个牛头斩下。
- 30.html
- 第三十一回　猪八戒义激猴王　孙行者智降妖怪
- 行者见了，满心欢喜，双手理棍，喝声叫“变！”变的三头六臂，把金箍棒幌一幌，变做三根金箍棒。你看他六只手，使着三根棒，一路打将去，好便似虎入羊群，鹰来鸡栅，可怜那小怪，汤着的，头如粉碎；刮着的，血似水流！

图 4-16

相比于简单的 RAG 系统，这个复杂的 RAG 系统更强大，像一位对《西游记》非常熟悉的专家，可以引经据典地回答有关《西游记》的问题。

4.5 RAG 系统的最佳实践

RAG 系统理论简单、实践复杂，检索是其关键。在过去二三十年持续发展的搜索引擎领域，已经有了许多关于检索的研究和应用成果。下面介绍几种与 RAG 系统有关的最佳实践要点，包括文本分块、分层检索、查询改写和检索路由等。

4.5.1 文本分块

在实践中，基于向量检索的 RAG 系统的最大挑战就是文本分块，即如何将长文本分割成合适粒度的文本块，以便在使用嵌入模型向量化时满足任务对知识检索的要求。文本分割粒度直接影响检索精度与系统的响应速度。对文本分块的总结如图 4-17 所示。

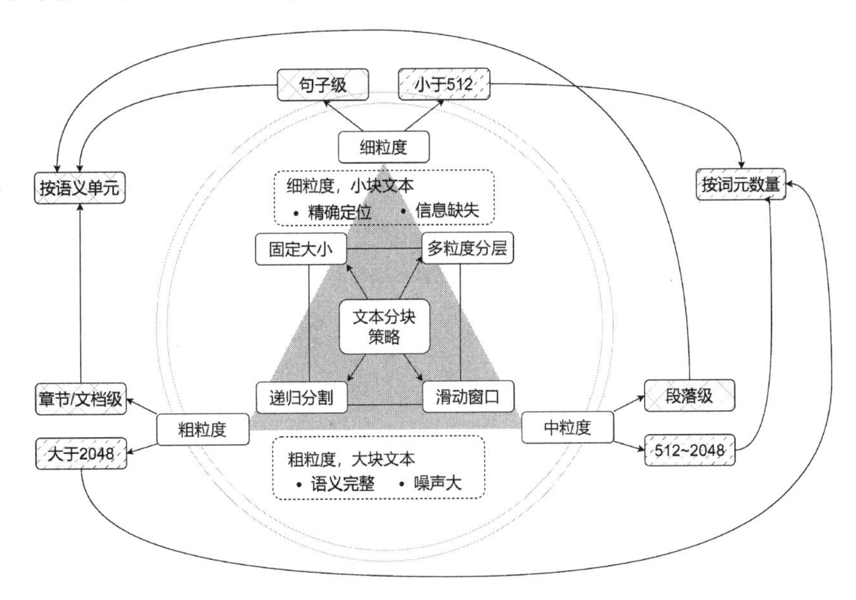

图 4-17

最常见的文本分块策略是文本块大小固定，通常使用 100 词元、256 词元、512 词元、1024 词元、2048 词元等。固定大小分块的逻辑简单，易于理解，但需要在上下文的语义完整性、计算效率和精度之间进行权衡。通常，大块文本具有保持语义完整性的优势，但处理开销和噪声较大；小块文本能够精确定位，噪声较小，但存在上下文信息丢失的问题。

滑动窗口法是对固定大小分块的优化，是指在分割文本块时，以一定的重叠滑动生成文本块，确保文本块内的语义连贯，从而在短片段中保留更多的上下文信息。在 4.4 节的例子中，可以设置文本块之间的重叠长度（overlap）。

递归分割法是另一种优化方法，是指根据文档内容的层次结构自适应地进行多层次分割。这样可以适应段落与章节的内容，确保每个文本块是语义完整的。

多粒度分层方法是指同时索引多种粒度的文本块，使 RAG 系统在检索知识时能够获取不同级别的文本块，从而兼容精度和语义完整性，但需要更多的计算和存储资源。

多层次的文本分块方法能够构建多层次的索引，从而根据不同的信息需求设计细粒度与粗粒度索引。例如，细粒度索引适合处理句子级的检索需求，用于快速响应精细化问题；粗粒度索引适合处理主题宽泛的查询需求，使 RAG 系统在各级检索需求之间灵活切换。

4.5.2 分层检索

在 RAG 系统中，分层检索主要用于将复杂查询分解为多个简单、可控的子问题。通过分层处理，系统能更有效地应对复杂的查询任务，更有针对性地解决问题。这种分而治之的思想和逐步迭代优化的检索方法使 RAG 系统不仅适用于单一任务，还可广泛应用于多层级查询和复杂信息处理场景。分层检索流程如图 4-18 所示。

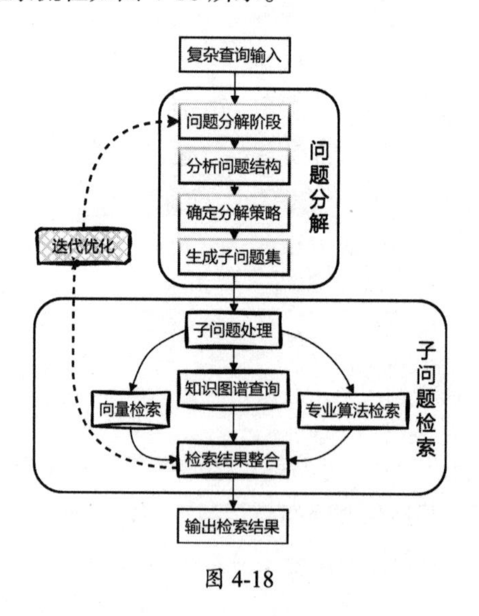

图 4-18

（1）**问题分解**：RAG 系统首先通过大模型或特定的分解算法分析问题结构，将复杂查询逐步拆解为多个子问题。这一过程允许系统对每个子问题进行精准检索。例如，对于“2024 年电动汽车的市场趋势”这个查询，可以拆解成“检索电动汽车市场趋势”及“筛选 2024 年的市场数据”，逐步进行精确检索。

（2）**子问题检索**：一旦子问题明确，RAG 系统就会进入检索阶段，基于嵌入向量、知识图谱或混合搜索技术（如结合关键词和语义检索）获取最相关的内容。混合搜索非常适合处理术语复杂或对精度要求高的任务，既保证了传统关键词匹配的准确性，也提升了语义理解的深度。通过这种方式，每个子问题都可以获得与内容有关且上下文一致的答案。

（3）**迭代优化**：如果检索的结果无法满足需求，那么 RAG 系统可以通过迭代前两个步骤对检索过程进行优化，进一步提升准确性，确保返回的内容不仅精准、精简，而且能够最优地支持生成过程。

4.5.3 查询改写

查询改写（Query Rewriting）是用于提升信息检索效果的技术，在搜索引擎领域被广泛研究，在 RAG 系统中也能发挥重要的作用。查询改写的核心在于通过重新构建用户查询，使其表达内容更准确且上下文相关，从而提升系统的回答质量和准确性。查询改写类似于“智能翻译”，将用户的自然语言查询转换为适合检索引擎处理的语句，其主要策略如下。

（1）**查询扩展**：查询扩展能够扩大检索结果的覆盖面，在检索系统中尤为重要。借助大模型的语义理解能力，系统可以生成查询同义词或扩展相关概念。例如，当用户查询“可再生能源”时，系统可以生成“绿色能源”或“可持续能源”等扩展词，这样能捕获使用不同术语但相关性强的文档，扩大检索范围。

（2）**概念扩展**：大模型可以根据查询的语义上下文，给出添加相关概念或实体的建议，使检索更全面。例如，“火星探索”可以扩展为“火星任务”或“红色星球研究”，确保相关文档的全面性和多样性。

（3）**多语言扩展**：在多语言场景中，大模型能够通过自动翻译将查询扩展为其他语言版本，从而在更大范围和更多知识库中获取信息，特别适用于国际化应用场景。

（4）**知识图谱推理**：在查询改写的过程中，通过知识图谱推理可以显著提升信息检索的准确性。知识图谱推理的核心思想是利用实体和关系构建、补充或转化用户查询，以获取更相关的检索结果。这种方法尤其适用于用户意图复杂或需要进一步解释查询内容的场景，能够使检索系统更好地处理复杂、多层次的查询。例如，通过将查询范式化，把复杂的 AND-OR 查询分解为多个步骤，在知识图谱上分别推理和计算后，对结果进行聚合和合并。

4.5.4 检索路由

检索路由（Routing）本质上是对用户的问题进行分类，通过不同类型的检索方法来满足用户迥异的问答请求。常用的检索路由方法如下。

（1）**基于意图分类的路由**：通过大模型的零样本分类能力构建零样本分类器，以处理检索请求。该方法在配置简单且需求明确的场景中非常有效。例如，当用户询问特定任务的数据请求时，系统能够基于查询内容自动路由到对应的知识表。

（2）**基于提示工程的路由**：通过构建一系列问答的方法引导大模型处理路由，进而判断使用哪些工具或知识库的方法。

（3）**基于规则的路由**：在一些需求稳定、规则明确的场景中，使用预定义规则和正则表达式进行路由是一种简洁且高效的方法。

4.6 其他主流的 RAG 系统框架

除了 Dify 框架，还有几个流行的 RAG 系统开源框架，可以满足不同用户、不同场景和不同任务的需求，如 LobeChat、Quivr、LlamaIndex 和 Open WebUI 等。

4.6.1 LobeChat

LobeChat 是一款基于人工智能的多功能对话平台。其开发者旨在通过 RAG 框架将生成式 AI 和知识库内容相结合，提升用户与 AI 交互的灵活性。RAG 结合了自然语言生成和精准信息检索，使用户不仅能得到内容丰富的回复，还能从指定的知识库中获取准确的信息，适用于客户支持、知识管理和内容生成等场景。在系统架构上，LobeChat 前端基于 Next.js 框架，后端采用边缘计算 API（Edge Runtime API）处理主要的 AI 逻辑。LobeChat 通过将此 API 和 RAG 架构相结合，实现了强大的检索功能，能够在生成内容的同时从数据库中提取精准的信息。此功能在“插件市场”和“智能体市场”中的体现尤为明显：插件市场允许用户添加自定义插件来扩展 AI 的功能；智能体市场提供用于执行特定任务的 AI 助手，丰富用户的交互体验。

4.6.2 Quivr

Quivr 是一个用于构建“第二大脑”的开源框架，它基于 RAG 技术，旨在通过结合生成式 AI 和检索功能，帮助用户创建个性化的知识助手，实现智能化信息管理和交互。Quivr 以数据隐私为重点，允许用户在本地存储和加密数据，确保对数据的完全控制，因此适用于对数据安全要求较高的企业。

在设计理念上，Quivr 框架的核心在于其“大脑”系统，即由用户自定义并不断“喂入”知识的数据体。每个“大脑”都支持灵活的内容输入，可以连接各种数据源，如 PDF、CSV、Markdown 文件等。用户可以实时查询自己上传的数据，并得到生成式 AI 辅助的智能反馈，适用于知识问答、内容生成等场景。

4.6.3 LlamaIndex

LlamaIndex 是一种为构建基于 RAG 的应用而设计的数据框架。它支持灵活的配置，如数据源的描述、任务定义、参数定制（如 Top-k 检索和文本分块），可以帮助用户快速构建 RAG 系统。LlamaIndex 通过提供易于设置的接口，使技术和非技术用户都能创建适合其特定应用的聊天机器人或数据驱动助手。在实践中，LlamaIndex 最大的特点是具有丰富的数据连接器，支持数据库、API，甚至即时数据源的数据引入。开发者可以在单一框架内灵活集成多个数据源，将其与生成模型无缝对接。

4.6.4 Open WebUI

Open WebUI 是一个完全自托管的 Web 界面框架，适用于需要支持离线操作的环境。该平台支持多种大模型引擎，如 Ollama 和兼容 OpenAI 的 API，并允许用户在无网络连接的情况下自定义和扩展大模型的功能，适用于需要全本地化管理的企业。Open WebUI 的特色是能够很好地集成本地文档的加载与检索，具有多源搜索引擎的基础，能够实现实时的网页内容抓取和理解等。

4.7 思考题

（1）当前的 RAG 系统依赖大模型和搜索引擎。如何设计一种在生成过程中参与检索，以及在检索过程中利用大模型的机制或方法？

（2）多模态 RAG 系统应由哪些组件构成？如何设计一个多模态 RAG 系统？

（3）在 4.4 节中介绍的文本检索和向量检索融合是一种非常简单的方法。如何设计出更优雅、更有效的方法来协同文本检索和向量检索？

（4）如何在 RAG 框架下对多轮对话中的上下文信息进行持续检索和优化？RAG 系统中的“记忆”是什么，应如何实现？

（5）在 RAG 系统中，不同信息源（知识库）的可靠性可能存在差异。如何设计一种机制来量化检索到的不同信息源的权威性？这种机制能否通过自我校正和用户反馈来提升生成内容的可信度？如何评价可信度的量化模型的准确性和可靠性？

（6）在 4.3 节中提到了 RAG 系统的迭代优化，强化学习正是通过智能体与环境的交互实现自我学习的。强化学习是否可以被应用到 RAG 系统中？如果可以，如何设计一种机制，使系统能够根据质量评估和用户反馈，不断优化检索和生成的效果？

（7）搜索引擎中常用的个性化结合对话历史，可以实现用户个性化，但个性化可能会使用户陷入“兴趣偏见”的孤岛。哪些方法能够有效避免这个问题？

4.8 本章小结

RAG 融合了检索模块和生产模块，在复杂任务中能够有效增强生成式 AI 的知识深度与准确性。

本章详细介绍了 RAG 的相关概念、理论、流程架构，基于 Dify 平台构建 RAG，以及 RAG 最佳实践和一些开源的 RAG 框架。首先介绍了 RAG 的概念，深度分析了为什么需要 RAG，并以锂电池供应链管理为例说明了 RAG 在实际应用中的优势。4.3 节详细解析了通用的 RAG 流程，包括创建知识库、知识检索、大模型生成答案和质量评估等。随后，以 Dify 开源框架为基础，构建了一个基于《西游记》知识库的 RAG 系统，展示了 RAG 系统的效果优化等。最后，本章介绍了若干个 RAG 最佳实践主题——文本分块、分层检索、查询改写和检索路由，以及 4 个常用的 RAG 系统的开源框架——LobeChat、Quivr、LlamaIndex 和 Open WebUI。

第5章

知识图谱技术体系

知识就是力量。

——弗朗西斯·培根《沉思录》

书籍是人类进步的阶梯。

——高尔基《钢铁是怎样炼成的》

这两句异曲同工的名言，充分体现了知识对人类文明的重要性。人工智能学科自20世纪40年代诞生以来，一直致力于探索如何有效地表示与推理知识。作为当前人工智能领域的前沿成果，知识图谱成功地将知识抽象为简单的概念，并通过将这些概念相互连接，构建了一个无处不在的、能够表示无穷无尽知识的知识网。

知识图谱通过实体、属性、关系和事件等元素来表示知识，是一种对人类知识的高度抽象化和结构化的表示形式。知识图谱的核心是对关系建模，这与人脑的联想机制相似。本章致力于厘清什么是知识图谱，从 DIKW 模型出发探讨知识图谱的特性，并全面介绍知识图谱的技术体系。针对知识图谱的模式设计，扩展了《知识图谱：认知智能理论与实战》一书中提出的六韬法，并基于六韬法探索由大模型辅助的知识图谱模式设计。

本章内容概要：

- 从理论到实例层面详细介绍什么是知识图谱。
- 从 DIKW 模型出发，详细阐述知识图谱，厘清相关概念。
- 知识图谱的技术体系。
- 知识图谱模式设计的三大基本原则。
- 回顾六韬法。
- 基于六韬法，由大模型辅助设计知识图谱模式。
- 知识图谱模式设计的若干最佳实践。

5.1 什么是知识图谱

知识图谱是由知识点和知识点之间的关联关系所组成的网状的图，它是知识的天然表示形式，既便于人类理解，又易于被机器使用。在知识图谱中，实体和实体属性刻画知识点的内容，关系和关系属性刻画知识点之间的关联联系。知识图谱模式刻画整体架构，并定义实体类型及其属性、关系类型及其属性，为知识的组织、查询和推理提供指导框架。

5.1.1 知识图谱的相关概念及其定义

知识点（Knowledge Item）：被组织起来的、用于表示一个抽象的或者具体的事物的信息。不同的知识点之间通常存在各种各样的关联关系。在知识图谱中，知识点通常指实体或关系。

知识元素（Knowledge Element）：表示组成知识点的基本信息。一个知识点通常由许多元素组成。在知识图谱中，知识元素通常指实体关联的属性或关系关联的属性。

实体（Entity）：指一种独立的、拥有清晰特征的事物。在信息抽取、自然语言处理和知识图谱等领域，实体用来描述这些事物的信息。实体可以是抽象或具体的。在知识图谱中，知识点即为实体；在图论、知识存储或图数据库中，实体表示为顶点（Vertex）或节点（Node）。

实体属性（Entity Attribute）：实体属性是依附于实体上的知识元素，通常以键值对<属性名,属性值>的形式表示。

实体类型（Entity Type）：又称概念（Concept）、类（Class）、类型（Type）等，指通过对同一类型实体的抽象来描述一类共享相同特性、约束和规范的事物集合的语义化标识。直观上，实体类型以语义化的方式对实体进行分类。对相同实体类型的实体来说，其用来表示特征的维度往往是一样的，即实体属性的键值对中的属性名相同。也就是说，可以用实体类型中的属性名及其约束条件的列表来表示一类实体的共同的多维特征。

关系（Relationship）：指对实体之间关联关系的有向的、语义化的表示，通常以三元组的形式表示，即<头实体,关系,尾实体>。在知识图谱中，知识间的关联及联系表现为关系；在图论、知识存储或图数据库中，关系表示为边（Edge）。

关系属性（Relationship Attribute）：指依附于关系三元组的一系列键值对，用于从不同的维度来描述关系。

关系类型（Relationship Type）：是对一类事物与另一类事物间的关系的抽象，用于描述实体类型间的关系，表现形式为三元组<头实体类型, 关系, 尾实体类型>。关系类型在本质上是以语义化的方式对关系三元组进行分类的。依附于关系类型的属性名列表描述了关系类型自身的多维特征。

三元组（Triplet）：也称关系三元组，用于描述实体间的有向关系，因其表现形式<头实体, 关系, 尾实体>中包含 3 个具有明确语义的词汇而被称为三元组。在语义网、逻辑、本体论等领域，三元组又称谓词逻辑 SPO 语句<主语（Subject），谓词（Predicate），宾语（Object）>。

五元组（Quintuple）：在某些情况下，用于描述关系属性的结构是一个五元组，即<头实体, 关系, 尾实体, 属性名, 属性值>。

知识图谱（Knowledge Graph）：由实体及实体间的关系所组成的网状图，用于表示结构化、语义化的知识。每个实体及其关联的属性键值对用于描述知识点，而每个关系及其属性用于表示知识点间的关联关系。知识图谱有时也被称为语义网络（Semantic Network）或关联数据网络（Linked Data Network）。

知识图谱模式（Knowledge Graph Schema）：简称模式（Schema），也称类图谱（Class Graph）或概念图谱（Concept Graph），是面向知识图谱内容的一种抽象、语义化且概念化的规范，用于指导知识图谱的构建、存储与应用，也是在一定范围内具有共识的语义化分类。将实体类型、实体类型的属性名列表、关系类型及关系类型的属性名列表汇总到一起，就构成了知识图谱模式。在语义网中，知识图谱模式也被称为本体（Ontology）。

模式受限知识图谱（Schema Constrained Knowledge Graph）：是指知识图谱的内容（实体、关系和属性）满足对应的知识图谱模式的语义化约束。即实体受模式中的实体类型的约束，实体的属性键值对的属性名必须在实体类型的属性名列表中，两个实体间的关系要符合关系类型的约束，关系上的属性键值对的属性名也必须在关系类型的属性名列表中。领域应用的知识图谱往往是模式受限的，其特点是实体类型丰富、关系复杂。领域知识与实践经验沉淀为知识图谱，知识推理和知识应用也比较复杂，如金融投研知识图谱、军事情报知识图谱、失效模式知识图谱、故障排查知识图谱、临床医学知识图谱等。

模式自由知识图谱（Schema Free Knowledge Graph）：是指在知识图谱中不对内容进行语义化约束，任意信息和知识皆可为实体、关系和属性。开放式或通用的知识图谱通常是模式自由的，其特点是知识量大、以实体为主、关系简单，如从百科中构建通用的知识图谱、搜索引擎所用的知识图谱等。

5.1.2 知识图谱实例

以“宋代人物知识图谱”为例来说明知识图谱的概念，如图 5-1 所示。“苏轼”是一个“人物”类型的实体，“人物”是实体类型，描述人物的各种维度就是属性名，如身高、体重、性别、出生日期、死亡日期等。具体描述某个人属性的值就是属性值，如“苏轼”的“身高”为“170cm”，“性别”为“男性”，“出生日期”为“1037-1-8”，“死亡日期”为“1101-8-24”。实体属性通常用键值对<属性名, 属性值>来表示，如“<出生日期, 1037-1-8>”和“<性别, 男>”。有时为了方便，可以将实体及其特定属性一并表示，形成属性三元组，如“<苏轼, 性别, 男>”。显然，一个知识图谱中有多种实体，如除了“人物”类型的实体，还有“作品”、“职位”等类型的实体。每个类型的实体都有多个实例，如“人物”类型的实体，除了“苏轼”，还有“苏辙”和“苏洵”等；“作品”类型的实体有“《定风波·莫听穿林打叶声》”和“《饮湖上初晴后雨·其二》”等。

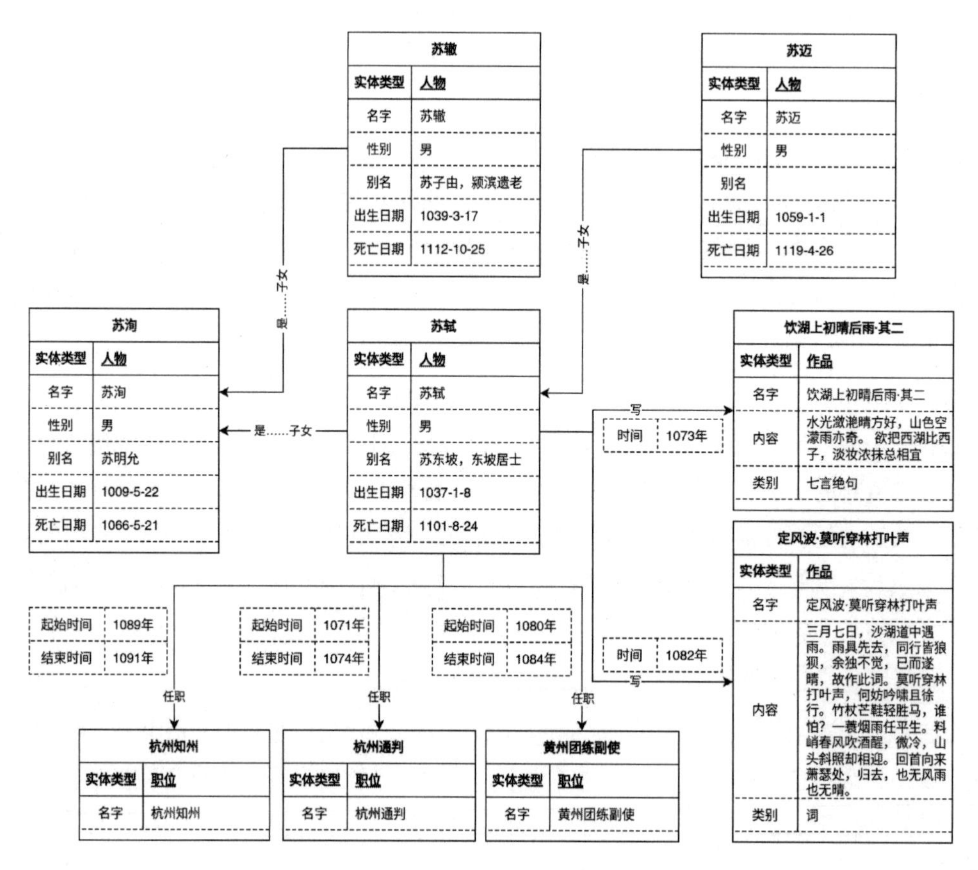

图 5-1

实体与实体之间可以存在关联关系，如两个“人物”实体之间的关系为<人物, 是……子女, 人物>，表示一个人是另一个人的子女。又如<苏轼, 是……子女, 苏洵>，表示苏轼是苏洵的子女。关系是广泛存在的，如<苏轼, 写, 《定风波・莫听穿林打叶声》>，用来描述苏轼与其作品的写作关系。关系可以有属性，用来表示特定关系的不同维度的信息，如写作关系可以有写作时间的属性，用键值对表示为<时间, 1073 年>。有时也会用五元组表示关系属性，即<苏轼, 写,《定风波・莫听穿林打叶声》, 时间, 1073 年>等。在图 5-1 中，有关系三元组<苏轼, 任职, 杭州通判>、属性五元组<苏轼, 任职, 杭州通判, 起始时间, 1071 年>和<苏轼, 任职, 杭州通判, 结束时间, 1074 年>等。

总的来说，知识图谱就是用网状图来表示的实体、实体属性、关系和关系属性等知识的集合，能够对知识间的关联进行建模。用于描述知识图谱中实体类型、关系类型及其属性维度的网状结构被称为知识图谱模式，它是知识图谱的架构、骨架，为知识的组织、查询和推理提供指导。图 5-1 对应的知识图谱模式如图 5-2 所示。具体来说，就是像“人物”类型的实体“苏轼”，其实体类型为“人物”，同理，还有实体类型“作品”“职位”等。实体类型通过属性名列表及其约束条件来描述实体的多维特征，如“人物”这个实体类型，有属性名列表<名字, String>、<出生日期, Date>等。

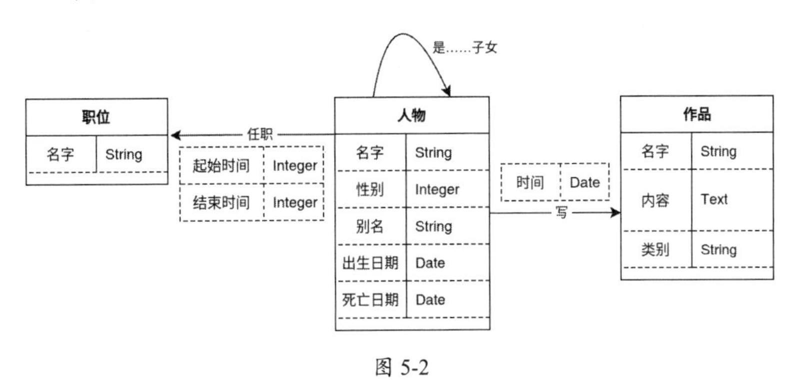

图 5-2

同理，关系类型可以抽象为<头实体的实体类型, 关系, 尾实体的实体类型>，以三元组表示为<头实体类型, 关系, 尾实体类型>。在图 5-2 中，有<人物, 是……子女, 人物>、<人物, 写, 作品>等。和实体类型一样，关系类型也通过属性名列表及其约束条件来描述实体间关系的多维特征，如关系类型<人物, 写, 作品>中有属性名列表及其约束<时间, Date>。

5.1.3 大脑的联想机制与知识图谱的关系建模

人类大脑认知系统的思维过程之一，是在大脑中对新信息与已有的记忆或经验进行关联，从而实现快速理解和反应，这一过程也被称为联想机制。联想的核心是知识间的联系。通过联想机制，我们能够迅速从记忆中提取信息，将概念联系起来并进行复杂推理。知识图谱模仿大脑的联想机制和人类的认知过程，通过结构化的知识建模方法，系统化表示和推理知识间的联系。

认知科学家认为，人类的大脑不仅是信息的存储器，还是一个高效的信息联结器。一个单词或一个图像可以瞬间激活大脑中成千上万的神经元群组，使大脑中瞬间浮现与之关联的知识和概念。与此相似，知识图谱也以一种类脑网络的形式运作，通过连接节点（知识点）和边（关系）来模仿和呈现人类的知识联想。例如，由“中秋的月亮”联想到李白的《静夜思》，由“天气晴好时游览西湖”联想到诗句“水光潋滟晴方好”等。

早在 18 世纪，哲学家大卫・休谟（David Hume）提出了关于知识联想的经典理论，将知识或观念间的联系分为相似关系、时空邻近关系及因果关系[16]。这三类联系在设计知识图谱时被广泛采用、细化和扩展。

- 相似关系（Resemblance）：在知识图谱中，用“实体类型”表示实体之间的相似性。例如，在生物知识图谱中，“猫”和“狗”均属于“哺乳动物”类型，因此它们会共享“毛发”“四肢”“脊椎”等特征（属性）。又如，在图 5-1 中，通过苏轼的“欲把西湖比西子”联想到西湖，进而联想到“山外青山楼外楼，西湖歌舞几时休”的作者林升。向量空间中的相似度计算，如余弦相似度和欧氏距离，也是相似关系的体现。这种相似关系也常用在知识图谱中。
- 时空邻近关系（Contiguity in Time or Place）：在知识图谱中，用事件节点和时间、地点属性表示事物间的时空关系。例如，在描述历史事件时，可以通过“发生于”关系将事件与特定的时间和地点连接起来，使知识图谱被有效应用于时序事件分析、地理关系分析中。
- 因果关系（Cause or Effect）：知识图谱常被用于对因果关系的建模。现代知识图谱是一个描述性结构，引入了因果关系的推理机制。例如，医疗知识图谱可以表征疾病和症状间的因果关系，从而用于医学诊断和治疗方案推荐。又如，在制造业故障诊断知识图谱中，可以通过“故障现象→故障原因→检测方法→改善措施”等因果关系，实现设备故障的智能检测和设备维护。

不过，知识图谱更偏实用性，并不深究知识间根本性的关联关系，而是包含更多元、多样、多维的关联关系。在实践中，通常根据场景、业务或应用的需要，总结梳理所需的知识类型和知识间的关系类型。

5.2 DIKW 模型与知识图谱

在人工智能和知识图谱领域，知识建模的常用模型是 DIKW 模型。DIKW 模型对知识进行分层建模，从而从琐碎的数据中逐层提取信息和知识，直至获得智能。

5.2.1 DIKW 模型

在知识图谱领域，有一个被业内广泛接受的金字塔模型——DIKW 模型。DIKW 分别表示数据（Data）、信息（Information）、知识（Knowledge）、智慧（Wisdom）。DIKW 模型从计算机、人工智能或知识图谱的视角来看待知识，其结构如图 5-3 所示。它有助于我们理解知识和知识图谱，进而在实践中更好地构建、表示和应用知识图谱。

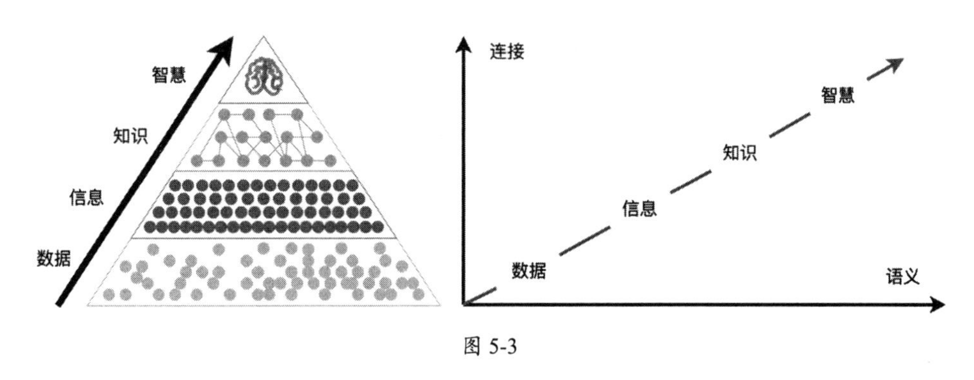

图 5-3

如图 5-3 所示，在 DIKW 模型中，数据是原始的、杂乱无章的，包括各类符号、信号、未经处理的原始事实等，用来表示现实世界中抽象的或具体的事物。数据本身往往是孤立存在的，数据与数据之间既没有建立明确关系的连接，也没有清晰明确的结构。数据就如一盘散沙，除数据本身所呈现的符号之外，并无更多的意义，价值较小。对数据加以清洗、治理、分析，并以一定结构组织起来，就形成了信息。也就是说，信息是数据中重要的、有意义的和有用的部分。

通常，信息与信息之间的关联比较弱，但信息自身的层次结构和内容是丰富的，因此我们可以认为信息是一个个点状的知识，即知识点。信息已经可以用于特定的决策，回答基础问题，如是什么（What）、何时（When）、何人（Who）、何地（Where）等。但是，当遇到如何（How）和为什么（Why）等问题时，则需要进一步深入理解信息，并结合理论、领域实践经验或专家观点等将知识点连接起来，形成用于复杂决策的表示形式——知识。因此，知识是由无数知识点及其关联关系所构成的网状形态表示，具备系统的理解力和推理能力，可用于解决复杂问题。

如图 5-3 所示，划分“数据—信息—知识”的两个关键维度是连接和语义。从数据到信息、从信息到知识，有两个关键环节。一是领域实践经验，即在实践中对数据或信息进行语义理解，抽象总结成能够为推理决策等思维活动所用的内容，这是从杂乱无章到规则有序的过程。二是建立信息或知识点之间的连接，连接取决于大脑的思维活动。大脑的思维活动体现为联想机制，联想机制的激活过程就是知识点之间通过关联关系不断扩散的过程，也就是相似关系、时空邻近关系及因果关系在联想活动中发挥作用的过程。

在 DIKW 模型中，智慧表现为对知识的应用。大脑对知识的应用，其内在表现为思维活动的激活，外在表现为推理决策的过程。同时，知识的应用往往会产生新的知识，思维活动也会将产生的新知识加入已有的知识网络中。在《思考，快与慢》一书中，大脑被分为负责简单思维的直觉系统和复杂思维的理性系统。直觉系统是无意识、低耗能、反应迅速的；理性系统是复杂的，需要耗费很多能量和更长的时间进行复杂运算[17]。在 DIKW 模型中，直觉系统可以表示为简单直接的知识应用，如脱口而出的知识；理性系统可以表示为复杂的知识应用，如逻辑推理和复杂的数学计算等。

5.2.2 从 DIKW 模型到知识图谱

DIKW 模型可以帮助我们进一步理解什么是知识图谱。

信息是实体，是孤立存在的、有一定层次结构的数据。知识是关系三元组，以及由无数关系三元组组成的知识图谱本身或其子图，是互相关联的有明确语义和关联关系的信息。也就是说，知识图谱相当于 DIKW 模型中的知识（K）。从语义和连接的角度来说，现实存在的抽象或具体的事物会产生混沌的、杂乱无章的、原始孤立的数据。对数据进行清洗、分析和治理，根据领域实践经验理解数据，并建立知识点内部数据的连接，就形成了信息，其结果体现为实体。进一步运用领域实践经验理解实体（知识点/信息）之间的关联关系，并在实体之间建立合适的、符合实际情况的、语义化表示的关系，其结果就体现为知识图谱。在知识图谱领域，这个过程被称为知识图谱的构建，即从原始数据到已处理的信息，再到互相关联的知识的过程。

DIKW 模型中的智慧（W）是指对知识的应用，核心在于联想机制的激活。在知识图谱中，智慧体现为对知识图谱的应用，具体表现为基于知识图谱的各种模型、算法，以及针对具体应用场景的业务规则、逻辑推理等，如知识计算、知识推理、知识问答和辅助决策等。直觉系统对应简单应用，在知识图谱领域体现为对知识的直接利用，如知识检索、知识探索等；理性系统对应复杂运算，在知识图谱领域对应要经过复杂运算过程的知识应用，如知识计算、知识推理等。

在 DIKW 模型中，如果把原始的、杂乱无章的数据称为非结构化数据，把已经治理过的、有层次结构的、规则有序的信息称为结构化数据，那么知识图谱的构建就是把非结构化数据和结构化数据转化成知识图谱的过程，知识存储是以图的形式将知识点及其关联关系保存起来的过程，基于知识图谱开发的应用是形成智慧的过程。这就是知识图谱领域常用的表述方式。知识图谱的构建、存储和应用的全流程如图 5-4 所示。

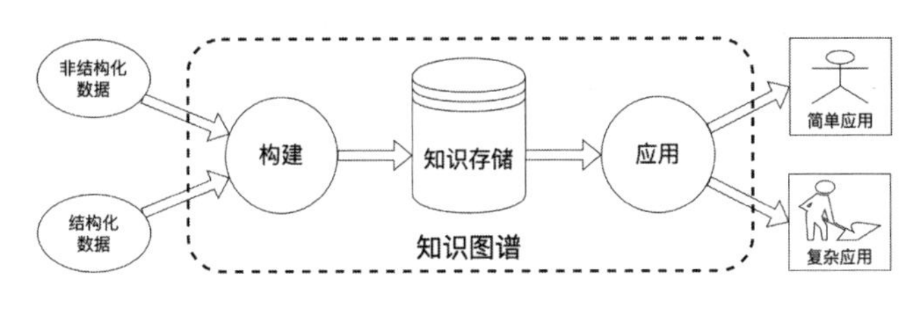

图 5-4

从图 5-4 来看，知识图谱的含义有所变化，其关注点不仅包括知识本身，还包括与知识的生产、表示、存储和应用有关的方法、技术、应用程序及流程等。

5.2.3 知识图谱的内涵与外延

在实践中提及“知识图谱”时，有时指的是用图来表示的知识，有时指的是生产、表示、存储和应用知识的技术体系。这里借用逻辑学中的两个名词——内涵（Intension）和外延（Extension）——来表达知识的本质结构和技术体系，从而厘清知识图谱这个概念。

- 知识图谱的内涵：由实体及实体间的关系所组成的多维度的、网状的图，表示知识本身，包括所有由实体及其属性组成的知识点，以及由关系及其属性组成的知识点之间的关联关系的总和。
- 知识图谱的外延：即与生产知识（知识图谱的构建）、表示知识（知识图谱的存储）和应用知识（知识图谱的应用）有关的方法、技术、模型、算法、应用程序、流程等的总和。

正如人们在使用“水果”一词时，想表达的既可能是水果的内涵——水果的固有属性，也可能是水果的外延——具备水果特征的一个或多个个体。当我们使用“知识图谱”这个概念时，有时指的是知识图谱固有的知识本身，有时则是指构建、存储、表示和应用知识图谱的技术。内涵和外延不是分裂的，二者构成了一个有机整体。从知识表示上看，知识图谱的图结构既符合人类的认知模式，易于理解和应用，又便于计算机处理。从 DIKW 模型上看，知识图谱中关于知识的生成、存储、应用和推理等过程，也与人类的认知过程相符。

5.2.4 知识的源流与知识图谱

在人类文明进程中，哲学中的三大终极问题——我是谁？我来自何处？我去向何方？——推动着人类对自我、起源和未来的探索，并成为科学与技术发展的原动力。在知识图谱领域也有类似的思考，这推动着人工智能和知识图谱专家深入审视“知识”的本质，探索其构建与应用方法。如图 5-5 所示，将哲学中的三大终极问题类比到知识图谱领域，系统探究知识图谱，以引导人工智能和知识图谱专家对知识图谱进行思考。

- **知识是什么？**这一问题迫使我们深思知识的定义，追问知识的本质和表现形式。知识图谱模式设计正是回答这一问题的关键一步，它力图描绘与知识关联的整体架构，为展现信息背后更复杂的关系网提供上层指导。
- **知识从哪里来？**知识溯源在知识图谱的构建中至关重要，涉及信息的采集、验证与构建技术的发展。为了创建准确且全面的知识图谱，技术上主要依赖信息抽取、自然语言处理和大规模数据整合。从宏观上，知识的来源可以分为结构化数据和非结构化数据，分别引导着知识图谱的映射式构建技术和抽取式构建技术的发展。
- **知识到哪里去？**这个问题本质上探讨的是价值——“知识图谱的价值在哪里？”这不仅涉及知识的存储，还涉及知识的广泛应用，推动知识在不同领域之间的流动与交融。事实上，知识的应用正是知识图谱发展的原动力，既引导着人工智能的未来探索，又引导着人类社会持续智能化的探索。

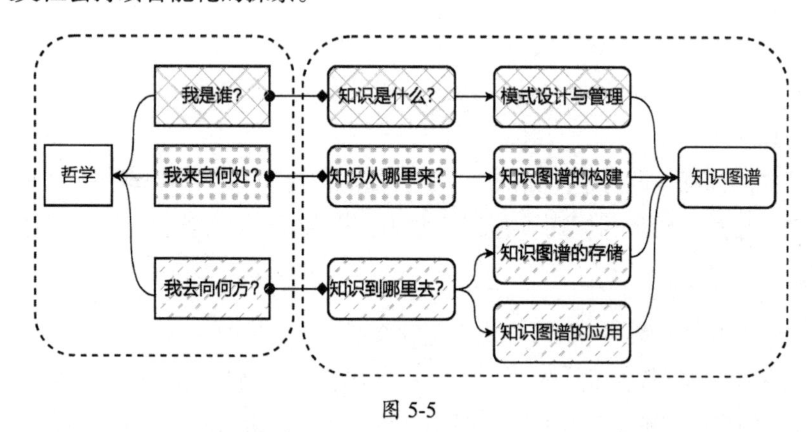

图 5-5

5.3 知识图谱的技术体系

知识图谱技术是一个复杂的“生态系统”，包括知识的生产、存储和应用等众多技术。这类似于，搜索引擎包括信息的采集、存储和检索等多种技术。因此，我们很难简单地用一种技术来描述知识图谱或搜索引擎技术的全部。“赋予机器以智慧”是这些技术的共同目标。机器拥有智慧的直接方式是应用知识，也就是知识图谱应用技术。应用的基础是知识已存在，而知识的存在以知识图谱构建技术和存储技术为支撑。

如图 5-6 所示，知识图谱技术体系包含五个部分，其中，知识图谱构建技术、存储技术和应用技术是三大核心部分。知识图谱模式设计与管理是指导知识图谱构建、存储和应用的顶层设计。用户接口与界面通常与具体的场景和业务有关，既是机器与人类的交互界面，也是现阶段知识图谱价值的直接体现。

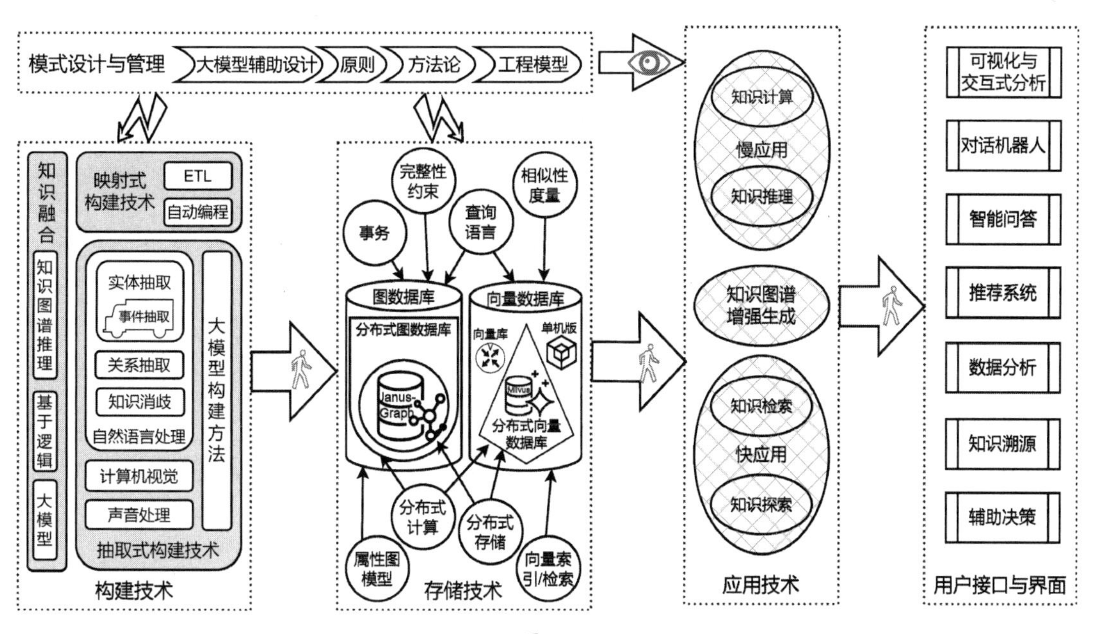

图 5-6

5.3.1 知识图谱模式设计与管理

知识图谱模式是知识图谱的元知识。这如同一个人在问自己“我是谁”时会涉及抽象的人与具体的人，知识图谱模式与知识图谱本身之间正是这种抽象与具体的关系。知识图谱模式设计与管理要解决的核心问题是“知识是什么”。

有些人可能希望知识图谱具备一切知识，但这很难实现，就像人无法全知全能一样。许多例子都可以说明这一点。例如，大多数中国人几乎可以不假思索地背诵李白的《静夜思》，但绝大部分的法国人、德国人、意大利人或巴西人根本不知晓这首诗。又如，我们每个人身上都具有 FAM175A 基因，但少有人知道它有什么特点、功能和作用，大多数人对它既不了解，也不关心。同样地，现阶段要求知识图谱具备全面且深入的知识，既不经济，也不现实。

为了更好地构建和应用知识图谱，首先要搞清楚知识图谱需要什么样的知识，即解决“知识是什么”这个问题，也就是设计合适的知识图谱模式，并在后续知识图谱的构建和应用中持续管理、维护与更新它。

知识图谱模式设计与管理是一个需要大量领域实践经验参与的持续性过程，而非一次性工作。在图 5-6 中，模式设计与管理涉及以下四个方面的内容。

- 大模型辅助设计：使用大模型辅助提升知识图谱模式设计的完整性和效率。
- 原则：即知识图谱模式设计的基本原则。
- 方法论：即针对如何设计一个合适的知识图谱模式进行经验总结。
- 工程模型：从工程实践的角度出发，从过往经验中总结出的最佳实践模型。

5.3.2 知识图谱构建技术

知识图谱构建技术解决的核心问题是“知识从哪里来”。在确定了知识图谱模式后，知识图谱构建技术就会源源不断地将数据转换为知识，如同人类不断地学习和汲取知识一样。知识图谱的构建过程就是根据知识来源选择合适的技术，实现从数据到知识的转换。知识来源分为结构化数据和非结构化数据，相应地，知识图谱构建技术可以分为映射式构建技术和抽取式构建技术。

对于结构化数据，通过制定一系列的规则或逻辑对数据进行过滤和变换，即可将其转化为符合知识图谱需要的知识。从结构化数据到目标知识的构建技术被称为映射式构建技术。映射式构建技术包含数据治理、ETL、大数据分析等，通常根据结构化数据源和目标知识图谱的要求，设定、配置或编写一系列的规则。大模型可以根据自然语言自动编写代码或生成映射规则，通过自然语言的指令实现诸多映射式构建方法。

非结构化数据需要更复杂的处理过程，才能够被转化为符合知识图谱需要的知识。从非结构化数据到目标知识图谱的构建技术被称为抽取式构建技术，其核心是从非结构化数据源中提取实体和关系。非结构化数据可以分为文本、图像和声音，涉及的处理技术有自然语言处理（Natural Language Processing，NLP）、计算机视觉（Computer Vision，CV）、语音处理（Speech Processing）和大模型等。

知识的来源多为文本，现阶段常见的知识图谱也大多基于文本。即使在多模态知识图谱中，图像、视频和语音等多媒体通常也只用于展示，并没有参与到检索、计算和推理等环节中。因此，狭义的抽取式构建技术通常是指从非结构化文本中抽取实体和关系来构建知识图谱，其核心是自然语言处理。

知识的来源不只有文本，还有视觉和声音。以月亮为例，人们看到高挂天空的明月或弦月等物理形态的月亮，通过望远镜看到的崎岖不平的月球表面，看到与月亮或月球有关的文字、图片、影视视频、卡通形象和符号，听到"月亮""Moon""Luna"等不同语种的声音等，都能联想到同一个知识点——"月球"。人类的知识获取得益于多种感知器官，获取到的知识是多媒体的。知识图谱应当包含多媒体的知识来源，因此广义的抽取式构建技术应当包含对图像、视频和语音等知识的提取。受限于计算机和人工智能的算力，当前知识图谱中知识的主要来源是文本，图像、视频和语音等方面的内容较少。图 5-6 展示了广义的知识图谱构建技术，分别用于处理以下内容。

- 语音：人工智能细分领域的语音处理技术，如语音识别、语音情感识别、声纹识别、说话者识别等。
- 图像和视频：人工智能细分领域的计算机视觉与图像处理技术，如语义分割、物体检测、图像/视频分类、人脸识别、物体跟踪、视频理解、行为识别、场景解析/理解、图像/视频情感识别等。
- 文本：人工智能细分领域的自然语言处理技术，如机器翻译、实体抽取、文本分类、情感分析、命名实体识别、关系抽取、事件抽取、依存分析、语义角色标注、形态分析、分词、主题模型等。

大模型能够基于提示工程实现知识抽取，并构建知识图谱。知识融合通常包括 3 种方法，即基于知识图谱推理的方法、基于逻辑的方法，以及基于提示工程使用大模型的方法。知识融合分为狭义和广义层面。狭义的知识融合是指对相同知识点的不同文字描述的融合，往往涉及同义词、近义词、缩略词，以及不同语言之间的翻译等。以月亮为例，狭义的知识融合会将"月亮""月球""婵娟""明月"，以及拼音"Yueliang"、英语"Moon"、法语"La Lune"、意大利语"Luna"、西班牙语"La Luna"、德语"Mond"、俄语"Луна"等多种表达形式融合为一个实体。广义的知识融合不仅需要满足狭义的知识融合要求，还要融合多媒体、向量等表现形式。同样以月亮为例，在文字之外，还需要对月亮的照片、卡通样式的月亮、🌒、🌘、☽、☾、与月亮有关的影视作品、不同的人用不同语言朗读的“月球”的音频等进行融合。广义的知识融合还致力于对向量表示的融合。

5.3.3 知识图谱存储技术

知识图谱存储技术要解决的核心问题是如何存储实体和关系，其本质是计算机科学中的信息存储，属于数据库技术的范畴。在图 5-6 中涵盖两个核心方向——图数据库和向量数据库。

图数据库技术涵盖属性图模型、事务、完整性约束和查询语言等。其中，属性图模型用于对知识图谱这种图结构的数据进行建模，主要研究知识图谱存储的物理存储和逻辑存储。常见的图数据库是建立在属性图模型之上的数据库，这是一种致力于优化图结构数据的海量存储和高效查询的存储方式。许多基于属性图模型的数据库完全匹配于与知识图谱有关的各种概念，是知识图谱存储的天然选择。

向量数据库通常涉及查询语言、相似度度量方法、向量的索引与检索技术等。向量数据库本质上是存储向量，文本或其他模态数据的向量化和存储方法也可以用在知识图谱的实体、实体属性三元组、关系三元组和关系属性五元组中。知识图谱中的向量化方法更深入且复杂，许多向量嵌入和图神网络的方法能够学习到实体和关系的语义和结构信息，详见《知识图谱：认知智能理论与实战》的第 7 章。

如果知识图谱的规模不大，实体和关系都比较少，那么简单的图数据库和向量数据库就完全能够胜任。但如果遇到包含数以亿计的实体和数以百亿计的关系的知识图谱，就需要分布式图数据库和分布式的向量数据库了。此时的知识图谱存储还涉及分布式计算技术和分布式存储技术，这是两个关系非常紧密又有所不同的技术方向，属于大数据学科的研究范畴。

在图 5-6 中，JanusGraph 就是一个支持分布式存储和计算的图数据库，Milvus 是一个支持分布式存储和计算的向量数据库。

5.3.4 知识图谱应用技术

在元杂剧《庞涓夜走马陵道》中，有一句名谚“学成文武艺，货与帝王家”。如果将“文武艺”比作知识图谱中的知识，那么“货与帝王家”就是知识图谱的应用。

显然，知识图谱如果仅保存在图数据库而没有任何应用，就如同“深山隐士”一般，即使才高八斗、学贯中西，对社会和人类的价值也不大。同理，知识图谱如果仅存在于向量数据库中，其价值也未必有多大。在 DIKW 模型中，正是知识的应用产生了智慧，它强调的是可执行的应用。知识图谱的可执行应用解决的是“知识到哪里去”的问题，即知识的去向，也就是价值的体现。

在图 5-6 中，知识的应用体现为两部分，分别是基于知识图谱视角的知识图谱应用技术、基于业务或场景视角的用户接口与界面。后者会组合运用前者来实现所需的功能，这是知识图谱价值最直接的体现。

知识图谱的应用技术分为运算简单低能耗的快应用、运算复杂且需要较多计算资源和能耗的慢应用，与大模型配合实现复杂推理和可信生成的知识图谱增强生成。

1. 快应用

快应用类似于人类大脑的直觉系统，特点是低能耗、反应迅速、直截了当，只能做简单的工作。在知识图谱中，知识检索和知识探索是快应用技术。

知识检索是知识图谱与信息检索的交叉技术。在给定一个输入时，知识检索技术从图数据库或向量数据库等知识存储系统中快速找到与之相同的或最类似的知识（实体或关系）。

知识探索类似于大脑中的直接联想活动，通常分为以下 3 种情况。

（1）根据一个实体获取所有与该实体直接关联的关系。

（2）根据实体和关系，获取关系另一端的实体。

（3）根据两个实体查找实体间的直接关系。

2. 慢应用

慢应用类似于人类大脑的理性系统，特点是高耗能、反应迟缓、迂回曲折，善于做复杂的、需要大量计算或复杂推理的工作。在知识图谱中，知识计算和知识推理是慢应用技术。

知识计算是指通过复杂的图计算算法，根据给定的输入找到符合条件的输出。以 5.1.3 节中的内容为例，给定两个实体“苏轼”和“林升”，从知识图谱中找到符合条件的路径联系，将这两个实体联系起来，也就是判断两个实体是否有关联。这个过程用到的最短路径算法比较复杂，计算量也大，因此是一个慢应用。知识推理是指通过复杂的逻辑推理，采用经表示学习后的向量/矩阵计算或深度学习模型等方法，从给定的输入中找到符合条件的输出。这就是知识推理中最常见的链接预测功能。链接预测本身需要消耗大量的计算资源，因此也是一个慢应用。

慢应用和快应用可以互相转换，类似于大脑的直觉系统和理性系统。在人类大脑的思维活动中，如果一个人经过长时间训练，对某些内容非常熟悉，那么他就可以把某个思维活动从理性系统转到直觉系统中，这被称为专家直觉或“第六感”。例如，围棋大师看一眼棋盘就能判断哪一方占优，而普通的围棋爱好者则需要长时间的思考和“数子”才能得出相应的结论。

在知识图谱中，知识图谱补全的本质就是将“慢应用”转化为“快应用”，针对两个没有直接关系的实体，通过一定的路径算法或链接预测算法挖掘出其潜在关系，并将其与潜在关系直接建立连接。此后，直接使用知识检索或知识探索的方法即可得到所需的结果，也就是将“慢应用”转化为“快应用”。

3. 知识图谱增强生成

大模型的强大能力使其应用越来越广泛，但大模型的两个特点——幻觉和知识陈旧——使其在许多需要可靠、可信和强时效性的场景中难以使用。知识图谱恰好能够弥补这两个特点带来的缺陷。知识图谱增强生成是知识图谱与大模型互补配合所实现的智能应用。具体来说，它通过知识图谱存储和组织领域知识（实体、关系和属性），检索增强模块负责精准匹配和筛选相关知识，最后由生成模块将检索到的知识融入提示词，驱动大模型产生更准确、更实时、知识丰富、强逻辑的输出，从而实现知识驱动的高质量文本生成，解决特定的问题。

5.3.5 用户接口与界面

用户接口与界面是使机器具备智慧的直接表现，也最能直接体现知识图谱的价值。例如，一个具备非常丰富、趋于完善的领域知识图谱提供智能问答服务，能够表现得像一位智者一样有问必答，不仅知无不言、言无不尽，还能给出知识的原始出处。这就是机器具备智慧的表现。图 5-6 给出了若干常见的面向用户的应用程序，这些应用往往综合运用了快应用和慢应用中的一项或多项技术，并且契合场景、业务或用户的使用习惯。

用户接口与界面通常有以下应用场景。

- 可视化与交互式分析：用可视化的方法展示知识，并为用户提供交互式的分析，实现基于知识图谱的深度应用。
- 对话机器人：在大模型驱动的多轮对话聊天机器人中提供可信、可靠和新鲜的知识。
- 智能问答：以自然语言的形式为用户找到所需的知识，回答问题，通常和大模型结合提供服务。

- 推荐系统：在特定的场景中，当用户没有主动输入问题或描述信息时，向用户推荐可能有用的知识，如在智能问答的结果中推荐答案的关联知识。
- 数据分析：把知识图谱当作高级的数据分析工具来使用。
- 知识溯源：追溯知识的原始出处并进行知识验证，确保知识的正确性。在需要可信和可解释的大模型应用中，知识溯源至关重要。
- 辅助决策：根据业务和场景的需要，将领域实践经验固化为模型或规则，结合大模型为用户提供专业性的副驾驶（Copilot）。

5.4 知识图谱模式设计的基本原则

知识图谱模式设计的理论框架及工程实践模型可参考《知识图谱：认知智能理论与实战》一书，其中提到，知识图谱模式设计的 3 个基本原则分别是赋予一类事物合适的名字、建立事物间清晰的联系，以及明确且正式的语义表达。

5.4.1 赋予一类事物合适的名字

赋予一类事物合适的名字，并把这个名字作为实体类型、概念或者类的名称。显而易见，概念命名是一个看似简单却蕴含深刻语义考量的关键环节。语义考量分为 3 个方面，即语义的准确性、外延边界和粒度。

（1）**语义的准确性**：在知识图谱模式中，实体类型、关系类型和属性等概念命名是基础环节。概念命名应当准确反映该类事物的本质特征，这要求我们在设计知识图谱模式时，要深入分析概念的内涵，提炼其独有的特征，并选择能够准确传达这些特征的术语。尽量使用该领域用户约定俗成的表达方式，避免使用模糊的词汇或多义词。

（2）**外延边界**：概念的外延边界决定了其适用范围，在知识图谱模式设计中应当注意概念的外延边界，这直接影响到使用该知识图谱的用户的认知情况。概念应该能明确表示应用边界条件，在处理边界时尽量避免模糊或范围扩大化的情况，同时需要清晰地说明跨域概念的范围归属。

（3）**粒度**：不同应用范围的知识图谱需要不同粒度的知识图谱模式。专业领域的知识图谱不适合使用粗粒度的模式，而涵盖广泛知识范围的知识图谱模式不适合过细的粒度。总体上，在设计知识图谱模式时应当把握好概念的粒度和层级，精心权衡概念分类的精细程度、概念层级的深度以及横向关联的复杂度等。

以锂电池设计有关的知识为例。如果是专门服务于锂电池设计的知识图谱，那么“电池材料”或者“材料”概念的粒度太粗且模糊外延，“正极材料”“负极材料”“电解液”“隔膜材料”等是更合适的概念表达。如果是科技知识图谱或者制造业知识图谱，那么过细的概念表达会导致知识图谱过于复杂，此时使用“材料”或“电池材料”是合理的。在实践中，为了保证锂电池知识图谱的准确性和结构合理，可以通过一些问题来探讨语义的准确性、外延边界和粒度，举例如下。

- 新型固态电解质是否属于“电解液”类别？
- 石墨烯材料被用作电池负极时，是应归入“负极材料”、“电池材料”，还是“材料”？
- 整个知识图谱预期会有多少实体类型？
- 这个概念在该机构内的叫法通常是什么？

5.4.2 建立事物间清晰的联系

事物之间的联系是普遍且客观存在的，这正是知识图谱处理各种事物并有效解决现实问题的优势。然而，这并不意味着我们可以轻易地建立这些联系，因为事物之间的关联具有多样性和条件性。换句话说，在不同条件、上下文、场景及业务需求下，事物之间的联系可能多样、模糊且可变。因此，在设计面向特定场景、任务或问题的知识图谱模式时，需要根据具体的需求明确定义事物之间的关联，考虑语义的明确性、方向性、传递性、对称性和反对称性等，以确保知识图谱有效和适用。

以制造业为例，在一个用于优化生产线效率、减少设备停机时间的知识图谱中，像<生产线, 关联, 设备>、<生产线, 关联, 工艺>、<生产线, 关联, 巡检人员>等关系就比较模糊，且无方向。要为这些实体类型之间建立更清晰的关系，可以将它们修改如下。

- <设备, 属于, 生产线>：说明特定设备是该生产线的一部分，表达设备与生产线的归属关系。
- <生产线, 使用, 生产工艺>：清晰描述生产线所采用的生产工艺，从而可以在知识图谱中关联工艺与生产线的操作规范。
- <巡检人员, 负责检查, 生产线>：明确描述巡检人员与生产线的职责关系，便于将巡检任务与生产线状态数据关联。

5.4.3 明确且正式的语义表达

在知识图谱模式设计中，明确且正式的语义表达能够使所设计的知识图谱模式更规范且无歧义，为后续构建知识图谱和应用知识图谱带来极大的便利。在实践中，可以使用一些形式化表达、明确的约束和基于逻辑的校验来实现明确且正式的语义表达。

以实体类型及其属性的定义为例，可以使用形式化框架来设计属性，如图 5-7 所示。形式化框架可以对属性的取值类型、基数类型、取值范围、单位和其他约束等进行规范，并适当地进行准确性校验，以确保数据的一致性和有效性。

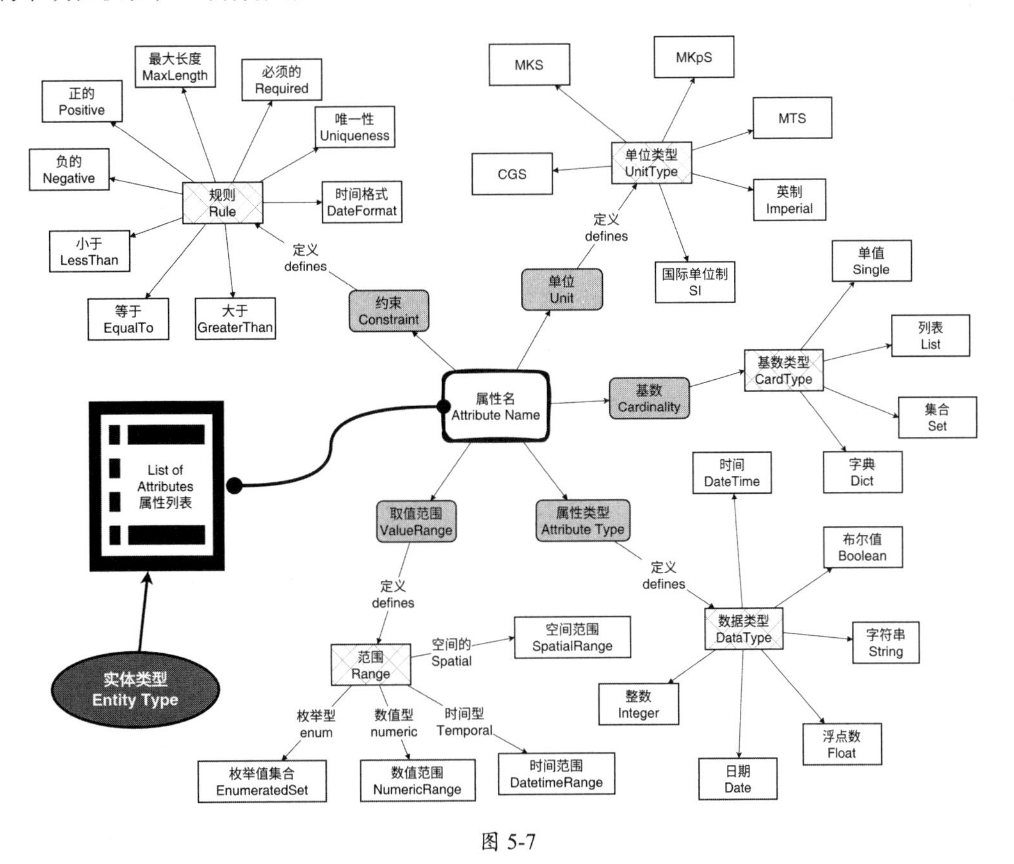

图 5-7

在图 5-7 中，属性的形式化表达框架包含属性名，以及对属性值的规范。

- 数据类型：定义属性对应的具体数据类型，如整数、浮点数、日期、字符串、布尔值等。
- 基数类型：定义属性的数值类型，如单值、列表等。

- 范围：定义属性的有效值范围，可以是数值范围、枚举值集合等。
- 规则：在知识图谱中，可能会有一些业务逻辑要求，如“必须为正数”、“日期格式必须符合某种标准”等。
- 单位类型：当涉及数值型属性时，通常需要定义单位，如国际单位制、英制等。

以锂电池和芯片的两个例子来说明。一家制造电芯的企业负责生产各类型号的锂电池，那么锂电池（Lithium Battery）是一个合适的实体类型，属性列表包含 3 个属性，分别为电池容量（Battery Capacity）、充电周期（Charging Cycles）和工作温度（Operating Temperature）。针对每个属性，其形式化规范如表 5-1 所示。

表 5-1

属性	数据类型	基数类型	单位类型	范围
电池容量	浮点数	单值	mAh	[500, 50000]
充电周期	整数	单值	cycles	[0, 5000]
工作温度	浮点数	单值	℃	[−20, 80]

类似地，如果要构建一个与设计半导体芯片有关的知识图谱，如工业品销售电商平台，销售包括半导体芯片在内的各种商品。众所周知，半导体芯片多种多样，如 CPU、GPU、MCU 等。因此，将“半导体芯片”作为一个实体类型是合理的，其具体的实例则有 NVIDIA H100，NXP MPC5777C 等，其属性约束通常涉及芯片面积（Chip Area）、处理器速度（Processor Speed）、功耗（Power Consumption）等。针对每个属性，其形式化规范如表 5-2 所示。

表 5-2

属性	数据类型	基数类型	单位类型	取值范围
芯片面积	浮点数	单值	mm^2	[10, 500]
处理器速度	浮点数	单值	GHz	[1, 1000]
功耗	浮点数	单值	W	[1, 800]

有了形式化规范后，在构建知识图谱的过程中就可以建立严格的约束验证体系，以确保数据的完整性和逻辑一致性。综合来看，知识图谱模式设计不仅要满足数据的结构化表达，还要确保语义的一致性和推理的可行性。

5.5 知识图谱模式设计的六韬法

知识图谱模式设计是一项复杂且高度专业化的工作，既需要深入的领域知识，又需要具备知识图谱的建模技能。要准确设计出符合实际应用需要的知识图谱模式，要求相关领域的业务专家既能理解和提炼业务知识，又能深入理解知识图谱技术，在实践中并不容易实现。《知识图谱：认知智能理论与实战》一书中提出的六韬法，能够为知识图谱模式设计的参与方提供方法论，使业务专家和知识图谱专家协同合作，从而理解业务并抽象出业务的上层知识，进而设计出合理的知识图谱模式。

“六韬法”的名字来自先秦时期的兵法典籍《六韬》。六韬法总结如图 5-8 所示，从场景、复用、事物、联系、约束、评价 6 个角度出发开展知识图谱模式设计的工作。下面简要回顾六韬法，并用实例进行解释说明。

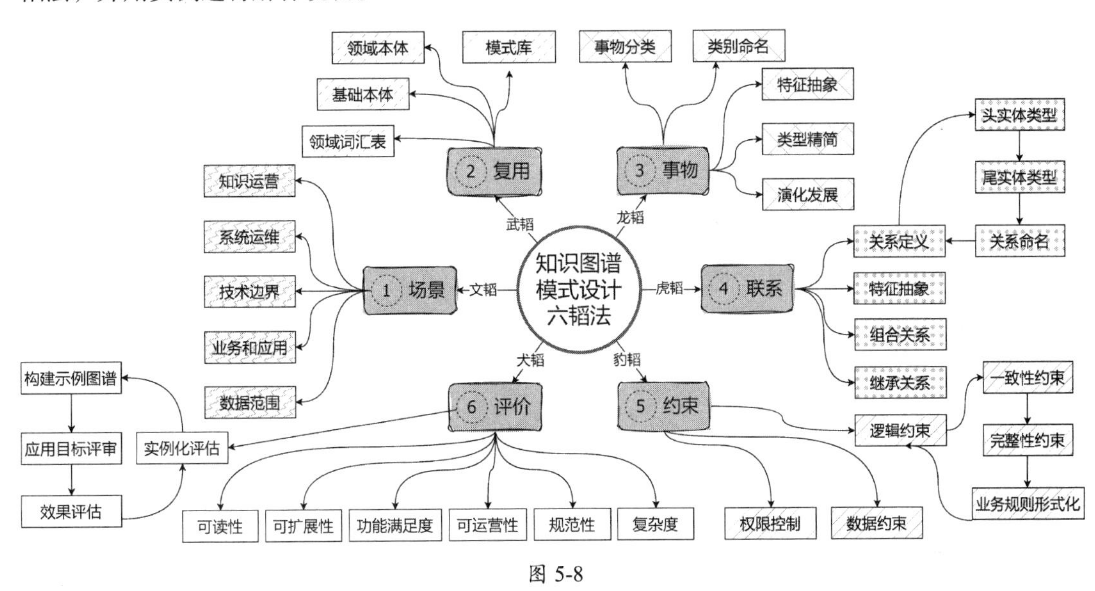

图 5-8

（1）**场景——从应用需求出发**：场景化是知识图谱模式设计的起点。无论是医疗、金融还是电商领域，知识图谱的最终价值都体现在其对具体业务的支持能力上。因此，在设计知识图谱模式时，首先要深入分析应用场景，明确用户需求和应用目标。例如，在金融反欺诈领域，知识图谱的场景设计需要涵盖用户行为、交易过程和异常检测等方面，以支持实时风险预警和用户身份验证等功能。场景化的核心在于问题导向，确保知识图谱模式能够切实支持场景应用。

（2）**复用——重复利用历史成果**：复用是知识图谱模式设计中提高效率的关键。复用的核心思想可以分为两个方面：一方面，复用已有的优质资源，避免重复劳动，从而降低知识图谱模式设计的时间和经济成本；另一方面，确保设计出的知识图谱模式具备通用性和普适性，能够在未来为其他知识图谱提供参考和支持。六韬法特别强调在设计中应遵循复用原则，尽可能使用经过验证且广泛应用的领域模式。这样既能够快速设计出合理的知识图谱模式，还可以提升知识图谱模式的稳定性和规范性。例如，在设计制造业知识图谱模式时，应优先考虑使用“人机料法环测”等已经成熟的工业概念作为知识框架。这些概念涵盖了制造流程中的关键要素，即人员、设备、物料、方法、环境和检测手段；在设计医疗领域的知识图谱模式时，可以参考已有的通用医学知识库，如 SNOMED CT①、UMLS②等。

（3）**事物——聚焦核心实体类型与属性**：知识图谱重在对事物的实体化表示，因此设计知识图谱模式时应深入理解场景中的核心事物及其属性特征。通常，核心事物为场景中的关键角色，如电商图谱中的“商品”“用户”“订单”等，以及医疗图谱中的“患者”“疾病”“药物”等。在设计时需要识别这些实体及其属性，并确保这些信息能够通过知识图谱传达给应用系统。对事物的抽象和描述必须准确且尽量丰富，以保证后续构建的知识图谱具备足够的表达能力，满足业务场景的需求。

（4）**联系——定义事物间的多维关系**：定义关系类型是知识图谱模式设计中至关重要的环节。众所周知，知识图谱的价值在于揭示事物间的关系，因此在设计时需全面识别并准确刻画实体间的多维关系，而这依赖于精准定义关系类型。例如，社交网络中用户间的“好友”关系、电商系统中的“购买”或“浏览”关系、医疗图谱中的“诊断”关系，都是场景中的重要连接点。六韬法提倡细致梳理实体间的联系，并充分考虑“组合”和“继承”。

（5）**约束——设定合理的限制**：约束用于在知识图谱模式中确保数据质量和一致性。约束的设计不仅涉及数据类型、唯一性和非空性等基本规则，还包括领域知识对数据逻辑的要求。合理的约束能够有效防止知识图谱引入不合规的数据。例如，在设计医学知识图谱模式时，可以设定“药物”必须关联“治疗方案”，避免出现不完整的知识节点。同时，复杂关系中的方向性约束（如父子关系）也能够有效提升知识图谱结构的逻辑性。

---

① SNOMED CT 的全称为 Systematized Nomenclature of Medicine-Clinical Terms，是在全球范围内使用的临床术语标准，广泛应用于电子健康记录（EHR）和其他医疗系统中。该系统始于 20 世纪 60 年代，由美国病理学会开发，后由国际卫生术语标准发展组织维护。SNOMED CT 包含数十万个概念，使用唯一的代码来表示医学概念（如疾病、症状和治疗）及其相互关系，形成分层的分类结构。

② UMLS 的全称为 Unified Medical Language System，是由美国国家医学图书馆开发的综合系统，旨在促进医疗术语和知识的整合。UMLS 包含多个医疗术语标准，如 ICD、SNOMED CT 和 LOINC。UMLS 的主要组件包括术语表、语义网络和专家词典，为研究人员和医疗机构提供了统一的参考框架。UMLS 通过将不同的医学概念联系起来，帮助用户跨多个系统和术语集访问一致的医学信息，这在医学信息管理和数据集成领域尤为重要。

（6）**评价——设计效果的评估**：评价是对知识图谱模式设计效果的检验。六韬法注重对知识图谱模式的全面评价，涵盖可读性、规范性、可扩展性、功能满足度、可运营性、复杂度等多个角度的评价准则，确保设计的知识图谱模式不仅在技术上合理，而且具备长久的适用性。此外，六韬法还特别强调场景中的实际反馈，鼓励在设计知识图谱模式时进行实例化评估，以从场景需求方获得真实有效的反馈，进而实现知识图谱模式设计的迭代和持续优化。例如，在设计医疗知识图谱模式时，“可运营性”评价至关重要。好的知识图谱模式要能支撑据其所构建的知识图谱具备在临床和科研中长期运营的能力，以确保随时更新最新的医学信息，保持数据的准确性和时效性。“规范性”评价要确保知识图谱模式以及根据该模式构建的知识图谱符合医疗领域的专业标准，使知识能被医护人员、研究人员和技术系统有效利用，避免因标准不一致导致信息失真。

5.6 大模型结合六韬法设计知识图谱模式

知识图谱模式设计的一个核心难题在于如何在领域知识的深度与广度上达成平衡。六韬法为知识图谱模式设计提供了切实可行的方法论，从 6 个角度——场景、复用、事物、联系、约束、评价——指导设计过程。但在工程实践中仍然存在诸多问题，如领域认知的复杂性和粒度的把握等。特定领域的专家需要具备深厚的学术积累和工程经验，才能准确把握专业领域的概念体系、规律特征和内在联系。然而，在许多快速变化的领域，知识的获取和转化并不容易。同理，在粒度方面也要进行权衡：粒度过细是典型的过度设计，增加了知识图谱模式的复杂度，不仅会使模式设计的时间更长，而且会大幅增加知识图谱的构建成本；反之，粒度过粗是典型的设计不足，可能无法表达足够的知识，影响应用的效果。

大模型的普及为六韬法注入了强大的语言理解、生成和推理能力，推动了知识图谱模式设计的质变。作为一个系统化且可扩展的知识图谱模式设计框架，六韬法在大模型的支持下显著提升了设计效率和应对复杂问题的能力。知识图谱专家可以借助大模型的内在知识，增强对业务的理解与建模；业务专家能借助大模型完成场景分析、概念抽象、关系建模和模式复用等关键任务，并借助自动化或半自动化的评估机制设计出更合理的知识图谱模式。具体来说，大模型能够支持领域知识的快速梳理，协助专家分析大量的内外部文档资料，自动总结领域的关键概念、术语和理论，帮助专家从广度上理解领域框架，有助于知识图谱模式的设计。同时，大模型能够提供多层次的知识表达，根据上下文生成不同抽象层次的知识描述，从而帮助专家在设计模式时兼顾领域的微观细节和宏观框架，选择合适的粒度。此外，专家在设计模式时与大模型进行交互，生成模式的诸多实例，通过实例来解释知识图谱模式，可以帮助专家与需求方达成一致的理解。

这里以锂电池失效分析为例，使用大模型结合六韬法设计知识图谱模式。

5.6.1 场景：对齐参与各方的认知

大模型在“场景”角度可以帮助我们快速梳理需要对齐的数据、信息和知识范围，整理业务需求清单和应用场景清单，并在技术边界、系统运维和知识运营等方面提供建议。下面是一个例子。

```
你是一个锂电池制造的质量管理专家，对锂电池制造过程中有关失效分析的文档、数据都非常熟悉。现在，仔细审视下面有关锂电池失效分析的数据源，补充和完善下面这些内容。
结构化数据：生产参数记录（如温度、湿度、电压等）、设备维护记录、工艺控制参数、质量检验数据等。
非结构化数据：失效分析报告、维修记录文本、操作日志、实验室测试报告、图片等。
更新和淘汰：规定数据存储时间，对于已经完成分析和总结的失效数据在 2 年后可归档、5 年后可删除，以保证数据的实时性和可维护性。
```

大模型可以根据上面的内容进行补充和完善，得到如下更完善的内容。针对这些内容，还可以组织多方会议继续进行评审和完善。大模型能够有效加速对场景的梳理，实现各方的认知对齐。

```
1. 结构化数据
1.1 生产工艺参数
    ✓ 极片制造：浆料配比、涂布厚度、辊压密度、极片水分含量
    ✓ 电芯组装：注液量、化成电流密度、首次充放电容量
    ✓ 环境监测：洁净室温湿度、粉尘浓度、气压
    ✓ 设备运行：搅拌速率、涂布速度、焊接电流、注液压力
1.2 质量检测数据
    ✓ 电性能：容量、内阻、开路电压、循环性能
    ✓ 安全性能：过充、过放、短路、挤压测试结果
    ✓ 尺寸参数：厚度、宽度、重量偏差
    ✓ 材料检验：原材料纯度、粒度分布、比表面积
2. 非结构化数据
2.1 分析文档
    ✓ 失效模式分析报告（FMEA）
    ✓ 8D 问题分析报告
    ✓ 实验室理化分析报告（SEM、XRD 等）
    ✓ 客户投诉处理记录
2.2 多媒体资料
    ✓ 电芯解剖照片
    ✓ X 光检测图像
```

✓ 显微镜观察图片
✓ 生产过程视频记录
2.3 操作记录
✓ 工艺变更记录
✓ 设备维护保养日志
✓ 异常处理过程记录
✓ 质量会议纪要
3. 数据管理策略
3.1 存储分级
✓ 实时数据（3个月内）：高频访问存储
✓ 近期数据（3～12个月）：常规存储
✓ 历史数据（1～2年）：归档存储
✓ 长期数据（2～5年）：低频访问存储
3.2 淘汰机制
✓ 2年期归档条件：
◇ 失效原因已明确且形成解决方案
◇ 相关工艺改进已完成验证
◇ 连续6个月无类似失效发生
✓ 5年期删除条件：
◇ 产品型号已停产2年以上
◇ 技术规范已更新迭代
◇ 失效模式在新工艺中已完全规避

另一个例子是，使用大模型审查业务需求和应用场景的清单，一方面是对其进行补充完善，有助于查缺补漏；另一方面是详细描述每个需求和应用，有助于使参与的各方理解一致。

你是一个锂电池制造的质量管理专家，精通锂电池制造过程中有关失效分析的业务。现在，请你仔细审查下面列出来的业务需求清单，针对使用知识图谱进行失效分析的应用，审查下列清单是否有遗漏，如有遗漏请补全。

业务需求清单
失效原因溯源：识别引发特定故障的潜在因素。
故障关联分析：通过知识图谱快速定位关联的故障及其根源。
预防措施建议：基于历史数据自动生成预防建议。
优化决策支持：提供生产过程优化建议，以减少失效发生概率。
在线监控和实时分析：在生产线实时检测到异常时，可以自动关联历史失效案例，给出故障初步诊断。
失效报告生成：通过关联失效原因和处理记录，自动生成分析报告。
维修人员支持：设备维护人员可查询类似失效案例的维修方法，提高维修效率。

大模型可以根据上述提示给出一些新的需求点，这些需求点可以经由多方会议评审，以确认是否为遗漏的需求。如果是，则补充到该失效知识图谱的应用需求中。例如，根据上述提示，某大模型生成的补充内容如下。

从失效分析的角度来看，您的业务需求清单已经涵盖了失效分析中的主要环节。不过，为了让知识图谱在锂电池制造过程中的失效分析更完善，可以补充以下几个方面。

1．失效模式与影响分析（FMEA）：结合知识图谱，将常见的失效模式（Failure Modes）和影响分析（Effects Analysis）纳入知识图谱，识别出哪些故障模式对电池性能或安全性有更大影响，以便更有针对性地优化生产工艺。

2．失效预测与健康管理（PHM）：建议在清单中增加预测性分析的需求，通过将知识图谱与机器学习相结合，基于历史失效数据和实时监控数据预测潜在失效事件，为设备健康管理提供支持，帮助提高生产线的可靠性和电池质量。

3．人员培训与知识共享：知识图谱不仅为维修人员提供支持，还可以用于员工培训。增加知识图谱支持的培训系统需求，使新员工能够通过查询历史案例与处理方法，更快上手处理复杂的失效问题，提高整体运维效率。

5.6.2 复用：站在巨人的肩膀上

“复用”的核心思想是利用已有的知识。通常包括对企业内部知识的复用，以及对公开知识的复用。大模型在公开知识复用上可以提供较多的帮助。例如，可以使用下述提示从大模型中获得复用资料的帮助。

你是一个锂电池制造的质量管理专家，精通锂电池制造过程中有关失效分析的业务。请给出“锂电池制造失效分析知识图谱”的模式 Schema 中可以复用的知识。

1．领域词汇表：与锂电池制造有关的各类词汇表的名称和说明。

2．基础本体：包含锂电池制造过程中人机料法环测等各个方面的知识的基础本体名称和说明。

3．领域本体：与锂电池有关的领域本体的名称和说明。

某大模型的响应如下所示。大模型由于存在幻觉问题，给出的内容未必是有效的。在知识图谱模式设计时，设计人员可以对大模型给出的内容进行评审和校验，并复用有价值的内容。“复用”好比“站在巨人的肩膀之上”，但要注意的是，务必仔细审查和校验所有内容，确保复用的知识正确。

1．领域词汇表

锂电池制造的领域词汇表涉及多个技术、质量和管理方面的词汇，以下是一些可以参考和复用的词汇表。

- 锂电池术语词汇表：
  可参考《锂离子电池术语和符号》（ISO 18300）等标准化文档。
- 质量管理词汇表：
  可参考 ISO 9000 系列质量管理标准及相关术语表。
- 材料科学词汇表：
  可参考材料领域的开放词库，如材料项目（Materials Project）。

2．基础本体

基础本体提供的是通用且普适的概念，涵盖锂电池制造过程中涉及的人机料法环测等各个方面。以下是一些有代表性的基础本体。

- DOLCE（Descriptive Ontology for Linguistic and Cognitive Engineering）：
  一个适用于广泛领域的本体，适合锂电池制造过程中的通用概念，如设备、人员、事件、材料等。涵盖时间、空间、属性等基础概念，可用于描述制造过程的工序、时间节点、位置和设备属性等。
- BFO（Basic Formal Ontology）：

提供关于过程、物理实体、特性等的基础概念。
可用于建立锂电池制造过程中涉及的基本概念框架，如产品、材料、属性和功能等。
- SUMO（Suggested Upper Merged Ontology）：
通用本体，可描述锂电池制造流程中的材料、属性和过程。
涵盖物理对象、组织、环境等概念，适用于描述工艺流程、人机料法环测等方面。
- FOAF（Friend of a Friend）本体：
提供人物与组织的描述模型，适用于描述制造和质量管理过程中涉及的人员信息。
涉及团队、角色和技能等描述，可用于锂电池制造过程中的人力资源管理。

3. 领域本体
锂电池制造的领域本体直接关联电池科学、材料工程和质量管理领域，以下是几个可以借鉴的领域本体。
- 电池本体（Battery Ontology）：
适用于描述电池组成、结构和性能的本体，包含电池材料、工艺、物理结构和化学属性的描述。
包括电极、电解质、隔膜、外壳、容量、功率等专有概念，可用于锂电池生产的详细描述。
- 故障和失效模式本体（Failure Mode Ontology）：
用于描述不同故障模式、失效机制及影响的本体，适合失效分析场景。
包括失效类型（如短路、漏液）、影响因子（如温度、电流密度）、检测方法（如扫描电镜分析、X 光成像）等。

在大模型生成的上述内容中，有些内容是错误的，如 ISO 18300 并非《锂离子电池术语和符号》，而是《电动车辆. 组合铅酸电池或电容器的锂离子电池系统试验规格》，但 ISO 18300 也是与锂电池有关的资料文档，可以作为复用知识的一部分。另外，“故障和失效模式本体”也是不存在的。像“材料项目（Materials Project）、DOLCE、BFO、SUMO、FOAF 和电池本体（Battery Ontology）”等则是非常有价值的资料，有助于在知识图谱模式设计中复用已有的知识。

从这个例子中也可以看出，完全依赖大模型会出现不可靠、不可信的情况，这也是在实践中需要知识增强的原因，亦是笔者撰写本书的出发点。

5.6.3 事物：定义实体类型及属性

在“事物”阶段，可以利用大模型强大的知识理解和推理能力，协助对概念进行全面梳理，定义实体类型及每个实体类型的属性列表。同时，大模型还能够基于已知的领域知识，为实体类型的属性提供约束建议。下面以锂电池电芯、材料和制造工序等实体类型为例，使用大模型进行审查，并予以补充和完善。

你是一个锂电池制造领域的专家，精通锂电池设计与制造各方面的知识。现在，请你仔细审查下面列出的实体类型及其属性列表，审查属性列表是否合理，如果不合理请给出原因；仔细审查实体类型所关联的属性列表是否完善，如果不完善，请补充，并给出原因。
实体类型：锂电池电芯
属性列表：
- 型号
- 容量

```
- 额定电压
- 制造日期
- 批次编号

实体类型：正极材料
属性列表：
- 材料名称
- 材料来源
- 批次编号

实体类型：负极材料
属性列表：
- 材料名称
- 材料来源
- 批次编号

实体类型：电解质
属性列表：
- 材料名称
- 材料来源
- 批次编号
- 能量密度

实体类型：制造工序
属性列表：
- 工序名称
- 工序类别
- 工艺参数
```

针对上述的输入，某大模型给出了如下的输出。在补充的属性中，确实存在上述实体类型考虑不周到的情况。例如，在实体类型“锂电池电芯”中，“内阻、尺寸规格、工作温度范围”等属性是非常关键和有用的。有一些属性则是潜在的关系，如实体类型中的“正极材料”的属性“供应商信息”，<正极材料，来自，供应商>或者<供应商，供应，正极材料>的关系更为合理。

在锂电池制造领域，这些实体类型的属性基本合理，但在实际生产中要全面监控与管理产品质量和生产工艺，还可以进一步优化和完善属性，以确保生产控制的准确性和产品的一致性。因此，输出内容中还补充了对各实体类型属性列表的审查、改进建议及原因分析。

```
### 实体类型：锂电池电芯

#### 原属性列表：
- 型号
```

```
- 容量
- 额定电压
- 制造日期
- 批次编号

#### 建议补充的属性：
1. **内阻**：影响电池的功率性能和充放电效率，是电芯的重要质量指标。
2. **尺寸规格**：包括电芯的长度、宽度、厚度或直径、重量等，影响电芯的适配性和包装工艺。
3. **充放电倍率**：即电芯的倍率性能，涉及安全性和耐久性，是选择电芯的重要参数。
4. **最大充电电压和截止放电电压**：用于电芯充放电过程的保护设计。
5. **循环寿命**：表征电池的长时间使用性能，尤其在电动车和储能系统中非常重要。
6. **工作温度范围**：表明电芯在不同环境温度下的适应性，尤其对低温性能较为重要。
7. **安全认证**：如是否符合 CE、UL 等认证，反映电芯的安全性和市场准入要求。

#### 原因：
这些属性能够更全面地描述电芯的性能特性及合规性，有助于评估其适用场景及质量保证。

---

### 实体类型：正极材料

#### 原属性列表：
- 材料名称
- 材料来源
- 批次编号

#### 建议补充的属性：
1. **化学成分及配比**：如钴、镍、锰等金属的比例，这直接影响正极材料的电化学性能。
2. **粒径分布**：影响电极的压实密度和电池的能量密度。
3. **比容量**：描述正极材料的单位重量所能储存的电量，是正极材料的重要指标。
4. **压实密度**：影响正极极片的能量密度与结构稳定性。
5. **湿度含量**：高湿度的正极材料在电池组装过程中可能引入杂质，影响电池寿命。
6. **供应商信息**：详细供应商名称、地址、认证信息，以便于追溯和质量管理。

#### 原因：
正极材料的化学成分、粒径及物理性质直接影响电池的能量密度、安全性和循环寿命。增加供应商信息则便于追踪溯源与质量监控。

---

### 实体类型：负极材料

#### 原属性列表：
- 材料名称
```

```
- 材料来源
- 批次编号

#### 建议补充的属性：
1. **化学成分**：如石墨、硅碳等成分及比例，对负极性能至关重要。
2. **粒径分布**：影响负极材料的比表面积和反应活性。
3. **比容量**：反映负极材料的储能能力，是评估材料性能的重要指标。
4. **压实密度**：与负极极片的能量密度和制造稳定性有关。
5. **湿度含量**：对负极材料也同样需要控制湿度，以防止生产中杂质引入。
6. **供应商信息**：提供供应商的详细信息，用于追溯和验证材料合规性。

#### 原因：
与正极材料相似，负极材料的成分、粒径和物理性质直接影响电池整体的充放电特性及安全性。供应商信息增加了追溯和质量保证的可操作性。

---

### 实体类型：电解质

#### 原属性列表：
- 材料名称
- 材料来源
- 批次编号
- 能量密度

#### 建议优化与补充的属性：
1. **化学成分**：包括电解质中的溶剂（如碳酸乙烯酯）和锂盐（如六氟磷酸锂）的具体配比，决定电解质的导电性和稳定性。
2. **黏度**：影响电解质在电芯中的渗透性，进而影响电池的性能。
3. **导电率**：直接关系到电池的离子传导效率。
4. **水分含量**：电解质中的水分可能与锂盐反应生成有害物质，必须严格控制。
5. **闪点和沸点**：反映电解质的安全性和工作温度限制。
6. **pH 值**：避免电解质偏酸性或碱性影响材料稳定性和电池寿命。

#### 原因：
电解质成分、黏度、导电率等因素影响电池的离子传导率和化学稳定性，合理控制有助于提升电池性能和安全性。

---

### 实体类型：制造工序

#### 原属性列表：
- 工序名称
```

```
- 工序类别
- 工艺参数

#### 建议补充的属性：
1. **工序编号**：用于精确追溯每道工序的历史记录。
2. **设备编号**：记录使用的设备信息，便于管理和维护。
3. **操作人员**：记录每道工序的执行人，以便出现问题时追溯操作过程。
4. **工序环境**：包括温度、湿度等环境参数，保证制造过程中的工况稳定。
5. **质量检测参数**：记录关键工序的检测数据（如焊接强度、压实密度等），确保过程质量稳定。
6. **耗时**：每道工序的耗时，以便于效率监控和产能分析。

#### 原因：
在制造工序中，工序编号、设备编号和操作人员等信息对质量追溯和异常分析至关重要。环境参数和质量检测参数的记录则是保证工艺一致性、提升产品质量控制的必要条件。
```

5.6.4 联系：场景需求之下的普遍联系

在定义实体类型之间可能存在的关系时，因为实体类型已经确定，所以大模型能够通过对实体类型的理解来组合实体类型对，并设计出可能的关系名称和可能存在的属性列表。大模型设计出来的关系可能很多，并且有些可能不符合场景的需要，这时就需要专家和业务方一起审查，去芜存菁后，得到一个较全面且合理的知识图谱模式。“联系”提供了梳理实体类型之间关系的流程，我们可以通过提示工程将其输入大模型，进而让大模型更好地帮助我们梳理这些关系。下面是一个例子。

```
你是一个锂电池制造领域的专家，精通锂电池设计与制造各方面的知识。你擅长设计锂电池领域相关的知识图谱模式，并能够遵循“联系”的流程来全面梳理实体类型之间的关系。
联系流程——开始：
（1）依次选取实体类型列表中的每个实体类型。
（2）全面梳理该实体类型与其自身的关系。
（3）全面梳理该实体类型与所有其他实体类型的关系。
（4）对每个关系进行探讨，赋予一个合适的关系名称。关系名称需要能够明确表达所对应的事物间联系，并且在场景相关方中能够有一致的表达。
（5）对每个关系的特征进行总结，形成该关系类型所对应的属性名列表。属性名列表要能明确描述该关系类型的特征，并且在场景相关方中能够有一致的表达。
（6）将定义好的关系类型可视化，对每个关系类型及其对应的属性名列表进行评估，确定其必要性。
联系流程——结束。

现在，请你根据下列的实体类型，设计出“锂电池制造失效分析知识图谱”的模式Schema中可能的关系。
实体类型：
锂电池电芯、正极材料、负极材料、电解质、制造工序、安全认证、供应商、设备、人物、失效模式、失效原因、检测方法、组件
```

根据上述的提示，某大模型生成的内容如下所示。可以看出，大模型梳理出了较全面的关系类型。但其中可能包含大量不存在的关系类型，需要经过多方会议将其删除。例如，针对“锂电池电芯”和“供应商”的关系，大模型给出了“提供（Provided by），属性：供应商名称、地址、生产能力”，这在锂电池电芯制造的企业中并不合理。供应商提供的应该是各类原材料，电芯是对材料进行加工后得到的产品。同时，对关系属性的设计也存在颇多不合理之处，如<锂电池电芯，使用，正极材料>，大模型给出了4个关系属性“材料类型、纯度、厚度、成分配比”。实际上，这些属性应该是实体类型“正极材料”的属性，而非关系属性。

在设计“锂电池制造失效分析知识图谱”的模式Schema时，我们可以按照“联系”的流程逐步梳理这些实体类型之间的关系，以构建一个清晰的知识图谱，帮助在锂电池生产中识别、分析和预防失效问题。

锂电池制造失效分析知识图谱实体关系模式 Schema

1．锂电池电芯

与自身的关系：

失效现象：锂电池电芯本身可能发生多种失效现象，包括膨胀、容量衰减、内部短路等。

与其他实体的关系：

正极材料：使用（Usage），属性：材料类型、纯度、厚度、成分配比。

负极材料：使用（Usage），属性：材料类型、纯度、厚度、成分配比。

电解质：填充（Filling），属性：电解质类型、成分、溶解度、黏度。

制造工序：经过（Manufacturing Process），属性：温度、湿度、工序编号。

安全认证：获得（Certification），属性：认证类型、标准。

供应商：提供（Provided by），属性：供应商名称、地址、生产能力。

设备：制造设备（Manufactured using），属性：设备名称、型号、使用时长。

人物：操作（Operated by），属性：操作人员姓名、资质、操作经历。

失效模式：表现出（Failure Mode），属性：失效类型、失效描述、失效频率。

失效原因：起因于（Caused by），属性：原因类别、影响因素、环境条件。

检测方法：检测（Detected by），属性：检测方法、检测精度、检测标准。

组件：包含（Contains），属性：组件类型、数量、装配顺序。

2．正极材料

与自身的关系：

内部组成：材料内部可能包含不同的微观结构、金属氧化物等。

与其他实体的关系：

锂电池电芯：用于（Used in），属性：应用方式、成分配比。

失效模式：导致（Leads to），属性：失效类型、作用机理。

失效原因：源于（Source of），属性：反应性、热稳定性。

供应商：供应（Supplied by），属性：供应商名称、产地。

检测方法：检测（Analyzed by），属性：分析方法、检测标准。

3．负极材料

与自身的关系：

内部组成：结构组成、颗粒大小。

与其他实体的关系：

锂电池电芯：用于（Used in），属性：材料成分、比例。

失效模式：导致（Leads to），属性：失效现象、机理描述。

失效原因：源于（Source of），属性：稳定性、反应特性。
供应商：供应（Supplied by），属性：供应商信息。
检测方法：检测（Analyzed by），属性：检测类型、参数标准。
4．电解质
与自身的关系：
组成：化学组成与溶解特性。
与其他实体的关系：
锂电池电芯：填充（Filled in），属性：类型、成分。
失效模式：导致（Causes），属性：失效现象、机理描述。
失效原因：源于（Cause of），属性：成分、反应性。
检测方法：检测（Analyzed by），属性：检测手段、检测精度。
5．制造工序
与自身的关系：
工序依赖：工序之间的先后依赖关系。
与其他实体的关系：
锂电池电芯：生产（Manufactures），属性：温度、时间。
设备：使用（Utilizes），属性：设备型号、工序编号。
失效模式：影响（Impacts），属性：失效类型、引发因素。
失效原因：可能导致（Potential Cause of），属性：参数超标、环境条件。
检测方法：检验（Inspected by），属性：工序检测标准、检测点。
6．安全认证
与自身的关系：
认证层级：不同层级认证的相互关系。
与其他实体的关系：
锂电池电芯：认证（Certifies），属性：认证类型、认证结果。
检测方法：检测标准（Testing Standard），属性：检测类型、检测要求。
7．供应商
与自身的关系：
供应链关系：供应链上下游。
与其他实体的关系：
正极材料、负极材料、电解质：供应（Supplies），属性：产品名称、批次、规格。
设备：提供（Provides），属性：设备型号、数量。
8．设备
与自身的关系：
设备维护：保养记录与使用寿命。
与其他实体的关系：
制造工序：用于（Used in），属性：工序编号、工序温度。
锂电池电芯：制造（Used to Manufacture），属性：生产批次、设备编号。
失效原因：导致（Cause of），属性：故障原因、损坏情况。
9．人物
与自身的关系：
操作记录：操作历史、经验。
与其他实体的关系：
制造工序：操作（Operates），属性：操作方法、工序编号。

锂电池电芯：制造（Manufactures），属性：操作步骤、流程。
10．失效模式
与自身的关系：
相互作用：不同失效模式的相关性。
与其他实体的关系：
锂电池电芯：表现为（Manifests in），属性：失效现象、频率。
正极材料、负极材料、电解质：导致（Caused by），属性：材料特性。
制造工序：触发（Triggered by），属性：工序温度、湿度等。
11．失效原因
与自身的关系：
关联性：不同原因的因果链。
与其他实体的关系：
失效模式：引发（Triggers），属性：原因类型。
正极材料、负极材料、电解质：来源（Originates from），属性：成分、环境。
12．检测方法
与自身的关系：
检测参数：同类检测方法的比较。
与其他实体的关系：
锂电池电芯：检测（Detects），属性：精度、标准。
失效模式、失效原因：用于检测（Used to Detect），属性：检测准确性、方法类型。
13．组件
与自身的关系：
组件结构：组件间的配合。
与其他实体的关系：
锂电池电芯：组成（Composed of），属性：组件名称、数量。
设备：配置（Configured in），属性：装配位置。
通过上面的关系定义，我们可以初步形成一个知识图谱的框架，为锂电池制造过程中失效的识别和原因追溯提供依据和可视化支持。

5.6.5 约束：多层次的约束规范

“约束”的目标是为知识图谱中的实体、关系和属性设定一套系统性的约束规范，以便在知识图谱构建过程中对所抽取的实体、关系和属性进行自动化校验，确保知识图谱的准确性。“约束”提供了在知识图谱模式设计时对实体、关系和属性进行约束的方法论。在此将六韬法中的“约束”方法论转化为多层次的约束规范工作流，如图 5-9 所示，这样就可以利用提示工程由实现大模型辅助的约束规范设计。大模型的辅助作用体现在以下两个方面。

- 大模型根据所设计的实体类型、关系类型和属性，提供对它们的合理化约束建议，包括取值类型、范围、逻辑、权限等。
- 根据各种约束，对所设计的知识图谱模式中的约束进行自动化审核，确保设计的约束是合理的。

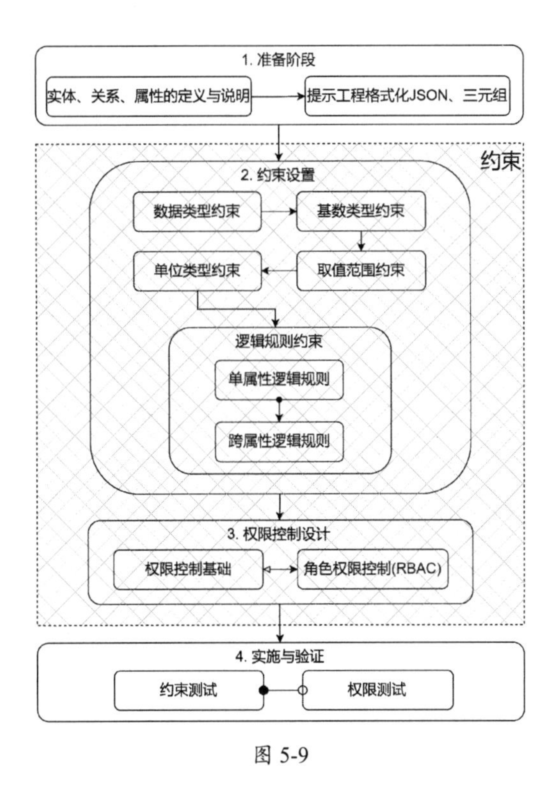

图 5-9

下面根据前文设计的知识图谱模式，使用大模型为其自动施加约束。

```
    你是一个锂电池制造领域的专家，精通锂电池设计与制造各方面的知识。
    你对知识图谱模式设计的“六韬法”非常熟悉。你擅长根据六韬法中的“约束”为实体属性或关系属性施加约束。
    约束的工作流程为：
    ```约束
    ## 1. 目标是为实体和关系的属性选择合适类型
    1.数据类型约束——整数、浮点数、字符串、日期、时间、布尔值、枚举
    2.基数类型约束——单值、列表、集合、字典
    3.取值范围约束——为每个属性选择合适的取值范围
    4.设置单位——为每个属性选择合适的单位，使用国际单位制（SI）所给定的单位
    ## 2. 逻辑规则约束
    1.多条件组合约束：示例，数字可选为(-100, -10）或者（10, 100)之间
    2.跨属性约束：示例，URL 字段的域名部分必须和域名字段的值是一样的
    ```

    下面是“锂电池制造失效分析知识图谱”的模式 Schema 中的实体类型及其属性，请根据“约束”工作流程，为每个属性设计合理的约束。
    实体类型：锂电池电芯
```

```
属性列表:
- 型号
- 容量
- 内阻
- 额定电压
- 尺寸规格
- 最高工作温度
- 最低工作温度
- 制造日期
- 批次编号

实体类型: 正极材料
属性列表:
- 材料名称
- 材料来源
- 批次编号

实体类型: 负极材料
属性列表:
- 材料名称
- 材料来源
- 批次编号

实体类型: 电解质
属性列表:
- 材料名称
- 材料来源
- 批次编号
- 能量密度

实体类型: 制造工序
属性列表:
- 工序名称
- 工序类别
- 工艺参数
- 工序编号
- 期望耗时
```

根据上面的提示输入，某大模型生成的内容如下。可以看出，大模型确实能够遵循“约束”的工作流，为每个属性设置约束。但大模型的输出未必与实际情况相吻合，所以需要召集各方专家一起评审，确保每个属性的约束合理且正确。

```
根据约束流程，为锂电池制造失效分析知识图谱中的每个属性设计合理的约束如下:
```

实体类型：锂电池电芯
属性及其约束
- 型号
  - 数据类型：字符串
  - 基数类型：单值
  - 取值范围：允许的字符为字母、数字及短划线
  - 逻辑规则：应包含厂商标准格式，如“ABC-1234”
- 容量
  - 数据类型：浮点数
  - 基数类型：单值
  - 取值范围：0～10000 mAh（常见的锂电池容量范围）
  - 单位：毫安时（mAh）
- 内阻
  - 数据类型：浮点数
  - 基数类型：单值
  - 取值范围：0.1～100 mΩ（视规格可能的范围）
  - 单位：毫欧（mΩ）
- 额定电压
  - 数据类型：浮点数
  - 基数类型：单值
  - 取值范围：2.5～5.0 V（典型的锂电池额定电压范围）
  - 单位：伏特（V）
- 尺寸规格
  - 数据类型：字符串
  - 基数类型：集合（长、宽、高）
  - 取值范围：50～100 mm（根据电池类型设置具体范围）
  - 单位：毫米（mm）
  - 逻辑规则：应包含三维值（长、宽、高）
- 最高工作温度
  - 数据类型：整数或浮点数
  - 基数类型：单值
  - 取值范围：20～80°C（典型的锂电池使用温度上限）
  - 单位：摄氏度（°C）
- 最低工作温度
  - 数据类型：整数或浮点数
  - 基数类型：单值
  - 取值范围：-40～10°C（典型的锂电池使用温度下限）
  - 单位：摄氏度（°C）
- 制造日期
  - 数据类型：日期
  - 基数类型：单值
  - 逻辑规则：应不晚于当前日期
- 批次编号

- 数据类型：字符串
- 基数类型：单值
- 取值范围：不为空，必须符合批次命名规则
- 逻辑规则：与制造日期有关，一般批次编号前缀为生产日期的简写或厂商特定编码

实体类型：正极材料
属性及其约束
- 材料名称
  - 数据类型：字符串
  - 基数类型：单值
  - 取值范围：限定在已知的锂电池正极材料名称（如 LCO、NCM、LFP 等）
- 材料来源
  - 数据类型：字符串
  - 基数类型：单值
  - 取值范围：必须是认证的供应商或来源
  - 逻辑规则：可使用厂商认证编码或国家认证编码来标识来源
- 批次编号
  - 数据类型：字符串
  - 基数类型：单值
  - 取值范围：符合材料供应商的批次编码规则
  - 逻辑规则：与材料来源字段有关，且遵循供应商的批次命名格式

实体类型：负极材料
属性及其约束
- 材料名称
  - 数据类型：字符串
  - 基数类型：单值
  - 取值范围：限定在已知的锂电池负极材料名称（如石墨、硅碳、钛酸锂等）
- 材料来源
  - 数据类型：字符串
  - 基数类型：单值
  - 取值范围：符合已认证的供应商来源
  - 逻辑规则：与批次编号字段有关，确保材料来源唯一
- 批次编号
  - 数据类型：字符串
  - 基数类型：单值
  - 取值范围：必须符合材料批次编号规则
  - 逻辑规则：与材料来源有关，批次编号一般为来源及生产日期的编码组合

实体类型：电解质
属性及其约束
- 材料名称
  - 数据类型：字符串
  - 基数类型：单值

- 取值范围：电解液成分的规范名称（如 LiPF6、LiBF4 等）
- 材料来源
  - 数据类型：字符串
  - 基数类型：单值
  - 取值范围：认证供应商的名称或编号
  - 逻辑规则：必须符合供应商的命名标准
- 批次编号
  - 数据类型：字符串
  - 基数类型：单值
  - 取值范围：符合材料批次的编号规则
  - 逻辑规则：与材料来源字段关联，遵循供应商的批次格式
- 能量密度
  - 数据类型：浮点数
  - 基数类型：单值
  - 取值范围：300～1000 Wh/L（液态电解质的能量密度范围）
  - 单位：瓦时每升（Wh/L）

实体类型：制造工序
属性及其约束
- 工序名称
  - 数据类型：字符串
  - 基数类型：单值
  - 取值范围：应符合标准制造流程的命名规则（如“涂布”“干燥”“装配”等）
- 工序类别
  - 数据类型：枚举
  - 基数类型：单值
  - 取值范围：如“物理工序”“化学工序”“包装工序”等
- 工艺参数
  - 数据类型：字典
  - 基数类型：字典
  - 取值范围：包含不同工艺参数及其值，如“温度：100~200°C”和“压力：50~200 MPa”
  - 单位：视具体参数设置，温度（°C）、压力（MPa）等
- 工序编号
  - 数据类型：字符串
  - 基数类型：单值
  - 取值范围：符合工序编码规则
  - 逻辑规则：与工序名称有关
- 期望耗时
  - 数据类型：整数
  - 基数类型：单值
  - 取值范围：1～1000 分钟（具体视工序而定）
  - 单位：分钟

5.6.6 评价：迭代优化的起点

在六韬法中，“评价”的目标是确认所设计的知识图谱模式能否满足场景的需求，并在不满足需求时提供优化的建议。“评价”框架中给出了全面的评价维度和具体的指标，如图 5-10 所示。在实践中，评价本身需要大量的人工参与，这也是人机协同的重要体现。同样地，大模型也能在“评价”中发挥巨大的价值。例如，大模型可以根据评价指标自动生成评价的问卷。一个例子是针对“场景覆盖率”指标，根据“场景”所梳理的场景内容自动生成一系列问题，形成一个评价问卷。而后召集相关的各方专家针对问题来评价所设计的知识图谱模式，给出评分。现场各个专家的平均得分即可作为场景覆盖率。

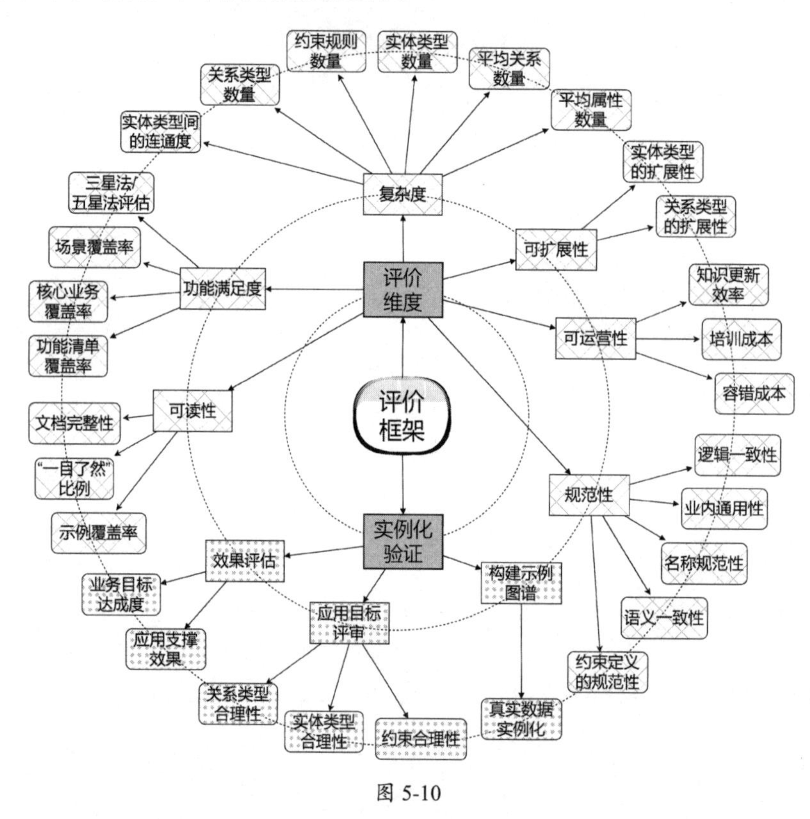

图 5-10

5.7 知识图谱模式设计的最佳实践

六韬法能够确保在设计知识图谱模式时，全面考虑场景分析、结构设计、语义定义、一致性检查、性能评估等各个环节，使所设计的知识图谱模式不仅能满足业务需求，而且具有清晰的结构、严密的语义、可靠的质量和持续的可维护性，成为支撑智能应用的可靠知识基础，为企业数字化转型、业务创新提供助力。但要真正掌握六韬法，还需要许多工程化的实践经验。

5.7.1 熟知知识图谱及其具体应用领域

知识图谱本质上是对领域知识的应用，利用知识图谱技术体系用好领域知识，进而赋能业务。要设计好知识图谱模式，必须要成为“某行业中最懂知识图谱”和“知识图谱领域最懂某行业”的专家，由此才能做到游刃有余。其中，“某行业”就是知识图谱的具体应用领域，如5.6节中的锂电池制造行业。

- 对于知识图谱专家，需要深入理解领域：通过文献研究、专家访谈、数据分析等方法，全面了解目标行业的核心概念、重要实体及其属性和关系，对领域专属的词汇表和知识体系有较全面的认识。例如，针对供应链知识图谱有关的工作，需要了解原材料、生产制造、运输、物流、仓储、销售等供应链各个环节的相关概念。以运输和物流为例，需要了解运输方式、物流网络、箱单、运单、线路追踪、舱位、订舱、货代、舱位等概念。
- 对于领域专家，需要全面了解知识图谱：通过阅读知识图谱相关技术图书，了解什么是知识图谱、为什么要用知识图谱、如何用好知识图谱。特别是在设计知识图谱模式时，深入学习六韬法，包括方法论和运用实例。关于如何利用六韬法，可阅读参考文献[18]。

5.7.2 明确边界，切记贪多嚼不烂

在设计知识图谱模式时，要以业务需求为导向，明确边界、精细设计，保持对核心需求的专注，既确保设计的知识图谱模式满足当下场景的需要，又充分考虑该业务在更多场景中的可扩展性。但千万不要扩大化，避免因覆盖范围过大或设计过于宽泛导致无法满足核心需求，甚至导致时间和财务的成本过高，影响项目本身的落地。

- 实践要点：在定义边界时，应详细分析业务需求，识别知识图谱需解决的关键问题。选择与目标场景密切相关的领域，减少无关内容，保持合理的复杂度，在既定的时间和财务成本内实现需求。在此之上，保持适当的灵活性，以便平滑适配需求变更或扩展。
- 案例分析：以设计电商推荐的知识图谱模式为例，其核心需求是商品推荐，实现个性化推荐需求，从而提升用户体验和商品销售转化率。为此，在设计知识图谱模式时，应关注商品、用户和订单等核心概念，将主要精力放在用户行为（点击、浏览、购买等）、

商品属性（类别、品牌、价格、评分等）及订单信息（购买记录、购买频次等）上。同时需要明确边界，不要引入过多的无关内容。

5.7.3 高内聚、低耦合

“高内聚、低耦合”原则是确保知识图谱高效、灵活运作的重要准则。在知识图谱模式设计中，高内聚意味着实体类型具有很强且复杂的关联关系，低耦合则意味着必要但相对松散的联系。对应到知识图谱中，高内聚和低耦合则形成了社区的概念。

“高内聚”意味着将相关性强的概念和实体集中在同一个模块中，用少量的实体类型配合“组合”和“继承”来扩展和满足多样化的需求，从而减少冗余和分散。“低耦合”要求在联系不十分紧密的不同概念之间，通过多跳路径建立远距离关系，保持这些实体之间较低复杂性的耦合情况，避免“牵一发而动全身”，引起雪崩效应。在实践中，这种距离较远的知识可以被划分为不同的子图。在设计知识图谱模式时，尽量考虑子图内的关系多且复杂，形成“高内聚”；在子图之间减少联系，形成“低耦合”。

“高内聚、低耦合”的核心目标是提升知识图谱的可维护性和可扩展性，从而支持快速迭代优化，满足业务快速变化时对知识的需求。这在如今竞争激烈的市场中至关重要，如金融、制造、消费品，乃至营销、市场舆情分析等领域。

以海运知识图谱模式的设计为例。首先确定核心业务场景和概念，如航线规划、船舶管理、货运管理、航运安全、船舶调度、港口运营、环境因素、气象数据和船舶导航系统等。然后仔细审查这些核心概念，可以看出一些概念的内部关系更强，形成高内聚子图，如“船舶管理”和“货运管理”是两个高内聚子图的核心概念。

- “船舶管理”子图：船舶、船舶状态、维修、船员管理、航运设备等不同的实体类型。
- “货运管理”子图：货物、订单、货物运输途径、报关信息。

在这两个子图之间形成了低耦合的关联。这种关联可以使用“事件”作为中介，如“运输事件”是指一次具体的货物运输过程，是船舶管理和货运管理子图之间的关键联系点。在运输事件中，船舶可以作为事件的主体，货物可以作为事件的客体，由订单关联货物。最后，通过运输事件将两个子图关联起来。子图内部可以有复杂的关联关系，如船舶管理本身可能还涉及故障分析、维修等，货运管理则会涉及订单、财务、费用等。

5.7.4 充分利用可视化工具

所谓"一图胜千言"，将知识图谱模式用可视化的形式呈现出来，更加形象、直观。事实上，知识图谱模式本身也是一个知识图谱。也就是说，实体类型本身就是实体，关系类型本身也是关系，而属性的各种约束就是属性的值。在许多情况下，知识图谱模式也被称为概念图谱、类图谱或上层图谱等。使用知识图谱可视化工具实现知识图谱模式的可视化，比单纯的文字更易于传达信息。

（1）**直观化信息传达**：知识图谱模式包含众多的实体类型（Entity Types）、关系类型（Relationship Types）、属性（Attributes）及其约束等。这些元素之间相互关联，形成了一个复杂的网状结构。简单的文字或代码描述往往难以体现这种结构的全貌和内部逻辑。可视化可以在一幅图中同时展现多个层次的内容，以直观方式呈现复杂的知识图谱模式，便于人们快速理解，进而实现多方对知识图谱模式的认知对齐。

（2）**促进团队沟通与协作**：知识图谱模式设计通常需要多方协作，如领域专家、数据工程师、知识图谱架构师等。不同的角色对知识图谱模式的理解侧重点不同，单纯的文字或代码往往无法呈现全貌，对多方协作造成障碍。可视化能够帮助团队成员更有效地沟通，由全貌到细节，避免因所见不一致而导致沟通障碍。

（3）**有效识别模式设计中的问题**：模式设计过程中可能出现冗余、遗漏、关系不对称等问题，在文字描述中不易被察觉。通过图形化展示，以视觉形式直接呈现这些问题，使设计者更早发现并修正模式中的缺陷。

（4）**模式设计的迭代优化**：在知识图谱模式设计过程中，决策者需要比较不同的设计方案，评估哪种方案更具逻辑性或可扩展性。可视化能够帮助决策者对比不同方案的优缺点，通过观察结构的紧凑性、简洁性和清晰度来判断模式的优劣。

（5）**充分利用人类视觉系统的优势**：视觉系统是人类感知中最发达的信息处理系统。人类善于从复杂的视觉模式中快速识别结构、趋势和异常，可视化设计能充分利用这一认知优势。通过设置形状、颜色和空间布局，人们可以快速理解模式结构，并感知到可能的异常之处。

（6）**支持对知识图谱模式的交互式探索**：现在的各类知识图谱可视化工具不仅能够将知识图谱模式静态可视化出来，还具备交互性。通过点击节点、展开关系、过滤信息等方式，用户可以更深入地探索知识图谱模式的各个部分，从而获得更详细的理解。交互式可视化顺应人类的探索性学习方式，使参与各方逐步深入、分层次地掌握、理解、探讨和审查知识图谱模式，使所设计的知识图谱模式符合各方的需求。

在可视化知识图谱模式时，可以使用不同的图。例如，点边图或网络图，即使用节点（代表实体类型）和边（代表关系类型）组成图网络，展示模式中的实体类型和关系类型的结构。此外，可以进一步使用不同的颜色和形状区分实体类型和关系类型。层次结构图适合可视化那些具有较强的层次关系知识图谱的模式，以从上到下的树形结构或从左到右的层次分布展示模式中的概念和子概念，便于人们理解不同层级之间的关系。在可视化时，支持过滤和缩放的工具具有更好的可操作性，有助于聚焦特定细节或呈现全局视野。

5.8 思考题

1. 知识的表示与推理（Knowledge Representation and Reasoning，KR&R）始终是人工智能要面对的根本性问题。在大模型时代，与大模型内置的世界知识相比，知识图谱的知识表示与推理方法有什么特点？

2. 针对不同应用领域的知识图谱模式设计，如何实现自动化迁移？

3. 针对特定任务和场景的知识图谱，如何根据不同的应用需求有针对性地设计知识图谱模式、构建知识图谱、优化知识图谱的结构和内容，提升知识图谱在特定场景中的应用效果，进而体现出其价值？

4. 在知识图谱的构建过程中，如何利用大模型自动抽取、融合实体和关系？

5. 如何基于六韬法开发 Copilot，从而更智能地设计知识图谱模式？

6. 向量数据库和图数据库如何进行融合？是否有“图向量数据库”或“向量图数据库”？向量索引方法会用到图结构，那么向量图数据库或图向量数据库是否更具优势？

7. 如何在跨领域知识图谱构建中设计一种通用模式，使不同领域的知识实现无缝集成并相互推理？

8. 在知识图谱的自动化构建过程中，如何设计一种高效的错误检测和纠正模式，确保知识图谱的准确性和一致性？

9. 知识图谱如何与生成式大模型相结合，以增强其在自然语言理解和生成任务中的应用效果？如何设计知识图谱与大模型的“双向协同”机制或算法，实现二者融合？

5.9 本章小结

本章简要介绍了知识图谱的整个技术体系，重点介绍了知识图谱模式设计，涵盖基本概念和实践应用。本章首先解释了知识图谱的概念及其与人类大脑联想机制的关系，随后引入了DIKW 模型，并阐述了如何从这一模型发展到知识图谱。接着，本章详细划分了知识图谱技术体系的关键组成部分，包括模式设计、构建、存储和应用技术等，还探讨了用户接口的设计。然后，本章深入介绍了知识图谱模式设计的原则和方法，并特别强调了一种系统性的模式设计方法——六韬法，以及如何结合大模型提升模式设计的质量。在实践部分，提出了知识图谱设计的最佳实践建议，包括注重边界管理、高内聚与低耦合的设计思维，以及利用可视化工具来优化表达效果等。

知识图谱模式之于知识图谱，如同地基之于高楼大厦，它是决定知识图谱工程化应用成功与否的关键环节。本章除了介绍知识图谱技术体系，还回顾了知识图谱模式设计的六韬法，并以锂电池制造知识图谱模式设计为例，介绍了如何在六韬法的指导下由大模型辅助设计知识图谱模式。后续章节会继续探讨构建知识图谱、知识图谱的存储，以及知识计算、知识推理等有关内容。

第 6 章

构建知识图谱

实验家像蚂蚁，只会采集和使用；推论家像蜘蛛，只凭自己的材料织丝成网。而蜜蜂却是采取中道的，它从庭园和田野的花朵中采集材料，并用自己的能力加以转变和消化。

——弗朗西斯·培根《新工具》

The men of experiment are like the ant, they only collect and use; the reasoners resemble spiders, who make cobwebs out of their own substance. But the bee takes a middle course: it gathers its material from the flowers of the garden and of the field, but transforms and digests it by a power of its own.

——Francis Bacon *The New Organon*

笛卡儿曾说，“读遍好书，有如走访著书的前辈先贤，同他们促膝谈心，而且这是一种精湛的交谈，古人向我们传授的都是他们最精粹的思想。”

书籍记载了大量的知识，为人类的文明进步源源不断地提供养料。同理，作为人工智能领域中记载和处理知识的核心技术，知识图谱也在为认知智能的发展提供养料。知识图谱中的知识本就是人类文明中所积淀的知识，这些知识的载体通常为图书等非结构化数据。知识图谱构建技术就像辛勤的蜜蜂一样，采集汇聚各种记载知识的数据，将其作为材料，并通过大模型加以转变和消化，最终形成知识图谱中的知识。知识图谱中高质量的知识是推动科技进步和人类认知边界扩展的原动力。

本章全面系统地介绍利用大模型构建知识图谱的技术、方法与实践案例，涵盖基于大模型进行实体和实体属性的抽取、关系和关系属性的抽取，以及事件抽取等内容。

本章内容概要：

- 知识图谱的映射式构建技术和抽取式构建技术。
- 实体、实体属性、关系、关系属性、事件等概念和例子。
- 大模型涉及的实体抽取、属性抽取、关系抽取和事件抽取等技术。
- 使用大模型抽取实体和实体属性、关系和关系属性，以及事件抽取方法。
- 知识抽取中的多语言和跨语言场景，以及如何评价知识抽取效果。

6.1 知识图谱构建技术概述

知识图谱构建技术是一系列方法和流程的集合，旨在对异构的各类数据进行清洗、变换、抽取、归一化、消歧、融合等，转换成实体、属性、关系、关系属性和事件等语义丰富和关系复杂的结构化知识表示。通常，知识图谱构建技术分为两大类——映射式构建技术和抽取式构建技术。

6.1.1 映射式构建技术

知识图谱的映射式构建技术是利用结构化数据生成知识图谱的技术总称，它具有两个重要的组成部分：ETL（Extract-Transform-Load）技术和映射技术。二者紧密结合，不仅支持数据的提取、转换与加载，还为数据与知识图谱中的实体、关系、属性等元素的有效映射提供了基础。映射式构建技术将数据从结构化信息升华为语义层次的知识，赋予机器对复杂信息的理解和推理能力。

ETL 是一种经典的数据处理框架，自 20 世纪 70 年代以来，随着数据库技术的兴起和数据仓储需求的扩大，ETL 成为数据管理和处理领域的核心工具之一。ETL 过程本质上包括 3 个步骤。

（1）**提取**：从多个异构数据源（如关系数据库、文件系统、Web API 等）中提取原始数据。这些数据可以是结构化的、半结构化的，甚至是非结构化的。

（2）**转换**：对提取的数据进行清洗、过滤、聚合与计算等一系列操作，以确保数据的一致性、完整性和准确性。转换过程通常还涉及数据格式的标准化、数据去重，以及基于业务逻辑的处理。

（3）**加载**：将转换后的数据载入目标存储系统，通常包括数据仓库、数据湖或实时数据处理平台等。这个过程可以以批处理或流处理的方式进行，视应用场景而定。

ETL 的灵活性和扩展性使其能够适应现代大数据场景中的多源异构数据处理需求。无论是海量数据的批量处理，还是实时数据的快速响应，ETL 工具都能胜任。它提供了从数据流到知识流的可靠管道，确保信息可以高效且有序地进入后续处理环节，在将结构化数据构建为知识图谱中占据着基础性地位。大模型驱动的自动编程能力，能够方便地根据业务需求的语言描述对原始结构化数据进行转换。

映射技术将经过 ETL 预处理的结构化或半结构化数据转化为知识图谱中的实体、属性、关系和事件等元素，从而构建出知识图谱。这一过程需要精确的规则配置和语义理解，以确保数据能够无缝映射到知识图谱的复杂结构中。映射技术通常包含 4 个主要环节。

（1）**数据到知识的转化**：映射技术通过设计一系列规则，将源数据映射为知识图谱的基本组成部分——实体（如公司、人物、地点）、属性（如年龄、收入）、关系（如拥有、参与），以及复杂事件等。这不只是简单的结构映射，也包含语义上的转换，使知识得以归一化和融合。大模型能够实现智能映射，即根据数据特征和知识图谱模式自动生成映射规则，减少手动配置的复杂性，并能够应对动态变化的复杂场景。

（2）**规则引擎**：映射过程的核心是一个高度灵活的规则配置引擎。该引擎允许用户根据特定领域的需求定义和管理映射规则。例如，实体映射规则用于将文本中的关键术语映射为知识图谱中的实体，关系匹配规则用于确定不同实体之间的关联关系。为了确保规则具有普适性与扩展性，规则引擎不仅支持静态配置，还支持动态调整和优化。

（3）**多源异构数据的整合**：在实际应用中，映射技术常常面对来自多种异构数据源的信息，如关系数据库、XML 或 JSON 文件、Excel 文件、CSV 文件等，甚至是由纯文本表示的结构化数据。映射过程需要跨越不同类型、结构和存在语义差异的数据，通过将这些信息整合到统一的知识图谱中，形成一个全局视角的知识体系。为了确保跨源数据的统一性，在映射过程中要处理数据冲突、冗余以及语义不一致的问题。大模型通常用于实现语义归一化，以及基于需求描述来转化文件格式等。

（4）**扩展性与灵活性**：与 ETL 相似，映射技术也需要具备处理大规模数据的能力。映射过程可以采用批处理模式，快速处理大量静态数据；或采用流处理模式，以应对动态变化的实时数据。这种灵活的处理模式对快速变化的应用领域尤为重要，如金融知识体系、舆情分析知识图谱、推荐系统的个性化人物画像等。

映射式构建技术能够帮助企业和机构利用现有的结构化数据，实现自动化、智能化构建知识图谱，推动数据驱动的智能系统实现从信息获取到知识推理的飞跃。映射式构建技术可以打通从数据到知识的转化路径，充分挖掘数据中的潜在价值，助力企业和机构更好地利用数据资产，在语义层面实现数据的深度连接和知识发现，为决策支持、自动化分析和智能应用提供坚实的基础。

6.1.2 抽取式构建技术

知识图谱的抽取式构建技术用于从大量非结构化的文本数据中识别并提取有价值的信息，将这些信息转化为实体、属性、关系、关系属性、事件等结构化的知识单元。从文本数据中构建知识图谱的首要任务是识别文本中隐含的知识，这个过程被称为知识抽取（Knowledge Extraction），其中涵盖实体识别、属性抽取、关系识别及事件提取等多个技术环节。在自然语言中，语义表达的复杂性提高了知识抽取的难度。语言的多义性、多重表达等问题，要求算法不仅要准确提取信息，还要具备高超的语义理解能力。在大模型流行前，研究人员提出了许多方法来解决这类问题。如今，使用大模型抽取知识逐渐成为主流，原因在于传统的知识抽取方法往往依赖人工标注或人工规则，过程烦琐，成本较高，且对工程师的能力要求较高。

实体抽取（Entity Extraction）是知识抽取的基础步骤，旨在从文本中识别出具有特定意义的名词短语，通常是人、组织、地点、事件等。实体的定义来自知识图谱模式，通常根据具体的应用场景而有所不同。例如，在工业应用中，实体可以表示设备、产品、故障类型或预防措施等。在自然语言处理领域，实体抽取通常被称为命名实体识别（Named Entity Recognition, NER）。通过分析文本上下文，实体抽取方法要能自动识别出重要的实体，并对其进行分类。例如，在“阿尔伯特·爱因斯坦出生于乌尔姆”这句话中，“阿尔伯特·爱因斯坦”和“乌尔姆”分别被识别为“人物”和“地点”实体。

实体属性抽取（Entity Attribute Extraction），简称**属性抽取**，旨在识别并提取与实体有关的特定描述信息。属性通常从多个不同的角度描述实体的信息，用于实现更精细的知识表示，如人物类型的实体通常有出生时间、性别、姓名等信息。通过提取属性，不仅使知识图谱具备了网状的关系结构，还丰富了每个节点的内部特征，使知识图谱在语义层面上更具表现力，并具备细粒度的表达能力。属性抽取一般受限于知识图谱模式中的属性名列表及其数据类型。例如，在“阿尔伯特·爱因斯坦出生于 1879 年 3 月 14 日，毕业于苏黎世大学，犹太裔物理学家，享年 76 岁”中，属性抽取能够识别出人物实体“阿尔伯特·爱因斯坦”，并提取其相关的属性键值对<出生日期，1879 年 3 月 14 日>。

关系抽取（Relation Extraction），即识别出实体之间的语义或逻辑联系。例如，在句子“阿尔伯特·爱因斯坦出生于乌尔姆”中，关系抽取能够识别出人物“阿尔伯特·爱因斯坦”和地点“乌尔姆”两个实体之间存在<人物，出生于，地点>或者<地点，是……出生地，人物>等关系。这些关系类型来自知识图谱模式，正是因为这些关系，知识才得以形成网状结构，构成知识图谱。

关系属性抽取（Relation Attribute Extraction）用于识别实体之间关系的特征或修饰信息。它不仅用于识别两个实体之间的联系，还包括提取修饰关系的属性信息，从而提供更丰富的上下文。关系属性抽取的内容也受知识图谱模式的约束。例如，在句子“阿尔伯特·爱因斯坦于1921年获得诺贝尔物理学奖”中，“获得”可以被识别为“阿尔伯特·爱因斯坦”和“诺贝尔物理学奖”之间的关系，“1921年”是该关系的时间属性。通过识别与抽取关系属性，知识图谱不仅能够反映实体之间的简单联系，还能表达关系的背景和细节，进一步提升知识推理和应用的精准度和实用性。

事件抽取（Event Extraction）是更复杂的知识抽取，旨在从文本中识别并提取有关事件和事件之间关系的信息。事件通常由多个要素构成，包括事件主体、客体、时间、地点和其他事件要素等。事件抽取常用在新闻、金融、政企舆情、军事分析、医疗、故障分析等领域。例如，在工业制造的故障分析领域，事件抽取可以提取故障发生的设备、现象、时间及人机料法环测等各类要素的关键信息。将这些要素关联起来，可以构建更复杂的事件图谱（Event Graph）。事件抽取的一个例子是从文本“2024年6月25日14时7分，嫦娥六号返回器携带来自月背的月球样品安全着陆在内蒙古四子王旗预定区域，探月工程嫦娥六号任务取得圆满成功”中抽取事件要素，举例如下。

- 事件类型：着陆。
- 主体：嫦娥六号返回器。
- 客体：内蒙古四子王旗预定区域。
- 时间：2024年6月25日14时7分。
- 地点：内蒙古四子王旗。

6.2 抽取实体和实体属性

在知识图谱中，诸如“公司”“机构”“学校”和“人物”等都可以被视为实体。实际上，实体的概念范围非常广泛，不仅包括我们在日常生活中熟悉的概念和具体的事物，还包括针对特定需求而定义的虚拟概念。这使实体具备广泛性、通用性和极大的应用潜力。本节将探讨什么是实体和实体属性，以及如何抽取实体和实体属性。

6.2.1 实体、实体属性及其抽取

在知识图谱、信息抽取、自然语言处理等领域，实体指能够独立存在、具备明确特征且能

够与其他事物区分开的事物。这些事物既可以是具体的物理对象，如人、公司、学校；也可以是抽象的概念，用于描述虚拟事物，如学科领域、事件、时间节点、经济指标、人物或者组织机构发表的“观点”、某个领域权威人物发表的“言论”、制造业质量和可靠性工程中的“失效事件”，以及各类机械与电子电器设备制造领域的“性能”等。实体的定义不限于狭义的个体对象，在构建知识图谱的过程中，它也是用来描述宇宙间万事万物的基本单位。一个实体的特征和信息的过程可以通过它的属性来描述。

通常，实体具有多种属性，这些属性是对实体的多角度描述。例如，一个“公司”实体可能包括名称、地址、成立时间、统一社会信用代码、业务范围等属性；一个“人物”实体可能包括姓名、性别、出生日期、职业、国籍等属性。通过分析和比较不同实体的属性，可以有效地识别和区分实体之间的异同。实体属性的多样性和复杂性为知识图谱提供了丰富的语义信息，使其成为支持复杂查询与推理的基础。

实体类型是对实体的抽象分类，将具备某些共同特征的实体归纳为特定的类别。实体类型通常在知识图谱模式中定义。例如，“公司”“学校”“人物”便是实体类型的典型代表。已经被分类到某个实体类型的具体实体，通常被称为命名实体（Named Entity），这意味着该实体具有独特的标识和名称，如“张三”属于“人物”类型，“浙江大学”可以归类为“学校”类型。命名实体在知识图谱中承担着重要角色，它们是知识网络中节点的基础组成部分。实体类型并非一成不变，而是可以根据具体应用场景而发生变化的。在不同的上下文中，同一实体可能属于不同的实体类型。例如，在某些情况下，“浙江大学”可以被归类为“学校”类型，但在其他情况下，则可能被视为“机构”或“地理位置名称”。这种灵活性使知识图谱具有更强的适应性，能够根据不同的业务需求或研究场景进行调整和优化。

实体抽取是指从文本中识别并提取具有特定意义的实体，下面通过具体示例来说明。这是嫦娥五号从月球“挖土”顺利返回后，新华社于2020年12月17日发表的一篇报道节选。

> 12月17日凌晨，嫦娥五号返回器携带月球样品，采用半弹道跳跃方式再入返回，在内蒙古四子王旗预定区域安全着陆。
>
> 随着嫦娥五号返回器圆满完成月球“挖土”，带着月球“土特产”顺利回家，北京航天飞行控制中心嫦娥五号任务飞控现场旋即成为一片欢乐的海洋，大家纷纷欢呼、拥抱，互致祝贺。
>
> 探月工程总指挥、国家航天局局长张克俭宣布：“探月工程嫦娥五号任务取得圆满成功！”

假定这段文本来自某个知识图谱的非结构化数据源，知识图谱中包含以下一些实体类型：时间、物体、方法、地点、机构、人物、观点等。从这段文本中识别实体（见表6-1），并将其分类为某个具体的实体类型的过程，就是实体抽取。

表 6-1

实　体	实体类型
12 月 17 日凌晨	时间
嫦娥五号	物体
半弹道跳跃	方法
内蒙古四子王旗	地点
国家航天局	机构
张克俭	人物
探月工程嫦娥五号任务取得圆满成功	观点

从这个例子中可以看出，实体所表达的内容或事物是非常广泛的，根据具体场景或业务的需要，一些较长的文本片段也可以被定义为实体，如表 6-1 中实体类型“观点”对应的实体。实体类型的定义和知识图谱模式中对实体类型的定义是一致的。

在实体抽取的基础上，实体属性抽取进一步识别实体的具体属性。属性可以是实体的特征、状态或相关信息，同样以一个例子来说明。下面是一段对嫦娥五号的描述。

```
嫦娥五号由轨道器、返回器、上升器和着陆器组成，总质量达 8200 千克。
```

已知在知识图谱模式设计中，实体类型“物体”有一个属性是“质量”，数据类型是浮点数，单位是千克。那么针对上述文本，既要理解“总质量达 8200 千克”是描述物体“嫦娥五号”的，还要精准识别出该属性名为“质量”且属性值为“8200 千克”，并且需要按照单位对数值进行归一化，即属性值为 8200.0。为了理解按照单位进行归一化的概念，再看一个例子。

```
在 2020 年 12 月 17 日，嫦娥五号从月球带回 1731 克月壤样品，这是人类首次获得的月表年轻火山岩区样品，也是中国科学家第一次拥有属于自己的地外天体返回样品。
```

在上述文本中，识别物体“月壤”，并且识别出“1731 克”用于描述月壤，其属性名为“质量”，然后将其单位归一化为千克，得到属性值“1.731”。

实体抽取一直是自然语言处理和知识图谱领域的一个核心任务。在大模型兴起前，研究人员提出了多种方法来应对这一挑战，包括基于规则的方法、机器学习方法、深度学习方法、弱监督学习方法和深度强化学习方法等，如表 6-2 所示。尽管这些方法在特定场景中表现优异，但它们仍然面临着语义理解、歧义处理、跨领域和跨语言的泛化等挑战。大模型的出现为实体抽取任务带来了新的范式转变。

表 6-2

	方　法	特　点
基于规则的方法	词典匹配	常用于存在大量词表的专业领域
	正则表达式	最常用的规则编写方法，正则表达式几乎为所有编程语言所支持，熟悉一种或多种编程语言的工程师很容易根据语言和文本特点编写规则
	模板	常用于有固定结构的文本，如由数据库生成的网页、制式合同等
机器学习方法	决策树	简单、直接，可解释性非常强
	最大熵	复杂，通用性比较强
	支持向量机	广泛用于各类机器学习任务中，在实体抽取上表现不错
	朴素贝叶斯	最简单的概率图方法，可解释，有坚实的数学理论基础
	隐马尔可夫模型	比 CRF 更简单，计算效率高，在低计算资源年代应用非常广泛
	条件随机场	传统机器学习中最常用的实体抽取方法，至今依然是很强的基准方法，并且经常和深度神经网络结合构建深度学习模型，应用非常广泛
深度学习方法	BiLSTM-CRF	深度学习中最常用的实体抽取算法
	BERT	“预训练模型+微调”的深度学习方法的典型代表
	其他深度学习模型	模型多种多样，各具特色
弱监督学习方法	自动标注样本	自动生成训练语料，核心在于解决噪声问题
	部分标注样本	降低标注成本
	迁移学习	减少模型所需的训练语料
	远程监督	通常和关系抽取一起使用
深度强化学习方法	用于实体抽取	将实体抽取建模为马尔可夫决策模型
	用于样本处理	提升样本质量，或者在样本质量存在一定问题的情况下，联合实体抽取模型实现高精度的实体抽取

6.2.2 用大模型抽取实体和实体属性

传统的实体抽取方法大多依赖手工构建的规则库或基于大量标注数据的有监督学习模型。然而，在面对复杂、多变的自然语言时，这些方法的表现往往差强人意。一方面，由于对语言的多样性，规则库方法缺乏灵活性，难以适应开放域的应用；另一方面，有监督学习模型严重依赖大规模高质量的标注数据，不仅成本高昂，而且需要领域专家的深度参与。

随着大模型的快速发展，以 ChatGPT、Llama、Qwen、DeepSeek 等为代表的大模型以其强大的语言理解和生成能力推动了自然语言处理领域的革命性进展。大模型从海量的语料中学习丰富的语言模式和语义表示，在没有显式标注数据或只需极少量标注数据的情况下，依然能够高质量地完成实体和实体属性的抽取任务，这逐渐成为最流行的方法。

知识图谱中实体的范围更宽泛，实体属性的内容多且复杂，利用大模型进行简单的零样本抽取可能效果不佳，提示工程化、少样本学习、思维链、思维树和思维图等高级技术则有助于提升实体抽取的准确率。在许多情况下，实体和实体属性抽取涉及处理多语言和跨语言融合等问题，这正是大模型能够应对的问题。除此之外，对于时间表达和数值单位众多的标准化等问题，可以通过大模型结合自动编程来解决。

1. 用大模型进行实体和实体属性抽取

假设在一个音乐知识图谱中，知识图谱模式包含实体类型“作品”，其属性有“发表时间”。

```
你是一个音乐和历史方面的专家，对音乐作品相关的知识非常熟悉。现在你作为一个信息提取专家，从下面的文档中抽取出“作品”类型的实体及实体属性“发表时间”。请注意，务必只回答知识抽取的结果，实体以二元组<实体类型，实体>的形式返回，如<柴可夫斯基，天鹅湖>，属性以三元组<实体，属性名，属性值>的形式返回，如<天鹅湖，发表时间，1876 年>。
传奇作曲家沃尔夫冈·阿玛迪斯·莫扎特的作品每年都以极高的演出频次在世界舞台占据一席之地，创作于 1786 年的四幕喜歌剧《费加罗的婚礼》是其众多歌剧作品中最为著名的一部，堪称莫扎特歌剧的“巅峰之作”。被票选为“史上最伟大的歌剧”(《BBC 音乐杂志》，2017)，以“最多场次数”荣登古典音乐演出年榜(Bachtrack，2022)，足见该剧的成功与观众对它的喜爱。
```

一般情况下，大模型会直接返回以下抽取结果。

```
<作品，费加罗的婚礼>
<费加罗的婚礼，发表时间，1786 年>
```

从上述例子可以看出，在进行实体和实体属性抽取任务时，提示词的设计至关重要，至少需要涵盖以下 3 个要素。

- **领域背景**。为了确保系统对任务语境有足够的理解，提示词应提供相关领域的背景信息。无论是音乐、金融领域，还是科技、工业制造领域，清晰的背景描述都可以帮助大模型快速聚焦特定领域，准确理解专业知识，减少噪声干扰，提高抽取的准确性。在上述的音乐作品抽取任务中，提示词首先指出音乐创作和历史背景的相关信息，以便大模型准确识别出与作品有关的实体和属性。
- **抽取的实体与实体属性的具体说明**。提示词应明确告知大模型需要从文档中抽取哪些实体（如作品、人物、地点）和相关属性（如发表时间、性别、地理坐标）。清晰准确地描述实体和属性信息有助于提升抽取的准确性，特别是在复杂的文档中，有助于准确理解、定位和识别目标信息。在上述例子中，明确提出要识别的作品名称及其发表时间。
- **返回结果的格式要求**。提示词必须详细描述输出的格式标准，确保提取结果一致且结构化。对于信息抽取任务，返回结果应使用统一的格式（如二元组或三元组）来表达实体及其属性间的关系。格式化的输出为后续的数据处理及构建知识图谱提供了便利。

2. 少样本学习用于实体和实体属性抽取

大模型要充分发挥大模型的潜力，用好提示工程。通过设计合理的提示词大模型，引导大模型适应更复杂的需求，更准确、完整地识别出实体和实体属性，而无须额外的标注或训练。少样本学习是提示工程中最常用的方法，即通过少量实例帮助大模型进行任务推理，提升大模型对任务的理解能力。具体来讲，在上述3个要素的基础上，增加少样本学习的提示要素。

- **少样本学习**。在提示词中提供一些带标注的实体抽取或实体属性抽取的示例（样本），帮助大模型更好地理解抽取任务。这和过往用于有监督学习训练模型的训练样本类似。这些示例通常包括文本片段及其相应的实体和属性的抽取结果。

下面是一个带有少样本学习的提示示例。这里要抽取的是"芯片"，其属性包括"制程""核心数""主频"和"功耗"。芯片是现代科技的基础，在各种设备上随处可见，在制造业和金融、商业分析等业务场景中常涉及芯片知识的抽取。

```
    # 领域背景
    半导体和集成电路领域，对芯片知识非常熟悉。
    # 实体抽取和实体属性抽取的说明
    实体类型：芯片
    实体属性列表：
      - 核心数
      - 主频
      - 功耗
    # 格式说明
    - 实体格式：二元组<实体类型,实体>
    - 属性格式：三元组<实体,属性名,属性值>
    # 示例样本
    - 输入文档：
    旗舰型号至强 6980P，128 核心 256 线程，三级缓存多达 504MB，平均每核心近 4MB，相比五代 EPYC
512MB 还是差了一点点。基准频率只有 2.0GHz，加速频率不详，热设计功耗则高达 500W，这一点和五代 EPYC
也是同一水平
    - 抽取结果：
    <芯片,至强 6980P>
    <至强 6980P,核心数,128>
    <至强 6980P,功耗,500W>
    <至强 6980P,主频,2.0GHz>
    # 抽取实体和实体属性
    - 输入文档：
    在全新的英特尔酷睿 HX 系列处理器中，i9-14900HX 将搭载到要求更高的游戏笔记本电脑中，配备 24
个核心（8 个性能核和 16 个能效核）和高达 5.8GHz 的 turbo 频率，热设计功耗（TDP）55W。最新芯片还支
持高达 192GB 的 DDR5-5600，以及独立 Wi-Fi 7 支持、蓝牙 5.4 和 Thunderbolt 5 支持。
    此外，英特尔正在增加酷睿 i7-14700HX 处理器的核心数量。酷睿 i7-14700HX 处理器现在共有 20 个
```

```
核心（8个性能核和12个能效核）。这比第13代酷睿i7多了4个能效核，能效核的数量增加了50%，这么看来，新一代的酷睿i7-14700HX应该会提高多线程应用程序和游戏的性能。
```

上述输入的抽取结果如下。

```
- 抽取结果：
<芯片,i9-14900HX>
<i9-14900HX,核心数,24>
<i9-14900HX,主频,5.8GHz>
<i9-14900HX,功耗,55W>

<芯片,i7-14700HX>
<i7-14700HX,核心数,20>
```

3. 用大模型进行实体属性的归一化处理

在实体和实体属性抽取任务中，属性归一化是核心步骤，它直接影响知识图谱的质量、一致性和可用性，以及后续用在知识图谱的问答、分析和推理等各项任务中的便捷性和准确性。但是，要做好属性归一化绝非易事，其挑战来自表达的多样性、长距离的上下文依赖、跨语言和文化的背景，以及各个领域自身约定俗成的表达方式和单位系统。大模型能够很好地应对这些挑战，原因在于大模型本身具备大量的跨领域知识，并支持长上下文的语义理解能力，同时具备一定的推理能力和自动编程能力。这些能力对属性归一化至关重要。

例如，在时间表达上，有昨天、下个月、去年同期、历史上的今天等；在距离表达上，有米、千米、公里和英里等；医学上的mmHg（毫米汞柱），物理学上的帕斯卡、帕、千帕，气象学或工程领域的巴（Bar）、标准大气压等；这些同类单位之间有着不同尺度的数值转换。因所处领域不同，同样的表示可能有不同的含义，如k有时表示1000，有时表示1024；在不同上下文中，m可能表示百万（Million）、米（Meter）、分钟（Minute）等。在中文领域，还可能存在中英文混合缩写，如用“w”表示“万”、“k（kilo）”表示“千”，所以“kw”既有可能是单位“千瓦”，也有可能表示“千万”，这是由语言混合、俗语或约定名称导致的复杂性。大模型能够通过领域背景知识及上下文的语义理解来处理这类任务，并自动转换，或自动编写Python程序并调用Python解释器执行程序获得结果，进行数值转换。这也为构建知识图谱提供了便利。

还有一种与归一化有关，但不完全是归一化的问题——不同文化和语言背景下的表述。时间是一个典型的例子，如“2024年9月3日上午6点”“September 3, 2024 at 6:00 AM”“3. September 2024 um 6:00 Uhr morgens”“Le du matin 3 september 2024 à 6h”“2024-09-03 06:00:00”等，在中国古代文献和现代特殊领域的文档中，还会有天干地支的表示法，如“甲辰年壬申月庚午日卯时”。这类转换可以通过大模型根据上下文进行推断，并进行格式化处理。

难点在于需要完整理解上下文才能进行归一化，长距离依赖上文提及的内容，同时可能存在不同文化、地域、风俗习惯和语言表达下的多样性和歧义问题。仍以时间为例，提到“昨天”或者“下个月”，需要理解文档本身蕴含的表达“当时”的时间，并涉及自然语言处理中的时间推理问题。在不同的上下文中，“星期一”可能指过去或者未来的时间，并且根据参考时间点的不同可能指代不同的具体日期；“新年”等具备特定文化或习惯的表述，需要额外的知识进行准确解析；至于历史文献中的“康熙八年”和“民国 103 年”等，还需要结合历史本身的知识才能够解析；甚至像“二战结束十年”这类表述可能也会存在分歧和模糊的情况。

下面这个例子展示了抽取各种表达时间的方式，并试图进行归一化。

```
    你是一个信息抽取专家，擅长处理年份、日期或时间等，并擅长编写 Python 程序对日期时间进行归一化，转化成“2024-09-03”的标准格式。请记住，你需要抽取出给定内容中所有表示时间的词，并给出相应的归一化的标准格式，格式为<一年前，2023-09-03>：
    美国监管机构拟将对大型银行的资本要求由提高 19%下调至提高 9%，资本要求上调幅度削减一半以上。
    当地时间 9 月 10 日，美联储负责监管的副主席巴尔（Michael Barr）在发表演讲时表示，监管部门将重新发布经过淡化的《巴塞尔协议》（Basel Endgame）规划草案，并发布针对全球银行单独的资本规则。
    巴尔表示，总体而言，新规则将使各大银行将资本提高 9%，低于去年夏天提出的 19%。此外，去年夏天的提议适用于资产规模 1000 亿美元或以上的银行，而新修订的绝大多数规则不再适用于资产规模低于 2500 亿美元的银行。
    巴塞尔规则草案（Draft Basel Rule）于 2023 年 7 月首次公布，对资产超过 1000 亿美元的银行如何计算必须拨备的资本以吸收潜在损失进行了全面改革。
```

大模型能够理解当前的输入内容，并给出以下抽取结果。

```
<当地时间 9 月 10 日,2024-09-10>
<去年夏天,2023-07-01>
<去年夏天,2023-07-01>
<2023 年 7 月,2023-07-01>
```

在这个过程中，大模型自动编写了以下 Python 代码来实现准确日期的归一化。当然，这段代码仅能处理给定的文本，大模型会根据不同的文本生成不同的代码。在实践中，这种类型的代码可以逐渐积累，形成一个专门的归一化库，并只有在已存在的归一化库无法处理时，才需要大模型自动生成代码，从而提升归一化的效率，降低频繁调用大模型带来的计算资源压力。

```
1.  import re
2.  from datetime import datetime, timedelta
3.
4.  def normalize_date(date_string, current_date):
5.      # 当前年份
6.      current_year = current_date.year
7.
8.      # 处理“去年”的情况
```

```
9.     if "去年" in date_string:
10.        year = current_year - 1
11.        if "夏天" in date_string:
12.            return f"{year}-07-01"
13.        match = re.search(r'(\d+)月', date_string)
14.        if match:
15.            month = match.group(1)
16.            return f"{year}-{int(month):02d}-01"
17.
18.    # 处理明确年份的情况
19.    match = re.search(r'(\d{4})年(\d+)月', date_string)
20.    if match:
21.        year, month = match.groups()
22.        return f"{year}-{int(month):02d}-01"
23.
24.    # 处理只有月日的情况
25.    match = re.search(r'(\d+)月(\d+)日', date_string)
26.    if match:
27.        month, day = match.groups()
28.        return f"{current_year}-{int(month):02d}-{int(day):02d}"
29.
30.    # 处理相对时间的表述
31.    if "一年前" in date_string:
32.        return (current_date - timedelta(days=365)).strftime("%Y-%m-%d")
33.
34.    return None
35.
36. def extract_and_normalize_dates(text, current_date):
37.    # 匹配各种日期格式的正则表达式
38.    date_patterns = [
39.        r'\d{4}年\d+月\d+日',
40.        r'\d{4}年\d+月',
41.        r'去年\w+',
42.        r'\d+月\d+日',
43.        r'一年前'
44.    ]
45.
46.    results = []
47.    for pattern in date_patterns:
48.        matches = re.finditer(pattern, text)
49.        for match in matches:
50.            date_string = match.group()
51.            normalized_date = normalize_date(date_string, current_date)
52.            if normalized_date:
```

```
53.             results.append(f"<{date_string}, {normalized_date}>")
54.
55.     return results
56.
57. # 测试代码
58. if __name__ == "__main__":
59. current_date = datetime(2024, 9, 12)  # 假设当前日期是 2024 年 9 月 12 日
60. for i in ['当地时间 9 月 10 日', '去年夏天', '去年夏天', '2023 年 7 月'] :
61.     results = extract_and_normalize_dates(i, current_date)
62.     print(results[0])
```

4. 使用大模型标注数据训练小模型抽取实体或实体属性

表 6-2 中各种方法的共性是需要大量的标注数据，优点是模型较小，运行时只需要较少的计算资源，适用于算力受限的场景。即使在算力不受限的条件下，这类小模型也比较经济。大模型为这类小模型带来了一些应用优势，如实体抽取任务是序列标注问题，大模型能够很好地标注这类数据，进而构造小模型的训练数据集。在下面的例子中，大模型为文本中的每个词元标注了一个标签，这类文本构成了训练实体抽取和实体属性抽取的小模型的数据集。

```
    你作为一个数据标注专家，擅长标注科技类的文本语料。现在有一个序列标注的任务，需要标注出文本中的机构（ORG）、人物（PER）、产品（PROD）、文献（ART）。请你使用 BIO 的标注方法标注下列文本，请注意，仅输出标注结果：
    来自意大利比萨圣安娜高等学校生物机器人研究所的团队，开发出一种安装在截肢者残臂和机械手之间的全新接口，可解码运动意图。该接口与机械手集成后，已在第一位患者身上成功进行了测试，让患者能像运用自己的手那样操控机械手。这一成果是科学家为彻底改变假肢未来发展而进行的一项前沿探索，相关研究发表在最新一期《科学·机器人》上。
```

大模型的输出结果如下，可以看出标注的准确率和效果都不错。通过大量使用大模型标注数据，构建训练小模型的语料库，并用小模型抽取实体和实体属性，进而构建知识图谱，也是一个切实可行的办法。

```
来自 O
意大利 B-ORG
比萨 B-ORG
圣安娜 B-ORG
高等学校 B-ORG
生物机器人研究所 B-ORG
的 O
团队 O
， O
开发 O
出 O
一种 O
```

```
安装 O
在 O
截肢者 O
残臂 O
和 O
机械手 B-PROD
之间 O
的 O
全新 O
接口 O
， O
可 O
解码 O
运动 O
意图 O
。 O
该 O
接口 O
与 O
机械手 B-PROD
集成 O
后 O
， O
已 O
在 O
第一位 O
患者 O
身上 O
成功 O
进行了 O
测试 O
， O
让 O
患者 O
能 O
像 O
运用 O
自己的 O
手 O
那样 O
操控 O
机械手 B-PROD
。 O
这一 O
```

```
成果 O
是 O
科学家 O
为 O
彻底 O
改变 O
假肢 O
未来 O
发展 O
而 O
进行 O
的 O
一项 O
前沿 O
探索 O
， O
相关 O
研究 O
发表 O
在 O
最新 O
一期 O
《 B-ART
科学·机器人 B-ART
》 I-ART
上 O
。 O
```

5. 基于大模型的填空式抽取方法

填空式抽取（Cloze-style Extraction）充分利用大模型的补全能力，通过填补句子的空白部分实现实体或实体属性抽取。这种方法是大模型时代的一种创新范式，能够减少对复杂预处理的依赖，并以一种自然的方式从文本中提取出目标实体或属性。在知识图谱的构建过程中，往往有多个数据源，一个实体的属性并不一定完全从单个文档中抽取出来。这意味着需要从不同的文档中多次抽取属性信息。在这种情况下，使用填空式抽取方法来补全属性就非常有针对性。

填空式抽取的核心思想是，利用大模型强大的上下文理解能力和文本生成能力，通过构造特定的填空任务引导大模型输出目标信息，其关键点在于“模板构造”。这本质上是提示工程的一个细分类别。具体来说，给定一个部分缺失的句子或模板，大模型通过“填空”完成整个句子，从而间接实现信息抽取的目的。在实践中，为了保证准确性，避免大模型自身的幻觉或知识陈旧问题，将输入文档和需要被填空的句子同时输入大模型，并要求大模型根据输入文档的内容来填空，示例如下。

```
    # 角色
    你是一个音乐和历史方面的专家，对音乐作品相关的知识非常熟悉。现在，请根据输入的文档以及问题进行填空。请注意，仅输出填空的内容。
    # 输入文档
    传奇作曲家沃尔夫冈·阿玛迪斯·莫扎特的作品每年都以极高的演出频次在世界舞台占据一席之地，创作于 1786 年的四幕喜歌剧《费加罗的婚礼》是其众多歌剧作品中最为著名的一部，堪称莫扎特歌剧的“巅峰之作”。被票选为“史上最伟大的歌剧”(《BBC 音乐杂志》，2017)，以“最多场次数”荣登古典音乐演出年榜(Bachtrack，2022)，足见该剧的成功与观众对它的喜爱。
    # 问题
    《费加罗的婚礼》的发表时间是________年?
    # 填空
```

大模型回复“1786”。这种任务特别适用于知识图谱中的属性补全。可以根据实体以及知识图谱模式中的属性名列表自动生成填空问题，同时可以将约束条件内置于问题本身。就这个例子而言，可以将“年”直接作为题目的一部分，大模型由此进行推断。同理，知识图谱模式中各类实体的属性，如产品的生产日期和价格、人物的出生时间等，都可以通过这种方式轻松提取。填空式抽取是知识图谱构建的重要技术，通过调整和设计模板，可以快速测试和迭代不同的实体属性抽取需求，尤其适用于知识快速变化的领域，如社交分析、招聘候选人分析、商品分析等。

6.3 抽取关系和关系属性

在知识图谱中，关系将分散的、孤立的实体连接起来，是对现实世界复杂语义的一种高度抽象和精确表达，也是理解和描述实体之间的交互和联系的核心所在。本节将探讨关系是什么，以及如何提取关系并构建知识图谱。

6.3.1 实体间的关系和关系抽取

在知识图谱中，关系是指实体间有向的语义化表示。关系通常被命名为合适的名称，有效反映现实世界中的关联方式。例如，人与人之间的父子关系、同事关系、同学关系，人与组织机构的任职关系、创立关系，机器设备与零部件之间的组成关系，药物和疾病之间的治疗关系，等等。关系在知识图谱中的作用如同桥梁，能够打通各个实体之间的知识关联，使人工智能模型根据语义和结构实现计算和推理。

图 6-1 所示是关于国家最高科学技术奖的知识图谱，其中包含对“中国科学院数学与系统科学研究院的研究员吴文俊院士在 2001 年获得国家最高科学技术奖”这个事实的建模，有“任职于”“获得”“属于”“颁发”“作者”等关系。上述事实可建模为“<数学与系统科学研究院, 属于, 中国科学院>”“<吴文俊, 任职于, 数学与系统科学研究院>”“<吴文俊, 获得, 国家最高科学技术奖>”等几种关系。“吴文俊”“数学与系统科学研究院”“中国科学院”和“国家最高科学技术奖”是实体，实体类型分别为“成果”“人物”“奖项”和“机构”。

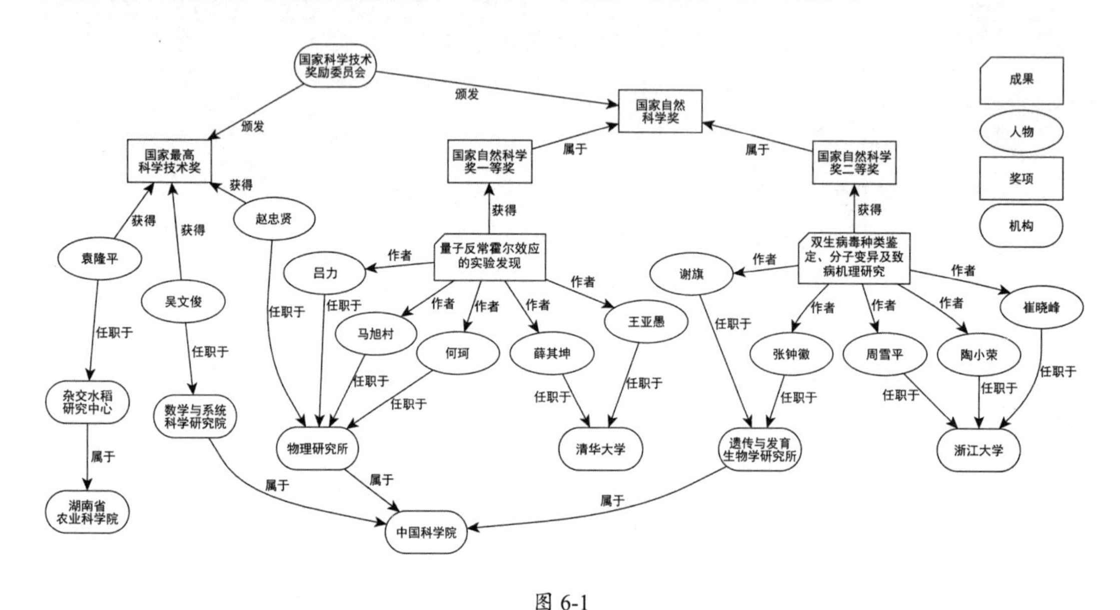

图 6-1

知识图谱中的关系通常用三元组<头实体, 关系, 尾实体>的形式表示，常被称为关系三元组。这是知识图谱最基本的表示方式。

- **头实体**：代表某一个具体事物或概念，相当于句子中的主语。
- **关系**：描述头实体与尾实体之间的语义关系，相当于句子中的谓语。
- **尾实体**：代表另一个具体事物或概念，相当于句子中的宾语。

以图 6-1 为例，<吴文俊, 任职于, 数学与系统科学研究院>的三元组说明吴文俊院士与数学与系统科学研究院有工作任职的关系。这种表示不仅可以对单个事实建模，还能通过一系列三元组构建出完整的知识网络。例如，三元组<数学与系统科学研究院, 属于, 中国科学院>能够清楚表达机构间的隶属关系。通过多个三元组的层层关联，复杂的知识可以被拆解成结构化的语义单元。知识图谱中的关系本质上是对现实世界中实体之间复杂联系的抽象和形式化表示，具有以下特点。

- **语义化**：指在知识图谱中用明确的自然语言或形式化语言来表达和描述某个事物或一系列事物之间的关系。语义化使机器和人都能理解关系中蕴含的某种事实。大模型可以通过语义化的描述来理解关系本身，并用于推理。例如，“任职于”描述了一个人在某个组织机构中工作的事实，“获得”描述了人物或者机构获得了某种奖项的事实，“是……的父亲”描述了一个人是另一个人的父亲的事实，它们都是具有明确语义的关系描述。关系不仅是简单的连线，而且通过自然语言明确描述实体间的互动方式。例如，关系“获得”明确描述“吴文俊获得国家最高科学技术奖”这一事实的语义内容。正是因为这种语义化的设计，知识图谱能更好地模仿人类对世界的认知，提供机器可以理解和利用的知识。
- **有向性**：关系是有方向的，从头实体指向尾实体，即“头实体”与“尾实体”之间的语义联系具有明确的方向。有向性确保了关系的正确性和可解释性，决定了信息传播的流向，并确保了语义化描述的准确性。例如，<吴文俊, 任职于, 数学与系统科学研究院>清晰描述了“吴文俊院士在中国科学院数学与系统科学研究院工作”这一事实。反之，<数学与系统科学研究院, 任职于, 吴文俊>则如同把一幅画挂反了一样，令人困惑。<苏洵, 是……的父亲, 苏轼>清晰描述了“苏洵是苏轼的父亲”这一事实，如果反过来表示，则会导致完全错误的语义，闹出笑话。在很多现实场景中，有向性都至关重要，能从根本上避免认知上的混乱。例如，医生对病人的“诊断”关系与病人对医生的“诊断”关系具有完全不同的语义，前者表达了“医生看病”，而后者则表达了“病人对医生水平、态度或其他方面的评价”。
- **可量化性**：某些关系可以附加数值属性，如概率、强度或时间戳，以表示关系的不确定性或动态特性。例如，<吴文俊, 获得, 国家最高科学技术奖, 年度, 2001>。
- **可推理性**：在知识图谱中，通过关系能够对已知的事实进行推理，挖掘和推断出新的或潜在的事实。在图 6-1 中，有两个三元组：<吴文俊, 任职于, 数学与系统科学研究院>和<数学与系统科学研究院, 属于, 中国科学院>。基于此，可以推理出新的三元组<吴文俊, 属于, 中国科学院>。

关系三元组中的关系如同语言学中的谓语（Predicate），头实体和尾实体分别是主语（Subject）和宾语（Object），可表示为<主语, 谓语, 宾语>（<Subject, Predicate, Object>），简称 SPO 三元组或 SPO 语句。

关系抽取是指从非结构化的文本中抽取出符合事实的关系三元组，即断定两个实体间是否存在某种语义化的有向关系。

关系抽取通常分为两种类型。

- 开放式关系抽取：实体之间可能存在的关系集合没有被预先定义，其目的是抽取出能够描述两个实体之间基于某个事实所构成的关系的语义化文本，并用该文本来表示这两个实体间的关系。
- 封闭式关系抽取：有一个被预先定义的实体之间可能存在的关系集合，如知识图谱模式中的关系类型列表，其目的是判断给定的两个实体是否满足关系集合中的某一种关系，或者都不满足。

在无特别说明的情况下，本书中的关系抽取都指封闭式关系抽取，并且关系类型由知识图谱模式限定。

在知识图谱中，封闭式关系抽取的关系类型受限于知识图谱模式，因此关系抽取应当符合以下两个条件。

- 抽取出来的关系三元组<头实体, 关系, 尾实体>要符合知识图谱模式定义的关系类型<头实体类型, 关系, 尾实体类型>中的某一种。
- 抽取出来的关系三元组应当符合对应文本所描述的事实。

在关系抽取中，有时实体已经被抽取出来了，每个实体的实体类型及其在文本中的位置已确定。在这种情况下，关系抽取的目标是判断在一定的文本范围（句子、段落、篇章等）内，两个实体的关系是否属于给定的关系类型集合中的一种。这种先抽取实体、再抽取关系的方法被称为管道（Pipeline）方法。在管道方法中，头实体和尾实体同时在文本出现的现象被称为共现（Co-occurrence）。在实践中，共现是实现管道方法抽取关系的前提。此外，仅给定一个文本序列，在关系抽取任务中还需要把实体抽取出来，即实体—关系联合抽取大模型。

基于头实体和尾实体在文本中共现的假设，关系抽取可以转化为判断两个实体间是否存在某种预定义好的关系。这看似很简单，但由于存在语义理解、长距离的语义依赖、跨越一个或多个其他实体干扰等多重因素，要做好并不容易。下面举例说明，假设要从大量文本中构建如图 6-1 所示的知识图谱，其对应的知识图谱模式包含 7 个简单的关系类型，分别是<成果, 作者, 人物>、<人物, 获得, 奖项>、<人物, 任职于, 机构>、<成果, 获得, 奖项>、<机构, 颁发, 奖项>、<奖项, 属于, 奖项>和<机构, 属于, 机构>，如图 6-2 所示。当一段并不复杂的文本中出现了多个机构、人物、奖项、成果等实体时，其可能的组合会非常多。

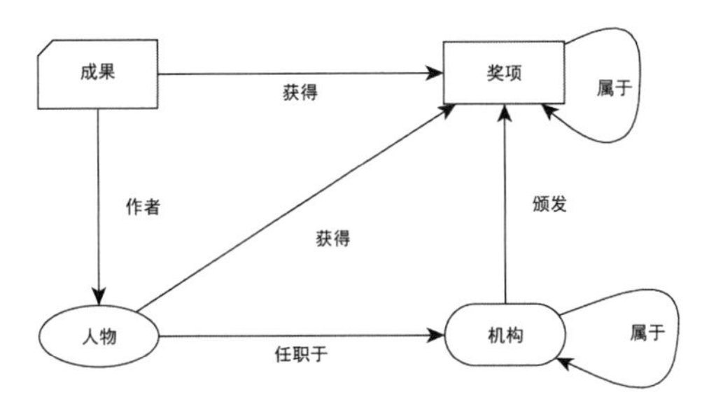

图 6-2

下面是一篇有关吴文俊院士和袁隆平院士获得国家最高科学技术奖的新闻文本，内容清晰、简洁，对于人们来说十分易于理解。关系抽取任务就是根据图 6-2 所示的知识图谱模式，从文本中完全、准确地抽取出实体间的关系，如图 6-3 所示。在图 6-3 中，实体和对应的实体类型标记在文本上，关系用实体间的连线表示，关系名称标注在连线的边上。

2001 年 2 月 19 日，中共中央、国务院在北京隆重举行国家科学技术奖励大会。中国科学院数学与系统科学研究院研究员、中国科学院院士吴文俊和湖南杂交水稻研究中心研究员、中国工程院院士袁隆平，由于在基础研究和技术开发及产业化方面做出的卓越贡献，荣获 2000 年度首届国家最高科学技术奖，并分别获得 500 万元奖金。

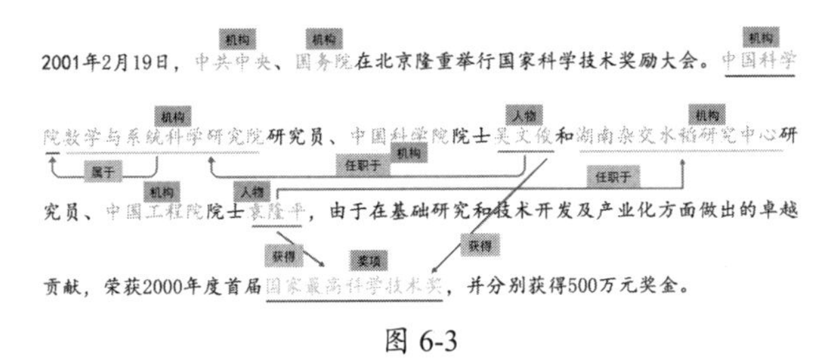

图 6-3

在大模型流行前的各种关系抽取方法的总结，如表 6-3 所示。

表 6-3

关系抽取方法	特点
基于规则的关系抽取方法	关系三元组与语言的语法结构关系密切，由于词法分析和句法分析工具愈加成熟，基于语法结构的关系抽取的方法表现愈加优秀，应用场景也愈加广泛
基于深度学习的关系分类方法	关系分类本质上就是一个给定文本序列和实体信息作为输入的分类问题，分类的目标是判断其是否属于所有可能的关系类型之一，或者不属于任何一种关系类型
弱监督学习的方法	弱监督学习的目的有三：一是充分挖掘少量已标注样本的潜力；二是通过专家编写业务规则，自动生成标注数据，提升专家经验的复用性，降低专业数据的标注成本；三是利用知识库来指导监督标注数据的生成，实现无标注数据下的关系抽取
实体—关系联合抽取方法	在一个模型中同时实现对实体和关系的抽取，其输入为文本序列，输出是抽取出来的实体和关系，既直观，又简洁

6.3.2 用大模型抽取关系和关系属性

大模型的快速发展为关系抽取和关系属性的抽取带来了新范式，包括提示工程、少样本学习等技术的应用。相比于实体抽取和实体属性抽取，关系抽取和关系属性抽取更复杂，思维链（Chain-of-Thought，CoT）等技术的应用更频繁。此外，大模型由于具备超强的上下文理解能力，并能够通过提示工程和思维链等技术实现强大的泛化能力，因此能够很好地实现知识融合。

1. 用大模型抽取关系

大模型具有强大的语言理解和生成能力，能够通过上下文提示进行零样本或少样本学习，高效、准确地从输入文本中抽取实体间的关系。对于较简单任务的关系抽取，大模型的零样本学习就能够很好地完成。

在进行关系抽取时，知识图谱模式通常已经确定，实体已经被成功抽取，那么实体可以作为输入的一部分，举例如下。

```
# 角色
你是一个信息抽取专家，擅长根据输入的文本进行关系抽取。
# 关系类型
<人物，任职于，机构>
# 实体列表
"人物"：吴文俊，袁隆平。
"机构"：中共中央，国务院，数学与系统科学研究院，湖南杂交水稻研究中心，中国科学院。
# 返回结果
仅返回三元组，如<王文广，任职于，走向未来人工智能研究院>，不要任何其他内容。
# 输入文本
2001 年 2 月 19 日，中共中央、国务院在北京隆重举行国家科学技术奖励大会。中国科学院数学与系统科学研究院研究员、中国科学院院士吴文俊和湖南杂交水稻研究中心研究员、中国工程院院士袁隆平，由于在基础研究和技术开发及产业化方面做出的卓越贡献，荣获 2000 年度首届国家最高科学技术奖，并分别获得 500 万元奖金。
# 抽取结果
```

一般情况下，大模型会返回以下结果。实体都已经被抽取出来，要在已抽取的实体之间建立关系。另外，在实体抽取环节提到的各种大模型的抽取技巧（如少样本学习等），都可以用于关系抽取。

```
<吴文俊，任职于，数学与系统科学研究院>
<袁隆平，任职于，湖南杂交水稻研究中心>
```

2. 用大模型抽取关系属性

在关系抽取后，许多情况下还需要抽取细粒度的属性，这类似于实体属性的抽取，但更复杂。以图 6-2 为例，<人物, 任职于, 机构>通常有入职时间、离任时间及职务等，<人物, 获得, 奖项>则关联“获奖时间”等。这些属性为关系提供了更丰富的知识细节，并与关系本身形成了更完整的事实。例如，完整的任职信息可以构建完整的职业生涯轨迹，分析职业发展的关键节点和变化趋势，并可以通过职业生涯和关键节点的匹配，与其他人比较并进行推理等。丰富的获奖信息能够挖掘不同奖项的规律，进行深度推理，辅助高阶研究人员发现科学研究的发展方向。下面是一个关系属性抽取的例子。

```
# 角色
你是一个信息抽取专家，擅长根据输入的文本和关系，抽取属性的值。
# 关系列表
<吴文俊，获得，国家最高科学技术奖>
<吴文俊，获得，人民科学家>
# 属性
获奖时间，格式“%Y 年”，如“2024 年”。
# 返回结果
五元组格式，如<王文广，获得，广东省科技进步奖二等奖，获奖时间，2023 年>。
# 输入文本
吴文俊，男，汉族，中共党员，中国科学院数学与系统科学研究院研究员，第五、六、七、八届全国政协委员。他对数学的核心领域拓扑学做出重大贡献，开创了数学机械化新领域，对国际数学与人工智能研究影响深远。2001 年 2 月，获得首届国家最高科学技术奖。2019 年 9 月，获得“人民科学家”国家荣誉称号。
# 抽取结果
```

将上文输入大模型，会得到以下抽取结果。

```
<吴文俊，获得，国家最高科学技术奖，获奖时间，2001 年>
<吴文俊，获得，人民科学家，获奖时间，2019 年>
```

3. 用思维链实现对实体、关系和属性的联合抽取

思维链推理是一种模拟人类思维过程的技术，通过逐步推导，提高大模型在复杂任务中的推理能力。在面对复杂问题时，人类通常不会直接给出答案，而是通过逐步推导，依次解决问题的各个组成部分，最终得出结论。实体—关系—属性的联合抽取任务是非常复杂的推理过程，引入思维链能够帮助大模型识别实体、关系和属性。思维链通过明确的提示步骤，引导大模型逐步分析，将复杂任务分解为一系列简单的步骤，每一步都基于前一步的结果，逐级抽取，从而逐步实现对目标的抽取。

- **实体识别**：引导大模型识别出文本中的实体，实体类型需要符合知识图谱模式的限制。
- **分析上下文**：引导大模型分析实体所在的上下文，以确定实体之间是否存在由知识图谱

模式限制的关系。

- **抽取属性**：引导大模型抽取实体和关系的属性，属性受知识图谱模式的限制。
- **结果整合**：引导大模型根据输入的知识图谱模式校验和过滤抽取结果，并按照给定的格式构造输出结果。

举例如下。

```
    # 角色
    你是一个信息抽取专家，擅长根据输入的文本和给定的知识图谱模式，抽取出实体、实体属性、关系和关系属性。
    # 知识图谱模式
    实体类型：人物，奖项。
    实体属性：<人物，出生日期，"%Y-%m-%d">，<奖项，奖金，int+单位>。
    关系类型：<人物，获得，奖项>。
    关系属性：<人物，获得，奖项，获奖时间，"%Y 年">。
    # 返回格式：
    实体：<实体类型，实体>，如<人物，王文广>。
    实体属性：<实体，属性名，属性值>，如<诺贝尔奖，奖金，1100 万瑞典克朗>。
    关系：<头实体，关系，尾实体>，如<王文广，获得，广东省科技进步奖>。
    关系属性：<头实体，关系，尾实体，属性名，属性值>，如<王文广，获得，广东省科技进步奖，获奖时间，2023 年>。
    # 思维链
    2019 年 3 月 27 日晚间，ACM（国际计算机学会）宣布，有“深度学习三巨头”之称的 Yoshua Bengio、Yann LeCun、Geoffrey Hinton 共同获得了 2018 年的图灵奖，这是图灵奖 1966 年建立以来少有的一年颁奖给三位获奖者。ACM 同时宣布，将于 2019 年 6 月 15 日在旧金山举行年度颁奖晚宴，届时正式给获奖者颁奖，奖金 100 万美元。
    ##1 从文本抽取出“人物”实体和“奖项”实体
    “人物”实体：Yoshua Bengio, Yann LeCun, Geoffrey Hinton
    “奖项”实体：图灵奖
    ##2 抽取实体属性
    “人物”实体属性<人物，出生日期，"%Y-%m-%d">：文本中 2019 年 3 月 27 日是本条新闻的发布时间，2019 年 6 月 15 日是颁奖时间，都不是人物的出生日期。所以，这段文本中没有<人物，出生日期，"%Y-%m-%d">属性。
    “奖项”实体属性<奖项，奖金，int+单位>：文本中“奖金 100 万美元”是描述本段文本中的“图灵奖”的，所以抽取出奖项“图灵奖”的属性“奖金”：<图灵奖，奖金，100 万美元>。
    ##3 关系抽取
    关系<人物，获得，奖项>：文本“Yoshua Bengio、Yann LeCun、Geoffrey Hinton 共同获得了 2018 年的图灵奖”意味着三个人都获得了图灵奖，所以抽取出三个关系<Yoshua Bengio，获得，图灵奖>、<Yann LeCun，获得，图灵奖>和<Geoffrey Hinton，获得，图灵奖>。
    ##4 关系属性
    关系属性<人物，获得，奖项，获奖时间，'%Y 年'>：文本“Yoshua Bengio、Yann LeCun、Geoffrey Hinton 共同获得了 2018 年的图灵奖”意味着三个关系<Yoshua Bengio，获得，图灵奖>、<Yann LeCun，获得，图灵奖>和<Geoffrey Hinton，获得，图灵奖>都获得了 2018 年的图灵奖。“2019 年 6 月 15 日在旧金山举行年度颁奖晚宴，届时正式给获奖者颁奖”是指将奖杯和奖金正式颁发给获奖者，这里的获奖时间是指获奖的年度，所以不采用这个时间。所以，抽取出三个关系属性<Yoshua Bengio，获得，图灵奖，获奖时
```

```
间，2018 年>、<Yann LeCun，获得，图灵奖，获奖时间，2018 年>和<Geoffrey Hinton，获得，图灵奖，获奖时间，2018 年>。
    ##5 构造输出结果
    实体：<人物，Yoshua Bengio>、<人物，Yann LeCun>、<人物，Geoffrey Hinton>、<奖项，图灵奖>。
    实体属性：<图灵奖，奖金，100 万美元>。
    关系：<Yoshua Bengio，获得，图灵奖>、<Yann LeCun，获得，图灵奖>、<Geoffrey Hinton，获得，图灵奖>。
    关系属性：<Yoshua Bengio，获得，图灵奖，获奖时间，2018 年>、<Yann LeCun，获得，图灵奖，获奖时间，2018 年>、<Geoffrey Hinton，获得，图灵奖，获奖时间，2018 年>。
    ##5 结果校验和过滤
    对上述构造的结果进行校验，确认符合知识图谱模式。如<Yann LeCun，获得，图灵奖>符合关系类型<人物，获得，奖项>，应保留。但<Yann LeCun，出生日期，未提及>不符合实体属性<人物，出生日期，'%Y-%m-%d'>，需要过滤掉。
    # 思维链说明
    上述过程不需要输出，只返回所构造的校验正确的输出结果。
    # 输入文本
    2001 年，吴文俊和“杂交水稻之父”袁隆平一起荣获了首届国家最高科学技术奖。那年吴老 82 岁，身体康健，也很健谈。他与袁老调侃，“农业与数学向来关系密切，数学是起源于农业的。”的确，这是数学史的常识，牧羊人计算牲口的只数产生了数学，正如诗歌起源于丰收的祷告。吴老透露，袁隆平多才多艺，会跳踢踏舞。在此以前，吴老曾在 90 年代先后荣获第三世界科学院奖、陈嘉庚奖、首届香港求是基金会杰出科学家奖和法国厄布朗自动推理杰出成就奖。
    2006 年，吴文俊又在香港领取了奖金 100 万美元（2016 年起增至 120 万美元）的邵逸夫数学奖，这是最让他引以为傲的奖项之一。这个由宁波籍香港影视制作人邵逸夫先生设立的科学奖项被誉为“东方的诺贝尔奖”，三个奖项中有两项是诺贝尔奖遗漏的，即数学和天文学，还有一项是生命科学与医学。据说是杨振宁先生想出来的，他是这个奖的设计师。在数学方面，2004 年的第一届和 2005 年的第二届评委会主席杨振宁都邀请吴文俊担任。
    # 输出结果
```

将上述内容输入大模型，能够得到以下结果，通过简单的程序解析结果并做校验，即可将其导入知识图谱。

```
    实体：
    <人物，吴文俊>
    <人物，袁隆平>
    <人物，邵逸夫>
    <人物，杨振宁>
    <奖项，国家最高科学技术奖>
    <奖项，第三世界科学院奖>
    <奖项，陈嘉庚奖>
    <奖项，香港求是基金会杰出科学家奖>
    <奖项，法国厄布朗自动推理杰出成就奖>
    <奖项，邵逸夫数学奖>
    实体属性：
    <邵逸夫数学奖，奖金，100 万美元>
    关系：
```

```
<吴文俊，获得，国家最高科学技术奖>
<袁隆平，获得，国家最高科学技术奖>
<吴文俊，获得，第三世界科学院奖>
<吴文俊，获得，陈嘉庚奖>
<吴文俊，获得，香港求是基金会杰出科学家奖>
<吴文俊，获得，法国厄布朗自动推理杰出成就奖>
<吴文俊，获得，邵逸夫数学奖>
关系属性：
<吴文俊，获得，国家最高科学技术奖，获奖时间，2001年>
<袁隆平，获得，国家最高科学技术奖，获奖时间，2001年>
<吴文俊，获得，邵逸夫数学奖，获奖时间，2006年>
```

由于将思维链推理应用到实体—关系—属性的联合抽取过程中，经由明确的中间步骤，使大模型的推理过程更契合知识抽取任务，并能够更好地捕捉长距离依赖关系，提升知识抽取效果。在复杂的长文本的实体—关系—属性联合抽取中，捕捉长距离依赖关系尤为重要，可以引导大模型准确识别和关联远距离的实体、关系和属性。

另外，有研究表明，思维链会引导大模型实现明确的步骤划分，自然而然地实现多任务之间的协同，使各个子任务能够相互借鉴和促进。实体—关系—属性联合抽取本质上是一个多任务问题，这或许是思维链推理在实体—关系—属性联合抽取中有效的原因所在。思维链的高级版本还包括思维树、思维图、反事实思维链等，这些方法为大模型处理更复杂的推理任务提供了实现框架。限于篇幅，本章不做详细介绍。

6.4 抽取事件

事件是指在特定时间、地点发生的具有特定意义的事情或活动。事件可以是重大历史事件，如“嫦娥五号月壤采样”事件、“AlphaGo 围棋对弈李世石”事件等；也可以是日常生活中的普通事件，如“《知识图谱：认知智能理论与实战》出版发行”事件、“GPT-o1 发布”事件等；还可以是开会、约会、软件发版、台风登陆等事件。事件的概念涵盖范围非常广泛，不仅包括已经发生的事，还可以包括正在进行或计划中的活动，甚至可以是特定场景中的虚构事件。事件具备多样性、时效性和分析价值。本节将探讨什么是事件和事件要素，以及如何通过从非结构化文本中抽取事件来构建知识图谱或事件图谱。

6.4.1 事件、事件要素和事件抽取

事件通常是在特定时间和地点发生的某种行动或状态，涉及一个或多个参与者，并可以描述为某种状态的变化。例如，“某人在某地进行某种行为”就是一个典型的事件描述。事件不仅

体现现实世界中的动态变化，还包含丰富的语义信息，往往能够反映出因果关系、时间顺承关系、参与者的互动等多种复杂联系。事件通过关系进行相互连接，形成了事件图谱，这是知识图谱的一个细分领域。

事件要素是指事件通常需要包含的核心元素，包括触发词、事件类型、主体、客体、时间、地点和其他要素。这些要素共同构成了事件的完整信息，是准确描述和理解事件及其之间的关系和逻辑的关键。

- **触发词**：触发词用于指代事件中发生的具体行为或活动，通常是动词或名词，也被称为事件的中心词。如“登月”“月壤采样”“台风登陆”“会议”等可以作为触发词。触发词标志着事件的开始或发生，对事件抽取至关重要。触发词如果是动词，则表示某种动作，如“爆炸”是描述灾难事件的触发词；如果是名词，则表示某种事实。
- **事件类型**：事件类型是对事件的分类，通常与触发词直接相关。例如“产品发布”“天气事件”“日程安排”“灾难事件”等。
- **主体**：事件中涉及的实体，通常是主动触发事件的实体，如人物、组织等。例如，在“王文广主持召开大模型年度会议”这一事件中，“王文广”是主体；在“台风登陆上海”这一事件中，“台风”是主体。主体的识别有助于理解事件的发起者和推动者。
- **客体**：客体是事件中涉及的实体，通常是受事件影响的实体。例如，在“王文广主持召开大模型年度会议”这一事件中，“大模型年度会议”是客体；在“台风登陆上海”这一事件中，“上海”是客体。客体的识别有助于理解事件的受影响者和影响范围。
- **时间**：指事件发生的具体时间点或时间段。例如，“2023 年 9 月 15 日”“昨天”“上周”等都是时间要素。时间要素的准确识别有助于对事件的时序分析和预测。
- **地点**：指事件发生的具体地点。例如，“北京”“纽约”“公司总部”等都是地点要素。地点要素的识别有助于地理信息系统（GIS）分析和事件的空间分布研究。
- 其他要素：指事件的其他相关信息，如原因、结果、方式、工具等。其他要素的识别有助于全面理解事件的背景和影响。

例如，文本“2024 年 9 月 9 日下午，走向未来智能科技在上海中心正式发布了全球首个商用文生视频大模型未来 FL”表达了一个事件，涉及的事件要素如下。

- 触发词：“发布”。
- 事件类型：“产品发布”。
- 主体：“走向未来智能科技”。
- 客体：“文生视频大模型未来 FL”。

- 时间："2024 年 9 月 9 日下午"。
- 地点："上海中心"。

在知识图谱中，事件通常被建模为图中的节点，节点之间通过语义关系与其他事件或实体连接。语义关系既可以反映事件之间的时间顺承关系（如事件发生的先后顺序）、因果关系（某个事件的发生导致了另一个事件的发生）等，也可以是事件要素之间的关联，如事件的主体是"人物"，那么该"人物"就可以和其他实体关联，如父子关系、同事关系等。由于事件往往具备时间属性，使知识图谱能够对现实世界的动态变化进行建模。举例来说，"地震发生"这一事件节点可能与"建筑物倒塌"这一事件通过因果关系相连，而"某人获救"则可能与前两个事件通过时间顺承关系连接。在实践中，事件类型、主体、客体、触发词等事件要素，以及事件与事件、其他实体的关系受知识图谱模式的约束。通过事件图谱能够更好地理解和处理各种复杂的事件，为决策支持、风险评估等提供有力的支持。

事件抽取是指从非结构化文本中识别和提取有关特定事件的结构化信息的技术和过程。结构化信息需要涵盖事件的各个要素信息，包括主体、客体、地点和时间等，如故障事件提取故障现象、故障发生地点、故障发生时间等。一方面，事件抽取涉及对文本的深度语义理解，要能识别事件的发生，并提取事件的各个组成要素；另一方面，事件抽取还可能需要识别事件之间的关系。也就是说，事件抽取的核心目标是回答关于事件的"谁、什么、何时、何地、为何，以及如何"等问题。图 6-4 是大模型流行前的各种事件抽取方法的总结。

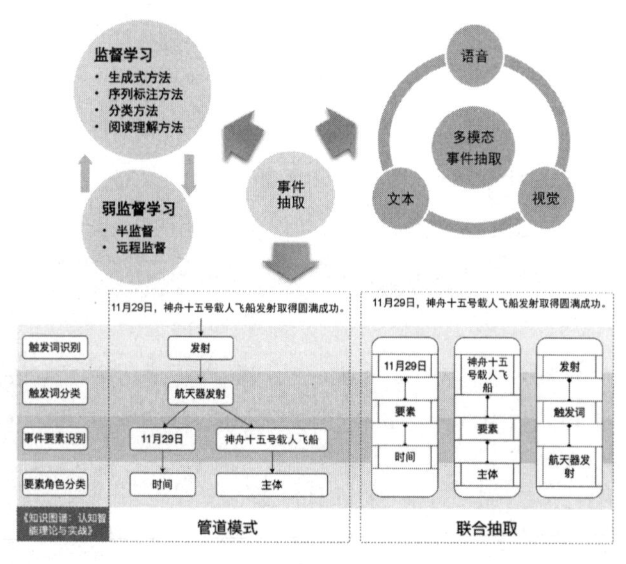

图 6-4

事件抽取的难点在于事件的隐含性和多样性。在现实世界中，许多事件并不是直接陈述出来的，而是通过隐含的语义、复杂的表达或约定俗成的方式来描述的。

6.4.2 用大模型抽取事件

相比于实体识别和关系抽取，事件抽取更复杂，需要更强的上下文理解能力和知识融合能力。其难点在于文本表达的多样性和语义模糊、更长的上下文依赖、事件要素信息不完整等。例如，在不同的语境下，同一触发词可能有不同的含义，事件要素往往隐含在上下文中，且不同领域和语言的表达方式各异。此外，传统的方法需要较多的标注数据，而事件标注本身比实体和关系的标注难度更大，成本更高，因此语料库更稀缺。大模型具有强大的上下文理解和语义推理能力，利用提示学习和思维链等技术，无须大量标注语料的事实，即可提升事件抽取的准确性，比传统方法具有显著的优势。此外，大模型能够在复杂的文本描述中捕捉隐含的事件信息，进而提取事件之间的关系，这有助于构建事件图谱，并帮助分析师揭示复杂的因果链条和时序模式。下面是大模型一个例子。

```
# 角色
你是一个事件抽取专家，擅长根据输入的文本和事件模式来抽取事件和事件要素，并判断事件类型。
# 事件模式
- 事件类型：{发射事件，轨道事件，任务事件，故障事件，返回事件}
- 事件要素：触发词、主体、客体、时间、地点
- 事件内容：一句话总结
# 输入文本
2024 年 5 月 3 日 17 时 27 分，嫦娥六号探测器由长征五号遥八运载火箭在中国文昌航天发射场成功发射，之后准确进入地月转移轨道，发射任务取得圆满成功。嫦娥六号探测器开启世界首次月球背面采样返回之旅，预选着陆和采样区为月球背面南极-艾特肯盆地。
6 月 25 日，嫦娥六号返回器准确着陆于内蒙古四子王旗预定区域，工作正常，标志着探月工程嫦娥六号任务取得圆满成功，实现世界首次月球背面采样返回。
#输出结果
```

将其输入大模型，可以得到如下的抽取结果。

```
事件 1
事件类型：发射事件
事件要素：
    触发词：成功发射
    主体：长征五号遥八运载火箭
    客体：嫦娥六号探测器
    时间：2024 年 5 月 3 日 17 时 27 分
    地点：中国文昌航天发射场
事件内容：2024 年 5 月 3 日 17 时 27 分，嫦娥六号探测器由长征五号遥八运载火箭在中国文昌航天发射
```

```
场成功发射。

    事件 2
    事件类型：轨道事件
    事件要素：
      触发词：进入地月转移轨道
      主体：嫦娥六号探测器
      客体：地月转移轨道
      时间：2024 年 5 月 3 日
      地点：未明确提及
    事件内容：嫦娥六号探测器成功进入地月转移轨道。

    事件 3
    事件类型：任务事件
    事件要素：
      触发词：开启
      主体：嫦娥六号探测器
      客体：月球背面采样返回之旅
      时间：2024 年 5 月 3 日
      地点：未明确提及
    事件内容：嫦娥六号探测器开启世界首次月球背面采样返回之旅。

    事件 4
    事件类型：返回事件
    事件要素：
      触发词：准确着陆
      主体：嫦娥六号返回器
      客体：内蒙古四子王旗预定区域
      时间：2024 年 6 月 25 日
      地点：内蒙古四子王旗预定区域
    事件内容：2024 年 6 月 25 日，嫦娥六号返回器准确着陆于内蒙古四子王旗预定区域。

    事件 5
    事件类型：任务事件
    事件要素：
      触发词：取得圆满成功
      主体：探月工程嫦娥六号任务
      客体：世界首次月球背面采样返回
      时间：2024 年 6 月 25 日
      地点：未明确提及
    事件内容：探月工程嫦娥六号任务取得圆满成功，实现世界首次月球背面采样返回。
```

与传统方法相比，大模型的抽取效果和便捷性都非常出色。通过简单的程序对返回结果进行解析，即可导入知识图谱，构建结构化的知识图谱。

在实践中，事件抽取的优化方法有很多种。

（1）**实体约束**：主体和客体通常是知识图谱模式中设定好的实体，可以使用实体抽取方法提前抽取实体，对事件抽取进行条件约束，进一步提升事件抽取的准确性。在上面的例子中，以“返回事件”为例，主体的实体类型被限定为“航天器”，客体的实体类型是“地点”，可以使用实体抽取方法抽取“航天器”实体和“地点”实体。在医疗领域，可以预先定义“医生”“患者”“疾病”等类型的实体，以便更好地抽取类似“看病”之类的医疗领域事件。我们可以在提示词中加入诸如“主体（客体）必须从以下实体列表中选择”等提示词，根据输入文本预先从知识图谱中进行检索，获得实体列表。

（2）**时空信息归一化**：可以采用属性归一化方法对时间和地点进行归一化，方便后续分析与时间、地理位置有关的信息。例如，通过大模型自动补齐年份信息，并使用时间归一化方法，将其归一化为标准格式“2024-06-25”。对于地点，既可以使用标准的地址格式，也可以使用地理编码服务（如地图服务商的 API），将地名转换为经纬度坐标。在物流管理、航运、交通运输等领域，将不同格式的时间和地点信息统一为标准格式，能够更好地进行运输路线优化和时间预测。

（3）**多次抽取和交叉验证**：设计合理的多次抽取和交叉验证流程能够有效提升事件抽取的准确率和覆盖率。多次抽取有两种方法，一种是使用多个大模型进行抽取，另一种是使用同一个大模型进行多次抽取。在多次抽取中，输入的提示词既可以完全一样，也可以有所不同。对多次抽取的结果进行比较，如果结果一致，说明准确抽取的概率非常高；如果结果有差别，可以舍弃抽取结果或者进行人工审查。此外，也可以使用大模型实现一致性检查。

（4）**思维链**：和使用大模型进行关系抽取类似，设计合理的思维链推理提示能够有效提升事件抽取的质量。

在提升事件抽取质量之外，事件内容的总结也非常关键。事件内容总结的本质是浓缩信息。相比于以往的任何方法，大模型非常善于总结，能够将冗长的文本和抽取出的事件要素浓缩为简洁、丰富的摘要。大模型能够以一句话的模式总结事件，便于快速阅读，帮助决策者快速获取关键信息。这大大提高了事件图谱的信息密度和使用效率，在事件分析、事件图谱等方面有极高的应用价值。

在构建知识图谱或事件图谱的过程中，除了事件抽取，事件之间的关系识别也是重要环节。大模型能很好地理解文本蕴含的意思以及篇幅非常长的上下文（包括跨段落的上下文），进而准确地识别事件之间的因果关系、时间顺承关系、并列关系、条件关系、对比关系等。这些关系反映了现实世界中事件之间复杂的相互作用，为推理、预测和决策提供重要依据。对于构建一个全面、连贯的知识或事件图谱来说，准确识别这些关系至关重要。

以故障分析为例，故障的现象是一个事件，故障的原因是另一个事件，大模型能够很好地识别文档中的现象事件和原因事件，并将其用因果关系连接起来。以故障分析案例文本为例。

```
YPBL 锂电池的某批次，电池循环寿命显著低于预期。对该批次抽样测试，发现在循环至 281 周时，容量保持率约为 92%，而在 281 周后，容量保持率急剧下降至 55%左右。经观察，靠近极耳的区域温度明显高于其他区域，导致电池局部过热。拆解电池后发现，靠近极耳侧空白区的集流体发生了局部断裂。这种断裂导致电池的极化异常增大，从而引起循环性能的急剧下降。进一步分析发现，集流体材料本身存在微小裂纹，在使用过程中逐渐扩展，最终导致断裂。
```

对上述文本中失效现象和失效原因的事件进行抽取，提示词如下。

```
# 角色
你是一个事件抽取专家，擅长根据输入的文本和事件模式来抽取事件和事件要素，并判断事件类型。
# 事件模式
- 事件类型：{失效现象，失效原因，解决措施}
- 事件要素：{触发词：[名词，动词]，主体：[人物，机器设备，原材料，工艺]}
- 事件内容：一句话总结
# 返回结果
每个事件都返回结果
序号：{事件类型，触发词，主体，事件内容}
# 输入文本
[上述文本]
```

将上述提示词和关于锂电池失效分析的文本输入大模型，可以得到一些事件。

```
1: {
   事件类型：失效现象，
   触发词：低于，
   主体：YPBL 锂电池，
   事件内容：YPBL 锂电池某批次的循环寿命显著低于预期
}
2: {
   事件类型：失效现象，
   触发词：下降，
   主体：YPBL 锂电池，
   事件内容：电池在 281 周后容量保持率急剧下降至 55%左右
}
3: {
   事件类型：失效现象，
   触发词：过热，
   主体：电池，
   事件内容：靠近极耳的区域温度明显高于其他区域，导致电池局部过热
```

```
    }
    4: {
        事件类型：失效原因,
        触发词：断裂,
        主体：集流体,
        事件内容：靠近极耳侧空白区的集流体发生了局部断裂
    }
    5: {
        事件类型：失效原因,
        触发词：裂纹,
        主体：集流体材料,
        事件内容：集流体材料本身存在微小裂纹，在使用过程中逐渐扩展，最终导致断裂
    }
```

接下来，使用大模型对上述抽取结果的事件关系进行判断，假设有 3 种关系类型：因果关系、时间顺承关系、并列关系。设计提示词如下。

```
    # 角色
    你是一个事件关系识别专家，对锂电池领域的各种故障相关的关系非常熟悉，能够根据输入的文本和事件来识别关系。
    # 关系类型
    {因果关系，时间顺承关系，并列关系}
    # 返回结果
    识别给定的两个事件是否是上述三种关系类型中的一种。
    如果是，返回该关系类型。
    如果不是，返回“毫无关系”。
    # 输入文本
    [上述文本]
    # 事件 1
    [事件 1]
    # 事件 2
    [事件 2]
    # 返回结果
```

将描述文本和上述第 4 点输入为事件 1，将描述文本和上述第 3 点输入为事件 2，会得到如下结果。

```
    因果关系
    事件 1 中的集流体断裂导致了事件 2 中的电池局部过热。
```

通过将上述事件一一配对，并通过大模型来识别事件之间的关系，即可构建全面的事件图谱。

由于事件之间的关系更复杂，上述简单的提示词不一定能在所有场景中都产生令人满意的

效果。因此，需要使用少样本学习、思维链等技术优化提示词，提升大模型对事件关系的识别能力。

6.5 多语言和跨语言

在构建知识图谱的过程中，大模型能够很好地实现跨语言翻译，对知识来源是多语言的文档资料的应用场景来说，这是非常友好的。大模型可以结合合适的提示词、少样本学习和思维链技术等，最先进的大模型甚至可以把多语言当作同一种语言来处理。举例如下。

```
    # 角色
    你是一个多语言和跨语言信息抽取专家，擅长根据输入的不同语言的文本和给定的实体类型和实体属性列表，抽取出实体、实体属性。
    # 领域背景
    半导体和集成电路领域，对芯片知识非常熟悉。
    # 实体抽取和实体属性抽取的说明
    实体类型：芯片
    实体属性列表：
      - 核心数
      - 主频
      - 功耗
    # 格式说明
    - 实体格式：二元组<实体类型，实体>
    - 属性格式：三元组<实体，属性名，属性值>
    # 示例样本
    - 输入文档：
    旗舰型号至强 6980P，128 核心 256 线程，三级缓存多达 504MB，平均每核心近 4MB，相比五代 EPYC 512MB 还是差了一点点。基准频率只有 2.0GHz，加速频率不详，热设计功耗则高达 500W，这一点和五代 EPYC 也是同一水平。
    - 抽取结果：
    <芯片，至强 6980P>
    <至强 6980P，核心数，128>
    <至强 6980P，功耗，500W>
    <至强 6980P，主频，2.0GHz>
    # 抽取实体和实体属性
    - 输入文档：
    Core i9-14900HX processor released by Intel; release date: 8 Jan 2024.
    CPU is unlocked for overclocking. Total number of cores - 24, threads - 32. Maximum CPU clock speed - 5.8 GHz. Maximum operating temperature - 100° C. Manufacturing process technology - 10 nm. Cache size: L1 - 80 KB (per core), L2 - 2 MB (per core), L3 - 36 MB (shared).
    Supported memory types: DDR4, DDR5.
```

```
    Supported socket types: Intel BGA 1964. Maximum number of processors in a
configuration Power consumption (TDP): 55 Watt.
    - 抽取结果:
```

将上述内容输入大模型，得到如下结果。

```
<芯片, Core i9-14900HX>
<Core i9-14900HX, 核心数, 24>
<Core i9-14900HX, 主频, 5.8 GHz>
<Core i9-14900HX, 功耗, 55 Watt>
```

大模型擅长处理数十种语言，对于构建一个所在领域非常完善的知识图谱来说，这是非常实用的。以制造锂电池为例，通过搜集锂电池相关的各种语言的论文、文章、专利等，可以构建锂电池知识图谱，供锂电池的研发人员学习和研究使用。

6.6 知识抽取的评价指标

在使用某种方法抽取一批实体、关系、属性、事件后，应该如何判断抽取的效果呢？这需要设计合适的评价指标，对算法的效果进行评价。知识抽取的评价指标通常包括准确率（accuracy）、精确度（precision）、召回率（recall）和 F1 分数（F1-score），其实，这也是机器学习和深度学习的各种任务中常用的指标。本节将给出这些评价指标在知识抽取任务中的定义。在实际使用过程中，还需要使用人工标注的知识抽取结果集合作为基准，计算最终的分数值。在实践中，没有必要从零开始标注基准数据集，而是在使用大模型进行抽取后，由人类专家对抽取结果进行审核，将审核通过的部分抽取结果作为数据集。

知识抽取任务的相关定义如下。

知识：即实体、实体属性、关系、关系属性、事件中的某一种。对于实体来说，知识是<实体, 实体类型>对；对于实体属性来说，知识是<实体, 属性名, 属性值>三元组；对于关系来说，知识是<头实体, 关系, 尾实体>三元组；对于关系属性来说，知识是<头实体, 关系, 尾实体, 属性名, 属性值>五元组；对于事件来说，知识需要涵盖事件类型、事件要素，但通常不对事件的一句话总结进行判断。如果要对一句话总结进行判断，则涉及文本生成的评估，需要使用更复杂的 ROUGE、BLEU 等指标，本书不做详细介绍。

知识类型：即实体类型、关系类型、属性类型、事件类型等。

L：所有类型的集合，$l \in L$ 表示某一个类型。对于实体抽取来说，就是实体类型；对于关系抽取来说，就是关系类型；以此类推。

$|A|$：表示集合 A 中元素的数量。

y：所有抽取出来的知识集合。对于实体抽取来说，就是<实体, 实体类型>对的集合；对于关系抽取来说，就是<头实体, 关系, 尾实体>的三元组集合；以此类推。

$\hat{y}$：所有标注的知识集合，与 y 类似。

y_l：所有抽取出来的知识类型为 l 的知识集合。以关系抽取为例，就是<头实体类型, 关系, 尾实体类型>。

$\hat{y}_l$：所有标注的知识类型为 l 的知识集合，与 y_l 类似。

$y \cap \hat{y}$：表示所有识别正确的知识，即标注的知识和抽取的知识是相同的，知识类型也是同一个。

$y \cup \hat{y}$：表示所有识别出来的知识和所有标注的知识的汇总的集合。以关系为例，即标注的关系三元组<头实体, 关系, 尾实体>集合与抽取的关系三元组<头实体, 关系, 尾实体>集合的并集。

$y_l \cap \hat{y}_l$：表示知识类型为 l 的所有识别正确的知识的集合。以关系为例，即关系类型为 l 的标注的关系三元组与抽取出的关系三元组中相同的部分三元组的集合。

准确率：直观的效果评估指标，指正确抽取出来的知识占所有知识（包含错误抽取出来的知识，以及标注的但没抽取出来的知识）的比例，在样本比较均衡的情况下，能够很好地衡量方法的效果好坏。

$$\text{accuracy} = \frac{|y \cap \hat{y}|}{|y \cup \hat{y}|}$$

微观（micro）评估指标不考虑知识类型之间的差别，用于评估总体的效果，定义如下。

- 精确度：指正确识别出来的知识占所有识别出来的知识的比例。这个指标用于衡量所有识别出来的知识中正确知识的比例，也就是说，高精确度表示识别出来的知识的正确率更高。

$$p = \frac{|y \cap \hat{y}|}{|y|}$$

- 召回率：指正确识别出来的知识占所有标注的知识的比例。这个指标用于衡量所有标注知识中有多少被正确识别出来，也就是说，高召回率表示大多数的知识可以被正确识别出来。

$$r=\frac{|y\cap\hat{y}|}{|\hat{y}|}$$

- F1 分数：是精确度和召回率的加权调和均值，能够很好地反映知识抽取方法的效果，但无法直观地给出解释。

$$\mathrm{F1}=2\times\frac{p\times r}{p+r}$$

宏观（macro）评估指标考虑了不同知识类型之间的差别，分别对每种知识类型进行评估，然后对所有的知识类型求平均。这个指标不仅评估了总体的效果，还评估了方法对不同知识类型的效果，定义如下。

- 精确度：对每种知识类型分别计算精确度，然后求所有知识类型的精确度的平均值，作为整体的精确度。

$$p_l=\frac{|y_l\cap\hat{y}_l|}{|y_l|}$$

$$p=\frac{1}{|L|}\sum_{l\in L}p_l$$

- 召回率：对每种知识类型分别计算召回率，然后求所有知识类型的召回率的平均值，作为整体的召回率。

$$r_l=\frac{|y_l\cap\hat{y}_l|}{|\hat{y}_l|}$$

$$r=\frac{1}{|L|}\sum_{l\in L}r_l$$

- F1 分数：对每种知识类型分别计算 F1 分数，然后求所有知识类型的 F1 分数的平均值，作为整体的 F1 分数。

$$\mathrm{F1}_l=2\times\frac{p_l\times r_l}{p_l+r_l}$$

$$\mathrm{F1} = \frac{1}{|L|}\sum_{l \in L} \mathrm{F1}_l$$

加权（weighted）评估指标不仅考虑了不同知识类型之间的差别，分别对每种知识类型进行评估；还考虑了每种知识类型所标注的知识的数量，对每种知识类型的知识数量占所有知识的数量的比例进行加权。这个指标综合考虑了方法对每种知识类型的抽取效果，以及每种知识类型对总体效果的影响情况，定义如下。

- 精确度：对每种知识类型分别计算精确度，然后求所有知识类型的精确度的加权平均值，作为整体的精确度，权重为每种知识类型中的知识占全部知识的比例。

$$p = \frac{1}{|\hat{y}|}\sum_{l \in L} |\hat{y}_l| \times p_l$$

- 召回率：对每种知识类型分别计算召回率，然后求所有知识类型的召回率的加权平均值，作为整体的召回率，权重为每种知识类型中的知识占全部知识的比例。

$$r = \frac{1}{|\hat{y}|}\sum_{l \in L} |\hat{y}_l| \times r_l$$

- F1 分数：对每种知识类型计算 F1 分数，然后求所有知识类型的 F1 分数的平均值，作为整体的 F1 分数。

$$\mathrm{F1} = \frac{1}{|\hat{y}|}\sum_{l \in L} |\hat{y}_l| \times \mathrm{F1}_l$$

6.7 思考题

- 如果知识图谱是一个生态系统，那么如何构建一个能够自我更新、迭代和持续演化的知识图谱呢？在大模型流行前，对于实体抽取，都需要根据不同的领域和场景重新训练模型。大模型具备强大的适应能力，将大模型和知识图谱融合为一个系统（图模互补），是否可以实现像生态系统一样共生、共进化？
- 如何将知识图谱的确定性表示与大模型的不确定性表示进行融合处理？如何挖掘知识图谱所表示的知识中存在的矛盾？
- 随着多模态大模型逐渐成熟，如何通过多模态大模型构建多模态知识图谱？
- 如何评估知识图谱的知识状态，识别缺失的知识并主动学习？以锂电池制造的工艺为例，如何通过大模型和知识图谱融合评估知识图谱中的知识是否完善？如何挖掘知识图谱中缺失的知识？如何通过运营手段或者基于大模型的智能体来实现这个目标？

6.8 本章小结

构建知识图谱犹如编织一张复杂、精密的智慧之网，将人类认知的碎片化信息汇聚成系统化的知识体系。

本章首先介绍构建知识图谱的两大类技术：利用结构化数据构建知识图谱的映射式构建技术、利用非结构化数据构建知识图谱的抽取式构建技术。接着，详细介绍实体和实体属性的抽取、关系和关系属性的抽取及事件抽取，包括知识抽取的概念、传统抽取方法的汇总，以及使用大模型进行知识抽取的各种方法。总的来说，大模型为构建知识图谱开启了一个新范式，解决了以往利用非结构化文本构建知识图谱的难题。此外，本章还探讨了如何从多语言文本中构建知识图谱，并介绍如何评价知识抽取的效果。

真正的智能系统需要强大的泛化能力，大模型为构建知识图谱带来了极强的泛化能力，为理解和组织复杂知识铺平了道路。随着技术的不断演进，擅长处理精确知识的知识图谱技术与擅长处理模糊知识的大模型进行协同——本书中称之为“图模互补”——将成为连接人类智慧和机器智能的关键桥梁，推动着我们向更加智能化的未来迈进。或许，人类又一次站在了认知革命的风口浪尖，如同机械机器使人类肌肉的力量增强了成千上万倍，即将到来的智能机器也将使人脑的能力增强成千上万倍。

第7章

图数据库与图计算

天地与我并生，而万物与我为一。

——《庄子·齐物论》

面对交织无数关系、蕴含潜在结构的知识，一维序列的文本往往掩盖了深层本质与真相。相比之下，知识图谱是理解知识本质与揭示潜藏真相的利器。图数据库和图计算则是支撑和承载知识图谱的底层技术。如果说人类的大脑是思想的载体，那么骨骼无疑是起到支撑和连接作用的基础架构。同理，在人工智能中，如果知识图谱是大脑，那么图数据库和图计算就是骨骼。我想，知识图谱与图数据库的关系也可以如此描述——知识图谱与图数据库并生而为一。

人类大脑会将习得的知识存储到记忆中，并由联想机制实现对知识的应用，进而塑造人们的心智。知识图谱同样需要一种“记忆”方式和“应用机制”，图数据库和图计算正是知识图谱的记忆方式和应用机制之一。本章将详细介绍图数据的存储、查询方法，以及典型的图计算算法，并给出实战指南。

本章内容概要：

- 图数据库相关理论和主流的图数据库。
- JanusGraph 分布式图数据库。
- 以 JanusGraph 为基础，介绍 Gremlin 在宿主语言 Python 中的应用。
- JanusGraph 可视化工具 JanusGraph-Visualizer 的使用指南。
- 遍历和最短路径算法及其 Gremlin 语言实现。
- 6 种中心性算法及其 Gremlin 语言实现。
- 常见的社区检测算法，以 Leiden 算法为例进行社区检测。

7.1 图数据库概述

图数据库（Graph Database）是一种 NoSQL 数据库，通常基于属性图模型对数据进行建模、存储和处理，其核心概念源自图论（Graph Theory），即一种由顶点（Vertex）和边（Edge）构成的数学结构。在知识图谱中，顶点和边分别用于表示实体和实体之间的关系。传统的关系数据库擅长处理结构化数据，但在复杂关系的存储与查询方面存在局限；相比之下，图数据库通过专门的存储结构和查询方式，能够更高效地处理关系密集的数据。也就是说，与其他类型的数据库相比，图数据库最适合用来存储和处理知识图谱。

7.1.1 顶点、边、属性与标签

常见的图数据库都是基于属性图模型（Property Graph Model）的。在这些图数据库中，顶点是用于表示实体的基本数据单元，边用于描述实体之间的关系。与关系数据库中的“表关联”模式不同，图数据库能够自然地表达非对称关系、多类型关系等复杂的网络结构。这一特性使图数据库非常适合存储和处理复杂网络和知识图谱。在顶点和边这些基本的结构单元之上，还可以携带以键值对（Key-Value）形式存储的属性。这些属性用于描述实体和关系的多维信息。例如，一个表示“人物”的顶点能存储其字符串形式的姓名、数值形式的年龄、日期形式的出生日期等属性，一条表示“就读于”关系的边可以以日期形式存储该关系的入学时间和毕业时间等信息。

此外，图数据库中的顶点和边都可以通过标签（Label）进行分类。顶点的标签通常对应实体类型（如“人物”“公司”“地点”），边的标签则对应关系类型（如“就读于”“雇佣”“位于”）。这种标签机制与知识图谱中的实体类型和关系类型完全一致，进一步说明了图数据库是最适合存储和处理知识图谱的工具。例如，在图 5-1 所示的知识图谱中，表示“苏东坡”的顶点可以使用“人物”标签，而连接“苏东坡”和“《定风波・莫听穿林打叶声》”的边可以使用“写”标签。

基于属性图模型的图数据库凭借其强大的表达能力、灵活的属性描述及标签化的分类机制，成为存储和管理知识图谱的理想选择。这种模型可以高效地处理复杂的网络关系和多维度的知识表示，从而满足实际应用中对知识结构化、语义化和网络化的需求。

7.1.2 图数据库的存储与查询

图数据库的存储架构和查询语言在设计上有别于传统的关系数据库。为了实现高效的关系遍历，图数据库采用专门的存储结构和查询语言，对复杂关系的检索更加快速、便捷。通常，图数据库的存储模型强调数据的局部性，以便高效地遍历关系。在逻辑存储上，图数据库通常采用邻接列表（Adjacency List）或邻接矩阵（Adjacency Matrix）来存储顶点和边的关联信息。在这种设计中，顶点直接指向邻接顶点，避免了传统数据库中复杂的表连接操作，大大降低了数据访问开销。

在查询语言上，图数据库并不适用 SQL 语言，而是使用专门为图查询和图计算优化设计的图查询语言，包括 Gremlin 和 Cypher。Gremlin 是适用于 Apache TinkerPop 框架的过程式查询语言，强调查询的灵活性，支持 Java、Python、Scala 等作为宿主语言混合使用，支持递归遍历和路径计算，支持 OLTP 和 OLAP，尤其适用于复杂关系网络的深度遍历。Gremlin 是使用最广泛的图查询语言，JanusGraph、HugeGraph、Giraph、Azure Cosmos DB、Amazon Neptune、腾讯云 KonisGraph 等开源或商业的图数据库都支持使用 Gremlin。Neo4j 也支持通过插件使用 Gremlin。Cypher 是一种声明式的图数据库查询语言，主要用在 Neo4j 中。其操作图数据库的方式简单且直观，通过描述顶点和关系的模式来查询、更新、创建或删除数据。

7.1.3 主流的图数据库

JanusGraph 是一个分布式的、开源的、具备大规模扩展能力的属性图模型图数据库，适合存储和查询拥有数千亿个顶点和边的大规模图数据，能够在运行多台机器的集群中进行数据存储和查询，并提供弹性扩展能力。作为 Linux 基金会旗下的项目，JanusGraph 汇集了来自 Google、IBM 和 Amazon 等机构的贡献者，是最流行的图数据库之一。

JanusGraph 具有极强的可扩展性，支持存储和查询数千亿规模的顶点与边，通过数据分片和复制技术实现线性扩展，确保在多个数据中心的高可用性。JanusGraph 的单机版支持强事务性（ACID），即 Atomicity（原子性）、Consistency（一致性）、Isolation（隔离性）和 Durability（持久性），而分布式版本支持最终一致性。JanusGraph 本身不具备物理存储后端，但支持以 Cassandra、HBase、BigTable、Berkeley DB、ScyllaDB 等作为存储后端。在检索方面，除了简单的检索，JanusGraph 还支持使用 Elasticsearch、Solr 或 Lucene 作为搜索引擎实现全文文本检索和复杂检索。在离线分析 OLAP 方面，JanusGraph 支持通过 Spark 实现全局图分析。JanusGraph 原生集成 TinkerPop 生态，以 Gremlin 图查询语言操作图数据，同时兼容多种可视化工具，适合处理复杂、高并发的图数据应用场景。

Neo4j 是一款经典的基于属性图模型的图数据库。其开源的社区版为单机架构，适用于实验环境；商用版支持集群部署，具备高可用性和高可靠性。Neo4j 采用免索引邻接（Index-Free Adjacency）存储结构，查询性能在很大程度上取决于子图大小，而非整个图的规模。Neo4j 采用 Cypher 查询语言，支持创建、读取、更新和删除图中的数据，简化了图数据的操作，同时支持多种编程语言的驱动程序。

Dgraph 是一款开源的分布式图数据库，采用 GraphQL 作为查询语言，易于 API 集成，适合前端工程师使用。Dgraph 在底层使用谓词三元组模型，更适合处理 RDF 数据。与 JanusGraph 和 Neo4j 不同，Dgraph 将所有数据转化为键值对存储在 BadgerDB 中，并通过快照隔离技术支持分布式事务，性能更强，且支持自动数据再平衡，在分布式环境下更易于管理。但 Dgraph 并不是完整的属性图模型图数据库，且对多图的支持能力较弱。

NebulaGraph 是一款高性能、开源、分布式的图数据库，专为管理和分析拥有亿级的顶点和边的超大规模图数据而设计，支持毫秒级延迟的极速性能，非常适合在实时应用场景中使用。与 JanusGraph 类似的是，一个 NebulaGraph 集群可以存储和处理多个图数据库，这对知识图谱的应用来说非常关键，毕竟一家企业或机构通常都不只有一个知识图谱。与 JanusGraph 可以自由选择的后端物理存储不同，NebulaGraph 内置存储，兼容 OpenCypher 查询语言（Cypher 的开源实现），实现对图数据的操作。NebulaGraph 的分布式一致性由 RAFT 支持。

HugeGraph 可以说是 JanusGraph 的兄弟，也是一款高效、可扩展、易于使用的图数据库，兼容 TinkerPop 3 框架。HugeGraph 也使用 Gremlin 查询语言，支持 RocksDB、HBase、Cassandra/ScyllaDB 和 MySQL/PostgreSQL 作为存储后端。作为 Apache 项目中的首个图数据库项目，HugeGraph 兼顾高性能和灵活性，支持处理超过 100 亿个顶点和边的超大规模图数据，能够实现毫秒级 OLTP 查询，可在 Spark 或 Flink 的支持下进行大规模分布式图计算（OLAP）。

除了上述专门的图数据库，还有一些多模型数据库也支持图存储，如 ArangoDB、Virtuoso、AgensGraph 和 OrientDB 等。在图数据的存储和处理方面，这些多模型数据库没有专门的图数据库那么专业，但因其同时支持多种类型的数据存储，在一些场景中也是不错的选择。

7.2 JanusGraph 分布式图数据库

JanusGraph 是一款高性能的分布式图数据库，支持灵活的存储架构和强大的查询功能。它兼容多种存储后端（如 HBase、Cassandra、Berkeley DB），提供分布式事务、索引管理和模式管理等功能，同时支持 Gremlin 查询语言进行实时查询与遍历，并可与大数据平台（如 Hadoop、Spark）集成以实现 OLAP 分析。JanusGraph 可根据存储后端选择不同的 CAP 理论进行折中，并支持 Elasticsearch 和 Solr 进行全文检索和地理空间查询。此外，JanusGraph 提供多级事务支持和故障修复能力，是处理复杂图数据任务的强大工具。

7.2.1 JanusGraph 系统架构

JanusGraph 的整体架构如图 7-1 所示，核心部分是 Gremlin GraphComputer 和 TinkerPop 接口-Gremlin。

- 存储和索引接口层：定义图数据的序列化方法，提供压缩存储图数据的技术实现；对数据物理存储进行抽象，定义统一的后端存储接口，支持对接 HBase、Cassandra 和 Berkeley 等存储后端；定义索引接口，支持 Elasticsearch、Solr 和 Lucene 等索引后端。
- 数据库层：通过锁机制实现分布式事务、属性图的创建与管理、属性图模式管理、索引管理、数据库管理和查询优化策略等。
- 内部接口层和管理接口层：提供丰富的接口和管理工具，对接 Gremlin 查询语言和 TinkerPop 的其他功能，支持实时在线查询和遍历。
- OLAP 输入/输出接口层：定义连接大数据平台的接口，支持使用 Hadoop、Spark 或 Giraph 等分布式计算引擎进行全图分析和批处理的 OLAP 操作，这些 OLAP 处理和分析的方法支持 Gremlin 语言。

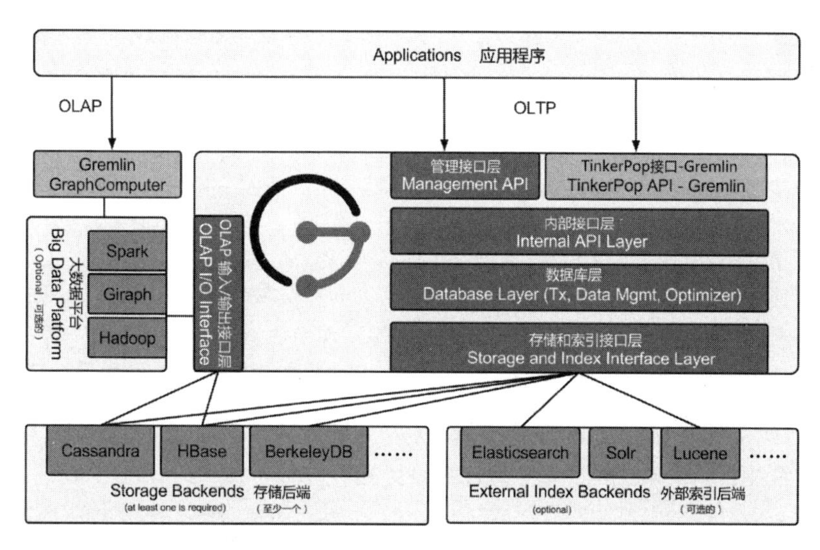

图 7-1

7.2.2 CAP 理论与 JanusGraph

JanusGraph 设计了巧妙的存储结构，支持无模式、可选模式约束和强制模式约束的属性图数据的存储。其物理存储依托于成熟和强大的存储后端，包括 HBase、Cassandra 和 Berkeley DB，理论上能够存储高达亿亿级的顶点、边和属性的图数据库。图 7-2 描述了 JanusGraph 的存储后端与 CAP 理论的对应关系。CAP 理论是数据库存储系统中的“不可能三角”，即在数据库系统设计时，一致性（Consistency，C）、可用性（Availability，A）和对于网络的分区容错性（Partition tolerance，P）三者无法同时兼得，只能“三选二”[19]。在实践中，可以根据业务需求选择数据库。

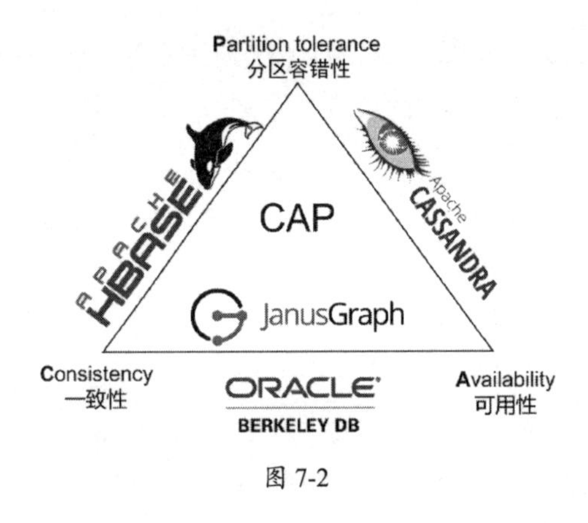

图 7-2

举个例子，对于分布式系统来说，由于数据存在分区，即跨多个服务器提供服务的情况。在 t0 时刻，在 s1 服务器上把数据 X 修改成了 Y，因存在网络延迟，在 t1 时刻才能把 Y 同步到 s2 服务器上。那么，如果在 t0 和 t1 时刻之间从 s2 服务器上读取该数据，则会出现两种情况。

- 读取到修改前的数据 X，即选择了可用性 A，但所读取的数据与 s1 的 Y 并不一致。
- 等到 t1 时刻后才响应该请求，此时能够读取到与 s1 一致的数据 Y，即选择了一致性 C，但这相当于在 t0 和 t1 时刻之间，s2 是不可用的。

在 CAP 理论的制约下，Berkeley DB 是一个单机的存储后端，不存在通过网络进行分区，从而可以同时满足 AC，具备完整 ACID 属性的事务。在分布式存储系统中，P 是天然选择的，因此只在 AC 中“二选一”。其中，HBase 选择了一致性 C，在特殊情景下会牺牲一定的可用性来保证数据的强一致性；Cassandra 选择了可用性 A，在特殊情景下确保服务的可用性，牺牲了短期数据的一致性，但采取了一些方法保证在等待足够的时间后达到最终一致性。

这正是 JanusGraph 具备的 3 个存储后端的特性，在实际应用中，可根据需求进行恰当的选择。除此之外，由于 Berkeley DB 是单机系统，在性能和存储上都受限于单台机器，而且也不支持多机复制的高可用性（High Availability，HA）①，通常建议将其用于测试情景，而不建议用于生产环境。Cassandra 的优势是比较简单和独立，便于使用，而 HBase 能更好地与 Hadoop 等分布式计算引擎集成，但整个集群相对复杂。不管使用哪种存储后端，JanusGraph 都支持在一个集群上创建任意多的图，并通过锁机制实现分布式事务等。

7.2.3 与搜索引擎的集成

JanusGraph 的特点之一是支持使用外部的 Elasticsearch、Solr 或 Lucene 来索引数据和实现全文检索。其中，Lucene 是一个具有强大索引和检索功能的开源搜索引擎工具包；Elasticsearch 和 Solr 是开源搜索引擎系统，都具有高可靠性、可扩展性和容错性，以及强大的分布式索引和检索功能。这些外部的搜索引擎能够对图数据库中的字符串属性进行索引，并提供复杂的查询方法实现全文索引、模糊匹配和精确匹配等不同层级的检索。

- **全文索引**（Full-Text Index）：当值作为文本索引时，字符串会被分词为一个词（term），使用倒排索引对全文进行索引，并允许用户使用复杂的搜索技巧高效地查询包含一个或多个单词的匹配项。在中文领域，在 Elasticsearch 或 Solr 中配合高级分词器 Jieba 等，可以更好地从图数据库中实现模糊关键字的匹配检索、拼音检索、自动纠错检索等。
- **字符串索引**（String Index）：当值作为字符串索引时，字符串将按原样进行索引，没有进一步的分析或分词，适用于精确字符序列的匹配查询。

通常建议选择 Elasticsearch 或 Solr 作为索引工具，为 JanusGraph 提供复杂、高效和实时的索引和检索功能。得益于 Elasticsearch 和 Solr 支持地理空间索引，在具备地理位置信息的知识图谱中，JanusGraph 能够有效地处理拓扑、距离和方位关系等复杂关系的查询和检索。同时，Elasticsearch 和 Solr 具备强大的多语言文本分析和理解功能，使 JanusGraph 具备强大的基于自然语言处理技术的全文语义检索能力，在涉及中文等语言的语义检索方面具有很大的优势。

7.2.4 事务和故障修复

JanusGraph 的事务特性取决于其所使用的存储后端。在使用 Berkeley DB 作为存储后端时，JanusGraph 提供了完全的 ACID 事务，但不支持分布式存储。在使用 Cassandra 或 HBase 作为

① 高可用性（HA）和可用性（A）是不同的。HA 中的 A 是指在单机情况下，当服务器出现故障时，整个系统无法提供服务，从而不可用；而使用了复制集（replication）等技术的集群，在一部分服务器出现故障时仍然能够提供正常的服务，即具备高可用性。

存储后端时，在默认情况下，事务具备 BASE 特性，并且 JanusGraph 在 BASE 之上提供了“分布式锁”机制来保证更强的一致性。不过锁的使用会降低效率，是否开启锁取决于场景的需要。此外，分布式锁的实现依赖于时间戳，启用锁机制要求集群的所有服务器的时间一致。

不管是 ACID，还是 BASE，事务总是可能失效的，因此对失效事务的处理至关重要。如果事务在提交前就出现失效的情况，那么所有更改将被丢弃，应用方可进行重试。在启用锁机制后，如果在持久化时出现事务失效的情况，那么 JanusGraph 会抛出异常，应用方同样可以进行重试。JanusGraph 判断持久化成功并不代表索引更新成功。如果要确保索引同时更新成功，则要通过设置参数“tx.log-tx = true”，启用事务的预写日志（Write Ahead Log，WAL），并设置单独的进程来修复可能的不一致之处。

除事务失效外，JanusGraph 实例也可能出现故障。通常情况下，JanusGraph 实例的故障之间互相并不影响，一个实例的故障不会影响其他实例的事务处理。同时，出现故障的实例重启后也能够继续处理事务。有些特殊的故障发生在处理全图数据时，如重建索引。这类故障的出现会影响到其他实例的事务，此时需要人工介入手动处理故障，并仔细评估故障影响，避免出现数据不一致的问题。

7.2.5 属性图模式的定义

在 JanusGraph 中，支持模式约束的图和无模式的图。模式约束的图是一个由顶点标签、边标签、属性名及其值的类型等内容构成的属性图模式。JanusGraph 中的属性图模式支持显式定义或隐式定义。

- 显式定义：即预先定义好一个属性图模式，并要求图数据严格符合模式的约束，也就是强制模式约束。
- 隐式定义：即当新增的顶点、边或属性不符合已有的属性图模式时，JanusGraph 会根据数据自动生成相应的模式元素。这种情况也被称为可选的模式约束。

知识图谱可以分为模式自由和模式受限两类。其中，模式自由知识图谱可以被方便地保存为无模式的图或者保存在隐式定义模式的图中，模式受限知识图谱使用显示定义模式的图来保存。

在 JanusGraph 中，使用 schema.constraints 和 schema.default 两个参数控制属性图模式对图数据的约束情况。在创建图的时候，设置 schema.constraints=false，表示是无模式约束的图，任何顶点、边和属性皆可保存到图中；设置 schema.constraints=true，表示是有模式约束的图，此时另一个参数 schema.default 用于控制属性图模式的情况，包括 default、tp3、none、ignore-prop 或者自定义的约束等。

- 当 schema.default=none 时，表示属性图模式需显式定义，并强制要求图的数据符合属性图模式的约束；当将违反模式的数据插入图中时，JanusGraph 会抛出异常“IllegalArgumentException”。
- 当 schema.default= ignore-prop 时，自动生成模式的方法和 schema.default=none 时是一样的，但当插入不满足约束条件的属性时，不会抛出异常，而是直接忽略该数据。
- 当 schema.default=default 时，表明使用 JanusGraph 提供的 DefaultSchemaMaker 方法，根据所插入的数据自动生成属性图模式。此时图是隐式定义且模式约束的。
- 当 schema.default=tp3 时，自动生成模式的方法和 schema.default=default 时一样，但允许 LIST 类型的属性。
- JanusGraph 还支持根据 DefaultSchemaMaker 的接口自定义生成属性图模式的方法，此时可将 schema.default 设置为相应的类的全称。

在实践中，强烈推荐使用强制约束 schema.constraints=true 和 schema.default=none，从而减少噪声和脏数据，提升数据的准确性和有效性，同时提升存储和处理的性能。

7.2.6 图查询语言 Gremlin

JanusGraph 采用 Gremlin 作为查询语言，从图中检索、遍历、查询和更改数据。Gremlin 是一种函数式编程语言（Functional Programming Language），也是一种数据流（Data Flow）语言，并且是图灵完备语言。使用 Gremlin 能够简洁地实现对属性图的复杂查询和修改等操作，满足应用程序的各式各样的处理需求。Gremlin 本身是 TinkerPop 项目的一部分，不仅为 JanusGraph 所采用，也是大多数图数据库采用或支持的图查询语言。

函数式语言也叫泛函编程语言，它将所有操作都视为函数运算，并避免使用程序状态和易变对象，大量使用惰性求值（Lazy Evaluation）实现复杂运算，从而优化效率，降低代码出错率。数据流编程范式则将运算建模为不同操作算子之间的数据流动的有向图，通过数据驱动的方式完成运算。Gremlin 兼具函数式编程范式和数据流编程范式的特点，其查询和遍历都由可嵌套的步骤序列组成，有 3 种步骤类型（见表 7-1）。Gremlin 提供了丰富的算子来实现这些步骤，应用程序可以组合这些算子解决任何问题。

表 7-1

类型	名称	说明
map-step	映射步骤	对数据流中的对象进行变换
filter-step	过滤步骤	过滤数据流中的某些对象，即从数据流中移除一部分不需要的对象
sideEffect-step	副作用步骤	对数据流中的对象进行计算、统计等额外处理，但不影响数据流本身操作

基于“一次编写、各处运行”的设计原理，Gremlin 对底层计算平台进行抽象和统一，提供 Gremlin 遍历机器（Gremlin Traversal Machine），用于实现同时支持 OLTP 和 OLAP。同样的代码既可以用于 OLTP 的实时查询任务，也可以用于 OLAP 的批处理分析任务。Gremlin 还支持 OLTP 和 OLAP 混合执行，即某些操作子集是 OLTP 实时查询，而其他部分是 OLAP 的分析任务。也就是说，只需要熟练使用 Gremlin 语言，即可同时实现复杂的在线处理和离线分析，而不需要学习诸如 Spark 或 MapReduce 等大数据计算引擎系统的操作方法，以便于用户处理和分析图数据。

在编写程序方面，Gremlin 既支持指令式（Imperative）编程，也支持声明式（Declarative）编程，以及两种混合的编程方法。不管用户使用何种方式编写程序，Gremlin 遍历机器都能够通过一组策略来重写并优化这些程序，尽最大努力优化得到最佳的执行计划。此外，由于 Gremlin-Java、Gremlin-Groovy、Gremlin-Python 和 Gremlin-Scala 等项目的支持，Gremlin 能够和 Java、Python 和 Scala 等语言进行混合编写，并且在编码方式上与宿主语言几乎保持一致。这使工程师在使用 Gremlin 时能够根据自身擅长的编程语言来编写程序，并获得相应语言的工具支持，包括类型检查、语法高亮、代码补全等。

7.3 JanusGraph 实战指南

这里以 5.1.2 节中的“宋代人物知识图谱”为例，介绍 JanusGraph 分布式图数据库的完整使用指南，涵盖数据库的安装，属性图模式的定义，数据准备，创建图，使用 Gremlin 图查询语言实现图的插入、查询、过滤，图的游走（图谱探索），以及一些高级用法，如分组、聚合、分支、循环和 map、filter 等。通过这个例子，读者完全可以学会如何上手使用 JanusGraph。

7.3.1 安装、运行和配置 JanusGraph

使用 Docker 安装和启动 JanusGraph 是比较简单的，这里以 Docker Hub 提供的 Docker 为例。首先，通过 docker pull 命令将镜像拉到本地，其命令如下。其中，“1.1.0-20241108-215331.3b8843f”

是版本号[①]，可根据实际情况选择最新的版本号。不同的版本之间可能会发生变更，为了确保正常使用本节的代码，可选择同样的版本。

```
1.  docker pull janusgraph/janusgraph:1.1.0-20241108-215331.3b8843f
```

在上述 Docker 中，默认情况下，JanusGraph 使用 Berkeley DB 作为存储后端，并内嵌 Lucene 作为复杂索引。运行以下命令，启动 JanusGraph 实例。注意，这里为 Docker 设定了网络“znet”，详见 4.4.2 节。

```
1.  docker run -d \
2.          --name zjanusgraph \
3.          --network znet \
4.          -e JANUS_PROPS_TEMPLATE=berkeleyje-lucene \
5.          -e JANUS_DATA_DIR=/var/lib/janusgraph \
6.          -v $(pwd)/data:/var/lib/janusgraph \
7.          -v $(pwd)/conf/remote.yaml:/opt/janusgraph/conf/remote.yaml \
8.          -p 8182:8182 \
9.          janusgraph/janusgraph:1.1.0-20241108-215331.3b8843f
```

JanusGraph 可以选择不同的存储后端来持久化数据，并使用不同的搜索引擎系统提供索引。在熟悉了 JanusGraph 后，可根据实际情况进行配置。通常，小数据测试可以选择 Berkeley DB 作为存储后端，官方 Docker 内嵌了 Berkeley DB，使用起来非常方便。如果已有 Cassandra 集群或 HBase 集群，那么可以选择相应的集群作为存储后端；如果没有，那么可以选择部署一套。在使用 HBase 集群作为存储后端时，支持通过 Zookeeper 自动获取 HBase 集群的部署配置情况，实现高可用存储。同样地，索引方法 Lucene 可以内嵌到软件中，用起来比较方便。如果需要更复杂的索引服务，可以选择 Solr 或 Elasticsearch，它们都支持分布式集群来提供高可用服务。

下面是一个使用 Cassandra 作为存储后端，并使用 Elasticsearch 作为索引引擎的 JanusGraph 配置案例，在使用时可根据实际情况修改相应的配置。

```
1.  #Gremlin 服务器的图配置
2.  #可选的有 JanusGraphFactory 和 ConfiguredGraphFactory
3.  #使用 ConfiguredGraphFactory 可以动态创建图
4.  gremlin.graph=org.janusgraph.core.JanusGraphFactory
5.
6.  #存储后端配置，可选的存储后端包括：
7.  # berkeleyje、cql、hbase、inmemory、scylla
8.  storage.backend=cql
```

① 注：截至编写本书时，JanusGraph 的最新版本是 janusgraph/janusgraph:1.1.0-20241108-215331.3b8843f，未来更新版本的 JanusGraph 的内容可能有所不同。

```
9.  # hostname 使用 Docker 的名称，确保 Cassandra 也在 znet 网络中
10. storage.hostname=zcassandra
11. storage.port=9042
12. storage.batch-loading=true
13. storage.buffer-size=102400
14. storage.parallel-backend-ops=true
15. storage.cql.keyspace=janusgraph
16.
17. #缓存配置
18. cache.db-cache=false
19. #0~1 表示 Java VM heap 的百分比；大于 1 表示字节数
20. cache.db-cache-size=0.3
21. #毫秒
22. cache.db-cache-time=1000000
23.
24. #参数冲突配置
25. graph.allow-stale-config=false
26.
27. #索引配置，可选的索引后端有 Lucene、Elasticsearch 和 Solr
28. #其中 index.search.backend 中的 search 是索引后端名称，也是唯一标识
29. index.search.backend=elasticsearch
30. # 使用 Docker 的名称来设定网络，确保 Elasticsearch 也在 znet 网络中
31. index.search.hostname=zes
32. index.search.port=9200
33.
34. #模式约束，default 的可选值有 default 和 none 等，其他自定义
35. schema.constraints=true
36. schema.default=none
```

使用下述命令启动 Gremlin 控制台后，我们就可以在 Gremlin 控制台上使用 Gremlin 来执行命令了。

```
    docker run --rm --link zjanusgraph -e GREMLIN_REMOTE_HOSTS=zjanusgraph --network
znet -it janusgraph/janusgraph:1.1.0-20241108-215331.3b8843f ./bin/gremlin.sh
```

Gremlin 控制台有本地模式和远程模式，本地模式是指在当前机器上运行 Gremlin 程序，远程模式是指将 Gremlin 程序发送到远端服务器上运行。当使用非 JVM 的编程语言（如 Python）时，远程模式是必需的。下面给出了两个示例，分别是在 Gremlin 控制台中使用本地模式打开一个图，以及使用远程模式连接远程的 JanusGraph 服务。后续的示例代码既可以在本地运行，也可以远程运行。

```
1.  #使用本地模式，打开一个图，图的配置文件为 ja-cql-es.properties
2.  graph = JanusGraphFactory.open('conf/ja-cql-es.properties')
```

```
3.  g = graph.traversal()
4.
5.  #使用远程模式，连接一个已有的 JanusGraph 服务，如用 Docker 启动的 JanusGraph 服务
6.  #conf/remote.yaml 是连接远程服务的配置，包括 hostname 和 port 等参数
7.  :remote connect tinkerpop.server conf/remote.yaml session
8.  :remote console
9.  g = graph.traversal()
```

除了直接使用 Gremlin 的控制台，还可以使用宿主语言 Python 通过 gremlin_python 来执行 Gremlin 程序。在操作系统中安装 gremlin_python，代码如下。

```
pip3 install gremlinpython JanusGraphPython
```

确认安装完成，并查看所安装的版本。

```
1.  python3 -c "from gremlin_python.__version__ import version; print(version)"
2.  # 如果安装正确，会输出 3.7.0
```

使用 Jupyter Notebook 结合 gremlin_python 是非常方便的方式。在 Jupyter 中，可以使用以下方法连接 JanusGraph。

```
1.  from gremlin_python.process.anonymous_traversal import traversal
2.  from gremlin_python.driver.driver_remote_connection import\
3.      DriverRemoteConnection
4.  from gremlin_python.driver.aiohttp.transport import AiohttpTransport
5.  from janusgraph_python.driver.serializer import\
6.      JanusGraphSONSerializersV3d0
7.
8.  # 更换成你的 JanusGraph 服务器地址和端口
9.  janus_host = 'localhost'
10. janus_port = 8182
11. endpoint = f"ws://{janus_host}:{janus_port}:8182/gremlin"
12. conn = DriverRemoteConnection(endpoint, 'g',
13.     transport_factory=lambda:AiohttpTransport(call_from_event_loop=True),
14.     message_serializer=JanusGraphSONSerializersV3d0())
15.
16. g = traversal().with_remote(conn)
```

值得注意的是，为了使上述代码在 Jupyter 中正常运行，参数“transport_factory=lambda:AiohttpTransport(call_from_event_loop=True)”是必需的。我们也可以使用更底层的方法，在该方法中初始化一个 Client 对象，通过提交查询语句的文本完成各项操作，代码如下所示。注意，7.3.2 ~ 7.3.5 节定义的属性图模式、创建索引及查看属性图模式等操作，无法通过 Gremlin 语言的遍历操作来完成。如果在 Python 中操作，需要使用下面代码中的提交查询语句。

```python
1.  from gremlin_python.driver.aiohttp.transport import AiohttpTransport
2.  from gremlin_python.driver.client import Client
3.  from janusgraph_python.driver.serializer import \
4.      JanusGraphSONSerializersV3d0
5.  # 更换成你的 JanusGraph 服务器地址和端口
6.  janus_host = 'localhost'
7.  janus_port = 8182
8.  endpoint = f"ws://{janus_host}:{janus_port}/gremlin"
9.  # 初始化客户端
10. clt = Client(endpoint, 'g',
11. transport_factory=lambda:AiohttpTransport(call_from_event_loop=True),
12. message_serializer=JanusGraphSONSerializersV3d0())
13. # 提交查询语句，该语句返回顶点的数量
14. query = "g.V().count().next()"
15. clt.submit(query).all().result()
```

JanusGraph 是一款支持动态多图的分布式图数据库，提供强大的灵活性和高扩展性。用户可以通过 Gremlin 控制台或 SDK 动态创建和管理多个图。使用动态图管理功能时，JanusGraph 的 ConfiguredGraphFactory 能有效处理图的配置，这些配置可以在集群的每个顶点上实现分布式持久管理和动态绑定，下面是一个实例。每个顶点都可以通过简单的字符串引用访问对应的图及其遍历路径，使开发者能够更高效地操作。另外，在数据规模较大时，建议使用多顶点分布式集群来运行 JanusGraph。多顶点分布式集群中的数据同步基于后端存储（如 Cassandra 或 HBase）的日志队列实现。当在某顶点对数据进行操作（如删除边或更新图配置）时，其他顶点会通过缓存失效机制同步更新，保持所有顶点上的数据一致性。这种机制显著降低了分布式环境中的数据不一致的风险。例如，在一个顶点上删除了一条边，JanusGraph 会对所有顶点上的服务生效，每个顶点的缓存数据也会被清除。

```java
1. map = new HashMap();
2. map.put("storage.backend", "cql");
3. map.put("storage.hostname", "zcsd");
4. map.put("storage.cql.keyspace", "tang");
5. map.put("index.tangsearch.backend", "elasticsearch");
6. map.put("index.tangsearch.hostname", "zes");
7. map.put("graph.graphname", "tang");
8. cfg = new MapConfiguration(map)
9. ConfiguredGraphFactory.createConfiguration(cfg);
10. ConfiguredGraphFactory.open("tangshi3")
```

7.3.2 在 JanusGraph 中定义属性图模式

属性图模式本身由 JanusGraph 的管理接口定义，需要在 JanusGraph 的 Gremlin 控制台中设置和管理。下面以图 5-1 所示的“宋代人物知识图谱”的知识图谱模式为例，说明如何在 JanusGraph 中定义属性图模式。

1. 定义顶点标签

JanusGraph 对顶点标签没有特别的限制，除了少数几个保留单词（如 vectex、element、edge、property、label、key），只要确保顶点标签在图中是唯一的且不包含半角大括号{}和半角双引号"（称为保留字符）的 Unicode 字符串即可。在实践中，可以根据知识图谱的实体类型定义顶点标签。定义顶点标签要用到管理工具中的 makeVertexLabel(String)函数。属性图模式的顶点标签为 L_N={人物, 作品, 职位}，如图 5-2 所示。

定义 L_N 的方法如下。

```
1.  //打开 JanusGraph 的管理工具
2.  mgmt = graph.openManagement()
3.  //定义顶点标签
4.  p = mgmt.makeVertexLabel("人物").make()
5.  //如果图中的“人物”类型的顶点数量十分巨大，需要对其进行分割并分区存储
6.  //可使用 partition 方法
7.  // p = mgmt.makeVertexLabel("人物").partition().make()
8.  w = mgmt.makeVertexLabel("作品").make()
9.  t = mgmt.makeVertexLabel("职位").make()
10. //提交
11. //如果要取消操作，则使用 mgmt.rollback()
12. mgmt.commit()
```

2. 定义边的标签

图的边连接了两个顶点，边的标签定义两个顶点之间关系的语义。与顶点标签类似，JanusGraph 对边标签也没有限制，使用 Unicode 字符串，并保证它在边标签中是唯一的即可。多重边或者边的多重性（Multiplicity）是图的重要概念，表示两个顶点之间是否具有多条相同标签的边，其可选标记见表 7-2。在使用 JanusGraph 定义边时，可以用边的多重性约束顶点对中相同标签的边的数量。在实践中，根据知识图谱的关系类型和特性，使用管理工具的 makeEdgeLabel(String)方法设置边的标签，使用 multiplicity 方法设置边的多重性。

表 7-2

标　记	含　义	说　　明
MULTI	多对多，多重	允许任意顶点对之间拥有该标签的任意多条边。对于该标签来说，图是多重图，边的重数没有限制。JanusGraph 默认边为多重边，也就是不对边做限制
SIMPLE	简单	任意顶点对之间最多允许拥有该标签的一条边。对于该标签来说，图是简单图，边的重数限制为 1。通过 SIMPLE 参数限制了在给定标签下，顶点对的边是唯一的
MANY2ONE	多对一	允许顶点最多只有一条该标签的出边，但对该标签的入边没有限制。例如，一个母亲可以有多个孩子，但每个孩子只有一个母亲
ONE2MANY	一对多	允许顶点最多拥有一条该标签的入边，但对该标签的出边没有限制。例如，在奥运会中，一枚金牌通常只有一个得主（个人或团队），但一个人或团队可以赢得多枚金牌
ONE2ONE	一对一	对图的顶点上，最多允许此类标签的一条入边和一条出边。也就是一个顶点最多只有一次机会作为该标签的源顶点，也最多只能有一次机会作为该标签的目标顶点

在多重性标记中，需要注意 ONE2ONE 和 SIMPLE 的区别。如果一个标签被设置为 SIMPLE，则表示任意两个顶点之间最多只能有一个该标签。如果一个标签被设置为 ONE2ONE，则表示一个顶点最多只能有一个该标签的入边和一个该标签的出边。例如，将边标签 E1 设置为 SIMPLE，边标签 E2 设置为 ONE2ONE，现在有 3 个顶点{V1, V2, V3}，那么对于 E1 来说，可以同时有 V1-E1-V2 和 V1-E1-V3，但 V1-E2-V2 和 V1-E2-V3 不能同时存在。这是由于对于 V1 来说，只能有一个 E2 出边。但 V1-E2-V2 和 V3-E2-V1 可以同时存在，这是因为对于 V1 来说，可以同时有 E2 的一个出边和一个入边。

对于边标签来说，除了定义多重性，边的源顶点类型和目标顶点类型也非常关键。关系类型的定义为<头实体类型,关系,尾实体类型>。相应地，在 JanusGraph 中，可以通过 addConnection 函数将源顶点标签和目标顶点标签连接起来，从而实现类似知识图谱模式中关系类型的约束。下面创建图 5-2 的属性图模式中的边标签 L_E={写, 任职, 是……子女}，并通过 addConnection 对每个边标签的源顶点标签和目标顶点标签进行约束，即 Δ(写)→<人物, 作品>、Δ(是……子女)→<人物, 人物>和 Δ(任职)→<人物, 职位>。

```
1.  mgmt = graph.openManagement()
2.  // 获取顶点标签
3.  p = mgmt.getVertexLabel("人物")
4.  w = mgmt.getVertexLabel("作品")
5.  t = mgmt.getVertexLabel("职位")
6.  // 定义边标签
7.  e1 = mgmt.makeEdgeLabel('写').multiplicity(Multiplicity.MULTI).make()
8.  e2 = mgmt.makeEdgeLabel('是……子女'). \
9.      multiplicity(Multiplicity.MANY2ONE).make()
```

```
10. e3 = mgmt.makeEdgeLabel('任职').multiplicity(Multiplicity.MULTI).make()
11. // 连接边的源顶点标签和目标顶点标签
12. mgmt.addConnection(e1, p, w)
13. mgmt.addConnection(e2, p, p)
14. mgmt.addConnection(e3, p, t)
15. mgmt.commit()
```

3. 定义属性

顶点和边上的属性由一系列键值对<属性名, 属性值>组成，在属性图模式中包括属性名（键）及属性值的约束。属性名是一个 Unicode 字符串，在图中需要保证唯一性，并且同一个属性名可以关联到不同的顶点或边上。属性值的约束由两部分组成，分别是数据类型和基数（Cardinality），其数据类型如表 7-3 所示。基数表示该属性值能够拥有的元素的数量，可选的基数如表 7-4 所示。

表 7-3

数据类型	名　称	说　明
String	字符串	Unicode 字符串，支持中文、英文等各种语言
Character	字符	单个字符
Boolean	布尔值	true（真值）或 false（假值）
Byte	字节	二进制字节数据，存储二进制数据通常使用 byte[]
Short	短整数	短整数，通常指 2 字节整数
Integer	整数	整数值
Long	长整数	长整数
Float	单精度浮点数	4 字节浮点数
Double	双精度浮点数	8 字节浮点数
Date	日期	日期类型，java.util.Date
Geoshape	地理形状	地理形状，点、线、圆、方形等
UUID	唯一标识符	唯一标识符，java.util.UUID

表 7-4

基　数	名　称	说　明
SINGLE	单值	属性最多允许一个值，如每个人只有一个出生日期，故可以使用单值的基数来约束“出生日期”属性。JanusGraph 默认的基数是 SINGLE
LIST	列表	属性允许有任意数量的值，并且允许有重复的值。例如，温度传感器所采集的温度数值允许存在大量的可能重复的值
SET	集合	属性允许任意数量的不重复的值，与数学上的集合概念类似。例如，一家企业拥有多个不同的电话号码等

管理工具的 makePropertyKey(String)方法用于定义属性名标签，dataType(Class)方法用于定义属性值的数据类型，cardinality(Cardinality)方法用于定义属性值的基数。与边类似，在定义属性名后，可以使用 addProperties 方法将属性关联到顶点标签或边标签上。下面创建图 5-2 的属性图模式的属性 P={名字, 性别, 别名, 出生日期, 死亡日期, 内容, 类别, 起始时间, 结束时间, 时间}，并将属性关联到对应的顶点标签 L_N={人物, 作品, 职位}和边标签 L_E={写, 任职}上。

```
1.  mgmt = graph.openManagement()
2.  // 获取顶点标签和边标签
3.  p = mgmt.getVertexLabel("人物")
4.  t = mgmt.getVertexLabel("职位")
5.  w = mgmt.getVertexLabel("作品")
6.  e1 = mgmt.getEdgeLabel("写")
7.  e2 = mgmt.getEdgeLabel("任职")
8.  //定义属性名，并设置属性值的数据类型和基数
9.  name = mgmt.makePropertyKey('名字').dataType(String.class). \
10.         cardinality(Cardinality.SINGLE).make()
11. gender = mgmt.makePropertyKey('性别').dataType(Short.class). \
12.         cardinality(Cardinality.SINGLE).make()
13. nick = mgmt.makePropertyKey('别名').dataType(String.class). \
14.         cardinality(Cardinality.SET).make()
15. birthDate = mgmt.makePropertyKey('出生日期'). \
16.         dataType(Date.class).cardinality(Cardinality.SINGLE).make()
17. deathDate = mgmt.makePropertyKey('死亡日期'). \
18.         dataType(Date.class).cardinality(Cardinality.SINGLE).make()
19. content = mgmt.makePropertyKey('内容').dataType(String.class). \
20.         cardinality(Cardinality.SINGLE).make()
21. cate = mgmt.makePropertyKey('类别').dataType(String.class). \
22.         cardinality(Cardinality.SINGLE).make()
23. startTime = mgmt.makePropertyKey('起始时间'). \
24.         dataType(Integer.class).cardinality(Cardinality.SINGLE).make()
25. endTime = mgmt.makePropertyKey('结束时间'). \
26.         dataType(Integer.class).cardinality(Cardinality.SINGLE).make()
27. date = mgmt.makePropertyKey('时间'). \
28.          dataType(Date.class).cardinality(Cardinality.SINGLE).make()
29. // 将属性名关联到顶点标签或边标签上
30. mgmt.addProperties(p, name, gender, nick, birthDate, deathDate)
31. mgmt.addProperties(t, name)
32. mgmt.addProperties(w, name, content, cate)
33. mgmt.addProperties(e1, date)
34. mgmt.addProperties(e2, startTime, endTime)
35. mgmt.commit()
```

JanusGraph 的边存储有两个特殊类型的属性——排序属性和签名属性，在创建边标签时可

以进行设置，方法如下。

```
1.  mgmt = graph.openManagement()
2.  // 获取属性名
3.  p = mgmt.getPropertyKey('时间')
4.  q = mgmt.getPropertyKey('类别')
5.  // 创建带有排序属性和签名属性的边标签
6.  e = mgmt.makeEdgeLabel('创作').multiplicity(Multiplicity.MULTI). \
7.          sortKey(p).signature(q).make()
8.  // 获取边标签的排序属性
9.  e.getSortKey()
10. // 获取边标签的签名属性
11. e.getSignature()
12. mgmt.commit()
```

7.3.3 为图创建索引

创建索引用于加速查询和检索，是现代数据库中的常见做法，JanusGraph 支持两种不同的索引。

- 图索引（Graph Index）：也称图全局索引，允许根据顶点或边的属性条件进行高效的检索和过滤。
- 顶点中心索引（Vertex-centric Index）：也称关系索引或边索引，是为每个顶点单独构建的局部索引。在一些场景中，顶点拥有大量的标签的关联边，此时在内存中对这些边进行检索或过滤会很慢。顶点中心索引能够加速对这类具有大量关联边的顶点的检索和过滤。

有了这些索引，在进行图的查询和遍历时，就不需要扫描全图，只需要根据属性条件对全局的图索引进行检索，获取所需的顶点或边。在此后的遍历中，如果遇到具有大量关联边的顶点，可以借由顶点中心索引进行检索，提升效率，实现实时、在线的复杂查询操作。根据场景的实际情况，充分利用 JanusGraph 提供的索引机制，能够高性能地完成业务所需的复杂处理过程，在大规模的图中实现秒级或毫秒级的实时查询。反之，如果没有正确地利用索引机制，可能导致查询过程中存在大量的扫描操作，不仅效率低下，影响存储后端的系统性能，还可能出现因数据量过大而导致的内存不足，进而导致查询失败的问题。因此，在使用 JanusGraph 服务大规模的图数据时，建议配置合理的索引。

JanusGraph 的图索引有两种类型——复合索引和混合索引。

- 复合索引（Composite Index）直接使用存储后端（如 Cassandra 或 HBase 等）来保存索引数据，并进行查询和检索，效率更高，但限定在预先定义好的组合键中进行检索。
- 混合索引（Mixed Index）需要使用 Elasticsearch 或 Solr 等外部索引工具来保存索引数据，并进行查询和检索，支持使用被索引的键的任何组合来检索，支持“等于、不等于、包含、模糊匹配”等多种条件谓词。

此外，图索引还支持标签限制。例如，仅对标签为“人物”的顶点的“名字”属性创建索引，忽略其他标签的顶点。同时，在创建索引时，可根据需要构建唯一性索引，以约束图中所有该属性在图中的每个值只能有一个顶点，如所有“人物”的“身份证号码”都不能重复。

JanusGraph 提供了 buildIndex 方法用于创建索引，addKey 方法用于设置索引所绑定的属性，unique 方法用于设置唯一性索引，indexOnly 方法用于限定标签，buildCompositeIndex 方法用于构建复合索引。索引创建完成后，新增的数据会被自动加到索引中，但历史数据不会被处理，除非调用 updateIndex 方法来重建索引（reindex）。需要注意的是，如果已有的图较大，建议使用 MapReduce 任务（Hadoop 或 Spark）完成重建索引的过程。创建复合索引及重建索引的过程如下。

```
1.  //创建名字属性的复合索引
2.  mgmt = graph.openManagement()
3.  //获取“名字”属性和“人物”顶点标签
4.  name = mgmt.getPropertyKey('名字')
5.  person = mgmt.getVertexLabel('人物')
6.  //对所有的顶点和边，按照属性名为“名字”的值创建索引
7.  mgmt.buildIndex('byNameComposite', Vertex.class).addKey(name). \
8.         buildCompositeIndex()
9.  //对“人物”类型的顶点，按照“名字”属性创建唯一性索引，以保证人物不重名
10. mgmt.buildIndex('byPersonNameComposite', Vertex.class).addKey(name). \
11.        indexOnly(person).unique().buildCompositeIndex()
12. mgmt.commit()
13.
14. // 等待创建索引完成
15. ManagementSystem.awaitGraphIndexStatus(graph, 'byNameComposite').call()
16. ManagementSystem.awaitGraphIndexStatus(graph, \
17.        'byPersonNameComposite').call()
18.
19. //为历史数据创建索引，这里假设历史数据较少
20. //当历史数据规模较大时，建议使用 MapReduce 任务重建索引
21. mgmt = graph.openManagement()
22. mgmt.updateIndex(mgmt.getGraphIndex("byNameComposite"), \
23.        SchemaAction.REINDEX).get()
```

```
24. mgmt.updateIndex(mgmt.getGraphIndex("byPersonNameComposite"), \
25.         SchemaAction.REINDEX).get()
26. mgmt.commit()
```

下面演示了如何创建混合索引及重建索引，从中可以看出，创建混合索引的方法与创建复合索引类似，不同的是混合索引使用了外部的搜索引擎系统。

```
1.  //创建“名字”和“内容”两个属性的混合索引
2.  mgmt = graph.openManagement()
3.  name = mgmt.getPropertyKey('名字')
4.  content = mgmt.getPropertyKey('内容')
5.  //创建“名字-内容”索引，并使用后端索引“search”
6.  //需要预先配置好后端索引“search”，并且在配置时可以自定义这个标识符
7.  //为“名字”创建字符串索引，不对其进行分词
8.  //为“内容”创建全文检索索引，搜索引擎会对其进行分词
9.  mgmt.buildIndex('name_content', Vertex.class). \
10.         addKey(name, Mapping.STRING.asParameter()). \
11.         addKey(content, Mapping.TEXT.asParameter()). \
12.         buildMixedIndex("search")
13. mgmt.commit()
14.
15. //等待创建索引
16. ManagementSystem.awaitGraphIndexStatus(graph, 'name_content').call()
17.
18. //重建索引，以便对历史数据进行索引，适用于小数据的情况
19. mgmt = graph.openManagement()
20. mgmt.updateIndex(mgmt.getGraphIndex("name_content"), \
21.         SchemaAction.REINDEX).get()
22. mgmt.commit()
```

在使用外部搜索引擎系统时，需提前配置好索引的后端的唯一标识。混合索引使用强大的搜索引擎系统，能够更好地支持复杂的条件谓词逻辑，实现诸如数值范围、地理位置范围等复杂的检索，以及针对文本的全文索引和模糊检索等功能。另外，Elasticsearch 和 Solr 等外部索引工具能够更好地支持排序，因此针对需要经常排序的属性，建议使用混合索引。混合索引支持多种不同的索引方式，具体如下。

- TEXT：全文索引，这是默认的索引方式，索引后端会使用分词器对文本进行分词，支持词元级别的包含（textContains）、不包含（textNotContains）、前缀匹配（textContainsPrefix）、模糊匹配（textContainsFuzzy）等谓词逻辑。
- STRING：将文本作为字符串进行索引，支持整个文本（字符串）级别的等于（eq）、不等于（neq）、前缀匹配（textPrefix）、正则匹配（textRegex）和基于距离的模糊匹配

（textFuzzy）等谓词逻辑。

- TEXTSTRING：同时按 TEXT 和 STRING 进行索引。
- PREFIX_TREE：地理位置索引，支持相交（geoIntersect）、包含（geoWithin）等与地理位置有关的谓词逻辑。

有关这些索引类型的细微差别，可参考搜索引擎 Elasticsearch 或 Solr 的相关文档。

在某些场景的大型图中，许多顶点可能有成千上万条相同标签的边，从而导致查询或遍历时性能低下。利用 JanusGraph 提供的 buildEdgeIndex 方法，为顶点创建针对顶点中心的局部索引，可以加速查询与遍历，从而解决这个问题。顶点中心索引是针对特定标签的边创建的，故顶点中心索引也被称为边索引或关系索引。与特定边关联的顶点是索引的中心，支持用入边（IN）、出边（OUT）或双边（BOTH）的方式创建以“源顶点”或/和“目标顶点”为中心的索引。在创建顶点中心索引时，需要指定一个或多个边的属性名，用于对检索结果进行排序。顺序可以指定为升序（Order.asc）或降序（Order.desc）。创建顶点中心索引的方法如下。

```
1.  //为“人物->写->作品”创建顶点中心索引
2.  mgmt = graph.openManagement()
3.  //指定顶点中心索引所关联的边：“人物->写->作品”
4.  writing = mgmt.getEdgeLabel('写')
5.  //用于排序的边属性
6.  date = mgmt.getPropertyKey('时间')
7.  //创建边索引，即顶点中心索引
8.  //如果方向为 OUT，则以“人物”标签的顶点为中心，加速“人物->写->作品”方向的遍历
9.  //如果方向为 IN，则以“作品”标签的顶点为中心，加速从“作品”出发到“人物”方向的遍历
10. //如果方向为 BOTH，则同时加速从边的源顶点（“人物”）和目标顶点（“作品”）出发的遍历
11. mgmt.buildEdgeIndex(writing, 'writing-works', \
12.        Direction.BOTH, Order.desc, date)
13. mgmt.commit()
14.
15. //等待创建索引
16. ManagementSystem.awaitRelationIndexStatus(graph, \
17.        'writing-works', '写').call()
18.
19. //重建索引
20. mgmt = graph.openManagement()
21. mgmt.updateIndex(mgmt.getRelationIndex(writing, \
22.        "writing-works"), SchemaAction.REINDEX).get()
23. mgmt.commit()
```

7.3.4 索引的状态及动作

在 JanusGraph 中，了解索引状态与转换机制是有效利用索引的基础。在实际使用知识图谱时或者在其他需要用到图数据库的应用中，针对规模稍大、模式复杂的情况，都需要用到索引。索引的状态管理及其转换存在一定的复杂性，JanusGraph 索引状态和索引动作的相互作用如图 7-3 所示。

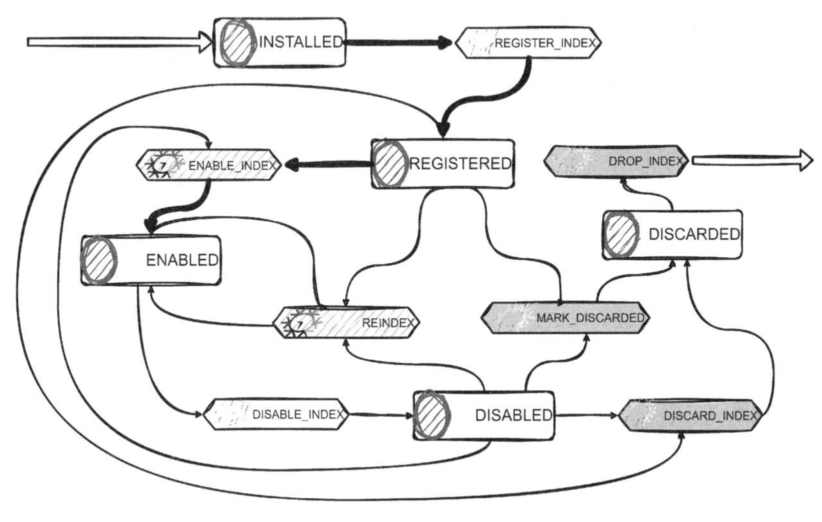

图 7-3

在 JanusGraph 中，有 5 种索引状态（SchemaStatus），用带圆圈的圆角四边形表示。

（1）INSTALLED：索引已在当前 JanusGraph 实例上创建，但尚未被集群中的所有实例识别。其特点是只针对局部有效且不稳定，索引尚未在系统中同步，还处于不可用的状态。

（2）REGISTERED：索引已被集群中的所有实例识别，但尚未启用，依然处于不可用的状态，不能进行查询。此状态是正常使用的基础。

（3）ENABLED：索引处于可用状态，能够参与查询处理，并接收图数据的插入、更新和删除。处于这个状态的索引是能正常使用的，它也是索引在绝大多数时间中的状态。

（4）DISABLED：索引被禁用，停止参与查询，也不接收数据的更新。如果要重新使用，建议使用重建索引（REINDEX）的动作，而非直接启用索引（ENABLE_INDEX）。

（5）DISCARDED：索引已被废弃，所有索引内容已被删除，索引占用的存储资源也被释放，集群中仅保留表示该索引的元数据。这个状态无法直接启用恢复。

通过索引更新方法 mgmt.updateIndex()可实现上述 5 种状态，该方法有 7 种动作（SchemaAction）可以改变索引的状态。

（1）REGISTER_INDEX：将索引注册到系统中，在 INSTALLED 状态后执行，确保索引在集群范围内的一致性。

（2）REINDEX：对数据重建索引，重建完成后索引变成可用状态（ENABLED）。可以重建索引的状态包括 REGISTERED、ENABLED、DISABLED。如果图数据库的数据规模比较大，那么重建索引会耗费大量的时间和计算资源。

（3）ENABLE_INDEX：启用索引，不对数据进行操作，一般在新创建的索引中使用（无数据的情况）。在正常运行的数据库中，请谨慎使用此动作，否则容易产生幽灵顶点（Ghost Vertex）等。

（4）DISABLE_INDEX：暂时禁用索引，停止其查询和更新功能。通常用于维护或修改索引配置的场合。

（5）DISCARD_INDEX：删除索引的所有数据，为移除索引做准备。

（6）MARK_DISCARDED：标记索引为 DISCARDED 状态。

（7）DROP_INDEX：彻底从集群中删除索引及其元数据。

图 7-3 中加粗的箭头是最常见的操作，灰色填充的动作容易发生数据丢失，需要谨慎使用。

7.3.5 查看属性图模式

创建完顶点标签、边标签、属性和索引，也就构建完了属性图模式。若要查看已构建好的属性图模式，可使用管理工具的 printSchema 方法，下面是 Gremlin 控制台输出的属性图模式的例子。

```
1.  ---------------------------------------------------------------------------
2.  Vertex Label Name           | Partitioned | Static                        |
3.  ---------------------------------------------------------------------------
4.  人物                         | false       | false                         |
5.  作品                         | false       | false                         |
6.  职位                         | false       | false                         |
7.  ---------------------------------------------------------------------------
8.  Edge Label Name           | Directed    | Unidirected | Multiplicity    |
9.  ---------------------------------------------------------------------------
```

```
10. 写                               | true        | false       | MULTI            |
11. 任职                             | true        | false       | MULTI            |
12. 是……子女                         | true        | false       | MANY2ONE         |
13. -------------------------------------------------------------------------------
14. Property Key Name                    | Cardinality | Data Type                 |
15. -------------------------------------------------------------------------------
16. 时间                             | SINGLE      | class java.util.Date        |
17. 名字                             | SINGLE      | class java.lang.String      |
18. 性别                             | SINGLE      | class java.lang.Short       |
19. 别名                             | SET         | class java.lang.String      |
20. 出生日期                         | SINGLE      | class java.util.Date        |
21. 死亡日期                         | SINGLE      | class java.util.Date        |
22. 内容                             | SINGLE      | class java.lang.String      |
23. 类别                             | SINGLE      | class java.lang.String      |
24. 起始时间                         | SINGLE      | class java.lang.Integer     |
25. 结束时间                         | SINGLE      | class java.lang.Integer     |
26. -------------------------------------------------------------------------------
27. Vertex Index Name            | Type      | Unique  | Backing       | Key: Status |
28. -------------------------------------------------------------------------------
29. byNameComposite            | Composite |false | internalindex | 名字: ENABLED |
30. byPersonNameComposite      | Composite | true | internalindex | 名字: ENABLED |
31. name_content              | Mixed     | false   | search        | 名字:   ENABLED |
32.                           |           |         |               | 内容:   ENABLED |
33. -------------------------------------------------------------------------------
34. Edge Index (VCI) Name     | Type      | Unique  | Backing       | Key:   Status |
35. -------------------------------------------------------------------------------
36. -------------------------------------------------------------------------------
37. Relation Index            | Type   | Direction | Sort Key  | Order  |  Status |
38. -------------------------------------------------------------------------------
39. writing-works             | 写     | BOTH      | 时间      | desc   | ENABLED |
40. -------------------------------------------------------------------------------
```

管理工具还提供了多种获取属性图模式的内容的方法，其中一些方法如下。

```
1.  mgmt = graph.openManagement()
2.  // 判断是否包含关系类型“写”，包括边标签为“写”或者属性名为“写”
3.  mgmt.containsRelationType('写')
4.  // 获取所有边标签
5.  mgmt.getRelationTypes(EdgeLabel.class)
6.  // 获取所有属性名
7.  mgmt.getRelationTypes(PropertyKey.class)
8.  // 输出所有属性名及相关信息
9.  mgmt.printPropertyKeys()
10. // 输出所有边标签及相关信息
11. mgmt.printEdgeLabels()
```

```
12. // 输出属性图模式相关的信息
13. mgmt.printSchema()
14. mgmt.commit()
```

值得注意的是，在 JanusGraph 中，边标签和属性标签都被称为关系类型，这是由于在其内部实现中，属性值也是作为顶点被处理的。这样，<顶点, 属性名, 属性值>与<源顶点, 边, 目标顶点>的处理和存储方法就统一起来了，它们被统称为“关系”，相应的标签被称为“关系类型”。在 JanusGraph 中，图的关系类型有唯一性的限制，也就是说，属性名和边标签不能重复。

7.3.6 为图插入顶点、边和属性

JanusGraph 的图支持模式约束和无模式。如果是无模式的图，那么可以直接开始添加顶点、边和属性。如果是强制模式约束的图，则需要根据 7.3.5 节中的方法创建属性图模式。接下来的例子都以此属性图模式为前提，创建和处理图 5-1 所示的“宋代人物知识图谱”。下面使用 Python 版本作为示例，在注释中说明其与 Gremlin 控制台的不同之处。连接服务器的方法见 7.3.1 节，为了方便后续使用，先导入一系列的库，如下所示。

```
1.  from gremlin_python.process.traversal import T
2.  from gremlin_python.process.traversal import Order
3.  from gremlin_python.process.traversal import Cardinality
4.  from gremlin_python.process.traversal import CardinalityValue
5.  from gremlin_python.process.traversal import Column
6.  from gremlin_python.process.traversal import Direction
7.  from gremlin_python.process.traversal import Operator
8.  from gremlin_python.process.traversal import P
9.  from gremlin_python.process.traversal import TextP
10. from gremlin_python.process.traversal import Pop
11. from gremlin_python.process.traversal import Scope
12. from gremlin_python.process.traversal import Barrier
13. from gremlin_python.process.traversal import Bindings
14. from gremlin_python.process.traversal import WithOptions
15. from janusgraph_python.process.traversal import Text
16. from janusgraph_python.process.traversal import Number
```

addV 函数是用于添加顶点的 Gremlin 函数，有 3 种不同的形式，其参数分别为顶点标签字符串、顶点标签的遍历（Traversal）对象，或者为空。

```
1.  # Python 使用“#”注释，Gremlin 控制台使用“//”注释
2.  # 添加“人物”顶点及其属性
3.  # addV 的参数为顶点标签字符串，使用方法为 addV(vertexLabel)
4.  # property 用在顶点上，为给定的顶点设置属性，通常提供属性键值对作为参数
```

```
5.  # 使用方法为 property(key, value)
6.  v1 = g.addV('人物').property('名字', '苏轼'). \
7.      property('别名', '苏子由').property('别名', '颍滨遗老'). \
8.      property('性别', 1).property('出生日期', '1037-01-08'). \
9.      property('死亡日期', '1101-08-24').next()
10. g.addV('人物').property('名字', '苏辙').property('性别', 1). \
11.     property('出生日期', '1039-03-17'). \
12.     property('死亡日期', '1112-10-25').next()
13. g.addV('人物').property('名字', '苏迈').property('性别', 1). \
14.     property('出生日期', '1019-01-01'). \
15.     property('死亡日期', '1119-04-26').next()
16. g.addV('人物').property('名字', '陈襄').property('别名', '古灵先生'). \
17.     property('别名', '陈述古').property('性别', 1). \
18.     property('出生日期', '1017-01-01'). \
19.     property('死亡日期', '1180-01-01').next()
20. g.addV('人物').property('名字', '范仲淹'). \
21.     property('别名', '范希文').property('别名', '范履霜'). \
22.     property('性别', 1).property('出生日期', '0989-10-01'). \
23.     property('死亡日期', '1052-06-19').next()
24. g.addV('人物').property('名字', '范纯佑'). \
25.     property('别名', '范天成').property('别名', '范纯祐'). \
26.     property('性别', 1).property('出生日期', '1024-01-01'). \
27.     property('死亡日期', '1063-01-01').next()
28.
29. # addV 的参数也可以是顶点标签的遍历对象
30. # 使用方法为 addV(Traversal<?,String> vertexLabelTraversal)
31. vl = v1.label # 在 Gremlin 控制台，需要使用“v1.label()”
32. v2 = g.addV(vl).property('名字', '苏洵').property('别名', '苏明允'). \
33.     property('性别', 1).property('出生日期', '1009-05-22'). \
34.     property('死亡日期', '1066-05-21').next()
35.
36. # 添加“作品”顶点及其属性
37. w1 = g.addV('作品').property("名字", "定风波·莫听穿林打叶声"). \
38.     property('类别', '词').property("内容", \
39.     "三月七日，沙湖道中遇雨。雨具先去，同行皆狼狈，余独不觉。已而遂晴，故作此词。莫听穿林打叶声，何妨吟啸且徐行。竹杖芒鞋轻胜马，谁怕？一蓑烟雨任平生。料峭春风吹酒醒，微冷，山头斜照却相迎。回首向来萧瑟处，归去，也无风雨也无晴。").next()
40. w2 = g.addV('作品').property("名字", "饮湖上初晴后雨·其二"). \
41.     property('类别', '七言绝句').property("内容",
42.     "水光潋滟晴方好，山色空蒙雨亦奇。欲把西湖比西子，淡妆浓抹总相宜。").next()
43. w3 = g.addV('作品').property("名字", "晚目").property('类别',
44.     '七言绝句').property("内容",
45.     "揽景独凝眸，江城暮雨收。 长江隔山断，野水混空流。 天上一轮月，人间万古秋， 感时并怨别，费尽痩郎愁。").next()
```

```
46. w4 = g.addV('作品').property("名字", "苏幕遮·怀旧").property('类别',
47.     '词').property("内容",
48.     "碧云天，黄叶地，秋色连波，波上寒烟翠。山映斜阳天接水，芳草无情，更在斜阳外。黯乡魂，追旅思，夜夜除非，好梦留人睡。明月楼高休独倚，酒入愁肠，化作相思泪。").next()
49. w5 = g.addV('作品').property("名字", "水调歌头·徐州中秋").property('类别',
50.     '词').property("内容",
51.     "离别一何久，七度过中秋。去年东武今夕，明月不胜愁。岂意彭城山下，同泛清河古汴，船上载凉州。鼓吹助清赏，鸿雁起汀洲。坐中客，翠羽帔，紫绮裘。素娥无赖，西去曾不为人留。今夜清尊对客，明夜孤帆水驿，依旧照离忧。但恐同王粲，相对永登楼。").next()
52.
53. # 添加"职位"顶点及其属性
54. g.addV("职位").property("名字", "杭州知州").next()
55. g.addV("职位").property("名字", "杭州通判").next()
56. g.addV("职位").property("名字", "黄州团练副使").next()
57.
58. # 在 Gremlin 控制台中，则需要用 commit 提交到 JanusGrpah 服务器上
59. # 但在 Python 中是自动完成的
60. # g.tx().commit()
```

其中，addV(顶点标签)是最常用的方法，其用法见第 6~27 行。在应用程序中，也常用已有的顶点标签对象添加顶点，如第 31~34 行所示，无参数的 addV 向图中添加了一个无标签的顶点。在顶点上运行 property，为顶点添加属性，其参数包含属性名及相应的值，传入的参数要符合属性图模式的约束。

V()表示图中所有的顶点。在 Gremlin 中，与顶点有关的查询通常以 V()为起点。顶点 id 作为参数传入"V"，表示具体的某个顶点。hasLabel 和 has 是最常见的筛选顶点的过滤方法，前者通过标签（也就是实体类型）来过滤，如"人物"或"作品"等；后者可根据标签、属性等组合条件来过滤，如"人物"标签和<名字, 苏轼>属性键值对。在获得需要的顶点后，添加 addE、from_和 to 作为顶点对。addE 方法用于创建边，from_和 to 分别用于确定边的源顶点和目标顶点。值得注意的是，在 Python 中使用的是"from_"而非"from"，因为 from 是 Python 的关键字。在 Gremlin 控制台中，要将"from_"替换为"from"。具体来说，addE 指定了边标签作为其参数，from_指定了边的源顶点，to 指定了边的目标顶点。与为顶点添加属性一样，使用 property 方法为边添加属性。顶点查询方法和创建边的例子如下。

```
1. # 从图中检索出指定的顶点
2. # has: 根据标签和属性进行过滤，用法为 has(label, propertyKey, value)
3. p1 = g.V().has("人物", "名字", "苏轼").next()
4. p2 = g.V().has("人物", "名字", "苏迈").next()
5. p3 = g.V().has("人物", "名字", "苏辙").next()
6. p4 = g.V().has("人物", "名字", "苏洵").next()
```

```
7.  p5 = g.V().has("人物", "名字", "陈襄").next()
8.  p6 = g.V().has("人物", "名字", "范仲淹").next()
9.  p7 = g.V().has("人物", "名字", "范纯佑").next()
10.
11. # hasLabel：过滤指定标签的内容，用法为 hasLabel(label)
12. # has：仅使用属性过滤，用法为 has(propertyKey, value)
13. # 在 has 中可以使用 P.eq、TextP.containing 等条件谓词
14. # 在 Gremlin 中，eq、containing 这类谓词不需要 T、P、TextP 等前缀
15. t1 = g.V().hasLabel("职位").has("名字", "杭州知州").next()
16. t2 = g.V().hasLabel("职位").has("名字", "杭州通判").next()
17. t3 = g.V().hasLabel("职位").has("名字", P.eq("黄州团练副使")).next()
18.
19. # 通过顶点 id 获取顶点，注意这里的 id 可能与你的环境不一样：
20. # 《饮湖上初晴后雨·其二》的 id 是 16552
21. # 《定风波·莫听穿林打叶声》的 id 是 20648
22. # 《晚目》的 id 是 24656
23. # 《苏幕遮·怀旧》的 id 是 49208
24. # 《水调歌头·徐州中秋》的 id 是 24824
25. w1 = g.V(16552).next()
26. w2 = g.V().hasId(20648).next()
27. w3 = g.V().hasId(24656).next()
28. w4 = g.V().hasId(49208).next()
29. w5 = g.V().hasId(24824).next()
30.
31. # 为顶点对添加边，为边添加属性
32. # addE 的参数为边的标签，后接 from_和 to，分别用于指定边的源顶点和目标顶点
33. # 使用方法为 addE(edgeLabel).from(fromVertex).to(toVertex)
34. e1 = g.addE("是……子女").from_(p2).to(p1).next()
35. e2 = g.addE("是……子女").from_(p1).to(p4).next()
36. e3 = g.addE("是……子女").from_(p3).to(p4).next()
37. e3 = g.addE("是……子女").from_(p7).to(p6).next()
38.
39. # 将“起始时间”和“结束时间”属性设置为 int 类型，直接传入数值即可
40. e4 = g.addE("任职").from_(p1).to(t1).property("起始时间", 1089). \
41.     property("结束时间", 1091).next()
42. e5 = g.addE("任职").from_(p1).to(t2).property("起始时间", 1071). \
43.     property("结束时间", 1074).next()
44. e6 = g.addE("任职").from_(p1).to(t3).property("起始时间", 1080). \
45.     property("结束时间", 1084).next()
46. e0 = g.addE("任职").from_(p5).to(t1).property("起始时间", 1072). \
47.    property("结束时间", 1074).next()
48. e0 = g.addE("任职").from_(p6).to(t1).property("起始时间", 1049). \
49.    property("结束时间", 1050).next()
50.
```

```
51. # 这里的"时间"属性为 Date，即 java.util.Date
52. # 属性值应能够自动转换为 Date 字符串或 Date 对象
53. e4 = g.addE("写").from_(p1).to(w1).property("时间", "1082-01-01").next()
54. e4 = g.addE("写").from_(p1).to(w2).property("时间", "1073-01-01").next()
55. e4 = g.addE("写").from_(p5).to(w3).property("时间", "1073-01-01").next()
56. e4 = g.addE("写").from_(p6).to(w4).property("时间", "1041-01-01").next()
57. e4 = g.addE("写").from_(p3).to(w5).property("时间", "1077-01-01").next()
58.
```

在实际应用中，图中的数据（包括顶点、边或属性）可能是错误或者过时的，这就需要用到删除操作。Gremlin 提供了 drop 方法用于删除这些数据。在删除时，通常需要先找到被删除的对象，然后使用过滤方法或者直接传入要被删除的属性、边或者顶点。值得注意的是，在 Python 中需要在 drop 后使用 iterate()，提交删除操作。在 Gremlin 控制台中，可以使用 graph.tx().commit()。具体的例子如下。

```
1.  # 创建新的临时的顶点和边，用于演示 drop 方法
2.  v = g.addV('人物').property('名字', '王文广'). \
3.      property('别名', 'Victor').next()
4.  w = g.addV('作品').property("名字", "知识图谱"). \
5.      property('类别', '人工智能').property("内容",  \
6.      "人工智能领域畅销书，学习知识图谱的最佳书籍").next()
7.  e = g.V(v).addE('写').to(w).property("时间", "2022-06-01").next()
8.  print(v, w, e)
9.  # 使用 drop 删除顶点、边和属性。这里需要加入 iterate()来完成事务
10. # 删除边
11. g.E(e).drop().iterate()
12. # 删除指定的属性
13. g.V(v).properties('别名').drop().iterate()
14. # 删除满足条件的顶点
15. g.V().has("name", "王文广").drop().iterate()
16. # 指定 id 来删除顶点
17. g.V(w.id).drop().iterate()
```

7.3.7 查询的起始与终末

Gremlin 提供了丰富的方法来满足需求的多样性。在 Gremlin 中，查询的起点通常为顶点或边，分别使用 V 和 E 来表示。V 和 E 不带参数时表示所有的顶点或边，并支持传入顶点 id 或边 id，用于表示指定的部分顶点或边。在 Gremlin 中，V 和 E 被称为起始步骤（Start Step），addV 和 addE 也是起始步骤。起始步骤是 Gremlin 查询的起点，定义了遍历的入口。Gremlin 的语句是惰性执行的，查询不会立即执行，而是在遇到特定的一些语句后才触发执行并返回结果，包

括 next、hasNext、tryNext、toList、toSet、toBulkSet、iterate、fill 和 explain 等。在 Gremlin 中，这些方法被称为终末步骤（Terminal Step）。终末步骤用于触发查询，并将遍历结果返回为具体的对象。Gremlin 这种惰性执行的机制可以优化性能，如延迟加载、仅在需要时计算结果，并充分利用解释器的优化算法来提升性能。下面给出起始步骤和终末步骤的一些用法。

```
1.  # Gremlin 的起始步骤
2.  # V：表示顶点，它通常是查询和遍历的起点
3.  # 无参数的 V 遍历所有的顶点
4.  g.V().next()
5.  # 参数为顶点 id、顶点 id 列表，表示获取相应的顶点
6.  v=g.V(49208).next()
7.  g.V([49208, 45112]).next()
8.  g.V(v).next()
9.  # E：表示边，在有些情况下，也会以 E 作为查询和遍历的起点
10. # 无参数的 E 表示遍历所有的边
11. g.E().next()
12. # 参数为边 id、边 id 列表、边对象等，表示获取相应的边
13. e = g.E('cnp-9m0-3yt-fw8').next()
14. g.E(e).iterate()
15.
16. # Gremlin 的终末步骤
17. # next(n)：表示从遍历数据流中获取 n 个结果，参数为空时 n=1
18. # 如果总结果数少于 n，则返回所有结果
19. g.V().next(5)
20. g.E().next(5)
21. g.V().valueMap().next(3)
22.
23. # toList：表示将所有结果保存到数组中
24. g.V().hasLabel("人物").toList()
```

7.3.8 提取图中元素的信息

在 JanusGraph 中，顶点、边和属性都是图的基本元素。提取元素的内容包括获取元素的标签、id 等。对于顶点和边来说，具有现实意义的内容都以属性的形式存在。Gremlin 提供了多种方法来获取元素内容，完整的例子和使用方法如下。

```
1.  # label：返回元素的标签
2.  g.V().label().to_list()
3.  # id_：返回元素的 id，比如顶点 id、边 id、属性 id 等
4.  # 值得注意的是，在 Gremlin 控制台，id_应该使用“id”
5.  g.E().id_().next()
6.
```

```
7.  # properties(key1, key2, ...): 从顶点或边中获取 key1、key2 等所指定的属性键值对
8.  g.V().properties("名字", "性别").to_list()
9.  # 当 properties 的参数为空时，会提取所有的属性键值对
10. g.V().properties().to_list()
11. # propertyMap(): 以字典（映射）形式返回属性键值对
12. g.V().hasLabel("人物").propertyMap().to_list()
13.
14. # key: 从键值对中获取键
15. g.V().properties("名字", "性别").key().to_list()
16. # value: 从键值对中获取值
17. g.V().properties("名字", "性别").value().to_list()
18.
19. # values(key1, key2, ...): 从顶点或边中获取 key1、key2 等指定的属性名对应的值
20. g.V().values("名字", "性别").to_list()
21. # 当 values 的参数为空时，会提取所有属性的值
22. g.V().values().to_list()
23. # valueMap(key1, key2, ...): 从顶点或边中获取 key1、key2 等指定的属性键值对
24. # 并保存为字典（映射）
25. g.V().valueMap("名字", "性别").to_list()
26. # 当 valueMap 的参数为空时，会提取所有的属性键值对，并保存为字典（映射）
27. g.V().valueMap().to_list()
28.
29. # elementMap: 返回元素的结构信息的字典，包括元素 id、标签和（指定的）属性键值对等
30. g.V().hasLabel("人物").elementMap().to_list()
31. g.V().hasLabel("人物").elementMap("名字", "性别").to_list()
```

7.3.9 过滤查询条件

图数据库中可能存在亿万个顶点、边和属性，查询特定的顶点或边如同大海捞针一样。Gremlin 提供了丰富的函数，帮助应用程序从“海”里捞出特定的“针”。针对这些函数，可以根据标签、属性、属性值以及它们的逻辑组合（与、或、非等）进行匹配或过滤，采用字符串的精确匹配、前缀匹配、后缀匹配等条件进行过滤，或者采用各种数值、时间和其他类型的比较条件进行过滤等。各种不同查询复合条件的顶点或边的例子如下。

```
1.  # hasLabel: 通过顶点标签或边标签过滤
2.  # 返回标签为“作品”的顶点
3.  g.V().hasLabel('作品').to_list()
4.  # 返回标签为“任职”的边
5.  g.E().hasLabel('任职').to_list()
6.
7.  # has: 过滤出拥有指定属性的点或边
8.  # hasNot: 过滤出不具备指定属性名的点或边
```

```
9.  # 返回有“性别”属性名的顶点
10. g.V().has("性别").to_list()
11. # 返回没有“性别”属性的顶点
12. g.V().hasNot("性别").to_list()
13.
14. # has: 通过顶点/边的标签或属性过滤
15. # 返回属性包含<"名字", "苏轼">的顶点
16. g.V().has("名字", "苏轼").to_list()
17. # 返回属性包含<"起始时间", 1089>的边
18. g.E().has("起始时间", 1089).to_list()
19. # 返回顶点标签为“人物”, 属性包含<"名字", "苏轼">的顶点
20. g.V().has("人物", "名字", "苏轼").to_list()
21. # 返回边标签为“任职”、属性包含<"起始时间", 1089>的顶点
22. g.E().has("任职", "起始时间", 1089).to_list()
23.
24. #  在has过滤中支持数值比较，返回起始时间大于或小于1080年的边
25. g.E().has("起始时间", P.gt(1080)).to_list()
26. g.E().has("起始时间", P.lt(1080)).to_list()
27. # 支持列表过滤，返回名字在("苏轼", "苏洵")中的顶点
28. g.V().has("名字", P.within("苏轼", "苏洵")).to_list()
29.
30. # 使用“__”表示子句
31. # not_: 对匹配逻辑取反，即返回不满足指定条件的顶点或边
32. # 返回不是“人物”标签的顶点
33. g.V().not_(__.hasLabel('人物')).to_list()
34. # 返回不是“任职”标签的边
35. g.E().not_(__.hasLabel('任职')).to_list()
36. # 返回起始时间不大于1080年的边
37. g.E().has("起始时间", P.not_(P.gt(1080))).to_list()
38. # 返回名字中没有“定风波”的顶点
39. g.V().not_(__.has("名字", TextP.containing("定风波"))).to_list()
40. # 字符串前缀匹配
41. g.V().not_(__.has("名字", TextP.startingWith("定风波"))).to_list()
42. # 字符串后缀匹配
43. g.V().not_(__.has("名字", TextP.endingWith("定风波"))).to_list()
44.
45. # where: 过滤出复合条件的顶点或边
46. # 返回边数量大于1的顶点
47. g.V().where(__.outE().count().is_(P.gt(2))).to_list()
48. # 返回标签为“写”、出边的“时间”属性值大于“1080-01-01”的顶点
49. g.V().where(__.outE('写').has('时间', P.gt('1080-01-01'))).to_list()
50. # 与上面不同的是，下面的语句返回的是边
51. g.V().outE('写').has('时间', P.gt('1080-01-01')).to_list()
52.
```

```
53. # 在 where 中支持逻辑运算 and_（与）和 or_（或）
54. g.V().where(__.or_(__.has("别名"), __.has("性别", 1))).to_list()
55. g.V().where(__.and_(__.has("别名"), __.has("性别", 1))).to_list()
56.
57. # 支持对包含某些文字的内容进行过滤，返回名字属性值中包含“定风波”的顶点
58. # Gremlin 控制台：g.V().has("名字", textContains("定风波"))
59. g.V().has("名字", Text.text_contains("定风波")).to_list()
60. # 支持对字符串前缀进行过滤，返回名字属性值以“定风波”开头的顶点
61. # Gremlin 控制台：g.V().has("名字", textContainsPrefix("定风波"))
62. g.V().has("名字", Text.text_contains_prefix("定风波")).to_list()
63. # 支持模糊匹配，这里“顶风波”也能匹配“定风波”，并找出“定风波·莫听穿林打叶声”
64. # Gremlin 控制台：g.V().has("名字", textContainsFuzzy("顶风波"))
65. g.V().has("名字", Text.text_contains_fuzzy("顶风波")).to_list()
66. # Gremlin 控制台：g.V().has("名字", textContainsFuzzy("水貂歌头")).valueMap()
67. g.V().has("名字", Text.text_contains_fuzzy(\
68.     "水貂歌头")).valueMap().to_list()
69. # Gremlin 控制台：g.V().has("内容", textContainsFuzzy("东西")).valueMap()
70. g.V().has("内容", Text.text_contains_fuzzy("东西")).valueMap().to_list()
71. # Gremlin 控制台：g.V().has("名字", textContainsPrefix("苏")).valueMap()
72. g.V().has("名字", Text.text_contains_prefix("苏")).valueMap().to_list()
73. # Gremlin 控制台：g.V().has("名字", textPrefix("苏")).valueMap()
74. g.V().has("名字", Text.text_prefix("苏")).valueMap().to_list()
```

值得一提的是，在 Python 中，字符串模糊查询的例子是由 janusgraph_python 提供的，而非 gremlin_python，包括 text_contains、text_contains_fuzzy、text_contains_prefix、text_contains_regex、text_regex、text_fuzzy、text_prefix 等。

7.3.10 图的游走

游走，即从顶点出发，沿着边移动到另一个顶点。从顶点出发，沿着边游走就形成了图的遍历，这是图数据库比关系数据库更具优势的一面。Gremlin 提供了多种遍历方法，如图 7-4 所示。图 7-4 的左侧表示从顶点 V 出发的游走，outE 表示顶点的出边，inE 表示顶点的入边。bothE 则表示顶点的所有关联边，包括出边和入边。对应到代码中，out 表示顶点的出边的另一端顶点，相当于 outE().otherV()；in_表示顶点的入边的另一端顶点（in_在 Gremlin 控制台则用 in），相当于 inE().otherV()；both 表示顶点的所有邻接顶点；otherV 表示从顶点出发的边的另一端顶点。图 7-4 的右侧表示从边 E 出发的游走，其中 outV 表示边的源顶点，inV 表示边的目标顶点。

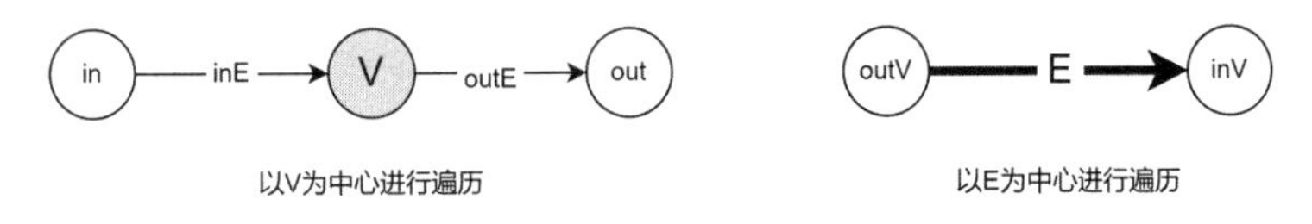

图 7-4

图的游走的使用方法如下。可以说，图的游走是图能够发挥其强大能力的关键所在。

```
1.  # 通过 out、in_和 both 来查找邻接顶点
2.  # 参数用于指定边的标签类型，为空则返回所有的邻接顶点
3.  # 返回顶点 45112 的出边的标签为“任职”或“写”的邻接顶点
4.  g.V(45112).out("任职", "写").to_list()
5.  # 返回名字为“苏洵”的“人物”顶点的所有入边的邻接顶点
6.  g.V().has("人物", "名字", "苏洵").in_().to_list()
7.  # 返回名字为“苏洵”的“人物”顶点的所有邻接顶点，包括入边和出边的邻接顶点
8.  g.V().has("人物", "名字", "苏洵").both().to_list()
9.
10. # 通过 outE、inE 和 bothE 遍历顶点的出边、入边和所有边
11. # 返回边标签为“写”的出边
12. g.V(45112).outE("写").to_list()
13. # 返回所有入边
14. g.V(45112).inE().to_list()
15. # 返回所有边
16. g.V(45112).bothE().to_list()
17.
18. # 通过 inV、outV 和 bothV 遍历边的源顶点、目标顶点和两端顶点
19. g.E("v7r-yt4-4r9-csg").inV().to_list()
20. g.E("v7r-yt4-4r9-csg").outV().to_list()
21. g.E("v7r-yt4-4r9-csg").bothV().to_list()
22. # 通过 otherV 获取顶点所关联边的另一个顶点
23. # 返回顶点 45112 的所有入边的另一个顶点，如果有多条边，则对每条边都返回另一个顶点
24. g.V(45112).inE().otherV().to_list()
```

7.3.11 分组与聚合

在关系数据库中，分组和聚合是十分常见的操作。Gremlin 同样提供分组和聚合等操作。由于 Gremlin 是函数式编程语言，有些分组和聚合操作需要配合其他方法一起完成。as 用于将当前位置记录到参数所提供的标签中，并支持后续使用 select 访问。by 能够改变多个不同步骤的行为，其中一个常见的应用是提供属性名作为 by 的参数，并在后续的输出结果中由输出 id 改成相应属性的值。aggregate 将所有对象聚合到一个集合中，并将结果保存到参数指定的键中，可供后续使用。在聚合中，Scope.global_（在 Gremlin 控制台中用的是 Scope.global）和 Scope.local

分别表示全局聚合和局部聚合。group 和 groupCount 用于对数据进行分组和分组计数。count、max_、min_、sum 和 mean 等与关系数据库中操作语言 SQL 的使用方法类似。在 Gremlin 控制台中，max_和 min_分别为 max 和 min。fold 用于将数据流聚合成一个列表。unfold 是 fold 的反向操作，用于将迭代器、列表或者字典展开成线性的对象。分组与聚合的例子如下。

```
1. #as('name')：提供字符串 name 作为参数，后续步骤中可通过 name 标签访问
2. #select("k1", "k2", ……)：根据标签选择相应的内容
3. #返回“苏迈”、其父“苏轼”、其祖“苏洵”的所在顶点
4. g.V().has('名字', '苏迈').as_('a').out('是……子女').as_('b').\
5. out('是……子女').as_('c').select('a', 'b', 'c').to_list()
6.
7. #aggregate("key")：把所有对象聚合到一个集合中
8. #默认情况下是全局的（Scope.global_），这种情况下是尽早求值（Eager Evaluation）的
9. g.V().hasLabel('人物').aggregate("person").select("person").to_list()
10. g.V().hasLabel('人物').aggregate(Scope.global_, "person").select("person").
to_list()
11. #使用参数 Scope.local 表示局部聚合，这种情况下是惰性求值的
12. g.V().hasLabel(' 人 物 ').aggregate(Scope.local, "person").select('person').
to_list()
13.
14. #group：分组
15. #根据标签分组，T.label
16. g.V().group().by(T.label).to_list()
17. #by('key')：接在 select 后面可选择显示 key 指定的属性值
18. g.V().group().by(T.label).by("名字").to_list()
19. #groupCount：分组统计
20. #根据标签分组计数
21. g.V().groupCount().by(T.label).to_list()
22. #根据属性分组计数
23. g.V().hasLabel("作品").groupCount().by("类别").to_list()
24.
25. #count：计数； min_：寻找最小值； max_：寻找最大值； sum：求和； mean：求均值
26. g.V().count().to_list()
27. g.E().hasLabel('任职').values('起始时间').max_().to_list()
28. g.E().hasLabel('任职').values('起始时间').min_().to_list()
29. #根据标签分组并进行计数，等于 groupCount
30. g.V().group().by(T.label).by(__.count()).to_list()
31.
32. #fold：将所有元素折叠到一个列表中
33. g.V().hasLabel("人物").fold().to_list()
34. #unfold：展开列表并继续单独处理每个元素
35. g.V().groupCount().by(T.label).unfold().to_list()
```

7.3.12 分支与循环

分支与循环是编程语言中常用的操作，特别是在过程式编程语言中。作为函数式编程语言，Gremlin 提供了分支与循环的相关方法，包括类似于 if…then…else 的 choose、类似于 switch…case 的 branch、类似于 while 的 repeat 等。union 可以合并数据流中多个分支的处理结果，sack 是一个局部数据结构，用于存储和提取数据流中指定的数据。分支与循环的常见用法如下，更多高级用法有待在解决实际问题中探索。其中，第 38、39 行中的 random 是一个标准的 Python 函数，在 Gremlin 控制台中，则需要使用 new Random().nextFloat()。

```
1.  # choose(condition, true-branch, false-branch): 类似于 if…then…else
2.  # 即满足 condition 条件时，执行 true-branch，否则执行 false-branch
3.  # 如果标签是人物，则返回“人物”标签，否则返回“其他”标签
4.  g.V().choose(__.hasLabel("人物"), __.constant("人物"), \
5.        __.constant("其他")).to_list()
6.  # branch().option().option(): 类似于 switch…case…case
7.  # 即对人物性别进行分支处理，如果性别是 1，返回“男”；如果是 0，返回“女”
8.  g.V().hasLabel("人物").branch(__.values("性别")). \
9.      option(1, __.constant("男")).option(0, __.constant("女")).to_list()
10.
11. # union: 合并多个分支的结果，即当执行到 union 时，系统会复制其内部的每个步骤的输出
12. g.V().hasLabel("人物").union(__.values("名字"), \
13.       __.values("出生日期")).to_list()
14. g.V().choose(__.hasLabel("人物"), __.union(__.values("名字"), \
15.       __.constant("人物")).fold(), \
16.       __.union(__.id_(), __.constant("其他")).fold()).to_list()
17.
18. # repeat: 循环或重复执行的语句，通常和 times 一起表示循环的次数
19. # path: 用来记录遍历器所经过的路径
20. g.V().has("人物", "名字", "苏轼").repeat(__.out()).times(2). \
21.     path().by("名字").to_list()
22. # 或者和 until 一起表示循环，直到满足终止条件
23. g.V().has("人物", "名字", "苏轼").repeat(__.out("是……子女")). \
24.     until(__.out("是……子女").count().is_(0)).path().by("名字").to_list()
25.
26. # sack: 在 Gremlin 遍历器中可以包含一个名为 sack（口袋）的局部数据结构
27. # 可以将数据保存到 sack 中，在 sack 中进行各种复杂运算
28. # 最后从 sack 中提取计算结果
29. # 例如，计算苏轼每次任职了几年
30. g.E().hasLabel("任职").union(__.values("名字"), \
31.     __.sack(Operator.assign).by("结束时间").sack(Operator.minus). \
32.     by("起始时间").sack()).to_list()
```

```
33. # 和 union 一起使用，可以同时获取职位和任职的年数
34. g.E().hasLabel("任职").union(__.inV().values("名字"), \
35.       __.sack(Operator.assign).by("结束时间").sack(Operator.minus). \
36.     by("起始时间").sack()).to_list()
37. # withSack：用于初始化一个 sack，比如为每个顶点初始化一个随机数
38. from random import random
39. g.withSack(random()).V().sack().to_list()
40. # 注：在 Gremlin 控制台中，使用的语句如下
41. # g.withSack{new Random().nextFloat()}.V().sack()
```

7.3.13 match、map、filter 和 sideEffect

Gremlin 提供的 match，能够让应用程序使用更具声明性的模式匹配方法来查询图，并且通过优化内置策略得到更好的执行计划，从而获得更好的性能。map 是一个通用的变换器，filter 是一个通用的迭代器。side_effect 能够改变数据流中的数据，并允许将其保存下来，但不改变数据流本身。map、filter 和 sideEffect 是 Gremlin 提供的通用步骤，前面介绍的许多算子是这 3 个通用步骤的专业化版本。

- match：通过声明式的模式匹配定义查询条件，是一种灵活、清晰的表达方式。通过“键-值”结构匹配顶点和边，并支持嵌套子查询的优化，实现复杂查询。
- map：一种通用变换器，用于将图中元素（如顶点或边）映射为新的值，如提取属性或计算派生值。它在复杂的图路径投影中常与 by()结合使用。map 与 Python 语言中的 map 类似，是函数式编程语言最基础的方法。
- filter：通过过滤条件筛选满足特定约束的图元素，如根据属性值选择评分高于 8 分的电影顶点。在存在多个条件时，可以通过组合逻辑实现更复杂的筛选需求。因为 Gremlin 的 filter 与 Python 的 filter 重名，而 Python 中的 filter 是保留字，因此在 Python 中使用 filter_，在 Gremlin 控制台中使用 filter。
- sideEffect：允许在不改变主数据流的前提下，添加辅助操作，如记录中间结果或更新外部状态。sideEffect 的操作方式是非侵入式，它是大规模分布式集群实现复杂分析的重要工具之一。在 Python 中使用 side_effect。

match、map、filter 和 sideEffect 的简单用法如下。但其实，它们能做的事情远远超过了以下示例的范围，各种高级方法有待在解决实际问题的过程中进行探索。

```
1.  # match：指定一系列的模式，能够通过模式匹配方法查询到相应的结果
2.  # Gremlin 能够很好地优化 match 的执行效率，在大型图上获得更好的性能
3.  g.V().match(
```

```
4.          __.as_('a').has("名字", "苏轼"),
5.          __.as_('a').out('任职').as_('b')
6.     ).select('a', 'b').by("名字").next()
7.
8.  # map: 通用的 map
9.  g.V().map(__.values("名字")).next()
10. g.V().map(lambda: ('it.get().value("名字").length()', \
11.      'gremlin-groovy')).to_list()
12.
13. # filter: 通用的过滤器
14. g.V().filter_(__.hasLabel("人物")).next()
15. g.V().filter_(__.label().is_('人物')).next()
16. g.V().has("名字").filter_(__.has("名字", \
17.     TextP.containing("定风波"))).value_map().to_list()
18. g.V().has("名字").filter_(lambda: ( \
19.     'it.get().value("名字").contains("定风波")', 'gremlin-groovy')).next()
20.
21. # sideEffect: 在执行下一步的过程中，执行一些能够改变数据的操作
22. # 但这些改变并不传到下一步中
23. g.V().hasLabel('人物').side_effect(lambda: ("System.out.&println", \
24.      "gremlin-groovy")).outE().valueMap().to_list()
25.
26. # 执行到 o 和 i 时，都没有改变下一步的输入
27. # 但执行到 values 时，下一步的输入就发生了变化
28. g.V().side_effect( \
29.     __.outE().count().aggregate(Scope.local, "o")).sideEffect( \
30.     __.inE().count().aggregate(Scope.local, "i")). \
31.     values('名字').aggregate(Scope.local,"name"). \
32.     cap("name", "o","i").to_list()
```

7.3.14 性能优化工具的使用

Gremlin 自身提供了多种工具来帮助用户分析和优化图查询的性能，profile 和 explain 是其中的两种，需要在 Gremlin 控制台中使用。profile 用于动态评估执行效率，explain 用于静态分析遍历的结构和优化策略。在实践中，开发者可以先用 explain 理解遍历的计划和策略，然后使用 profile 评估实际运行的性能表现，以综合优化查询。

1. profile

profile 是一个终末步骤，用于收集当前遍历的统计信息，如各个步骤的运行时间、返回的元素数量等。这使开发者能够分析每个步骤的性能瓶颈，找到消耗资源较多的步骤，评估不同

策略对遍历性能的影响。举例如下。

```
    gremlin> g.E().hasLabel("写").properties("时间").value().profile()
    ==>Traversal Metrics
    Step                                                   Count  Traversers       Time
(ms)    % Dur
    =============================================================================
    JanusGraphStep([],[~label.eq(写)])             5          5          1.884   84.91
      constructGraphCentricQuery                                          0.106
      constructGraphCentricQuery                                          0.010
      GraphCentricQuery                                                   1.756
        \_condition=(~label = 写)
        \_orders=[]
        \_isFitted=false
        \_isOrdered=true
        \_query=[]
        scan                                                              1.532
          \_query=[]
          \_fullscan=true
          \_condition=EDGE
    JanusGraphMultiQueryStep                      5          5          0.055    2.50
    JanusGraphNoOpBarrierVertexOnlyStep(2500)  5          5          0.050    2.27
    JanusGraphPropertiesStep([时间],property)  5          5          0.180    8.14
    PropertyValueStep                             5          5          0.048    2.17
                        TOTAL                     -          -          2.219     -
```

从上面的例子可以看出，profile 输出了一个详细的性能分析报告，包含每个步骤的执行时间以及返回的记录数量等信息。这对优化复杂的图遍历来说尤其有用。

2. explain

explain 会详细列出编译 Gremlin 程序的策略，展示在应用了各种遍历策略（如装饰、优化、验证等）后，遍历如何被编译并生成执行计划。在遇到性能优化方面的问题时，其输出内容是非常有帮助的。explain 的输出结构中通常包括 3 列内容。

（1）策略名称：指出使用的具体优化策略。

（2）策略类别：通常有如下一些类别。

- [D]ecoration：修饰策略，用于增强或补充遍历的功能。
- [O]ptimization：优化策略，用于提升遍历的执行效率。
- [P]rovider optimization：提供者优化策略，与特定的图数据库实现有关。

- [F]inalization：终结策略，用于确定遍历的最终形式。
- [V]erification：验证策略，确保遍历的正确性和一致性。

（3）应用策略后的遍历状态：展示应用策略后的遍历形式。

最后一行的遍历表示最终生成的执行计划，示例见附录 B。

7.4 JanusGraph 的可视化

将纷繁复杂的数据化作一张清晰的图像，能够帮助我们在分析和决策时快速找到真相。可视化不仅是知识的一种呈现方式，更是一种智慧。在知识图谱的应用中，知识图谱的可视化和交互式分析既是一个吸引人的入口，也是提升分析效率、获得数据与知识洞见的关键。JanusGraph 提供了许多可视化工具，本节详细介绍 JanusGraph 官方社区提供的 JanusGraph-Visualizer，并简要介绍其他一些可视化工具。

7.4.1 JanusGraph-Visualizer

JanusGraph-Visualizer 是 JanusGraph 提供的一款基于 Web 的图可视化工具，其核心设计理念是简单易用。它基于 Gremlin-Visualizer，利用 Gremlin 查询语言与后端数据交互，支持基本的图查询结果可视化。然而，由于功能相对基础，JanusGraph-Visualizer 更适合作为快速验证和小规模数据探索的工具。JanusGraph-Visualizer 提供支持 Gremlin 查询的图形化呈现，并提供关于顶点和边的简单交互操作。因此，JanusGraph-Visualizer 不仅可以作为可视化工具，还可以作为图形化的控制台来学习或实验 Gremlin 语言的结果。当前版本的 JanusGraph-Visualizer 还比较初级，对大规模数据的实时渲染比较吃力，且对复杂算法的编程支持不够友好。

使用 Docker 安装 JanusGraph-Visualizer，首先拉取镜像到本地，代码如下。

```
docker pull janusgraph/janusgraph-visualizer:1.0
```

然后使用下述命令启动 JanusGraph-Visualizer。注意，JanusGraph-Visualizer 的 Docker 要与 JanusGraph 的 Docker 在同一个网络中，如下例中的 znet。

```
1.  docker run -d \
2.         --name zjvis \
3.         --network znet \
4.         -e GREMLIN_HOST=zjanusgraph \
5.         -e GREMLIN_PORT=8182 \
```

```
6.          -p 8300:3000 \
7.          -p 8301:3001 \
8.          janusgraph/janusgraph-visualizer:1.0
```

正常启动后，使用浏览器访问 http://localhost:8301/。利用 JanusGraph-Visualizer 可视化图 5-1 所示的“宋代人物知识图谱”实例，结果如图 7-5 所示。

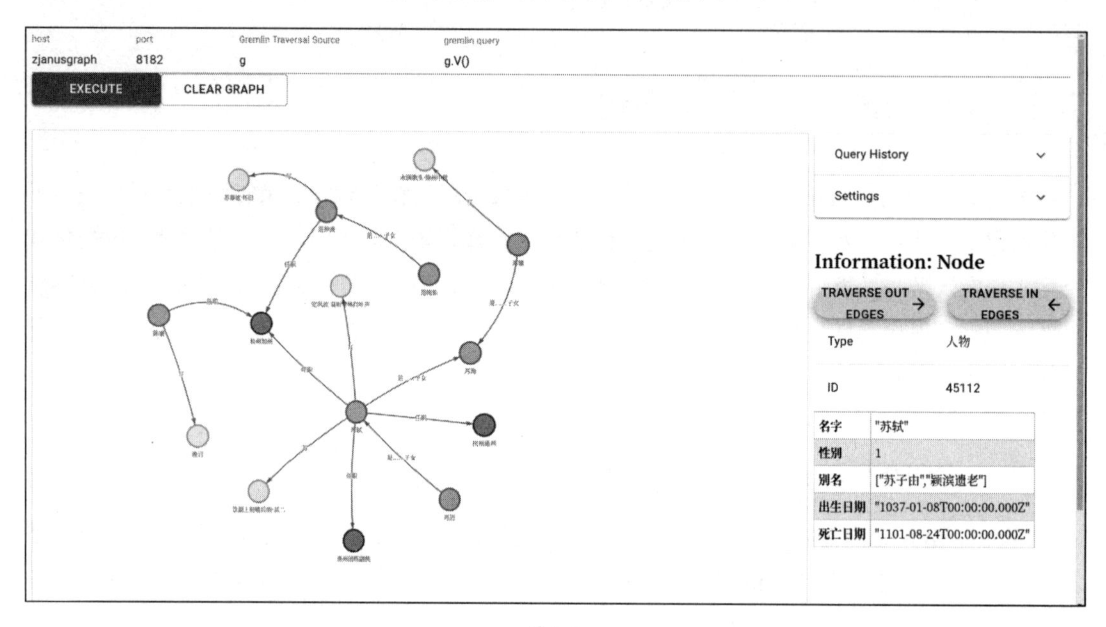

图 7-5

7.4.2　其他可视化工具

除了 JanusGraph-Visualizer，还可以使用其他可视化工具。商业的可视化工具较多，这里不做介绍。下面是两个常见的开源可视化工具。

（1）Gephi：被称为“图数据的 Photoshop”，具有直观的用户界面和强大的图分析能力，通过插件可以直接集成 JanusGraph 的数据。其核心功能包括布局算法、统计分析和可视化导出。Gephi 提供了基于 OpenGL 的高速图形渲染引擎，使用户能够快速处理大型图网络（顶点数可达 10 万，边数可达 100 万），并支持通过实时交互界面动态筛选顶点和边。Gephi 提供了多种布局算法，包括最常用的力导向（force-based）算法等。同时，Gephi 还内置了多种图计算算法，包括中心性分析、社区发现、最短路径等。这些图计算算法能够很好地帮助用户探索复杂网络、研究知识图谱等。除此之外，Gephi 支持用户以 PDF、SVG 和 PNG 等多种格式导出高质量的图形，适用于论文、报告和展示。

（2）Cytoscape：面向生物学网络分析的开源平台，因其插件架构而被用于 JanusGraph 的可视化。Cytoscape 也支持多种布局算法。

7.5 遍历与最短路径算法

图的遍历是图计算中最基本的任务，即从图中的某一个顶点出发，沿着图中的边，按照某种方法访问图的所有顶点，并且每个顶点仅被访问一次。两种常见的图的遍历方法是广度优先搜索（Breadth First Search，BFS）和深度优先搜索（Depth First Search，DFS）。与图的遍历类似，最短路径（Shortest Path）算法用于寻找图中一个顶点到另一个顶点的最短路径。单源最短路径（Single Source Shortest Path，SSSP）算法指定了起始顶点的最短路径算法，常见的算法有 Dijkstra 算法、Bellman-Ford 算法、最短路径快速算法（Shortest Path Faster Algorithm，SPFA）、A*搜索（A* Search）算法等。所有顶点对最短路径（All-Pairs Shortest Path，APSP）算法是指寻找图中所有顶点对之间的最短路径，常见的算法包括 Floyd 算法、Johnson 算法等。和图的遍历一样，最短路径也是图的基本任务。

广度优先搜索和深度优先搜索算法是知识图谱可视化交互式分析的基础算法，许多图数据库提供了这两种算法的简单实现。同样地，最短路径在知识计算中具有基础且重要的作用，在各种知识图谱的应用中十分常见。例如，在社交图谱中，查找两个人之间存在什么关系；在金融知识图谱中，查找两个机构之间是否存在股权关系、关联交易等；在智能制造知识图谱中，查找故障现象与设备、工艺、物料等的关系。

7.5.1 广度优先搜索

广度优先搜索算法是一个分层搜索的过程，每前进一步，就访问一批顶点。首先从起始顶点 v_s 开始，依次访问其邻接顶点，然后访问每一个邻接顶点的邻接顶点……以此类推，直到图中的所有顶点都被访问过为止。整个过程看起来是以起始顶点 v_s 为根，按距离 v_s 由近及远逐层访问的。广度优先搜索算法访问顶点的结果形似一棵树——广度优先树（Breadth First Tree）。在实践中，为了实现逐层访问，通常借助一个辅助队列来记录其邻接顶点中未被访问的顶点。下面给出使用 Gremlin 实现广度优先搜索算法的过程。

```
1.  # 广度优先搜索的 Gremlin 实现，注意，如果图太大，请谨慎使用
2.  start = g.V().has("名字", "苏轼").next()
3.  g.V(start).repeat(__.bothE().as_('e').bothV().simplePath()). \
4.     emit().path().by(T.id).by(T.label).to_list()
```

利用广度优先搜索算法从顶点 7 开始遍历图 7-5，起始顶点为“苏轼”的广度优先树如图 7-6 所示。

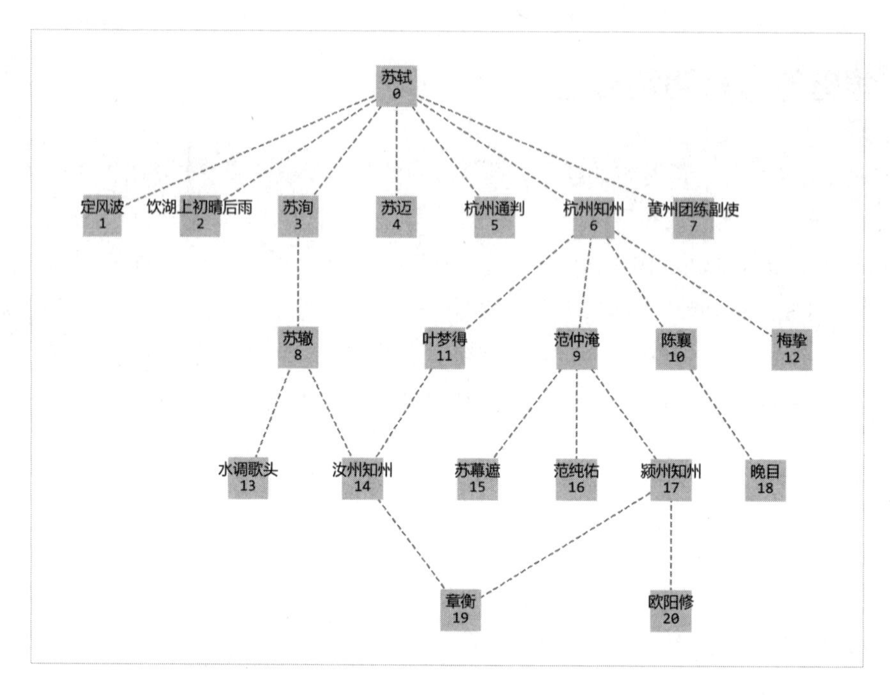

图 7-6

使用广度优先搜索算法，如果希望从任意起始点出发都可以遍历全图，则要求有向图是强连通的。或者说，从起始顶点 v_s 出发，广度优先搜索仅能遍历 v_s 所属的连通分量，无法抵达连通分量之外的其他顶点。如果要处理非强连通图，则需要逐个检查尚未遍历的顶点，并从其中的某个顶点出发再次进行广度优先搜索，如此重复，直到遍历了所有顶点为止。最终根据不同的连通分量形成多棵广度优先树，形成广度优先森林（Breadth First Forest）。

广度优先搜索可以计算出从起始顶点 v_s 到目标顶点 v 的最短路径，是 Dijkstra 单元最短路径算法和 Prim 最小生成树算法的基础。广度优先搜索本身的应用也非常广泛，是求解迷宫的路径寻找中最常见的方法。

7.5.2 深度优先搜索

顾名思义，深度优先搜索算法以深度优先。从起始顶点 v_s 出发，访问它的一个邻接顶点 v。而后，与广度优先搜索算法逐次访问 v_s 的其他邻接顶点不同，深度优先搜索算法从 v 出发，“深入”访问 v 的邻接顶点，并重复上述过程，沿着一条路径不断深入访问其他未访问过的顶点，直到无法继续深入为止。接着，再从最深的尚未访问的分支开始，继续深度优先搜索，直到遍历结束。用 Gremlin 实现的深度优先搜索算法示例如下。

```
1.  # 深度优先搜索的 Gremlin 实现，Python 作为宿主语言
2.  def dfs(g, start, visited, max_depth=10):
3.      # 将起始顶点标记为已访问
4.      visited.append(start.id)
5.      # 如果达到最大深度，则返回
6.      if max_depth <= 0:
7.          return
8.      # 获取所有未访问的邻接顶点
9.      adjacent_vertices = g.V(start).both().toList()
10.     # 对每个未访问的邻接顶点进行递归访问
11.     for vertex in adjacent_vertices:
12.         if (vertex.id not in visited):
13.             dfs(g, vertex, visited, max_depth-1)
14.
15. start = g.V().has("名字", "苏轼").next()
16. max_depth = 20
17. dfs_result = []
18. dfs(g, start, dfs_result)
19.
```

使用深度优先搜索算法遍历图 7-5，生成的深度优先树如图 7-7 所示。通过比较图 7-7 和图 7-6，可以明显看出深度优先搜索和广度优先搜索的差别。

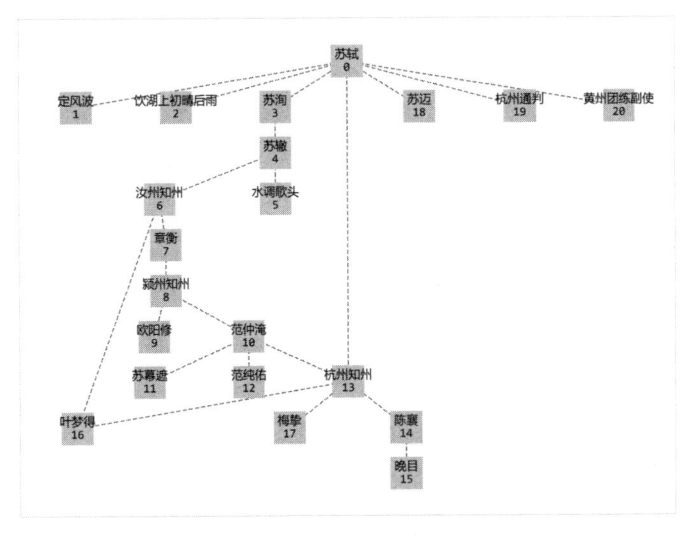

图 7-7

与广度优先搜索算法类似，深度优先搜索算法对图的遍历会形成深度优先树（Depth First Tree）。同样地，从起始顶点 v_s 出发的深度优先搜索，只能遍历 v_s 所在的连通分量。如果一个图不是强连通的，那么深度优先搜索算法的遍历会形成深度优先森林（Depth First Forest），每个连通分量形成一棵树。

深度优先搜索是经典算法，也是许多图计算算法的基础。我们可以使用深度优先搜索算法实现对图的环路检测、路径寻找、拓扑排序、寻找图的（强）连通分量等。深度优先搜索算法在实际场景中被广泛使用，如基于深度优先搜索算法对有向无环图（Directed Acyclic Graph，DAG）的拓扑排序是任务规划的基础，在任务编排、人员调度、课程安排、关键路径分析、操作系统死锁检测、工作流优化等各种场景中都有广泛的应用。

7.5.3 路径和最短路径

路径是图中从一个顶点游走到另一个顶点所经过的所有顶点的有序集合，在 Gremlin 中表现为遍历器变化的一系列步骤的历史记录，由 path 方法实现。simplePath 是用于获取简单路径（无环路径）的方法，即从起点到终点所经历过的顶点都不重复的路径。如果要获取有环的路径，即路径中存在重复的顶点，则要使用 cyclicPath。无环路径和有环路径方法的示例如下。

```
1.  # path：获取路径
2.  g.V().has('名字', '苏迈').both().both().both().path().by("名字").to_list()
3.
4.  # simplePath：找出所有符合条件的无环路径
5.  g.V().has('名字', '苏迈').both().both().both().simplePath(). \
6.      path().by("名字").to_list()
7.
8.  # cyclicPath：找出所有的有环路径
9.  g.V().has('名字', '苏迈').both().both().both().cyclicPath(). \
10.     path().by("名字").to_list()
```

最短路径是指在一个图中，从起始顶点到终末顶点之间“距离”最短的那条路径。对于无权图来说，距离指路径中所经过的边的条数；对于带权图来说，距离指路径经过的边的权值相加求和。全路径问题关注从起始顶点到终末顶点的所有可能路径，而不仅限于最短路径。最短路径和全路径能够为复杂问题提供最优或全局化的视角，在许多实际决策中扮演着关键角色。

最短路径是寻求高效性和资源最优化的重要工具，在许多场景中被广泛应用，列举如下。

- **交通规划与导航**：计算从一个地点到另一个地点的最快路线，优化出行时间或减少交通成本。

- **物流与供应链管理**：选择货物运输的最优线路，以降低运输费用或加快配送效率。
- **通信网络**：在网络拓扑中寻找数据传输的最短路径，提升通信效率。
- **路径优化问题**：如城市规划、电力传输、机器人路径设计等领域，都需要依据最短路径实现最优决策。

全路径更关注全面性，为探索所有可能的决策方案提供支持，既方便专家权衡，也方便与其他算法或理论（如博弈论等）配合使用。全路径的应用场景同样非常广泛，列举如下。

- **网络分析**：分析系统中所有可能的连接或关系路径，以评估网络的通畅性和冗余性。
- **风险评估**：识别所有可能的通路，分析潜在的失败点或寻找备用路径。
- **复杂决策建模**：如生态系统迁徙路径、社会关系网络研究，全面了解所有可能的互动方式。
- **推荐系统**：在知识图谱或社交网络中，通过全路径挖掘潜在的关联关系，提升推荐的准确性。

JanusGraph 所使用的 Gremlin 图查询语言提供了便捷的方法来计算最短路径和全路径。通过 Gremlin 查询，我们可以高效地找到从一个顶点到另一个顶点的最短路径，并列举所有可能的路径。最短路径和全路径的 Gremlin 实现示例如下。

```
1.  # 起始顶点
2.  start = g.V().has("名字", "苏轼").next()
3.  # 终末顶点
4.  end = g.V().has("名字", "叶梦得").next()
5.  # 最短路径
6. g.V(start).repeat(__.both().simplePath()).until(__.hasId(end.id)).path().limit(1).next()
7.  # 全路径
8. g.V(start).repeat(__.both().simplePath()).until(__.hasId(end.id)).path().to_list()
9.  # 计算全路径的距离
10. g.V(start).repeat(__.both().simplePath()).until(__.hasId(end.id)).path().group().by(__.count(Scope.local)).next()
```

不同距离的多条路径的可视化如图 7-8 所示。

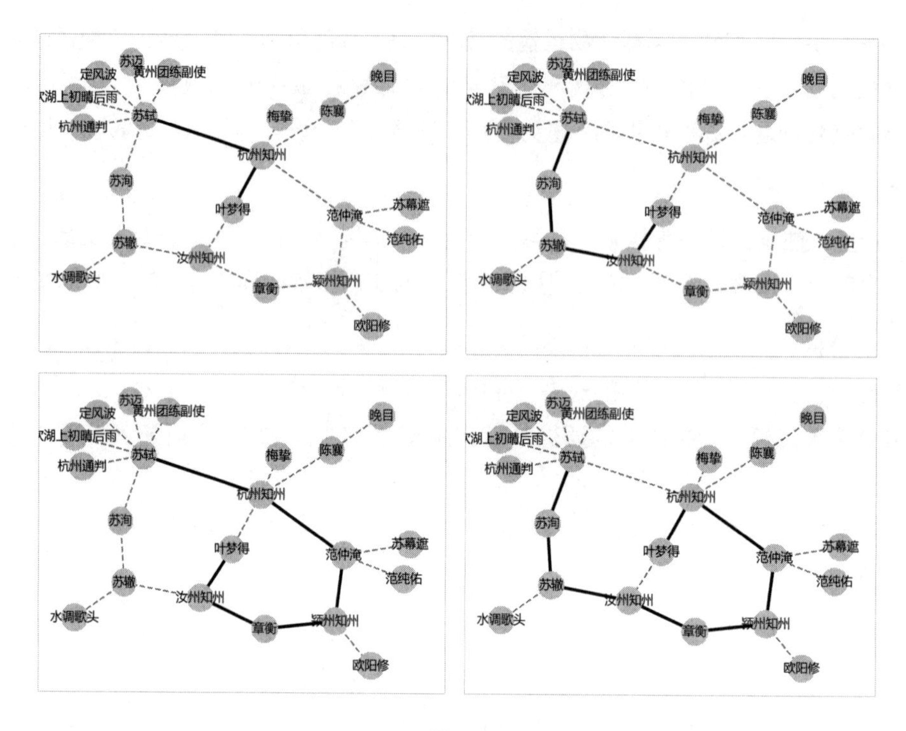

图 7-8

7.6 中心性

中心性（Centrality）是通过图的结构信息来评估顶点或边的重要性的指标，中心性分析也是评估图的基本结构、几何性质和动态行为特征的基本方法。中心性用于分析图中的局部或全局的重要性特征，揭示图的结构性特征和几何性质，挖掘顶点或边在图中的作用或影响力。

7.6.1 中心性的概念及应用

从微观层面上，中心性用于评估点或边所代表的物理现实的重要性。例如，在银行资金交易网络中，评估某个金融机构（在图中表示为顶点）在整个网络中的作用，并进一步用于交易监测（如发现异常交易路径或可疑顶点）、风险识别（如评估某个金融机构发生风险时对整个金融网络造成的影响严重程度）或重要客户识别（如定位金融网络中的重要客户或关键资源）等。

从宏观层面上，通过对复杂图或复杂网络的中心性度量进行统计分析，可以对图进行分类或者理解图的整体性质。一个典型的例子是，利用中心性定义统计同质图（Homogeneous Graph）

和异质图（Heterogeneous Graph）。在同质图中，中心性度量所表征的统计分布具有快速衰减的特点，形成了轻尾分布（Light-tailed Distribution）；异质图所表征的统计分布则是重尾分布（Heavy-tailed Distribution）。在实际案例中，航空网络属于异质图，某些枢纽机场具备大量的航线，而其他机场只具备少量的航线。

在实践中，图的中心性分析被广泛应用于金融、社会、工业、商业等各个领域。典型的应用场景如下。

（1）金融领域：通过对金融交易网络中的“枢纽”节点（如核心金融机构）进行中心性分析，评估其对整个网络稳定性的影响；在风险传递分析中，中心性分析可以揭示流动性冲击风险传递的广度和深度，比较典型的是通过“借款中心性”分析流动性风险的集中点。

（2）公共安全：中心性分析用于挖掘犯罪网络的核心人物，为打击犯罪团伙提供精准线索。

（3）社会学研究：识别社交网络中的关键意见领袖或重要传播节点，有助于舆情管理和信息扩散分析。

（4）互联网搜索与排序：PageRank 算法是中心性的一种经典实现，广泛用于衡量网页的重要性，是互联网中网页排名与优化的基础算法。

（5）交通网络规划：中心性分析用于优化交通基础设施选址，如加油站、公交站点和应急救援站点的位置设计，以提高网络的利用效率和覆盖率。

（6）电力网络：中心性分析用于衡量电网的鲁棒性，帮助设计更稳健的电网结构。

（7）生物网络：在生物学中，中心性分析用于研究生物种群的稳定性。

7.6.2 度中心性

度中心性（Degree Centrality）通过顶点的度数——顶点的边的数量——衡量一个顶点在图中的重要性。对于图 G 的顶点 v，其度中心性的定义为

$$C_D(v) = \deg(v)$$

由定义可知，度中心性即顶点的度数，反映了一个顶点在图中直接连接的邻接顶点数量。在实践中，通常会对度中心性进行归一化，将其值限定在[0,1]范围内，从而使不同规模的图具有可比性。对于有向图来说，度中心性还可以分为出度中心性和入度中心性，分别对应顶点的出度和入度。

度中心性是一个非常简单、直观的局部度量方法。一个顶点的边越多，“看起来”就越重要。例如，在社交网络中，一个人认识的人越多，他在该网络中就越容易成为“中心”，这也是度中心性最原始的意义。下面是度中心性的 Gremlin 实现示例。其中关键的计算子句是.by(__.bothE().count())，其作用是计算当前顶点的度数。

- bothE()：返回与顶点相连的所有边（无论是入边，还是出边）。如果是出度，则用 outE；如果是入度，则用 inE。
- count()：对这些边计数，得到该顶点的总度数。

```
1.  # 度中心性
2.  g.V().project("名字","度中心性"). \
3.      by('名字').by(__.bothE().count()).order(). \
4.      by("degree", Order.desc).to_list()
5.
```

度中心性的计算结果示例如下。

```
[{'名字': '苏轼', '度中心性': 7},
 {'名字': '苏幕遮·怀旧', '度中心性': 1},
 {'名字': '黄州团练副使', '度中心性': 1},
 {'名字': '苏迈', '度中心性': 1},
 {'名字': '晚目', '度中心性': 1},
 {'名字': '杭州知州', '度中心性': 5},
 {'名字': '章衡', '度中心性': 2},
 {'名字': '范仲淹', '度中心性': 4},
 {'名字': '颍州知州', '度中心性': 3},
 {'名字': '欧阳修', '度中心性': 1},
 {'名字': '范纯佑', '度中心性': 1},
 {'名字': '定风波·莫听穿林打叶声', '度中心性': 1},
 {'名字': '饮湖上初晴后雨·其二', '度中心性': 1},
 {'名字': '苏洵', '度中心性': 2},
 {'名字': '叶梦得', '度中心性': 2},
 {'名字': '汝州知州', '度中心性': 3},
 {'名字': '苏辙', '度中心性': 3},
 {'名字': '杭州通判', '度中心性': 1},
 {'名字': '梅挚', '度中心性': 1},
 {'名字': '陈襄', '度中心性': 2},
 {'名字': '水调歌头·徐州中秋', '度中心性': 1}]
```

7.6.3 亲密中心性

亲密中心性（Closeness Centrality）基于距离来衡量顶点在图中的重要性。图 G 的顶点 v 与其他顶点的平均距离越小，则亲密中心性越高，表明顶点 v 处于更靠近中心的位置。顶点的亲密中心性越高，意味着它与其他顶点的距离越近，从信息传递的角度，通过该顶点更易于把信息传递到整个图中。在社交网络中，高亲密中心性的顶点（个人或组织）有着信息传递枢纽的作用，即通过这些顶点，信息能够最快传遍整个网络。

亲密中心性和度中心性有所不同。在计算指定顶点的度中心性时，只需要用到局部数据；在计算亲密中心性时，需要计算某个顶点与所有其他顶点的最短距离，即图的全局数据，因此计算复杂度高。尤其是在图的规模较大时，计算资源和时间消耗显著增加。因此，在计算亲密中心性时，务必结合实际需求和硬件条件进行评估。无向图的亲密中心性算法的 Gremlin 实现示例如下。

```
1.  # 亲密中心性
2.  g.withSack(1.0).V().as_("v"). \
3.      repeat(__.both().simplePath().as_("v")).emit(). \
4.      filter_(__.project("x","y","z").by(__.select(Pop.first, "v")). \
5.            by(__.select(Pop.last, "v")). \
6.            by(__.select(Pop.all_, "v").count(Scope.local)).as_("triple"). \
7.          coalesce(__.select("x","y").as_("a"). \
8.            select("triples").unfold().as_("t"). \
9.            select("x","y").where(P.eq("a")). \
10.           select("t"), \
11.             __.aggregate(Scope.local,"triples")). \
12.         select("z").as_("length"). \
13.         select("triple").select("z").where(P.eq("length"))). \
14.     group().by(__.select(Pop.first, "v").values("名字")). \
15.     by(__.select(Pop.all_, "v").count(Scope.local). \
16.     sack(Operator.div).sack().sum_()). \
17.     order(Scope.local).by(Column.values, Order.desc).next()
```

其中，withSack(1.0)将每个顶点初始化为 1.0。在 project("x","y","z")中，x 表示最短路径的起始顶点，y 表示最短路径的终末顶点，z 表示路径中的所有顶点的数量，其计算过程由紧接着 project 语句的 3 个 by 实现。coalesce 用于检查是否已计算过，如果是，则不需要重复计算。group().by 会根据每条最短路径的起始顶点进行分组计数。sack(Operator.div)会用 1 除以其距离，也就是距离越长，其值越小。

亲密中心性的计算结果示例如下。

```
{'章衡': 8.066666666666672,
 '杭州知州': 7.816666666666655,
 '苏轼': 7.716666666666667,
 '汝州知州': 7.583333333333337,
 '苏辙': 7.433333333333337,
 '范仲淹': 7.350000000000002,
 '叶梦得': 6.65,
 '苏洵': 6.500000000000002,
 '陈襄': 6.166666666666668,
 '颍州知州': 6.133333333333355,
 '水调歌头·徐州中秋': 5.992857142857148,
 '梅挚': 5.916666666666668,
 '黄州团练副使': 5.816666666666669,
 '苏迈': 5.816666666666669,
 '杭州通判': 5.816666666666669,
 '定风波·莫听穿林打叶声': 5.816666666666669,
 '饮湖上初晴后雨·其二': 5.816666666666669,
 '苏幕遮·怀旧': 5.728571428571432,
 '范纯佑': 5.728571428571432,
 '晚目': 4.952380952380956,
 '欧阳修': 4.866666666666669}
```

7.6.4 中介中心性

在图中，随机地从一个顶点向另一个顶点游走，有些顶点或边会被经常访问到，另一些顶点或边则较少被访问到。中介中心性（Betweenness Centrality）是衡量顶点或边被访问的频繁程度的指标。事实上，中介中心性衡量的是顶点或边起到的连通作用，中介中心性较强的顶点或边更有可能是不同顶点或子图之间的“桥梁”。在信息传播中，中介中心性较强的顶点或边可作为重要“桥梁”，是通信中关键的枢纽或主干道，但它们往往也可能成为“瓶颈”。因此，中介中心性也是寻找各种网络（如交通网络、通信网络、社交网络等）瓶颈的重要指标。

通常，一个顶点的度中心性越大，那么它被当作“桥梁”的可能性就越大，中介中心性也就越强。这在社交网络中是易于理解的，一个人认识的人越多，他就越有可能成为介绍两个陌生人认识的中间人。其他例子显而易见，如在航空网络中，航班特别多的枢纽机场更可能成为中转机场。

中介中心性计算的核心在于：评估一个顶点在全图中所有最短路径上出现的频率。这意味着要遍历网络中任意两个顶点之间的最短路径，因此在较大的图上计算会变得非常耗时，应谨慎使用。下面是中介中心性的 Gremlin 实现示例。

```
1.  # 中介中心性
2.  g.V().as_("v"). \
3.      repeat(__.both().simplePath().as_("v")).emit(). \
4.      filter_(__.project("x","y","z").by(__.select(Pop.first, "v")). \
5.              by(__.select(Pop.last, "v")). \
6.              by(__.select(Pop.all_, "v"). \
7.              count(Scope.local)).as_("triple"). \
8.          coalesce(__.select("x","y").as_("a"). \
9.              select("triples").unfold().as_("t"). \
10.             select("x","y").where(P.eq("a")). \
11.             select("t"), \
12.             __.aggregate(Scope.local,"triples")). \
13.         select("z").as_("length"). \
14.         select("triple").select("z").where(P.eq("length"))). \
15.     select(Pop.all_, "v").unfold(). \
16.     groupCount().by('名字'). \
17.     order(Scope.local).by(Column.values, Order.desc).next()
```

在上述代码中，repeat(__.both().simplePath().as_("v"))用于计算每个顶点出发的最短路径，并记录沿途所经过的顶点。filter_中的 project 子句、coalesce 子句与亲密中心性的用法是一致的。第 15 行中的 unfold 将展开路径的所有顶点汇成一个列表，即该列表中包含所有最短路径所经过的顶点。groupCount 对顶点计数，即统计在所有顶点对之间的最短路径访问每个顶点的频度。中介中心性的计算结果示例如下。

```
{'杭州知州': 330,
 '苏轼': 294,
 '范仲淹': 212,
 '汝州知州': 160,
 '苏辙': 152,
 '颍州知州': 130,
 '苏洵': 122,
 '叶梦得': 120,
 '章衡': 110,
 '陈襄': 90,
 '水调歌头·徐州中秋': 60,
 '苏幕遮·怀旧': 50,
 '范纯佑': 50,
 '黄州团练副使': 46,
 '苏迈': 46,
 '杭州通判': 46,
 '定风波·莫听穿林打叶声': 46,
```

```
 '梅挚': 46,
 '晚目': 46,
 '饮湖上初晴后雨·其二': 46,
 '欧阳修': 44}
```

7.6.5 特征向量中心性

特征向量中心性（Eigenvector Centrality）是谱图理论的研究内容之一，基于图的邻接矩阵的谱特征来计算。本质上是通过邻接顶点的中心性确定当前顶点的中心性，即图 G 的顶点 i 的特征向量中心性被定义为其所有邻接顶点中心性的平均值。与其他中心性（如度中心性）不同，特征向量中心性的核心思想在于：一个顶点的重要性不仅取决于它连接的邻接顶点数量，还与其邻接顶点本身的重要性有关。

以人际关系网络为例，如果一个人的朋友都很重要（如他们在社会中有较大的影响力、较多的财富或资源），虽然这个人自己本身并不显得特别重要，但他也会因为朋友的重要性而变得更重要。下面是特征向量中心性算法的 Gremlin 实现示例。

```
1.  # 特征向量中心性
2.  g.V().repeat(__.groupCount('m').by('名字').both().timeLimit(100)). \
3.      times(5).cap('m').order(Scope.local).by(Column.values, Order.desc). \
4.      limit(Scope.local, 100).next()
```

上述代码通过不断迭代的方法近似计算每个顶点的特征向量中心性，其中迭代的次数（例子中是 5 次）由子句 times(5)确定。每次迭代都会更新每个顶点的中心性分数，相当于计算了图中顶点的特征向量中心性。代码中使用 repeat 遍历邻接顶点来模拟特征值迭代收敛的过程，同时用 groupCount 对顶点的累计得分进行归档和跟踪。最终结果是一个按中心性分数排序的顶点集合，如下。

```
{'杭州知州': 212,
 '苏轼': 200,
 '范仲淹': 126,
 '苏洵': 112,
 '叶梦得': 95,
 '汝州知州': 88,
 '黄州团练副使': 82,
 '苏迈': 82,
 '颍州知州': 82,
 '杭州通判': 82,
 '定风波·莫听穿林打叶声': 82,
 '饮湖上初晴后雨·其二': 82,
```

```
'陈襄': 74,
'苏辙': 74,
'梅挚': 64,
'章衡': 62,
'苏幕遮·怀旧': 47,
'范纯佑': 47,
'欧阳修': 31,
'水调歌头·徐州中秋': 31,
'晚目': 28}
```

7.6.6 PageRank

PageRank 是 Google 搜索引擎的核心算法，由 Google 公司的创始人提出。其基本思想来自论文质量的评价方法——论文的引用量越大，其权威性越高。在互联网中，组成网页的顶点和组成链接的边构成了图的拓扑结构，这与论文引用非常相似。将论文的评价方法迁移到网页中，即被更多其他网页链接的页面的质量更高，更受用户的欢迎，从而 PageRank 值更大。PageRank 值意味着在网页上随机游走时能够访问到某个网页的概率，那些最受欢迎的网页就是最有可能被访问的网页。随着 Google 的成功，PageRank 被深入研究并广为接受，也被应用到广义、抽象的图上，用于衡量顶点的重要性。也就是说，PageRank 成了衡量顶点中心性的著名算法。

PageRank 算法考虑了顶点的邻接顶点的中心性，可以衡量顶点的传递方向的影响。它在本质上与特征向量中心性一样，是一种基于邻接矩阵的特征向量的度量方法，可以被当作特征向量中心性。具体来说，PageRank 算法考虑了顶点的入度，以及顶点入边的另一端顶点的 PageRank 值，以此计算当前顶点的 PageRank 值。这与仅考虑入边的特征向量中心性非常相似。

Gremlin 内置的 PageRank 算法的实现代码如下。

```
1.  # PageRank
2.  from gremlin_python.process.traversal import PageRank
3.  gg = g.withComputer()
4.  gg.V().pageRank().with_(PageRank.propertyName,'pageRank'). \
5.      project('名字', 'pageRank'). \
6.      by('名字').by('pageRank'). \
7.      order().by(__.select('pageRank'), Order.desc).to_list()
```

PageRank 算法的计算结果示例如下。

```
[{'名字': '杭州知州', 'pageRank': 0.1126599285546965},
 {'名字': '颍州知州', 'pageRank': 0.09045642757895131},
 {'名字': '汝州知州', 'pageRank': 0.06893961679271773},
 {'名字': '范仲淹', 'pageRank': 0.059783540326614995},
```

```
{'名字': '苏轼', 'pageRank': 0.059783540326614995},
{'名字': '苏洵', 'pageRank': 0.04994077367100065},
{'名字': '苏幕遮·怀旧', 'pageRank': 0.04925408348148903},
{'名字': '晚目', 'pageRank': 0.04604942562746091},
{'名字': '水调歌头·徐州中秋', 'pageRank': 0.041471387394409545},
{'名字': '黄州团练副使', 'pageRank': 0.04078469720489793},
{'名字': '定风波·莫听穿林打叶声', 'pageRank': 0.04078469720489793},
{'名字': '饮湖上初晴后雨·其二', 'pageRank': 0.04078469720489793},
{'名字': '杭州通判', 'pageRank': 0.04078469720489793},
{'名字': '苏迈', 'pageRank': 0.03231531092830681},
{'名字': '欧阳修', 'pageRank': 0.03231531092830681},
{'名字': '范纯佑', 'pageRank': 0.03231531092830681},
{'名字': '叶梦得', 'pageRank': 0.03231531092830681},
{'名字': '苏辙', 'pageRank': 0.03231531092830681},
{'名字': '梅挚', 'pageRank': 0.03231531092830681},
{'名字': '陈襄', 'pageRank': 0.03231531092830681},
{'名字': '章衡', 'pageRank': 0.03231531092830681}]
```

PageRank 是一种基于图结构的重要性评估算法，其应用范围已经远远超越了最初的搜索引擎网页排序，在许多场景中被广泛使用。

- 在社交网络中，通过兴趣和公共连接计算用户在某个兴趣领域的权威性，揭示特定兴趣领域的关键意见领袖和核心传播节点。通过精细的网络连接权重分析，捕捉社交网络中的结构特征和信息传播模式。
- 在城市交通和空间规划领域，PageRank 提供了一种创新的网络分析范式。对于公共交通系统，PageRank 可以用于预测交通流量，识别关键交通枢纽，并为城市基础设施优化提供数据支撑。通过将道路网络抽象为复杂的加权图，可以精准评估每个路口和路段的重要性，为城市规划者提供更具洞察力的决策依据。PageRank 也被用于研究空间的人员流动和辐射人群情况，进而优化公园、商业、街区的布局。
- 在金融风险管理和网络安全领域，PageRank 用于进行异常检测和欺诈检测，评估并揭示有异常行为的用户；识别潜在的欺诈网络行为，揭示隐藏在复杂交易关系中的异常模式。保险公司和金融机构可以借助这一技术，有效预防和控制系统性风险。
- 在生命科学、分子生物学和化学的研究中，PageRank 也被用在蛋白质相互作用网络、基因调控网络、分子结构、化学键网络等方面，用于识别关键节点，评估基因、蛋白质在复杂生物学过程中的核心调控作用，揭示分子间相互作用的复杂机制。这为疾病机理研究、精准医疗、材料设计和新药研发等工作提供了强大的计算工具。
- 在工业互联网和网络运维领域，基于 PageRank 可以对网络节点进行重要性分级，实现更加智能和高效的资源分配、故障预测和应急响应。

- 在自然语言处理和知识图谱构建中，PageRank 提供了一种基于图结构的语义分析范式。通过评估文本中关键内容的重要性来评估文本片段的重要性。通过评估实体关系的重要性，可以挖掘特定任务中所需的关键知识点。
- 在文化创意产业，如影视娱乐领域，PageRank 为内容价值评估提供了一种数据驱动的方法。通过分析演员、导演的合作网络和作品影响力，可以量化艺术创作的传播效应和文化价值。

7.7 社区检测

"物以类聚，人以群分"，这句谚语深刻揭示了社会系统中个体之间互动的基本规律。在社会网络中，个体倾向于与相似的人建立联系，并通过这些联系聚集形成更大的社会组织——社区（Community）。在社区内部，人与人之间的联系紧密，所形成的连接非常多且丰富；而不同社区的人们之间联系较少，所形成的连接也稀少且单调。在某些领域研究中发现，很多现实存在的系统也被自然地划分为社区，如生态系统、金融交易网络等。经过抽象，在由顶点和边构成的图中，呈现出类似"物以类聚，人以群分"的圈子化现象，这被称为"图的社区化"，每个圈子被称为"社区"。

7.7.1 社区检测概述

我们可以将社区看作图 G 的子图 G_s，子图内的顶点之间具有较多的边（称为内部边），分属于不同子图的顶点之间具有较少的边（称为外部边）。也就是说，社区的内部边要远远多于社区的外部边。通俗地说，社区是指由一系列联系紧密的顶点所构成的子图，社区内部的连接是稠密的，社区之间的连接是稀疏的。

在图中，社区检测（Community Detection）旨在将顶点划分为若干个子集，使每个子集中顶点之间的连接密度较大，而不同子集间的连接密度较小。这种结构特性可以定量描述为"内部边"多于"外部边"。直观理解为：社区是一个联系紧密的小团体，像社交网络中的朋友圈；社区之间的联系较为稀疏，类似在不同的朋友圈间偶尔互动。用软件设计中常常出现的一个理念"高内聚、低耦合"来形容非常贴切，即社区内的顶点之间是"高内聚"的，不同社区之间的顶点是"低耦合"的。

在不同的上下文中，社区检测也常常被称为社区发现、社区分类、图聚类等，其任务是将图划分为不同的社区，这是图分析和图计算的重要任务。通常，稀疏图的社区检测才是可行的，很难对稠密图的顶点划分社区。在图中检测社区需要探索整个图，在数学上，这是 NP 完全问题。不过，在实际应用中，通常只需要一个合理的社区检测结果。社区检测是一个比较复杂的算法，需要对整个图进行探索，对于具有千万级、亿级顶点的图来说，社区检测的挑战非常巨大。同时，社区检测并非唯一解，而是对完美情况的近似。因此，同一个图在不同的算法之下，可能得到截然不同的社区划分结果。这就导致在不同场景、不同任务中，有许多“人为”的判断标准，依赖人对业务的了解程度。下面是在实践中使用社区检测算法需要考虑的一些问题。

- 是否允许社区重叠：在对图中的顶点进行划分时，是否允许一个顶点属于多个社区（如人在多个社交圈中）？根据业务需求，判断是否允许重叠社区，是用好社区检测的一个基本问题。
- 是否需要多尺度分析：在业务场景中是否需要不同粒度的社区划分？是否需要层次或嵌套社区的划分？
- 大规模图的高效处理：随着图的规模的增长，顶点和边的数量变多，社区检测的难度也随之增大。在业务场景中，预估图的规模和社区的规模也是基本问题之一。

7.7.2 社区检测算法一览

社区检测算法众多，涉及拓扑结构、信息流动、图谱理论等。下面罗列一些常见的社区检测算法。不过，这些算法中没有一个是普适的。不同的算法能够满足特定的需求，适用于不同的应用场景。因此在特定场景中，要根据目标来选择最合适的算法。对于如何选择算法，也没有普适的原则，需要对算法的特性足够了解，并凭借经验做出合适的选择。有时建议使用一组社区检测算法来检测社区，从而更可靠地评估图的结构特性，并根据业务场景的目标选择最佳的社区检测算法。

1. 基于中心性分裂的算法

GN（Girvan-Newman）算法是社区检测的经典算法之一[20]，它基于边的递归删除实现社区分裂，进而实现社区发现。在 GN 算法中，删除的边并不是随机选择的，而是使用边的中介中心性作为衡量指标。在实现方法上，GN 算法迭代地将边中介中心性值中最大的那些边去除，直到形成社区。GN 算法的特点是直观且层次化输出，可以使用树状图（dendrogram）表示不同层级的社区划分。但其计算复杂度较高，约为 $O(n^3)$，因此适用于小规模的图。

2. 基于模块度的最优化算法

模块度（Modularity）是社区检测中最重要的概念之一[21]，既可以衡量将图划分为社区的好坏程度，也可以衡量图的同质性（Homophily）。较高的模块度通常表示社区划分能够较好地反映“真实的”社区结构。许多社区检测算法使用模块度来衡量划分社区的好坏程度，并用于判断算法是否应当停止。模块度最初是针对无向图提出的，并在后续发展中被推广到了有向图和带权有向图中。Louvain 算法和 Leiden 算法是两种被广泛使用的基于模块度的最优化算法。

Louvain 是一种基于启发式贪婪思想的社区检测算法[22]，它通过模块度优化进行层次聚类，旨在找到使模块度值最大的社区划分方案。Louvain 算法的时间复杂度为 $O(n\log n)$（n 为图 G 的顶点的数量），效率较高，适合处理大规模的图。Louvain 算法通过两个阶段的持续迭代来划分社区：基于模块度的局部优化和社区凝聚。实践表明，在基于模块度的局部优化阶段，顶点的遍历顺序是影响计算效率的主要因素。因此，采用启发式引导策略的 Louvain 实现方法不仅能提升算法的收敛速度，还能获得更符合实际场景需求的社区划分结果。

Leiden 算法是 Louvain 算法的改进版本[23]，它解决了 Louvain 算法可能产生的弱连接社区的问题，同时提高了收敛性和划分质量。其主要改进是在 Louvain 算法的两个阶段中增加了“社区精炼”阶段——将初始划分的社区嵌套地划分为更小的子社区，以揭示图中潜在的层次结构。此外，Leiden 算法能够保证每个社区内部的连通性，使划分结果更加合理。

3. 随机游走算法

信息流映射（Information Flow Mapping，Infomap）和自投罗网（Walktrap）算法是两种常见的基于随机游走的算法。前者注重全局信息流的压缩，以优化图的整体划分质量；后者则更关注局部结构，通过短步随机游走实现社区检测。

Infomap 算法是一种基于信息论的社区检测算法[24]，其核心思想是通过压缩图的随机游走信息，识别具有强连通性的社区。该算法将图的信息流视为随机游走的过程，并利用最小描述长度（Minimum Description Length，MDL）原理进行优化，以最大限度地压缩描述随机游走路径的数据。具体来讲，Infomap 通过在图中模拟随机游走，分析信息流的轨迹，识别流动性强的模块。在随机游走过程中，信息在一个社区内流动的时间较长，只有少量流出，这是划分社区的关键依据。

Walktrap 算法是一种基于随机游走的层次聚类算法[25]，其主要利用随机游走过程中捕获的局部结构信息划分社区。该算法通过模拟短步随机游走，衡量图中顶点之间的相似度，将具有相似行为的顶点归为一类。在 Walktrap 算法中，短步随机游走（如 2 ~ 5 步）的路径能够有效反映图的局部拓扑特性。两个顶点被划分到同一社区的可能性与它们在随机游走过程中同时被访问的概率有关。同时，Walktrap 算法通过合并社区来构建层次树，从而识别具有紧密连接的社区。

4. 标签传播算法

标签传播算法（Label Propagation Algorithm，LPA）的核心思想是通过顶点之间的标签竞争来划分社区[26]。在算法的初始阶段，每个顶点被赋予唯一的标签。在每次迭代中，每个顶点根据其邻接顶点中最常见的标签更新自己的标签。通过这种方式，具有密切连接的顶点逐渐被分配到相同的社区中。该过程持续进行，直到标签不再发生显著变化。LPA 的主要优点是简单高效，接近线性的计算复杂度，且算法本质上是局部计算，易于并行化，适合处理超大规模的图。其缺点也非常明显，就是结果相当不稳定（相比于其他算法），难以处理复杂的图或重叠社区的情况，且可能会产生一个社区内存在不连通的顶点的情况。因此，有一些 LPA 的变体试图发挥 LPA 的优点且避免其缺点，如基于邻域优化的 LPA、平滑化方法、模块度优化方法等。

5. 基于谱图理论的算法

基于谱图理论的社区检测算法通过分析图的拉普拉斯矩阵的特性，实现顶点的分组和社区划分，如谱聚类算法等。这类方法的核心优势在于利用图的全局结构特性，有效识别复杂网络中的社区结构。

谱聚类（Spectral Clustering）算法利用图论和线性代数，在网络中识别社区结构[27]。通过计算图的拉普拉斯矩阵的特征值和特征向量，谱聚类将顶点映射到低维空间，使相似顶点在该空间中聚集在一起，从而有效地揭示网络中的自然群体和社区结构。具体来讲，谱聚类基于基于图的邻接关系或距离，生成拉普拉斯矩阵，通过特征分解对矩阵进行降维，然后基于降维后的矩阵进行聚类（如 k-means），从而分配顶点到不同的社区中。

6. 层次聚类算法

变色龙（Chameleon）层次聚类算法通过动态调整相似度度量方法实现图的社区划分[28]。该算法基于两种关键特性：相对连通性（Relative Interconnectivity）和相对接近性（Relative Closeness）。这两种特性通过对顶点间的连接密度与距离进行权衡，从而更好地识别社区边界。

变色龙算法通常包含两个阶段：初始聚类阶段和动态合并阶段。在初始聚类阶段，使用k-最近邻图（k-Nearest Neighbors Graph）生成初步的子图，确保社区具有较高的内部连通性。在动态合并阶段，通过动态调整相似度度量方法，使相对连通性与相对接近性相结合，逐步合并社区，形成最终社区。

7.7.3 Leiden 算法实战

Leiden 算法比较新，是对 Louvain 算法的改进，因具有高效性和准确性而被广泛使用。Leiden 算法以模块度来衡量社区划分的质量，主要分为三个阶段。

（1）**局部移动**：在这个阶段，算法遵循模块度增益准则，为图中的顶点迭代地分配社区归属。考察每个顶点与其邻接顶点所属社区的模块度变化，并将其移至使模块度最大化的社区中。在计算时，仅更新邻域变化的顶点，避免无效计算，大幅提升计算效率。

（2）**社区精炼**：在移动顶点完成后，Leiden 算法通过检测并移除可能导致社区非连通的顶点连接，从而确保每个社区都具有连通性。在这个阶段，Leiden 算法会减少因社区不连通导致的错误划分情况，确保社区的内聚性和边界的清晰性。

（3）**聚合和层次优化**：将每个社区视为一个新的顶点，重新构建网络，并重复前两个阶段的操作，直至模块度不再提升。层次优化机制能够进一步避免局部最优困境，提升社区划分的全局质量。

Leiden 算法在复杂图上进行社区检测的时间复杂度约为 $O(L|E|)$，空间复杂度为 $O(|V|+|E|)$，其中 L 为迭代次数，$|E|$是边的数量，$|V|$是顶点的数量。Leiden 算法虽然与 Louvain 算法类似，但由于在局部优化和精炼阶段减少了无效计算，其在大规模网络上的实际运行时间显著减少。同时，Leiden 算法在相同网络上产生的模块度值通常高于 Louvain 算法，且结果更稳定，避免了模块度陷入局部最优困境。Leiden 算法的具体步骤如下。

（1）在每次迭代后，Leiden 算法保证了社区的γ-分离性和γ-连通性。即在每次迭代后，所有社区都是γ-分离的，意味着所划分的社区无法进一步合并；所有社区是γ-连通的，意味着社区内的顶点是连通的。

（2）在每次稳定迭代后，Leiden 算法保证所有顶点是局部最优分配的，且所有社区是子分区γ-稠密的。

（3）在持续迭代到最终收敛后，Leiden 算法保证所有社区是均匀 γ-稠密的，且所有社区是子集最优的。

Leiden 算法因具有优秀的特性而被广泛使用，目前已开发出许多优化过的 Leiden 库。在 Python 语言中，leidenalg 是一个使用最广泛的 Leiden 库。leidenalg 支持加权、有向图、双模式图，以及多层图的社区检测，不仅提供模块度的优化目标，还提供了恒定波茨模型（Constant Potts Model，CPM）、显著性（Significance）和惊喜度（Surprise）等优化目标。下面使用 leidenalg 对图 5-1 所示的“宋代人物知识图谱”进行社区检测，并将社区划分可视化。Gremlin 和 Python 代码的混合实现代码如下。

```
1.  # Leiden 算法划分社区的代码示例
2.  import networkx as nx
3.  import matplotlib.pyplot as plt
4.  # pip3 install leidenalg igraph
5.  import leidenalg
6.  import igraph as ig
7.  import numpy as np
8.
9.  # 获取所有顶点
10. vertices = g.V().valueMap(True).toList()
11. # 获取所有边
12. edges = g.E().project("source_id", "target_id", 'label'). \
13.     by(__.outV().id_()).by(__.inV().id_()).by(T.label).to_list()
14.
15. # 创建 NetworkX 图
16. G = nx.Graph()
17. # 添加顶点
18. for vertex in vertices:
19.     vertex_id = vertex.get(T.id)
20.     G.add_node(vertex_id, name=vertex.get('名字')[0].split('·')[0])
21. # 添加边
22. for edge in edges:
23.     source_id = edge.get('source_id')
24.     target_id = edge.get('target_id')
25.     G.add_edge(source_id, target_id, name=edge.get("label"))
26.
27. # 将 NetworkX 图转换为 igraph 图
28. ig_graph = ig.Graph.from_networkx(G)
29.
```

```
30. # 使用 Leiden 算法进行社区检测，返回社区划分结果
31. communities = leidenalg.find_partition(ig_graph,
32.     leidenalg.ModularityVertexPartition)
33.
34. # 创建社区映射
35. community_map = {}
36. for idx, community in enumerate(communities):
37.     for node in community:
38.         community_map[ig_graph.vs[node]['_nx_name']] = idx
39.
40. # 用 NetworkX 可视化社区检测结果
41. plt.figure(figsize=(8,8))
42. # 使用 Spring 布局
43. pos = nx.spring_layout(G, k=0.4, iterations=50)
44.
45. # 获取唯一社区数量
46. num_communities = len(set(community_map.values()))
47.
48. # 创建颜色映射
49. color_map = plt.cm.get_cmap('tab20')
50. colors = [color_map(community_map[node] / num_communities) \
51.     for node in G.nodes()]
52.
53. # 绘制顶点和边
54. nx.draw_networkx_nodes(G, pos, node_color=colors,
55.     node_size=700, alpha=0.8)
56. nx.draw_networkx_edges(G, pos, alpha=0.1)
57.
58. # 顶点的标签
59. node_labels = nx.get_node_attributes(G, 'name')
60. nx.draw_networkx_labels(G, pos,labels=node_labels, font_size=9)
61. # 边的标签
62. edge_labels = nx.get_edge_attributes(G, 'name')
63. nx.draw_networkx_edge_labels(G, pos, edge_labels=edge_labels,
64.     font_color='red', font_size=8)
65.
66. # 显示图形
67. plt.axis('off')
68. plt.tight_layout()
69. plt.savefig('leiden.jpg', dpi=1000)
70. plt.show()
```

图 7-9 是社区检测的结果，从中可以看出，这个社区划分的效果符合预期。Leiden 算法将其划分为 5 个社区，分别为颍州知州、汝州知州、杭州知州和苏轼社区（苏轼的连接点比较多，因此被独立成一个社区了），结果是合理的。

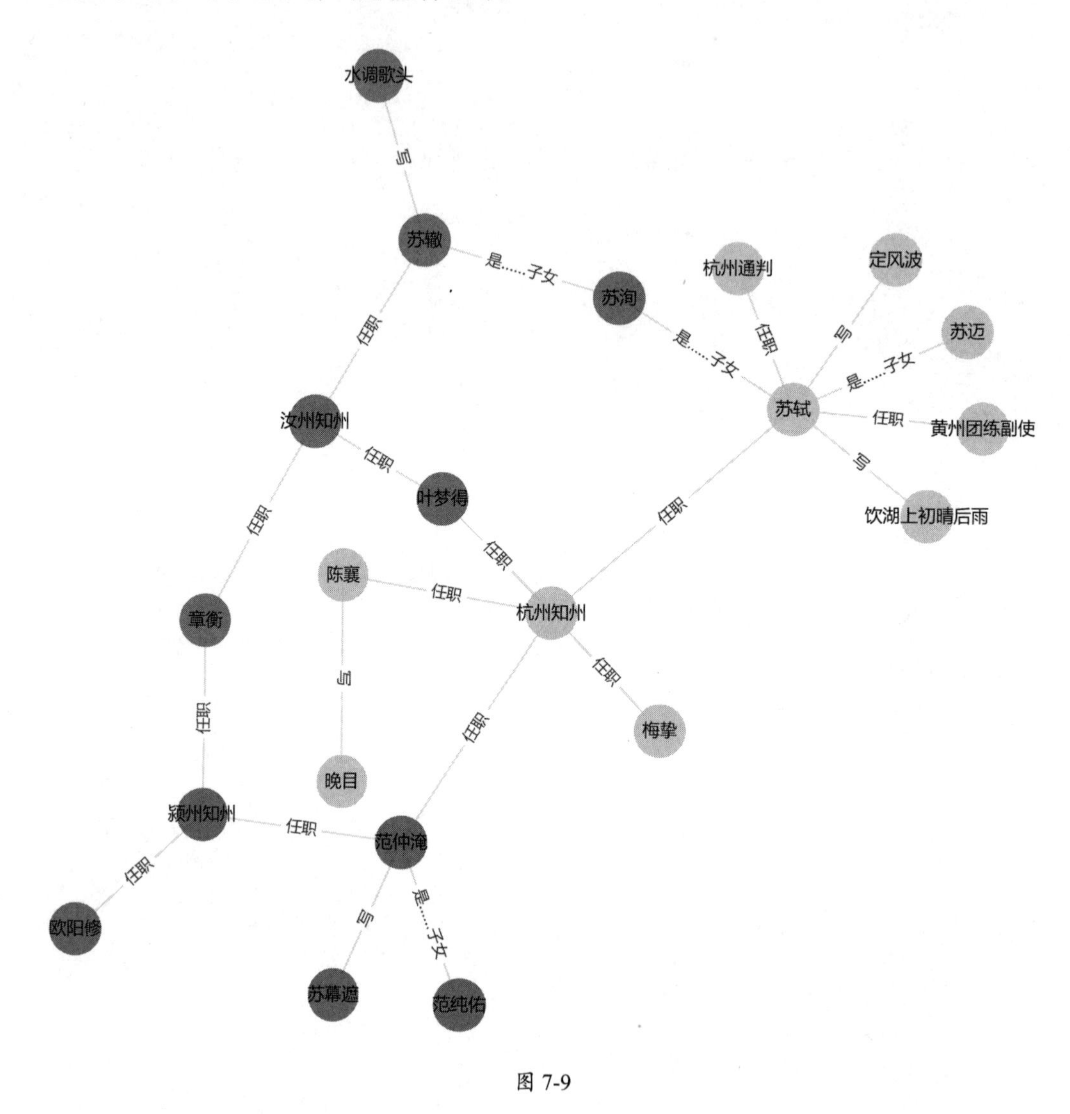

图 7-9

7.7.4 社区检测算法的应用场景

社区检测算法已经被广泛应用在计算机科学、社会科学、生物学、交通管理、经济与金融等各行各业中。它通过揭示网络中节点的内在聚集特性，为理解复杂系统的结构与功能提供了重要手段。下面梳理了社区检测算法的一些应用场景。

（1）在社交媒体中，社区检测算法被用来划分用户的兴趣群体，即通过用户行为网络的社区结构识别潜在的兴趣群体。

（2）在分析信息传播模式时，社区检测能够揭示信息是如何在社区内部快速传播并向外扩散的。

（3）社区检测算法用于发现蛋白质交互网络中的功能模块，帮助研究人员定位与特定疾病有关的蛋白质集群。

（4）社区检测揭示了病毒传播网络中的高风险区域，帮助公共卫生部门识别社交网络中的“超级传播者”群体，指导资源分配和疫苗接种策略等。

（5）城市交通网络中的社区划分可用于分析不同区域间的交通流量特征，有助于优化资源分配。

（6）在金融交易网络中，社区检测可以有效发现行为异常的群体，如识别存在协同交易的欺诈团体。

（7）在金融投资中，市场参与者的协作关系往往形成社区。通过社区检测，投资者可以发现有潜力的合作群体或竞争动态。

（8）社区检测为知识图谱分区提供支持，使学习者按照模块化路径获取知识，如通过社区检测对知识库分层，为员工提供个性化的学习路径。

（9）社区检测算法可以用于优化课程结构，或基于社区结构设计自适应的课程内容，使知识传递与个人需求高度匹配。

7.8 思考题

1. JanusGraph 支持不同的存储后端，根据 CAP 理论，如何在 JanusGraph 中平衡一致性、可用性和分区容错性？尤其是在高并发和海量数据场景中，如何提出更高效的优化策略？请列举一些场景并说明应当使用哪种存储后端。

2. 中心性算法在知识图谱中有哪些应用场景？

3. 如何结合使用路径算法、中心性算法和社区检测算法来解决实际问题？

4. 在使用 Leiden 算法进行社区检测时，如何利用知识图谱的多属性特点混合使用不同的优化指标？例如，如何结合模块度和惊喜度对知识图谱进行分区？

5. 结合中心性算法，设计一个用于金融投资研究、舆情分析或态势感知的“影响力传播模型”，并想一想如何将其用在业务中？

6. 图数据库与关系数据库的本质区别是什么？在知识图谱中，图数据库的优势是什么？

7. 随着知识图谱规模的不断扩大，容易遇到图算法的性能瓶颈。如何将图算法并行化，并结合分布式计算框架进行优化，以提高图计算的效率？

7.9 本章小结

本章首先概述了图数据库及主流的图数据库，随后详细介绍了 JanusGraph 分布式图数据库，涵盖系统架构、存储后端、搜索方法、图查询语言、事务和故障修复等内容。接下来，用较长的篇幅详细介绍了如何使用 JanusGraph。Python 版本的 Gremlin 查询可以在 Jupyter Notebook 上使用非常方便，本章全面介绍了从安装配置到索引构建、Gremlin 使用方法、查询优化的内容。7.4 节介绍了 JanusGraph-Visualizer 等工具，使图结构的探索和分析更加直观。在图计算方面，

7.5 节介绍了遍历和最短路径等算法，7.6 节介绍了中心性，7.7 节概述了社区检测及主流算法，并以 Leiden 算法为例进行社区检测实战。针对所有算法都给出了 Gremlin 实现，使图计算与 JanusGraph 无缝集成，在知识图谱的应用中发挥强大的作用。

第8章

图模互补应用范式

自然界的共生系统展现了生态平衡的奥秘，在科技领域，人类借鉴自然界的智慧并加以创新，“图模互补应用范式”便是成果之一。图模互补将知识图谱与大模型相结合，构成一个整体，实现各自无法独立完成的目标。互补共生是一种“和而不同”的智慧，以合作与平衡达到更高的境界。自然界如此，社会如此，人工智能也如此！

在研究大模型产业落地的实践过程中，难点在于如何使用工程化的思路来解决实际问题。图模互补正是实践的产物，它借鉴自自然界中的互补共生系统，核心是使知识图谱与大模型实现优势互补，构建强大的智能系统。图模互补应用范式适用于需要确定性知识、对大模型的“幻觉”容忍性较低的场景，如金融分析、制造业故障分析、医疗诊断、工艺优化、法律服务、设备维护等。本章系统介绍大模型和知识图谱协同实现图模互补应用范式的概念、方法、流程和架构等。

本章内容概要：

- 借鉴自然界中的共生系统的概念，介绍图模互补的概念、特点等。
- 图模互补中知识图谱、大模型的作用。
- 大模型增强知识图谱的方法。
- 知识图谱增强大模型的方法。
- 图模互补智能系统的典型流程。

8.1 图模互补概述

共生系统是自然界中一种极其复杂而又精妙的生态现象，生物之间相互依存，体现了生态系统的平衡与和谐。在生物学领域，共生系统是指两种或多种不同的生物种类在一定的时间和空间内，通过某种方式相互作用，从而形成一个有机的整体。例如，蜜蜂通过采集花蜜获取食物，同时在飞行过程中携带花粉，帮助植物完成授粉。植物为蜜蜂提供了生存资源，蜜蜂保证了植物的繁衍，这种共生关系堪称自然界的完美合作。又如，《海底总动员》中的小丑鱼与其居住地海葵之间也存在互利共生的关系。一方面，小丑鱼身上的特殊黏液能够保护它免受海葵蜇伤，因此它能够在海葵中栖息，由此获得庇护和繁殖场所；另一方面，小丑鱼会驱赶试图啃食海葵的鱼类，其排泄物可作为海葵的养料，小丑鱼的游动增加了水的流动，给海葵带来了更多的氧气和营养物质。

受此启发，科技领域也产生了许多共生系统。一个典型的例子是“水光牧”互利共生模式——将光伏发电、水力发电、抽水储能和畜牧业结合在一起。在这个模式中，一方面是“水光互补”，即当太阳光照强烈充足时，用光伏发电，水电被停用或少用。当光伏发电量过大而消费不足时，从下游抽水到水库进行储能。当天气变化或黑夜时，用水力多发电，减少天气变化对光伏发电的影响，从而获得稳定可靠的电源。另一方面，将光伏发电和畜牧业相结合，光伏发电板的板上发电、板下牧羊，既降低光伏企业成本，也助力农牧民增收。“水光牧”的互利共生，实现了经济、生态、社会三大效益的高度统一。

当前，大模型发展如火如荼，但它存在幻觉、不可控、不可解释、知识陈旧等特点，在许多场景中表现不佳。知识图谱恰好具备事实性、可控性、可解释性和及时性等特点，能够弥补大模型的不足之处。同时，在知识图谱中令人诟病的构建成本高昂（知识抽取）、语言理解能力有限和难以处理非结构化数据等问题，恰好是大模型擅长解决的。大模型和知识图谱因其各自的特性，而形成了优势互补、互利共生的关系——本书称之为“图模互补”[29]。图模互补是用于描述知识图谱与大模型共生的全新应用范式。

图模互补的本质是知识图谱和大模型相互配合，应对复杂的任务。知识图谱提供了结构化、可追溯、更新及时、适时校验的可信知识，大模型提供了强大的语言理解和生成能力。一个简单的应用是，当图模互补智能系统收到一个查询需求时，系统会利用大模型理解用户的查询意图，在知识图谱中寻找相关的事实和关系，并结合知识图谱的确定性推理和大模型的概率性推理，生成准确的答案。

8.2 图模互补中的知识图谱

在图模互补应用范式中，知识图谱的核心是确定性，负责为系统提供结构化、定义明确、关系清晰、更新及时且可信、可校验、可追溯的知识来源。知识图谱不仅能够提供明确的实体、关系、属性和事件，还具备推理能力，如确定性推理和概率推理。这种推理机制使知识图谱在智能系统中不可替代，特别是在应对复杂关系建模和可信知识方面。相比于大模型，知识图谱的显著优势在于其结构化的知识存储和演绎推理能力。大模型依赖大规模的文本数据进行训练，具备强大的语言理解和生成能力，但往往缺乏对知识的验证和系统性校验，而知识图谱可以弥补这些不足。

8.2.1 知识的确定性和一致性

知识图谱以结构化的形式存储明确的事实和知识。在构建知识图谱的过程中，信息源的可靠性和可信度尤为关键，需要严格控制知识的来源，只采用经过验证的、可靠的知识来源，确保知识可信，从而确保构建的知识图谱可信。例如，医学知识图谱可以整合来自权威文献、专家知识库的数据，这些知识经过同行评议、实验验证，能够确保准确性。

相比之下，大模型则缺乏对事实知识的验证和纠正机制，容易出现幻觉问题。幻觉问题指大模型生成的内容与给定的输入或背景不一致或不相关，与事实或知识不符或无法验证。幻觉会影响大模型生成内容的质量和可信度，甚至会对用户造成误导和危害。

在构建知识图谱时，设计合理的交叉验证机制有助于发现知识的潜在矛盾或错误，对知识进行一致性检查，提升知识的可信度和权威性。通过整合来自不同来源的知识，知识图谱能够实现自动化校验。在合并多个来源的数据时，如果发现矛盾之处，系统能够使用冲突解决算法或基于规则的推理引擎对数据自动调整。例如，在金融知识图谱中，若某一股票的当前股价来自不同的实时数据源，那么系统可以通过校验历史趋势、权威数据源优先级等自动调整其可信度，从而避免决策错误；在构建一个历史人物知识图谱时，如果从不同史料中提取的某个事件的发生时间不同，那么系统可以标记这一矛盾，并通过规则推理或专家干预等方式解决。

8.2.2 知识来源可追溯

设计合理的知识图谱能够记录每条知识的来源、时间、引用出处等信息，使知识的追溯和验证变得透明且高效。当系统发现错误或数据不一致时，可以通过知识图谱中的溯源机制快速定位问题的来源。例如，由哪个数据源、哪次更新或哪个具体的节点引发了错误，以便于及时修正。在高度依赖数据准确性的领域，如工业制造、医疗、金融或法律系统，透明性和可追溯性至关重要，这确保了系统输出的可信度和可解释性。

相比之下，大模型的知识来源是“黑盒化”的。它从大量非结构化文本中学习并生成知识，但生成的知识或推理结果具体来自哪个数据源、何时被学习到、为何会生成这样的结论，大模型本身并不能提供明确的解释。因此，在面对错误或误导性信息时，难以追踪问题的根源，甚至可能无法准确纠正特定的错误知识。

例如，在医疗诊断场景中，知识图谱可以显示某一诊断结论基于哪些具体的医学文献、临床实验数据或专家意见，确保诊断过程的透明性和可靠性。如果某条医学信息被证明过时或不准确，那么系统可以迅速定位并更新相关的知识源。大模型生成的诊断建议则难以解释依据哪篇文献或哪项数据，导致医生在审查和验证时缺乏依据，提升错误风险。此外，在监管和合规要求严格的领域，知识图谱的溯源功能同样至关重要。金融知识图谱可以追踪每项决策的依据，确保符合监管标准，且在风险发生时迅速定位问题数据源；大模型无法提供同等级的透明度，在风险评估和合规性方面存在隐患。

8.2.3 知识的实时与及时更新

知识图谱能够实现增量更新和实时更新。当有新的知识或数据时，通过实时采集系统或自动化管道进行更新，避免因知识陈旧出现谬误。在许多场景中，知识图谱甚至可以与实时数据源进行对接，使知识具有动态性。此外，使用类似快照等技术，知识图谱还能实现版本控制，进而追踪知识的变化过程，这在法律、制度、档案等场景中的应用价值非常高。相比之下，大模型需要大规模数据训练，更新成本高昂，难以实时响应最新的事实或知识，存在知识陈旧的问题。

例如，实时新闻领域的知识图谱系统可以从各大新闻源获取最新事件，将新的事实和关系嵌入知识图谱，使其保持更新；在制造业的故障分析 AI 系统中，当出现全新类型的故障时，专业工程师会对其进行深入分析，形成详细的故障分析报告，采用抽取式构建技术将新的故障知识迅速整合到现有的知识图谱中，确保其他生产线或工厂在遇到类似的故障时及时获得支持和解决方案。相比之下，单纯依赖大模型的系统缺乏对新知识的高效吸收机制和及时校验能力，难以实现知识的实时更新和精准传递。知识图谱能够确保系统对新问题的响应更加快速和准确，大幅提升生产线的故障处理效率和全局知识共享能力。

8.2.4 可解释与可追溯的演绎推理

基于图计算、规则和谓词逻辑的知识图谱推理，其过程清晰可见，易于理解。因此，知识图谱具备高度的可解释性，尤其适用于对决策过程要求较高的场景，如法律、医疗、工业制造等。同时，这种基于规则和逻辑的演绎推理可以成为构建知识图谱时的逻辑约束，因此图模互补应用能够及时校验知识和事实，避免存在错误或矛盾的知识。相比之下，大模型是一个“黑盒”，完全依赖概率，我们无法精确控制其输出方向，也无法对结果进行解释。

一个经典的例子是，在医疗诊断领域，基于知识图谱的系统通过推理得出某种症状可能由哪几种疾病引起，并能够解释推理路径，如：根据症状 A、症状 B 和症状 C，结合医学文献中的诊断规则，推测疾病 D 的概率为 $X\%$。推理路径清晰，易于专家审查和调整。

8.2.5 纠错机制与知识的持续维护

随着时间的推移，知识图谱中的知识可能陈旧或失效。知识图谱具有强大的纠错和维护机制，能够识别并更新过时或错误的知识。例如，在科学领域，新的研究成果可能会推翻以前的理论，知识图谱可以通过动态更新机制自动纠正过时信息，使知识库始终保持最新；在法律领域，法律条文、司法解释等知识点会不断变化，知识图谱可以通过整合新的法律文本，自动更新法条之间的关联性，从而确保准确性。

8.2.6 基于图机器学习与图神经网络的概率推理

知识图谱主要处理确定性知识，但它也可以通过图机器学习、图神经网络等技术进行概率推理。例如，知识图谱可以根据已有的关系推断出新的潜在关系。图神经网络（Graph Neural Network，GNN）是一种在图结构上进行学习和推理的技术，能够从知识图谱中挖掘隐含的模式与联系，实现复杂的概率推理。

知识图谱的概率推理不仅涵盖语义层面的内容，还可以利用图结构中的拓扑关系进行推断，这种基于实体间复杂连接的拓扑结构是大模型所缺乏的。大模型主要依赖词与词之间的概率关联，知识图谱可以通过图的结构化连接捕捉实体之间的深层关系。例如，在社交网络分析中，知识图谱可以基于用户之间的直接联系和多层次的社交圈推断出潜在的社交关系、社区结构等，而大模型只能基于文本的语义关联进行推测，难以利用更复杂的网络结构。

8.2.7 知识图谱的全局视野

在获取和组织知识时，基于所抽取的实体、关系、属性和事件，知识图谱具备不同知识点之间的拓扑结构，以及基于知识点多维度、多角度进行扩展的全局视野，将分散的知识点联系起来，并突破当前上下文中文本线性关系的局限。知识图谱具有全局视野，能够突破推理过程中的局部性和顺序性。大模型主要依赖文本中的上下文关系进行线性理解，对知识的处理倾向于局部性和顺序性，难以形成全局性的知识结构。这意味着在推理过程中，大模型通常只能根据当前文本的上下文进行推断，无法充分利用更广泛的知识网络。

知识图谱的全局视野在金融风控、供应链管理等许多场景中优势显著。例如，在金融风控领域，知识图谱能够通过不同公司、事件、市场变化之间的复杂关系，预测潜在的风险，而大模型无法利用复杂的图结构和非线性关联，只能基于文本推测风险点，容易遗漏重要的信息。

8.3 图模互补中的大模型

在图模互补应用范式中，大模型承担着理解复杂语言表达、处理多样化查询、生成自然语言文本，以及进行跨语言和跨领域的知识融合的功能，其核心在于灵活性、通用性和创造性。大模型不仅能够处理表达模糊多样的语言信息，还支持基于语言生成的概率推理、归纳推理和类比推理等。在应对多样化场景时，大模型的语言处理能力和推理能力发挥着重要作用，能够提供统一的对话式交互，大幅提升整个智能系统的通用性。这也是“大模型的出现预示着通用人工智能时代的到来”的原因所在。相比于知识图谱，大模型的显著优势在于具备处理非结构化数据的能力，能够从海量文本中学习隐含的语言模式与知识结构，并生成连贯、自然的语言。然而，大模型在知识的可追溯性、确定性推理和及时更新等方面存在不足，图模互补中的知识图谱能够弥补这一短板，提供明确、可信的知识支撑和验证机制。

8.3.1 从任务描述到任务需求的理解

大模型具备强大的语言理解能力。无论是日常对话，还是专业领域的技术文档、学术论文，大模型都能理解并解析输入内容的语义、上下文及隐含的逻辑结构。例如，用户可以通过简单的自然语言描述向大模型输入任务需求。在客户服务场景中，当用户描述具体问题时，大模型不仅能够准确理解问题的含义，还能在表面的语义之外，识别用户的情感和潜在意图，从而提供个性化响应。在电子商务场景中，用户输入“我的订单没有按时到达”，大模型便能理解这是一个物流延迟问题，进而推断用户期望查询订单状态或投诉流程。

针对“我需要一份关于气候变化对北极熊生存影响的报告，要求既有科学依据，又能吸引普通读者”这一复杂需求，大模型能够理解并解析出潜在的要素，基于此从知识图谱中准确获取所需的内容，返回给用户。

- 主题：气候变化对北极熊的影响。
- 形式：报告。
- 格式：PDF、PPTX 或 DOCX。
- 内容要求：科学性和通俗性兼顾，有图表等丰富的多媒体内容。
- 难度：科普。
- 潜在受众：科研人员和大众。

8.3.2 利用知识图谱检索、整合和推理结果

大模型具备强大的知识整合能力，能够结合知识图谱进行知识检索和知识推理，从而解决问题。因此，大模型可以在众多领域提供准确、全面、可信和前沿的知识。例如，在医学领域，知识图谱可以将疾病、症状、治疗方法等知识通过关系连接起来。当用户向大模型询问复杂的医学问题时，大模型不仅会从内部知识中检索相关信息，还能利用外部知识图谱，基于最新科研成果和医学指南，通过推理得出答案，精确给出可信的个性化建议，如结合患者的症状和病历推荐最合适的治疗方案。在上述气候报告的例子中，大模型可以根据识别和解析出的要素从知识图谱中获取所需的报告。除了直接返回答案，大模型还可以根据知识图谱的关系进行推理，获得与北极熊和北极有关的知识，如北极熊本身的生态、习性等科普内容，以及北极科考内容等。大模型还可以通过知识图谱的关联关系，获得中国北极黄河站的相关科普知识、报告和多媒体资料等。这样能够提升内容对大众的吸引力，达到科普的目的。

8.3.3 高质量的自然语言生成

大模型能够生成具有逻辑连贯性、语言自然性和易于人类理解的高质量内容。

例如，在上述气候报告的例子中，知识图谱问答系统会返回结构化信息，如一个包含报告标题和下载链接的表格等。但在基于图模互补应用范式的智能系统中，大模型可以针对报告生成一个与用户需求直接相关的摘要，同时生成一段话作为响应，下载链接以超链接的形式出现在这段话中，如下所示。

根据您的需求，我们从科普知识图谱中找到了三份与“气候变化对北极熊的影响”有关的报告，分别为一份 PDF 报告《北极熊的未来：气候变化对北极生态系统的深远影响》和两份 PPT 报告《北极熊的危机：气候变化的现状与未来》、《气候变化与北极熊的生存挑战》(点击标题可以下载报告内容)。其中，PDF 报告提供全面分析，PPT 报告则通过简洁的图表和生动的图片进行讲解，非常适合快速了解主题。下面是三份报告的情况：

1. 《北极熊的未来：气候变化对北极生态系统的深远影响》，文件格式：PDF

摘要：本报告全面分析了气候变化对北极熊种群的影响，重点讨论了海冰减少、食物链变化及栖息地丧失对北极熊生存的威胁。通过丰富的科学数据和图表，报告展示了北极冰川融化趋势及其对北极熊觅食和繁殖行为的影响。同时，报告也探讨了可能的保护措施及全球减缓气候变化的倡议。本报告适合普通科研人员和大众阅读，科学性和通俗性并重，既有深入的科学分析，又有简明易懂的解释。

2. 《北极熊的危机：气候变化的现状与未来》，文件格式：PPTX

摘要：本 PPT 报告通过生动的图片和图表，形象展示了气候变化如何通过海冰消融直接威胁北极熊的生存。报告分为五个部分：北极气候的变化趋势、北极熊的生态习性、冰川退缩对栖息地的影响、食物链的变化以及应对方案。报告适合大众科普，旨在引发对气候变化的关注，同时提供科学证据，帮助理解北极熊面临的危机。

3. 《气候变化与北极熊的生存挑战》，文件格式：PPTX

摘要：该 PPT 报告聚焦北极熊的生活环境与气候变化的关联，利用简洁的图表和影像，分析了近年来气温上升对北极海冰覆盖范围的影响。报告涵盖了北极熊种群现状、其迁徙模式变化及繁殖行为的挑战。报告用通俗易懂的语言和视觉化的数据解释气候变化的复杂性，适合希望快速了解这一主题的科研人员及对环境问题感兴趣的大众。

这样比起直接给出文件名称和下载链接更友好，大模型生成的摘要也能让用户更好地了解报告内容，便于做出最佳决策。

另一个例子与及时更新有关，如用户输入需求：“请给我一份量子计算在药物研发领域最新应用的简报，包括最近一个月内的重大突破和主要参与公司。”在金融、企业、研究机构或政府的行业研究中，这是常见的需求。基于图模互补应用范式的智能系统通过大模型理解需求，生成图数据库的查询语句进行图谱查询，进而获得结构化的知识，如下所示。

实体：
量子计算公司：IBM，Google，本源量子
制药公司：Roche，Merck，国药控股
研究机构：麻省理工学院，中国科学技术大学
关系：
合作关系：IBM 与 Roche 建立合作伙伴关系
研发关系：Merck 使用 Google 的量子退火器
事件：
2024 年 9 月 9 日：Roche 宣布使用 IBM 的量子算法加速流感疫苗的研发
2024 年 9 月 3 日：中国科学技术大学开发出新的量子化学模拟算法，可显著提高分子动力学模拟精度

我们可以将以上信息作为输入，让大模型写一份报告初稿，辅助市场或研究员快速撰写报告，如下所示。

量子计算在制药行业的应用简报

1. 执行摘要

量子计算技术正在迅速发展，其在生物制药领域的应用潜力巨大。本报告分析了量子计算与制药行业的交叉领域，重点关注近期重大事件、关键参与者及其战略合作关系。

2. 行业概况

2.1 关键参与者

量子计算公司：IBM、Google、本源量子

制药公司：Roche、Merck、国药控股

研究机构：麻省理工学院、中国科学技术大学

2.2 战略合作

IBM 与 Roche 建立合作伙伴关系，聚焦量子计算在药物研发中的应用。

Merck 利用 Google 的量子退火器进行研究，探索量子计算在优化分子设计中的潜力。

3. 最新发展

3.1 Roche 应用 IBM 量子算法加速疫苗研发

2024 年 9 月 9 日，Roche 宣布使用 IBM 的量子算法加速流感疫苗的研发。这一突破性进展标志着量子计算在生物制药领域的实际应用迈出了重要一步。

影响分析：

- 加速研发周期：量子算法有潜力大幅缩短疫苗研发时间，提高制药公司的市场响应速度。
- 提高成功率：通过更精确的分子模拟，可能显著提高候选药物的筛选效率。
- 成本控制：长期来看，这可能降低研发成本，提高制药公司的利润率。

3.2 中国科学技术大学在量子化学模拟方面取得突破

2024 年 9 月 3 日，中国科学技术大学开发出新的量子化学模拟算法，可显著提高分子动力学模拟精度。

影响分析：

- 精准药物设计：更高精度的分子动力学模拟为个性化医疗和精准药物设计铺平道路。
- 国际竞争：中国在量子计算应用研究方面的进展可能加剧全球在这一领域的竞争。
- 产学研合作：这一突破可能促进中国本土制药企业与研究机构的深度合作。

4. 结论

量子计算正在为制药行业带来革命性的变革，有望显著提高药物研发的效率和精准度。随着技术的成熟和应用范围的扩大，我们预计这一领域将在未来十年内经历快速增长和深刻变革。投资者和行业参与者应密切关注这一趋势，积极布局，以把握量子计算在制药领域应用所带来的巨大机遇。

8.3.4 结合多源知识生成创新性内容

大模型具备幻觉的特性，但幻觉并非一无是处，而是大模型独具的创造性。创造性来源于大模型将任务需求、知识图谱与其内置的知识灵活组合，通过概率计算的方式实现跨领域的信息融合。在约束不足且大模型能力不强的情况下，创新会产生荒谬的结果，在语言上体现为“一本正经地胡说八道”。

如果对生成的内容进行约束，那么跨领域的融合创新能够带来一些灵感。例如，在城市设计过程中，在城市设计专业知识和技术知识的约束下，将一些科幻小说或影视作品对未来城市的描绘和想象作为输入，如“光合作用的启示：建筑外墙采用高效光伏材料，将阳光转化为电

能，为建筑提供能源。同时，通过建筑设计，优化自然采光，减少人工照明需求”，最终得到一个既有想象力和长远洞见，又切实可行的方案。

8.3.5 概率推理能力与通用性

大模型具备概率推理能力，即使面对未曾见过的输入，也能够做出合理的推测，得到答案或结果。这一过程与人类通过阅读和学习积累知识，并在运用知识时进行合理推测相似。神经网络大模型不是简单地记忆词汇或句子，而是理解语言模型、知识，并具备强大的泛化能力，形成一种“语言直觉”。举个例子，当我们看到“苹果是______”时，自然而然会出现“好吃的”“甜的”“红色的”“圆的”等词语。同理，在信息不完整的情况下，大模型已经学会了多种可能的推测答案。在真实场景中，信息通常不完整，大模型的推理能力使其能够生成多种可能的答案，很好地应对不完整性。

大模型的输入和输出都采用与人类交流类似的自然语言形式。统一的接口增强了大模型的通用性，使其适用于多种多样的任务，如文本生成、翻译、问答、摘要等。这也是大模型存在通用人工智能潜力的原因。通用性体现在知识转移、少样本学习和情境学习等场景，即不同的输入会得到不同的输出。将这种能力与知识图谱结合，形成基于图模互补应用范式的智能系统：知识图谱就像领域专家，提供与特定业务场景有关的精准知识输入；大模型能够基于这些输入进行深入推理，最终产生符合业务需求的响应。

相比之下，知识图谱难以覆盖领域内和场景所需的所有知识，容易出现不完整的问题，并且难以进行跨领域和跨场景迁移。因此，图模互补能够取长补短，实现领域专业性和场景通用性的平衡。

8.3.6 知识抽取

知识抽取是构建知识图谱的关键步骤之一，大模型通过对文本的深度理解，能够从非结构化的文本中自动抽取实体、关系、属性和事件，大幅提升知识图谱的构建效率。

8.3.7 知识补全

知识图谱中的信息常常不完整，利用大模型的推理与生成能力可以补全缺失的知识，知识图谱推理方法也可以用于知识补全，但这些方法是基于知识图谱自身的关系实现的。大模型从大规模文本语料中训练而成，本身具备一定的知识，这些知识可以用于知识补全。也就是说，大模型能够基于现有的知识图谱生成新的三元组，填补知识空白。这不仅加速了知识图谱的扩展，还提高了知识的丰富程度和覆盖率。例如，大模型被用于扩展常识知识图谱（如 ATOMIC 和 ConceptNet），填补知识图谱中的空缺。实际测试表明，自动生成的知识质量接近人工标注的水平，为构建更全面的常识知识图谱提供了新的方法[30]。

8.3.8 跨语言知识对齐

大模型具有多语言处理能力，为跨语言知识图谱的对齐带来了新的可能性。传统的跨语言对齐方法通常依赖双语词典、语言翻译工具或跨语言词嵌入，易造成信息丢失或对齐不准确的问题。大模型在进行大规模预训练时，通过多语言语料实现了内置知识的跨语言对齐，完全可以同时处理多种语言。这样能够精准地对知识图谱进行跨语言对齐，同时在各种应用中实现跨语言使用。例如，构建一个工业制造特定领域（如焊接、涂装、压铸、电装等）的中文知识图谱，基于图模互补应用范式的智能系统具备支持英文、法文、德文等多语言的服务能力。在该系统中，大模型负责理解多语言的用户输入，并将其翻译为中文进行图谱查询和图谱推理等，然后将其作为知识输入大模型，提示大模型使用与用户输入内容相同的语言来生成内容并做出响应。由此，构建知识图谱和维护知识图谱变得更简单，只需要维护单语种的知识图谱即可，并且不影响多语言的用户。

8.4 图模互补应用范式的特点

图模互补应用范式弥补了大模型和知识图谱各自的不足，并产生了协同效应，整体系统的认知能力远超单个组件。如图 8-1 所示，知识图谱为大模型提供了结构化的知识基础，增强其推理能力和事实准确性；大模型为知识图谱带来了灵活的自然语言理解和生成能力，以及从非结构化数据中提取知识的能力。

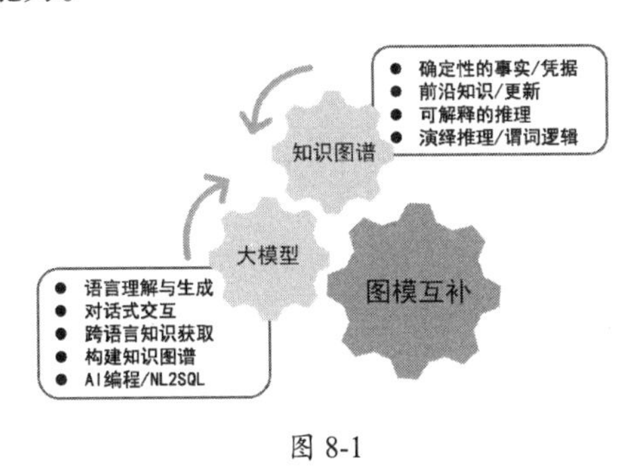

图 8-1

图模互补应用范式的特点如下。

- 知识的获取与更新：大模型可以充当知识图谱的“知识猎手”，持续从海量的非结构化文本中捕获新知识。同时，知识图谱的结构化特性为大模型的知识获取提供了指导和约束，确保新获取的知识与已有的知识体系保持一致。
- 事实性验证与幻觉消除：知识图谱可以作为大模型的“事实检查员”，有效减少大模型输出中的幻觉问题。例如，将大模型生成文本中的实体与知识图谱中的节点连接，以验证是否存在实体以及实体的属性，检查大模型陈述的实体间关系是否在知识图谱中存在对应的边，在知识图谱中寻找支持该推理的路径来支持复杂的推理结果等。
- 提升可解释性：知识图谱的结构化特性为大模型的决策提供了决策路径可视化（如将大模型的推理过程映射到知识图谱上，形成一条可视化的推理路径）和知识溯源（如针对大模型的每个关键陈述，在知识图谱中都能找到对应的事实作为支持）能力。图模互补大大提高了智能系统的可解释性和可信度，适用于医疗、金融、制造等需要可信决策的领域。
- 跨域知识整合与创新：大模型的重要优势是其知识覆盖范围广泛，能够在不同的知识图谱之间建立联系，实现跨领域的知识融合与创新。这样不仅可以促进科研创新，还可以应用于商业创新、政策制定等多个领域。
- 系统评估和优化：通过知识图谱和大模型互相检验的方式来评估系统的准确性、完整性、一致性和时效性等。同时，引入人类专家的评估对系统进行定期审核和反馈，以提升系统的准确性、一致性和健壮性等。通过全面的评估和优化，确保系统长期稳定运行，并持续发挥价值。

8.5 大模型对知识图谱的增强

随着人工智能技术的发展，知识图谱作为结构化的知识表达工具，在数据管理、信息检索、自然语言理解等领域展现出应用潜力。然而，传统知识图谱的构建与应用面临着诸多挑战，如依赖大量人工标注的数据集、难以有效补全图谱中的缺失信息，以及推理能力的局限性等。大模型具有强大的语言理解和生成能力，在知识图谱的构建、补全、推理及问答系统中展现出了卓越的性能。

8.5.1 增强知识图谱的构建

第 6 章介绍了基于大模型的知识图谱构建方法，除此之外，还有许多使用大模型构建知识图谱的方法。一个典型的案例是 KG-LLM 模型（如 KG-ChatGLM-6B 或 KG-Llama-7B 等）[31]，该模型通过少量样本的微调，能够从新闻、科学文献等非结构化数据中高效地提取知识，自动生成三元组（如<实体，关系，实体>的形式）。这相当于使大模型学会从“字典”中识别具有意义的“词汇”和“句子”，大幅加快知识图谱的初始构建速度。

尽管大模型在零样本和少样本学习方面表现出色，但在某些特定领域或复杂任务中，可能仍然需要训练专门的知识抽取模型。这时，大模型可以发挥“数据增强”的作用——自动生成标注样本，合成训练数据，进而优化知识抽取模型的训练效果。利用大模型的上下文理解能力，可以基于已有数据自动生成相似的标注数据集，用于训练专门的知识抽取模型。例如，基于一小部分手工标注的文本，大模型能够扩展生成多个样本，这些样本可以用于进一步训练知识抽取模型，从而优化知识图谱构建的准确性和广度。

使用大模型合成训练数据的典型案例是临床文本挖掘[32]，该场景涉及用户隐私问题，对合成数据要求较高。利用大模型合成知识抽取模型的训练数据的例子如下。实验证明，使用大模型合成数据的效果非常好。

输出内容如下。

```
请生成 8 个关于科技公司及其产品的句子，并标注其中的实体和关系。
```

大模型输出内容如下。

```
1. [微软](组织机构)开发了[Windows](产品)，这是一个广泛使用的[操作系统](产品类型)。
2. [特斯拉](组织机构)的[Model 3](产品)是一款受欢迎的[电动汽车](产品类型)。
3. [Google](组织机构)推出的[TensorFlow](产品)是一个强大的[机器学习框架](产品类型)。
4. [英伟达](组织机构)生产的[GeForce RTX 3080](产品)是一款高性能[图形处理器](产品类型)。
5. [百度](组织机构)开发了[百度地图](产品)，这是一个广泛使用的[导航应用](产品类型)。
6. [字节跳动](组织机构)推出了[抖音](产品)，这是一个流行的[短视频平台](产品类型)。
7. [华为](组织机构)发布了[Mate XT](产品)，这是一款高性能的[智能手机](产品类型)。
8. [大疆](组织机构)生产了[Mavic Air 2](产品)，这是一款受欢迎的[无人机](产品类型)。
```

本书主要关注模式受限的知识图谱，它通常应用在专业领域。在某些应用场景中，我们可能需要简化版本的知识图谱，以便于快速捕获核心概念和关系。这种简化版本的通用知识图谱通常是模式自由的，实体类型和关系相对比较简单，如人物、机构、时间、地点等。我们可以使用大模型来提取关键内容，构建通用的“轻量级”知识图谱。例如，AutoKG[33]通过大模型提取关键词，并评估关键词之间的关系权重，构建知识图谱。通过大模型提取关键概念构建简化版本的知识图谱的例子如下。

输出内容如下。

```
量子计算利用量子力学原理（如叠加和纠缠）来处理信息。与经典计算机使用位不同，量子计算机使用量子比特。IBM和Google等公司正在开发量子计算机。
```

提示词如下。

```
请提取这段文本中的关键概念，并用简单的关系连接它们。
```

大模型输出内容如下。

```
概念：量子计算、量子力学、叠加、纠缠、量子比特、IBM、Google
关系：
(量子计算，基于，量子力学)
(量子力学，包含原理，叠加)
(量子力学，包含原理，纠缠)
(量子计算，使用，量子比特)
(IBM，开发，量子计算机)
(Google，开发，量子计算机)
```

8.5.2 增强知识图谱的补全

知识总是在不断迭代更新的，某个领域的数据往往也不完整，因此，知识图谱补全是构建完善、可用的知识图谱的关键环节。实际上，许多模型都是在知识图谱补全任务中提出来的。大模型具备海量的知识和很强的语言推理能力，在知识补全任务中表现出色，能够通过提示学习或上下文生成技术有效填补知识图谱中的空缺。

最直接的方法是，大模型通过提示学习的方式直接生成知识图谱的补全结果。例如，当知识图谱中缺少某些实体间的关系时，通过设计合理的提示词，让大模型生成可能的预测结果。假设在一个生物学知识图谱中，已有“细胞”和“DNA”两个实体，但缺失二者之间的关系，可以通过提示大模型生成类似“细胞中包含DNA”的补全三元组。通过将知识图谱的补全任务转化为自然语言生成问题，使大模型基于其从大量文本中学习到的知识，生成合理的补全结果。

在更复杂的知识图谱补全任务中，利用大模型生成高质量的上下文描述，结合传统的知识图谱补全方法，可以进一步提升补全效果。例如，通过大模型生成某一关系或实体的详细上下文描述，将其与基于规则或图算法的补全方法相结合，能够有效解决复杂的补全问题。这种方法不仅扩展了知识图谱的规模，还提升了其结构完整性。

8.5.3 增强对知识的描述

利用大模型可以为知识图谱中的实体、属性、关系和事件等知识元素创建描述性文本，提升知识图谱的表达能力和应用价值。

- 实体及属性描述：对于知识图谱中的每个实体，可以利用大模型根据实体及其属性生成一段简洁、富有信息量的描述文本。特别是在从非结构化文本中抽取实体时，可以将原始文本和所抽取的实体一起作为输入，使用大模型生成相应背景的描述文本。如果是从结构化数据中抽取实体，那么可以将结构化数据表等背景信息作为输入，使用大模型生成更契合实际场景的描述文本。例如，对于“阿尔伯特·爱因斯坦”这个实体，知识图谱可能只包含出生日期、国籍、出生地等基本属性，通过大模型生成的摘要可能是“20世纪最伟大的物理学家之一，相对论的创立者。他提出的质能方程、狭义相对论和广义相对论彻底改变了人类对宇宙的认知”。
- 关系描述：知识图谱中的关系通常以简单的谓词形式存在，如“出生于”、“发明了”等。大模型可以根据<头实体, 关系, 尾实体>三元组及其关系的属性键值对列表，生成具有丰富信息的描述文本。与实体描述一样，也可以在关系描述的提示输入中附加背景信息，使大模型生成的描述文本具备业务场景特性。举例如下。

```
根据下面的三元组及属性列表，生成一段描述文本。
三元组：<《知识图谱：认知智能理论与实战》，作者，王文广>
属性列表：<出版时间：2022 年>，<别称，珠峰书>
```

通过大模型生成的描述文本如下。

```
《知识图谱：认知智能理论与实战》是一本由王文广撰写的专业书籍。这本书于 2022 年出版，在业内被亲切地称为“珠峰书”。这个别称可能暗示了该书在知识图谱领域的重要地位和深度，就如同珠穆朗玛峰在登山界的地位一样。王文广通过这本著作，为读者提供了关于知识图谱和认知智能的理论基础以及实践指导，涵盖了从概念到应用的全面内容。
```

- 事件描述：知识图谱中的事件通常包含主体、客体、时间、地点等要素。大模型可以将这些离散的信息整合成连贯的叙述。例如，对于“曼哈顿计划”这一事件，大模型生成的描述文本可能是“曼哈顿计划是二战期间美国主导的秘密核武器研发项目。由罗伯特·奥本海默领导，汇集了包括爱因斯坦、费米等在内的顶尖科学家。该计划于 1945 年 7 月 16 日在新墨西哥州进行‘三位一体’核试验，随后导致了对日本广岛和长崎的原子弹轰炸。曼哈顿计划不仅改变了二战进程，还开启了核时代，对后续的国际关系和科技发展产生了深远影响”。

在使用大模型自动生成知识元素的描述文本时，关键在于质量控制，即需要设定合理、可评估的质量标准。通常遵循以下原则。

- 准确性：与知识图谱中的事实保持一致。
- 相关性：聚焦于最重要和最相关的信息。
- 简洁性：在有限的篇幅内传达核心信息。

- 可读性：语言流畅，逻辑清晰。

采用设定合理的自动化方法或人机协同的方法实现质量控制，如采用多轮生成的方式，并通过比较多轮生成描述文本的一致性情况，判断文本的质量。使用规则（如“实体名称在文本中是正确的”）进行过滤，使用人工抽样进行审核。在特定场景（如工业制造中的工艺知识图谱）中，可以对每个自动生成的文本描述进行人工审核，以确保知识的准确性。

8.5.4 增强知识图谱的推理

知识图谱推理通常依赖已有的结构化知识，但由于知识图谱中的信息不总是完整的，显著提升了推理的复杂性。通过将复杂推理分解为基础查询，再结合大模型强大的语义理解能力和图算法的优势，可以高效完成跨多个节点、边的推理任务。例如，在药物研发领域，推理可能涉及从基因、蛋白质到疾病间的多层次关系，这一过程需要通过多个中间节点进行逻辑跳转。这种多跳推理是知识图谱推理中的典型任务，传统方法往往依赖图遍历算法。

我们也可以把多跳推理任务转化为强化学习问题，利用大模型智能体结合强化学习的策略优化方法（如近端策略优化 PPO）解决。在该方法中，将知识图谱中的实体视为状态、关系视为动作，大模型智能体有效规划推理路径，从而准确地推理复杂问题。

LLM-ARK[34]是一种基于大模型的知识图谱推理智能体，其目标是提供精确、适应能力强的知识图谱路径预测。它将多跳推理的路径预测问题转化为强化学习的序列决策问题，引导大模型探索知识图谱中的可能路径，从而找到最优的推理结果。除了路径推理，规则挖掘也是大模型增强知识图谱推理的重要手段。大模型能够自动生成推理规则，并对生成的规则进行评估与修正。这种方法大大提高了传统规则推理的灵活性和扩展性。例如，在医学领域，推理规则往往复杂且不明确，利用大模型的自然语言生成能力，可以生成如“在某些情况下，X 药物适用于 Y 疾病”的规则，并通过实际数据进行验证与修正，优化推理结果。

8.5.5 增强知识图谱的查询

虽然大模型的问答系统是主流应用，但在精确分析的场景中，单纯的知识图谱查询与检索仍然应用广泛，只是传统的实现方式往往需要大量的手工标注数据和复杂的查询设计。大模型的引入改变了这一局面，使问答系统变得更加智能和灵活。利用大模型的自动编程能力，将自然语言的问句转换为结构化的 Gremlin、Cypher 或 SPARQL 查询，类似于在 BI 领域广泛使用的 NL2SQL 方法。将大模型生成的语义解析结果、自动编程方法与知识图谱的结构化信息结合，能够使用户获得精确的知识图谱查询结果，举例如下。这种方法在复杂查询和多跳推理等任务中都有优秀的表现，为用户使用知识图谱提供了便利。

```
    输入：谁是美国的现任总统？
    输出：
    SPARQL: SELECT ?president WHERE { <United_States> <hasPresident> ?president . ?
president <currentlyInOffice> 'true' . }

    输入：巴黎的人口是多少？
    输出：
    SPARQL: SELECT ?population WHERE { <Paris> <hasPopulation> ?population . }

    输入：谁导演了电影《盗梦空间》？
    输出：
    SPARQL: SELECT ?director WHERE { <Inception> <directedBy> ?director . }
```

8.6 知识图谱对大模型的增强

大模型虽然在自然语言处理、生成和理解等任务中表现出色，但也面临着一些挑战，如生成内容的真实性不足、推理能力不足、知识无法及时更新，以及大模型可能产生幻觉等。作为一种结构化、可验证的知识来源，知识图谱能够在预训练阶段和推理过程中为大模型提供更精确的语义支持，提升其在推理、检索及回答复杂问题时的表现。同时，知识图谱还能提升大模型的可解释性，通过明确的知识路径揭示大模型的推理过程。这种结合使大模型不仅在语料生成方面表现优异，而且在复杂的推理任务中更具逻辑性和可信性。

在图模互补中，知识图谱增强大模型的核心问题是如何有效地将知识图谱中的实体、关系、属性和事件等知识融入大模型的训练、推理和评估过程中，使大模型更好地理解和使用知识图谱中的知识。

8.6.1 减少大模型的幻觉

大模型在生成文本时往往会出现“幻觉”现象，通常表现为大模型生成了不符合事实或逻辑的内容。出现这种现象的根本原因在于大模型的概率分布驱动生成机制，大模型只依据大量训练数据中的统计关联生成内容，但无法检查生成内容的真实性和准确性。因此，大模型生成的文本可能包含错误、过时，甚至带有偏见的信息。这说明预训练语料库的质量将直接影响大模型的表现。

将知识图谱融入预训练语料库，可以为大模型注入结构化的知识，提高其理解和生成事实的能力。包含实体、关系和事件的知识图谱可以为大模型提供更丰富的知识，显著提高大模型的事实性推理能力。其核心思想是通过引入知识图谱，将离散的、结构化的知识转化为连贯的自然语言表述，使大模型在预训练阶段学习到丰富的知识，提高大模型的事实准确、推理能力和泛化能力。

一个典型案例是 KELM（Knowledge-Enhanced Language Model）语料库[35]。KELM 使用 TEKGEN 语言管道模型将知识图谱的实体子图转化为高质量语料库。TEKGEN 通过启发式对齐器、三元组文本生成器、实体子图创建器和质量过滤器，将知识图谱中的结构化信息转化为可供大模型直接学习的自然语言文本，不仅丰富了预训练语料的知识密度和准确性，而且显著减少了幻觉的发生。

- 启发式对齐器：将知识图谱中的实体与文本中的实体进行对齐。
- 三元组文本生成器：将知识图谱中的事实三元组转换为流畅的自然语言描述。
- 实体子图创建器：围绕核心实体构建相关知识的子图。
- 质量过滤器：删除低质量或不相关的生成文本。

另一个典型案例是 KGPT（Knowledge-Grounded Pre-training for Text Generation）[36]，它采用一种创新的自动对齐方法，将知识图谱与大规模文本语料进行匹配，构建 KGTEXT 语料库。KGPT 的独特之处在于它的对齐策略——不仅考虑了实体的字面匹配，还考虑了上下文的语义相关性，从而捕捉到更细粒度和隐含的知识关联关系。

8.6.2 内嵌知识图谱的大模型

在大模型的预训练过程中，知识注入的方式多种多样。除了将知识图谱转化为训练语料向大模型注入知识，将知识图谱直接嵌入大模型的架构中是另一种有效的知识增强方法。这种方法的核心思想是在大模型的参数空间中显式地表示结构化知识，并试图在大模型的参数空间中构建一个知识和语言的统一表示，使大模型能够在生成文本时直接访问和利用这些知识。典型的策略包括将知识图谱中的三元组、实体及其关系嵌入预训练数据中。将知识图谱内嵌到大模型中，不仅能提高大模型的性能，还在某种程度上增强了其可解释性。

百度的文心大模型——ERNIE（Enhanced Representation through Knowledge Integration）是这一领域的开创性成果之一。它包含一个创新的结构化知识编码模块，能够将知识图谱中的实体和关系信息融入语言表示。特别是 ERNIE 3.0 整合了超大规模的知识图谱，并引入了多任务学习框架，能够同时训练自回归语言模型和掩码语言模型。这种设计使 ERNIE 3.0 同时具备了强大的理解能力和生成能力，在各种下游任务中展现出优异的性能。具体来说，在普通的大模型之上，文心大模型增加了 3 个用于知识图谱增强的组件。

（1）实体嵌入层：将知识图谱中的实体表示为低维稠密向量。

（2）信息融合层：采用多头注意力机制，对实体信息与上下文信息进行融合。

（3）知识图谱对齐任务：在预训练阶段，引入额外的任务来学习文本与知识图谱之间的对应关系。

除文心大模型之外，K-BERT[37]通过将知识图谱的实体链与文本对齐，实现了知识的注入与增强。KEPLER（Keyword-augmented Pre-trained Language Model）[38]模型则使用一种统一知识嵌入和语言表示的策略，通过将知识图谱的实体嵌入与预训练语言模型相结合，实现语义丰富的语言表示。在知识密集型任务中，如文本分类、问答、跨语言的知识检索与生成等，上述模型的性能提升显著。

8.6.3 提升大模型的推理能力

在处理复杂的计算问题、逻辑推理和规划任务时，大模型的表现往往不尽如人意。正因如此，基于知识图谱增强大模型推理能力的技术，特别是与图神经网络结合的方法被广泛研究。这些方法试图将大模型的灵活性与知识图谱的结构化优势相结合，创造出一种推理更深入、更可靠的混合智能系统。基于知识图谱的推理增强策略能够提高大模型在复杂问答、逻辑推理等任务上的表现，特别适用于需要精确事实验证和多步逻辑推理的任务，如医学问答、法律文档分析等。

第一个典型的模型是 QA-GNN[39]，它将问题上下文与知识图谱相连，构建一个联合图。QA-GNN 使用图神经网络来处理图信息，显著提高了模型的推理能力，特别是在复杂问题上的表现。

第二个典型的模型是 DRAGON（Deep Bidirectional Language-Knowledge Graph Pre-training）[40]，它采用自监督学习的策略，通过统一掩码语言建模和链接预测两个任务，实现对文本和知识图谱的全面预训练。这种方法使模型能够更好地理解文本和知识之间的内在联系，从而利用知识图谱的关系网络推理人物。例如，在处理“哪个发明家被称为‘电力之父’”这种问题时，DRAGON 模型不仅能从文本中提取相关信息，还能利用知识图谱中的关系网络推理出“尼古拉·特斯拉不仅发明了交流电系统，还在无线通信、X 射线等领域做出了重大贡献”，从而更全面地回答这个问题。

第三个典型的模型是 JointLK（Joint Language-Knowledge Pre-training）[41]。该模型通过设计基于双向注意力机制的联合推理模块，实现了文本与知识图谱的多步联合推理。JointLK 使用动态图裁剪技术移除无关的图节点，从而在保持推理准确性的同时优化了计算效率。

（1）双向注意力模块：在每个问题标记和知识图谱节点之间建立细粒度的双向注意力映射，实现文本和知识的深度融合。

（2）动态图裁剪模块：通过移除无关的图节点实现去噪，确保模型专注于最相关的知识进行推理。

（3）多步联合推理：通过多轮迭代，模型能够逐步精炼其推理过程，处理更复杂的逻辑关系。

下面用一个例子来说明 JointLK 的思想。对于“谁是特斯拉的创始人，他还创立了哪些公司”这个问题，JointLK 模型会首先在知识图谱中定位与“特斯拉”和“创始人”有关的节点，然后通过多步推理，找到“埃隆·马斯克”这个答案，并进一步推理出他创立的其他公司，如 SpaceX、Neuralink、XAI 等。这种推理过程模拟了人类的思考方式，适用于需要多步骤、多角度分析的复杂问题。

8.6.4 知识图谱增强生成

基于知识图谱的检索增强生成技术也是一种常见的增强大模型的方法。传统的大模型在生成过程中无法自行更新知识，导致生成的内容有时无法跟上知识的迭代速度。检索增强技术通过外部检索器查询相关的知识文档，将检索到的内容作为输入上下文，帮助大模型在生成过程中引用更准确的知识。在这种模式下，大模型不仅能生成自然语言文本，还能保证生成的内容与外部知识库中的信息一致，避免出现陈旧或错误的信息。

8.6.5 提升大模型生成内容的可解释性

大模型的不可解释性问题（即“黑箱”性质）一直备受业内关注，在实践中，黑箱问题是大模型在许多应用场景中的主要障碍。例如，在生物医学、金融、制造业等需要相当高水平的确定推理和可解释的场景中，大模型的黑箱性质会导致用户对其决策结果的信任度下降。为了解决这一问题，研究人员提出了一些结合知识图谱的可解释性方法。知识图谱是一种显式的知识表示形式，易于被人类理解，将大模型的推理过程与知识图谱显式地关联起来，即可为人类提供可理解的解释。这种做法不仅增强了大模型的可解释性，还为大模型的错误分析和持续改进提供了重要工具。

使用知识图谱解释大模型推理过程的一个典型例子是 LMExplainer[42]。该方法利用图注意力网络（Graph Attention Networks，GAT）和知识图谱构建了一个解释模块，为大模型的决策过程提供清晰的逻辑解释。LMExplainer 的核心思想是利用 GAT 捕捉大模型的关键决策信号，并将这些信号与知识图谱中的实体和关系对应起来，使大模型的决策更具逻辑性，其具体过程如下。

（1）输入编码：将用户输入转化为向量表示。

（2）知识检索：从知识图谱中检索相关的子图。

（3）图注意力计算：使用 GAT 计算输入与知识图谱节点之间的注意力分数。

（4）解释生成：基于注意力分数生成人类可理解的解释。

下面以一个例子来说明上述过程。假设问题为“为什么爱因斯坦获得了诺贝尔奖”，LMExplainer 不仅会给出正确答案（光电效应），还会提供一个可视化的解释路径：爱因斯坦→研究领域→理论物理→重要贡献→光电效应→获奖原因→诺贝尔物理学奖。这种解释方式不仅展示了答案的来源，还揭示了推理过程。关键在于，当我们看到这个可视化的解释路径时，不仅容易理解，而且能够基于自身知识加以校验，这极大增强了用户的信任感。在许多场景中，如医疗诊断、法律服务、制造业的故障或缺陷分析等，这种易于理解和可验证的特点都是至关重要的。LMExplainer 增强大模型的可解释性原理如图 8-2 所示。

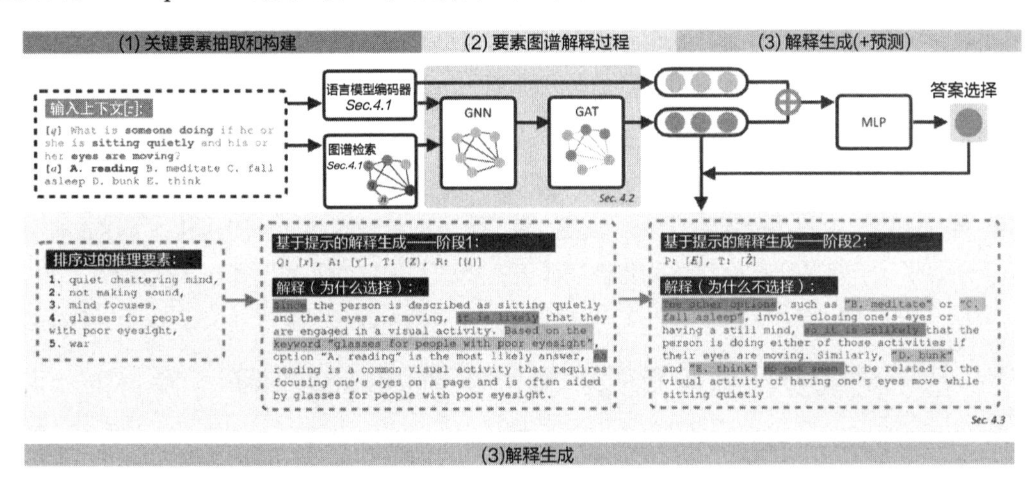

图 8-2

使用知识图谱解释大模型推理过程的另一个典型例子是 XplainLLM[43]。它通过构建“问题—答案—解释”（QAE）三元组，将大模型的推理过程与知识图谱中的实体和关系显式地连接起来。该方法通过 GAT 和知识图谱来解释推理逻辑的过程如图 8-3 所示，其优势在于能够提供多层次的解释——从高层的逻辑推理到底层的知识支持都能给出清晰的说明。

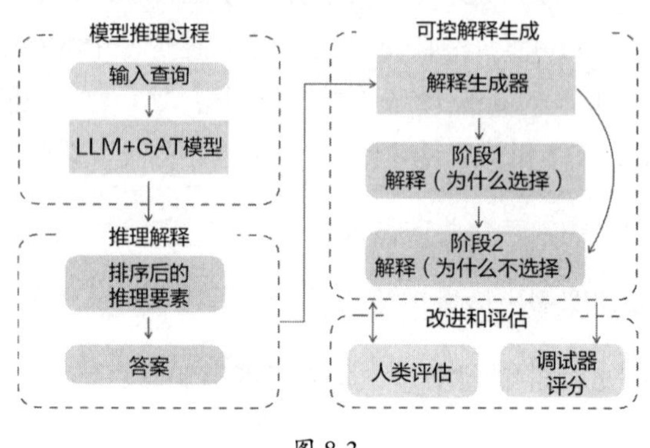

图 8-3

8.6.6 应用案例

在专业领域，知识图谱增强大模型的效果更明显。具有功能提示的知识图增强分子对比学习（Knowledge Graph-enhanced Molecular Contrastive Learning with Functional Prompt，KANO）通过引入化学元素知识图谱 ElementKG，提升了大模型在化学分子特性预测上的效果[44]。

KANO 涵盖 3 个阶段，分别是构建 ElementKG、基于对比学习的预训练、提示增强的微调。其中，基于元素周期表和维基百科构建的 ElementKG 具备非常专业的化学知识，涵盖化学元素的分类体系，具备各种化学属性和拓扑结构等，能够揭示元素间的关系网络。同时，KANO 在预训练阶段使用知识图谱增强的对比学习方法捕捉内部的深层关联；在提示增强的微调阶段，KANO 利用 ElementKG 中的官能团（Functional Group）知识为每个分子生成相应的功能提示，激发预训练图编码器回忆已学习的分子特性相关知识，弥补预训练对比任务与下游任务之间的差距。通过采用知识图谱增强的方法，不仅提高了大模型的预测性能，使其具备了 Know-How 知识，还提供了合理的化学解释，使药物设计更有效，并加速新药的发现和开发进程。

8.7 基于图模互补应用范式的智能系统的典型流程

基于图模互补应用范式的智能系统（也称图模互补智能系统）的典型流程如图 8-4 所示，

这既是实现知识图谱和大模型深度协同的一个方案，也是实现可信的大模型产业应用的关键流程。

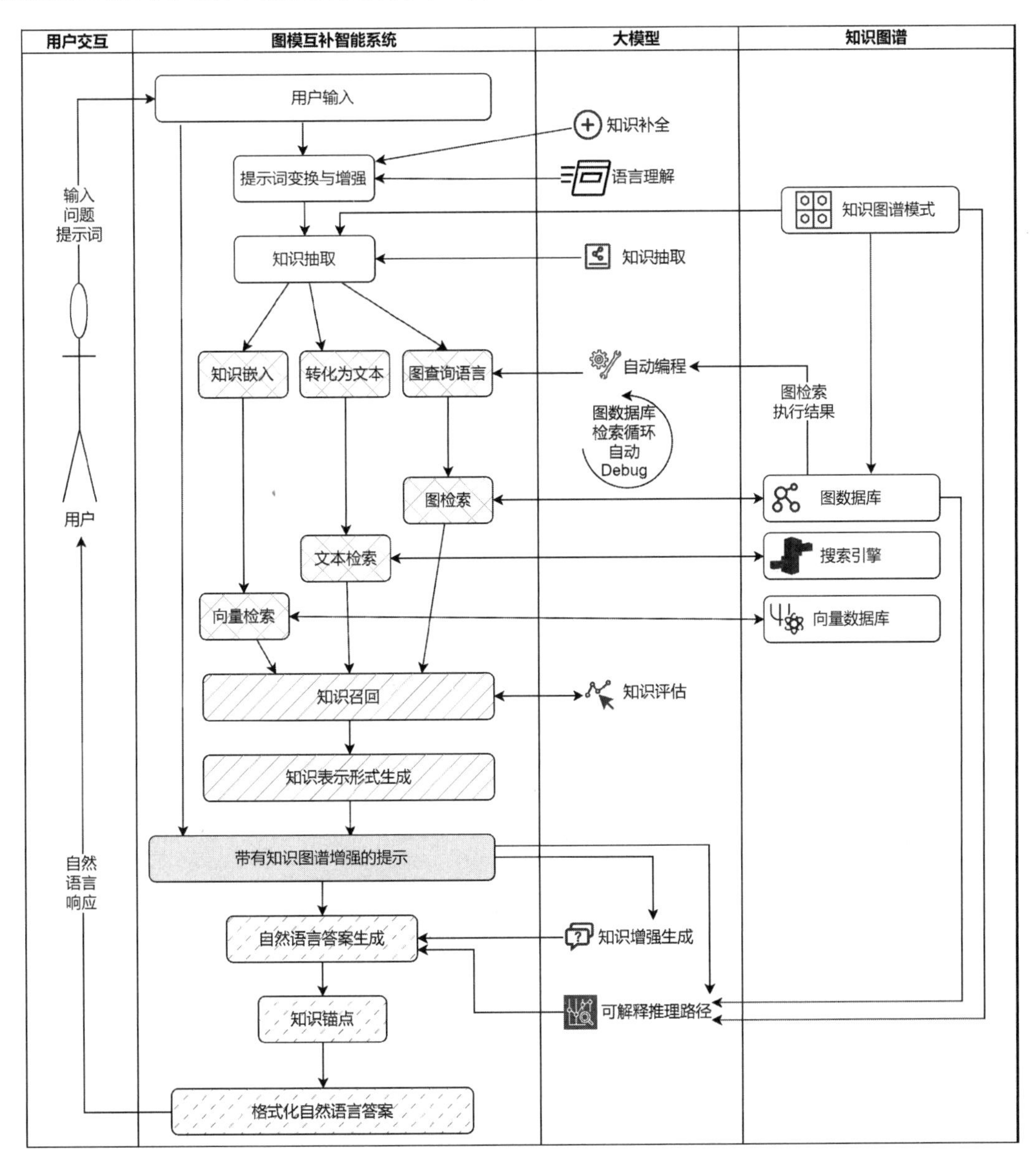

图 8-4

图 8-4 中包括 4 个主要层级，分别是用户交互、图模互补智能系统、大模型和知识图谱。其中，图模互补智能系统是核心层级，其中的许多模块利用大模型和知识图谱完成用户给定的任务。

（1）提示词变换与增强：利用大模型的语言理解技术，对用户的自然语言输入进行理解和补充，识别用户意图，并使用大模型内置的世界知识对用户输入进行纠错、扩展和补全。

（2）知识抽取：利用大模型抽取出与用户输入有关的知识元素，如实体抽取、关系抽取和事件检测等。知识图谱模式用于引导大模型抽取哪些要素。

（3）知识检索相关模块：图中的交叉线标注部分，使用多种知识检索方法，从知识图谱中检索所需知识，涵盖实体、关系、路径和子图等。

（4）知识召回与知识表示形式生成：图中的实斜线标注部分，使用大模型和规则生成带有知识增强的提示词，其中涉及对所检索的知识进行评估和校验等。

（5）自然语言答案生成：图中的虚斜线标注部分，使用大模型根据用户输入和知识图谱的知识生成答案，并设置好锚点，提供可解释的推理过程等。

8.8 思考题

1. 在知识图谱庞大且更新频繁的情况下，如何设计一种更好的动态融合机制，使图模互补智能系统更实时、更高效地实现对知识增强的应用？在大模型和知识图谱的知识表示方式差异巨大的情况下，除了本章介绍的以工程化智能系统的方式实现图模互补，是否还有统一的知识表示模型能够实现图模互补？

2. 在知识图谱和大模型的结合过程中，如何解决“遗忘”与“泛化”之间的矛盾，使系统既能保持长期记忆，又能适应新环境？

3. 能否构建一个“认知图谱”，将大模型的隐式知识显式化为知识图谱的形式，就像将人类潜意识中的知识映射到可视化的概念网络中？

4. 如何为图模互补应用范式设计一套统一的评估体系，既能评估推理性能，又能衡量生成内容的流畅性与准确性？如何设计实验来验证评估体系的泛化性和适用性？

5. 换个视角看，“幻觉”或许就是创新。在图模互补中，能否用知识图谱有针对性地指导“幻觉”，使人工智能具有创造性呢？例如，能否通过知识图谱中概念的新颖组合，引导大模型产生原创性想法，就像人类通过不同领域的知识碰撞产生创新一样？

8.9 本章小结

图模互补的核心在于融合知识图谱和大模型的优势，构建更智能的知识生成和应用系统。将知识图谱作为结构化的知识载体，大模型具有强大的自然语言处理与生成能力，能够有效补充和丰富知识图谱的内容。图模互补应用范式不仅提升了图模型的语义表达能力，而且提升了大模型在复杂推理和知识表达上的准确性。

本章首先概述了图模互补的概念，阐明了知识图谱和大模型在其中的角色定位。随后分别系统论述了图模互补中知识图谱的作用，包括确定性的知识、可追溯的知识来源、时效性和可解释性、持续维护，以及全局视野等；图模互补中大模型的作用，涵盖理解任务需求、知识整合、高质量的自然语言生成、创新性、概率推理等。接着，本章总结了图模互补的特点。最后，本章详细介绍了大模型对知识图谱的增强方法、知识图谱对大模型的增强方法，并给出了构建基于图模互补应用范式的智能系统的典型流程。

总的来说，图模互补将知识图谱的结构化表示与大模型的语义理解能力有机结合，创造出一种既具备精确推理，又富有灵活创造力的智能系统，可以为人工智能的落地应用提供强大的助推力。

第9章

知识图谱增强生成与 GraphRAG

我的理论主要是这样的，我把逻辑学看作演绎或推理的理论，而不管人们怎样称呼它。推理或演绎涉及真理的传递和谬误的逆传：在有效的推理情况下，真理从前提传递到结论，这特别适用于所谓的"证明"；谬误也可以从结论逆向传递到（至少）一个前提，并被运用在反证或反驳中，特别适用于批判性讨论。

—— 卡尔·波普尔 《客观知识：一个进化论的研究》

My theory is briefly this. I look upon logic as the theory of deduction or of derivability, or whatever one chooses to call it. Derivability or deduction involves, essentially, the transmission of truth and the retransmission of falsity: in a valid inference truth is transmitted from the premisses to the conclusion. This can be used especially in so-called 'proofs'. But falsity is also retransmitted from the conclusion to (at least) one of the premisses, and this is used in disproofs or refutations, and especially in critical discussions.

—— Karl R. Popper *Objective Knowledge: An Evolutionary Approach*

知识图谱擅长逻辑，而逻辑在产业应用中至关重要，它涉及真理的传递和谬误的逆传。也就是说，知识图谱能够在产业智能系统中实现对正确知识的应用和对错误知识的发现。这恰恰是基于概率的大模型所欠缺的能力。

第 8 章介绍的图模互补应用范式是知识图谱与大模型的有机结合。本章延续这一范式，深入探讨知识图谱增强生成的方法，并以 GraphRAG 为例进行实战。本章从知识图谱增强生成的原理出发，探讨其通用框架、知识图谱的索引和检索方法，以及利用知识图谱增强大模型生成内容的知识表示形式。最后，详细介绍 GraphRAG 及其完整的应用实例。

本章内容概要：

- 知识图谱增强生成的原理和通用框架。
- 知识图谱增强生成中的知识图谱索引方法，以及从知识图谱中检索知识的方法。
- 在知识图谱增强生成中的知识表示形式。
- GraphRAG 及其实战指南。

9.1 知识图谱增强生成的原理

知识图谱增强生成将知识图谱的结构化信息引入生成过程，扩展了检索增强生成（Retrieval-Augmented Generation，RAG）的应用边界，提升了大模型生成内容的准确性，并实现了复杂推理和深层次的关系推导等。具体来讲，知识图谱增强生成能够从预先构建的知识图谱中提取关联的实体、三元组、路径或子图等知识元素。通过引入这些知识元素，使大模型在生成回答时既具备及时更新的知识内容，又能充分利用知识图谱中的关系结构提升推理能力和信息覆盖的广度。与基于文本检索的增强方法相比，知识图谱增强的显著优势在于，能够处理更复杂的上下文，具备全局视野，尤其是在需要多跳推理或关系推导的情景下表现十分突出。

知识图谱增强生成的核心思想是将知识图谱的结构化知识引入生成过程。知识图谱使大模型能够更好地捕捉文本之间的语义关联，在生成过程中，它不仅可以检索与查询相关的实体、属性及关联文本，还可以通过图遍历、图查询、图计算和图推理的方式获取更丰富、多维度和深层次的上下文信息，从而生成更准确、全面的答案。相比于单纯的大模型或者基于文本检索增强的大模型，知识图谱增强大模型相当于在一张已经构建好的"关系地图"上增加了目的地导航，既能找到具体信息，又能通过关联关系推导出新的答案，具备深度推理和实时推理、全局视野与深度洞察、知识整合的优势。

9.1.1 深度推理和实时推理

知识图谱的结构化知识为模型提供了强大的推理能力，能够对知识图谱中及时更新的知识进行实时推理和关系推导，处理多跳推理、因果关系推断等复杂任务，进而有效地捕捉知识间的潜在关联和隐含逻辑。典型的场景是，当用户提出一个跨多个实体或概念的连贯性问题时，利用知识图谱中的关系结构，能够更自然地完成多跳推理，提供更连贯、精准的答案。

举例来说，假设某企业要开展一个关于优化焊接工艺、减少焊接中飞溅问题的研讨会。该企业的相关人员询问 AI 系统一个问题：为了减少焊接中的飞溅，需要邀请哪些供应商参加研讨会？这个问题既需要及时更新的知识（该企业当前的合格供应商），又需要复杂推理。单纯依靠大模型或者文本检索增强的大模型都无法很好地回答这个问题。知识图谱增强的大模型则能够通过知识图谱中的关联节点，追踪供应商的类型和具体的供应商名称，并根据供应商的级别择优邀请。在本例中，首先要了解出现飞溅的原因，然后推理所需的供应商有以下类型。

- 焊接设备供应商：提供先进的低飞溅焊接设备，如具备低飞溅控制技术和低飞溅焊接模式的供应商。

- 焊接材料供应商：提供高质量焊丝和焊接材料的供应商，具备生成这些材料的核心技术或支持前沿研究的供应商。
- 保护气体供应商：提供合适的保护气体及其配套设备的供应商，以优化焊接过程中的气体流量和压力。
- 焊接技术服务公司：提供焊接工艺优化和技术支持的公司，帮助改进焊接参数和工艺。

根据上述类型的供应商，通过查询供应商库中的合格供应商列表，根据供应商的等级及某时间段（如近三年）的采购金额等要素，决定邀请的供应商列表，以及相应的联系人、联系信息（如邮件、电话、手机号码、微信号）等。

9.1.2 全局视野与深度洞察

通过图遍历、图查询、图计算，大模型可以获取更广泛的上下文信息，从而具备宏观视野，这类似于在策略游戏中开启全地图模式，使大模型从多个维度更好地理解用户意图，从局部细节到全局视野，从而生成更全面、更准确和更具洞察力的答案，避免片面性。可以说，如果大模型是“人”，那么基于文本检索的增强就像在黑暗中探索时使用手电筒照明，只能看到眼前的一小片区域；知识图谱增强则像一个带有红外线和灯光的无人机，既能升到高空中俯瞰全局，又能四处飞行（通过多跳查询），探索更广阔区域的细节。

以图计算为例，其强大之处在于发现隐藏关联的能力。大模型通过各种图算法，如路径分析、社区发现等，揭示表面上看似无关的实体之间的深层联系。这种能力在跨领域研究中尤为重要。例如，在分析“极端气候对全球经济的影响”时，单纯依赖大模型的输出结果或者使用文本检索增强的大模型结果，看起来内容很多，仔细思索会发现没有实质性的信息。针对这类分析，首先要知道有哪些极端气候事件，以及事件产生的直接影响，在此基础上进一步分析对经济、金融、政治等方面所产生的影响。

对文本来说，这种分析难以实现，而事件图谱能够提供有效的支持。例如，“贝碧嘉台风在上海浦东登陆”是一个极端气候事件，经由该事件可以看出的直接影响事件有：浦东机场和虹桥机场的所有航班取消，大量的树木倒伏，部分地区停电等。针对这些事件进一步分析，才能挖掘有实质性内容的经济、金融、物流和供应链等方面的影响。例如：贝碧嘉台风登陆上海浦东→浦东机场和虹桥机场的所有航班取消→交通和物流中断，影响人员和货物的流动→供应链受阻，导致原材料和商品供应延迟→企业生产和运营受影响，部分企业停工或减产→经济活动放缓，影响 GDP 增长和就业率→金融市场波动，投资者信心受挫，股市下跌。通过分析许多类似的极端气候事件，才能得到有深度、有价值的结论。

9.1.3 知识整合

知识图谱可以有效地整合不同来源的知识，并在不同的抽象层次上探索知识——从具体实例到抽象概念，全面把握问题的各个维度，从而提高大模型的知识丰富度。知识图谱的知识具备层次结构和拓扑结构，能够有效补充文本的线性关系，进而实现多层次的抽象推理，并提供可追溯的推理路径。

以电子商务领域的大模型应用为例，用户的行为数据、产品描述等是常用的输入内容。传统的大模型主要依赖文本描述进行推荐，如果引入知识图谱，就可以将用户的历史购买记录、产品之间的关系（如同一产地、同一厂商、平价替换等）、用户之间的社交关系、地理位置之间的关系等结合起来，提升推荐的准确性。例如，当一个用户搜索“iPhone”时，知识图谱可以关联用户的历史偏好（如偏爱某品牌、特定功能）和社交网络，结合产品的特性、与其他产品的关系、对应的厂商关系等，向用户推荐更符合其需求的产品，如“华为 Mate XT”等。这种庞大的知识网络整合了用户行为、产品特性、厂商和用户的社交网络等，具备更多样化的视角，能够显著提升大模型在电商领域应用的效果，得到更广泛的应用。观察驱动智能体（Observation-Driven Agent，ODA）[45]是一个整合了大模型和知识图谱的框架，如图 9-1 所示。大模型通过全局观察引入知识图谱的知识，并使用观察、行动和反思的循环模式增强其文本生成，使其做出最佳的响应。

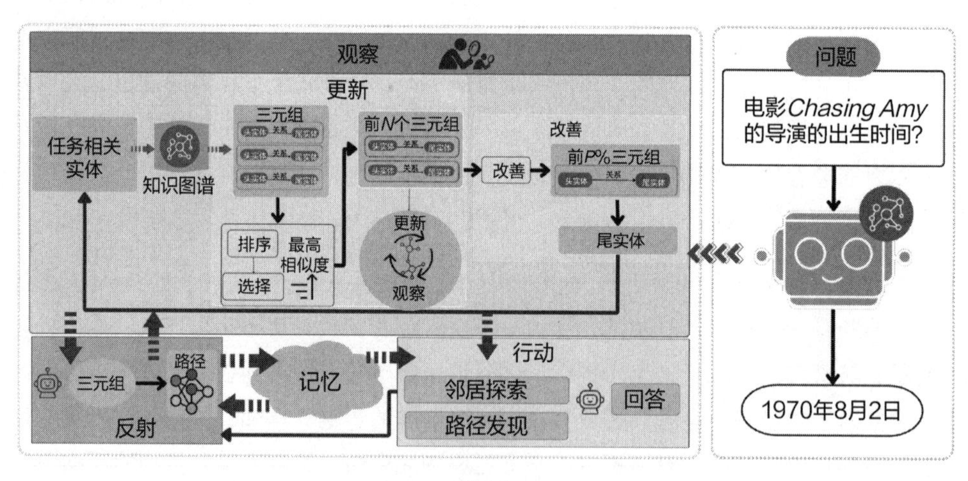

图 9-1

9.2 知识图谱增强生成的通用框架

知识图谱增强大模型生成的通用框架如图 9-2 所示。

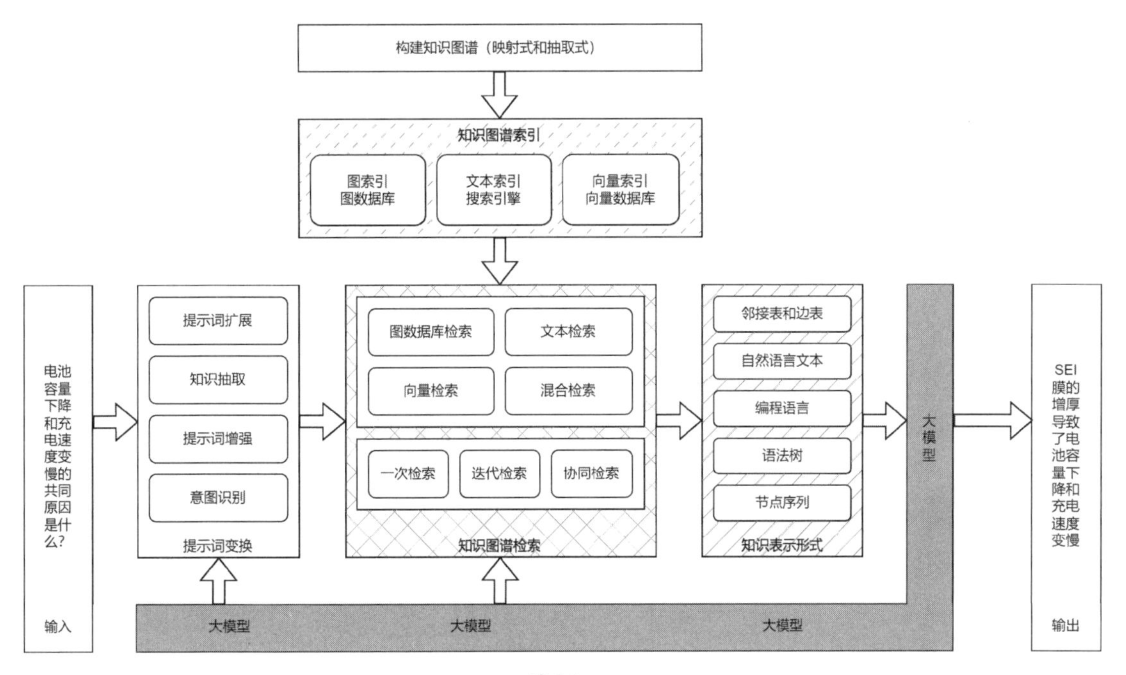

图 9-2

该框架包含 3 个关键部分：知识图谱索引、知识图谱检索和知识表示形式。知识图谱索引的核心目标是便于知识图谱检索，其方法详见 9.3 节。知识图谱检索是大模型和知识图谱互相配合的关键。大模型通过检索从知识图谱中获取知识，详见 9.4 节。知识表示形式用于将检索到的知识通过提示的方法输入大模型，使大模型根据需求生成准确的答案，详见 9.5 节。通过知识图谱增强大模型生成，避免大模型的幻觉和知识陈旧等问题，在需要精确和前沿知识的应用场景中具有重要价值。

9.3 为知识图谱创建索引

知识图谱索引机制是一个多层次、多维度的复杂系统，直接决定了知识图谱的查询速度、响应性能和检索精度，并直接影响检索的方法和所能检索出来的知识粒度。若要创建好的索引，既涉及数据组织方式，如顶点、边和属性，建立连接顶点之间的指针，支持快速遍历和检索操作，优化知识图谱的拓扑结构等；又涉及图数据库、向量数据库、信息检索和机器学习等多种技术的组合。这好比为一个复杂的交通网络建立高效的导航系统，使其快速找到某个地点，或者规划从某一地点到另一地点的路径等。常见的知识图谱索引方法包括图索引、文本索引、向量索引和混合索引。

9.3.1 图索引

图索引是知识图谱最基础的索引方法，主要利用图数据库对顶点和边进行索引。其核心在于快速识别相关的顶点或边，并支持高效的遍历操作。索引方式包括图数据库自身的索引，以及基于图结构和 Elasticsearch 的索引等；许多图数据库的查询语言（如 Gremlin），都支持多种图搜索算法（如广度优先搜索和深度优先搜索）和更复杂的图计算方法（如 PageRank、最短路径等）。另外，还有一些特定场景中的较底层的图索引方法，如下。

- 邻接表（Adjacency List）：为每个顶点维护一个连接顶点列表，适用于稀疏图。
- 邻接矩阵（Adjacency Matrix）：使用矩阵表示顶点间的连接关系，适用于密集图。
- 路径索引（Path Index）：预计算并存储常用路径，加速路径查询。
- 树形索引（Tree-based Index）：如 B+树、R 树等，用于快速定位顶点和边。

9.3.2 文本索引

文本索引主要将知识图谱中的实体及其关系转化为可搜索的文本数据，可以使用搜索引擎（如 Elasticsearch 或 Solr 等）技术来检索知识图谱。例如，将知识图谱中的每个三元组<头实体，关系，尾实体>转换为文本，存储在文本索引中，通过语义匹配技术对这些文本描述进行快速检索。文本索引的优势在于它能够利用成熟的自然语言处理工具进行搜索，如基于稀疏表示的检索（如 TF-IDF）、基于稠密表示的检索（如向量索引），并可以使用成熟的搜索引擎系统（如 Elasticsearch）。文本索引尤其适用于需要将结构化和非结构化数据相结合的场景。

文本索引将图数据转换为文本的方法如下。

- **句子级——基本元素**：利用预定义的规则或模板将知识图谱的实体、关系或属性转换为人类可读的文本。
- **段落级——聚合元素**：将具有相同头实体（或尾实体）的三元组合并为段落，将关系相同的三元组合并为段落，将符合某种规则或模式的路径合并为段落等。

- **篇章级——子图或社区**：将知识图谱的子图转换为文本描述。例如，对图进行社区检测，并使用大模型为每个社区生成摘要；根据知识图谱模式制定演绎推理的规则，根据规则筛选子图，并将其转化为文本描述。

除了使用 Elasticsearch 等成熟的搜索引擎系统，在轻量级情况下，也可以使用以下索引方法。

- 倒排索引：为每个词项建立文档列表，是全文索引的基础，Elasticsearch 或 Solr 等搜索引擎都含有倒排索引功能。
- N-Gram 索引：将文本分割成固定长度的子串，支持模糊匹配。
- 前缀树：用于实现高效的前缀匹配和自动补全，适合于知识图谱规模较小的情况。

9.3.3 向量索引

向量索引是索引知识图谱的主流方法之一，其核心思想是将图的结构信息和语义信息编码到向量空间中，通过将图中的顶点和边表示为向量，在嵌入空间中进行快速的相似性检索，从而有效解决知识图谱的稀疏性问题，为快速检索、模糊查询和知识推理提供支持。知识图谱推理的许多方法会对知识图谱的内容进行学习，并生成对应的知识向量表示。相似性检索通常会使用向量数据库。向量索引的优势在于高效处理复杂的语义关系，检索有关实体、关系或子图的语义相似度。此外，向量索引也能与实体结合起来，并使用诸如局部敏感哈希（LSH）等有效的向量检索算法。

9.3.4 混合索引

混合索引方法结合了上述 3 种索引方法的优点，克服了单一方法的局限性。图索引便于访问结构信息，文本索引简化了文本内容的检索，向量索引能够快速高效地进行语义模糊的搜索。混合索引利用图的结构信息、文本内容和向量表示，并充分利用成熟的图数据库、图查询引擎、搜索引擎、向量数据库等，能够便捷且高效地对知识图谱进行索引。在实践中，推荐使用混合索引方法。

9.4 从知识图谱中检索知识

从知识图谱中检索知识，是知识图谱增强生成的大模型系统中的关键环节。检索结果的质量直接影响大模型生成的内容是否满足用户预期。检索过程需要综合考虑检索方法、流程设计及知识粒度。检索方法涵盖非参数检索器、基于语言模型的检索方法和基于图神经网络的检索方法。检索过程包括一次检索、迭代检索和多阶段检索，不同的检索过程会影响检索的深度和广度。知识粒度包括节点、三元组、路径和子图等级别，直接决定了上下文的丰富程度。通过精心设计和优化这些要素，形成不同的检索策略，使知识图谱增强大模型系统能够从海量的知识图谱中快速、准确地提取与查询有关的知识，为下游的推理和生成任务提供高质量的输入。不同的检索策略适用于不同的应用场景，例如：细粒度的知识适合简单查询或高效率查询场景；混合粒度的知识具备更全面的上下文信息，更适合复杂的推理任务。

9.4.1 检索方法

知识图谱最基础的检索方法是使用图数据库进行高效检索和遍历。对大模型进行图检索和图遍历，一般有两种方法：一种是使用填槽式模板，另一种是使用大模型的自动编程能力，根据输入的提示生成 Gremlin、Cypher 或 SPARQL 等查询语句。后者在处理简单的关系查询时表现出色，如在知识图谱中查询某个实体，并获取与其关联的实体或属性等。对于多跳查询或图计算方法等复杂场景，模板难以管理，自动编程的难度又较大，难以一次性生成正确的算法，这时需要进行多次交互，通过大模型来修正错误理解生成的查询语句。

基于语义相似性的检索技术也被用于知识图谱检索。其核心思想是对知识图谱的实体、关系或路径进行嵌入学习，映射到同一语义向量空间中，并使用向量数据库进行模糊和语义相似性检索。对知识图谱进行嵌入学习，计算实体、关系或路径之间的语义相似度等。相比于使用图查询、图遍历的方法进行检索，语义相似性检索具备更强的语义理解、跨语言查询、多模态查询和隐含知识检索等能力。

如果知识图谱采用文本索引的方法，那么传统的搜索引擎检索方法（如 Elasticsearch）就很好，它可以充分利用搜索引擎优化的方法，如相似性检索等。此外，向量数据库和基于文本检索的 RAG 方法也是可用的。

在实践中，知识图谱增强大模型的应用场景非常复杂，单一的检索方法无法满足多样化的需求。混合检索方法能够结合上述的基于图数据库查询语言的方法、向量检索方法、搜索引擎方法等，应对复杂需求。混合检索方法可以对输入提示词进行综合分析，通常需要在大模型与知识图谱之间进行多轮交互，举例如下。

（1）大模型理解输入的提示词或问题，通过自动编程生成知识图谱的查询语句，并抽取关键的实体、关系或属性等。这个过程的核心是捕捉其中的隐含意图和上下文信息，并将其重构为更适合知识图谱检索的形式。

（2）使用多种方法并行检索。

- 通过图数据库执行查询语句，获得结果。如果查询语句执行出错，则通过大模型纠错，并重新执行查询语句。通过多轮次的执行与纠错，获得图数据库的检索结果。
- 通过大模型生成合适的查询词，在 Elasticsearch 中进行文本检索，在向量数据库中通过语义向量检索。
- 对于复杂问题，生成相应的图计算方法，并通过解释器执行该算法，获得相关的实体、关系或路径。

（3）整合查询结果，形成统一的上下文，将上下文与输入的提示词相融合，输入大模型，生成答案。不同的检索方法获得的知识可能存在冲突，因此需要设计合适的方法来保证信息的一致性和可靠性。

9.4.2 检索过程

对于简单的问题，通过大模型理解其意图并进行知识图谱检索，即可获得所需的知识。一次性检索操作获得信息的效率高、响应快。但在更复杂的情况下，一次性检索往往无法满足要求，获得知识也许深度和广度不足，甚至可能遗漏关键知识。例如，利用大模型生成 Gremlin 查询语句，对于简单的查询语句可正确执行，对于复杂的多跳查询，则可能发生执行错误。这时就需要多轮次的检索过程，也称迭代检索过程。

迭代检索是指通过多轮检索逐步细化结果，每个轮次的检索都依赖前面检索的结果。这类似于马尔科夫决策过程，通过连续的迭代深入理解需求，逐步获取所需的知识。与一次性检索相比，迭代检索能处理较复杂的推理需求，提升获取知识的深度和广度。迭代检索是多轮顺序检索，消耗的时间较多，在对话等应用中响应较慢，影响用户体验，但在自动化执行任务的智能体上则效果较好。迭代检索主要有两种方式：固定顺序检索和自适应检索。

固定顺序检索，即遵循固定检索顺序，通过预设的检索规则序列，有序地从知识图谱中提取实体、关系、路径或子图，直到满足特定的终止条件。固定顺序检索过程通常分为以下 4 个步骤。

（1）**规则定义**：首先制定一系列明确的检索规则，可能包括实体类型筛选、关系路径约束、属性值匹配等。在实践中，通常基于知识图谱模式来设置规则，这本质上是一种演绎推理方法。

例如，医疗领域的“疾病→症状→治疗方法”推理路径，制造业故障分析中的“故障事件→故障原因→检测方法→解决措施→相关案例”推理路径等。

（2）**迭代机制**：检索过程通常采用迭代的方式。每轮迭代都基于前一轮的结果来调整检索条件或扩展检索范围。迭代机制允许系统逐步细化和丰富获取的知识，在迭代过程中，大模型需要根据用户输入的提示词和当前上下文，动态生成下一步的检索条件。

（3）**终止条件**：设置合理的终止条件至关重要。终止条件基于检索深度、获取知识的数量、质量评分等因素。在实践中，通常使用大模型来判断终止条件，大模型结合所获取的知识和输入的提示，评估所获取的知识是否足以回答用户的问题。

（4）**阈值控制**：为了避免无限循环或过长的响应时间，应设置最大检索次数或时间限制，即使获取的知识可能不够完善，也能确保系统在合理的时间内给出响应。

检索过程好比去图书馆查找资料。首先，想好一个策略，确定所需的资料可能在哪个书架上。然后，在该书架中快速浏览书名，找到可能匹配的书。接着，翻阅找到的书，判断其中是否有所需的资料，如果没有，就继续找下一本书。终止条件是找到所需的资料，或者已经翻阅了太多本书（迭代次数阈值）或者图书馆已到闭馆时间（超时，迭代时间阈值）。

自适应检索过程是对固定顺序检索过程的进一步优化，完全交由大模型自主决定检索过程。这个过程往往结合了大模型的自动编程能力，由大模型判断终止条件。自适应检索过程也将大模型视为一个智能体，知识图谱的检索方法可以被看作供智能体使用的外部工具或调用的函数，通过智能体的自主行为实现知识的检索过程。自适应检索过程的核心在于大模型的自主决策能力，具体如下。

（1）**自动编程能力**：大模型能够生成和理解复杂的代码逻辑，根据代码的执行结果来修改代码。基于自动编程能力的自主检索有点像程序员根据用户需求编写一段代码（如使用 Gremlin 实现）来获取知识，然后交由解释器（如 TinkerPop）执行，如果报错，则修改代码，直到代码能够正确执行，并获得所需的结果。面对复杂的推理需求，这种自动编程和调试的能力是至关重要的。

（2）**智能终止判断**：大模型具备评估检索结果质量和相关性的能力，能够准确判断何时结束检索过程。这类似于一个经验丰富的研究员，知道何时收集到了足够的信息来回答问题或解决问题。这和固定顺序检索类似，但要求更高。固定顺序检索有规则约束，终止条件相对简单。自适应检索完全由大模型智能体来判断终止条件，对大模型的要求更高。

（3）**智能体框架**：将大模型视为具有自主行为能力的智能体，这一概念性转变使大模型可以像人类专家一样，灵活运用各种工具和方法来完成任务。在智能体框架下，知识图谱检索方法被视为智能体可调用的外部工具或函数。知识图谱的检索方法多种多样，大模型智能体需要选择与组合不同的检索方法，获取所需的知识。

迭代检索已能满足大多数应用的需求，但仍然存在一个问题——迭代过程是顺序的，对于复杂问题，迭代多次就意味着需要较长的时间。为了解决这个问题，可以将大模型的任务分解能力引入知识图谱检索过程，形成具有一定规划能力的并行检索过程，并利用多智能体协同的思想。这种方法被称为协同检索过程。

协同检索过程的核心在于对复杂的问题分而治之。好比人类在解决复杂问题时会组建专家团队，由不同专业背景的专家协作解决问题。在协同检索过程中，大模型会将复杂的知识图谱检索需求分解为一系列子问题，并采用多种检索策略进行并行检索。

协同检索的机制涵盖以下内容。

（1）**任务分解**：利用大模型的规划推理能力，分析用户的复杂查询需求，将其分解为一系列逻辑相关但相对独立的子问题。这个过程类似于解构一个复杂的拼图，将其分解为可单独处理的小块。

（2）**多样化检索策略**：对于每个子问题，系统会动态选择最合适的检索方法，包括图检索（模板或自动编程）、向量检索、文本检索等。这种灵活性确保了每个子问题都能得到最优的处理。针对每个子问题，都可以使用一次检索或迭代检索等，并对检索结果进行筛选、排序、剪枝和扩展。

（3）**多智能体协作**：协同检索可以利用多智能体系统或框架来解决问题，即每个子问题可以被看作由一个专门的智能体处理。多智能体可以并行工作，以空间换时间，可以提高解决问题的速度。

（4）**结果综合**：大模型再次发挥作用，综合各个子问题的解决方案，生成一个连贯且全面的最终答案。

相比于迭代检索，协同检索过程的优势在于快速处理复杂、多层次的问题。检索能力越强，系统复杂性越高，成本也越高。在知识图谱增强的大模型应用中，我们应当根据具体的应用需求和资源限制选择合适的方案。

9.4.3 知识粒度

知识图谱的检索粒度直接影响着所获取知识的精度和完整度，分别对应常见指标“精确度”和“召回率”。通常，知识粒度包括以下内容。

- **节点级**：实体及实体属性，允许对知识图谱中的单个元素进行精确检索，在查询特定信息时非常高效。
- **三元组级**：关系和关系属性，在理解实体之间的关系和上下文相关性等场景中具有优势。
- **路径级**：是一种特殊的子图，即从一个实体到另一个实体的过程中所经过的所有节点的组合。与三元组所体现的直接关系相比，路径表达了实体间更远距离的关系。
- **子图级**：即由多个实体和关系组成的子图。子图级知识能够在更庞大的结构中提供复杂模式、序列和依赖关系，从而获得更深入和全面的见解。

从本质上看，检索粒度反映了我们对知识的理解深度和广度。不同的粒度对应不同层次的知识抽象，从最基本的实体（节点）到复杂的语义网络（子图）。

- 信息完整性与检索效率的权衡：细粒度的检索（如节点）能够快速定位特定信息，但可能缺乏上下文；粗粒度的检索（如子图）提供了丰富的语境，但提升了计算复杂度。
- 语义理解的深度：从简单的事实陈述（三元组）到复杂的推理链（路径）和语义网络（子图），检索粒度直接影响着系统对查询意图的理解深度。
- 动态适应性：不同的查询任务可能需要不同的检索粒度，如何设计一个能够动态调整检索策略的系统是一个重要挑战。

例如，在锂电池失效分析智能系统中，当用户输入“电池容量下降和充电速度变慢的共同原因是什么”时，大模型会抽取两个失效事件“电池容量下降”和“充电速度变慢”，推断出关系<失效原因, 导致, 失效事件>，并触发知识图谱检索。节点级的检索是“电池容量下降”这个事件，获取其属性，如事件 ID、事件描述、严重程度、时间等。三元组级的检索会返回<电池容量下降, 导致, SEI[①]膜增厚>和<充电速度变慢, 导致, SEI 膜增厚>。路径级的检索可能返回“电池容量下降→SEI 膜增厚→电解液优化→王文广→多模态大模型在电池容量失效分析中的应用研究”。子图级检索会返回与问题有关的所有事件、关系、路径所形成的复杂网络，如图 9-3 所示。

---

① SEI 指固体电解质界面（Solid Electrolyte Interphase）。

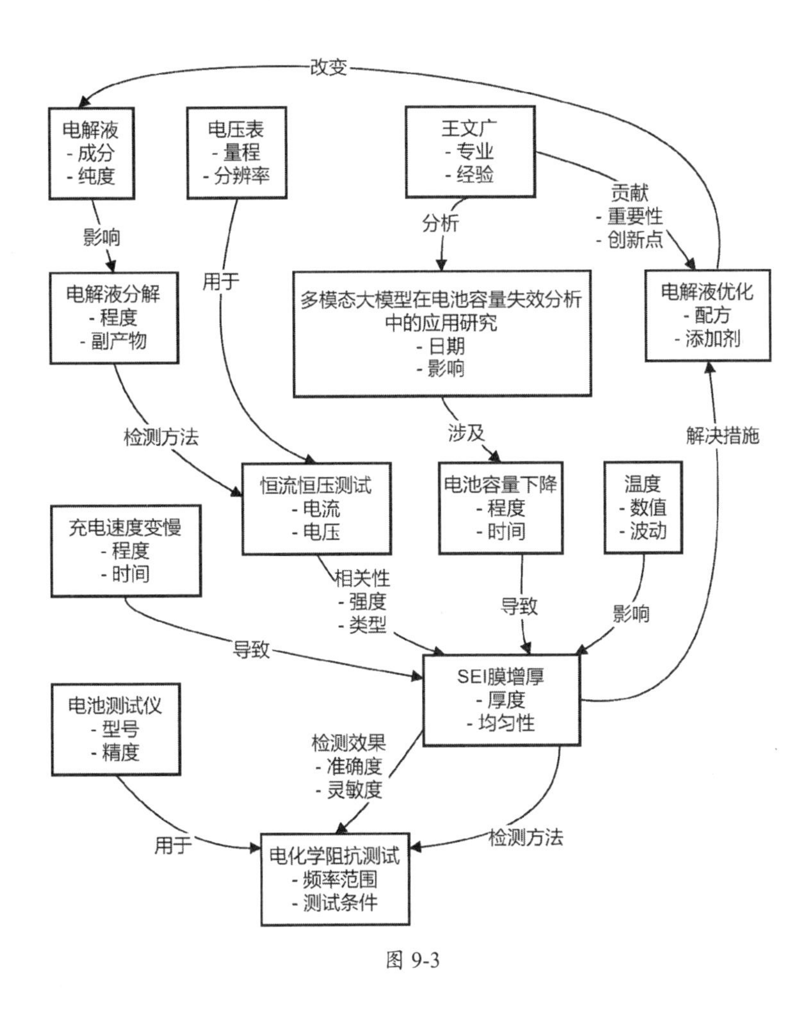

图 9-3

9.5 知识表示形式

响应生成阶段的核心是将从知识图谱中检索到的知识组装成提示词，并输入大模型。由于图结构数据本身能够表达多层次、多维度和相互交织的语义关系，因此本节将探讨用什么方法将其转化为提示词，目标是让大模型有效利用图结构数据。

9.5.1 邻接表和边表

邻接表和边表是描述图结构的两种经典形式。邻接表是一种简洁的表示方式，可以列举每个顶点的直接邻接顶点。邻接表只存储实际存在的边，特别适合表示稀疏图。边表详细列出了图中的每条边，每条边由两个顶点组成，分别表示边的两个端点，可以直观地描述图中顶点之间的关系。边表适用于边数较多的图。在将知识图谱检索到的结果输入大模型时，使用邻接表和边表能够有效地表示图的结构，从而能够利用图中的关系信息生成语义丰富、逻辑性强的文本。知识图谱中常见的三元组或五元组列表，可以认为是边表的变种形式。

9.5.2 自然语言文本

通过模板将知识图谱检索结果转化为自然语言句子，这种方法适合从知识图谱中检索少量的结果，其中要用到知识图谱的语义关系，如 SPO 三元组的谓词关系。例如，在医学诊断场景中，知识图谱中的<疾病, 导致, 症状>关系可以通过自然语言描述为“患者的症状可能是由以下疾病导致的：X 疾病、Y 疾病和 Z 疾病”。

9.5.3 编程语言

知识图谱检索返回的图结构知识更复杂，难以直接通过模板转化为自然语言文本表示，但它很容易被转化为编程语言、伪编程语言或专门的标记语言。编程语言的表现形式具有很大的优势，一方面，这种代码形式的图结构数据能够保持图的层次性和关系完整性；另一方面，现代大模型使用大量的代码来训练，能够理解编程语言或标记语言的内在逻辑。

常见的代码表示方式包括：将其转化为编程语言的数据结构，如 Python 的字典表示；专门的标记语言，如图形建模语言（Graph Modeling Language，GML）和图形标记语言（GraphML）等。

以 GML 为例，GML 是一种用于描述图形的层次化纯文本格式，也被称为 Graph Meta Language。GML 文件由层次化的键值对列表组成，具有可移植、语法简单、可扩展和灵活的特点。用 GML 表示图 9-3 中的锂电池失效分析知识图谱，代码如下所示。

```
graph [
 directed 1

 node [
   id 1
   label "电池容量下降"
   type "FailureEvent"
   degree "程度"
   time "时间"
 ]
```

```
node [
  id 2
  label "充电速度变慢"
  type "FailureEvent"
  degree "程度"
  time "时间"
]

node [
  id 3
  label "SEI膜增厚"
  type "FailureCause"
  thickness "厚度"
  uniformity "均匀性"
]

node [
  id 4
  label "电解液分解"
  type "FailureCause"
  degree "程度"
  byproduct "副产物"
]

node [
  id 5
  label "电压表"
  type "Detection"
  range "量程"
  resolution "分辨率"
]

node [
  id 6
  label "电化学阻抗测试"
  type "DetectionMethod"
  frequencyRange "频率范围"
  testConditions "测试条件"
]

node [
  id 7
  label "恒流恒压测试"
```

```
  type "DetectionMethod"
  current "电流"
  voltage "电压"
]

node [
  id 8
  label "电解液优化"
  type "Solution"
  formula "配方"
  additive "添加剂"
]

node [
  id 9
  label "温度"
  type "Environment"
  value "数值"
  fluctuation "波动"
]

node [
  id 10
  label "多模态大模型在电池容量失效分析中的应用研究"
  type "FailureCase"
  date "日期"
  impact "影响"
]

node [
  id 11
  label "王文广"
  type "Person"
  specialty "专业"
  experience "经验"
]

node [
  id 12
  label "电池测试仪"
  type "Equipment"
  model "型号"
  accuracy "精度"
]
```

```
node [
  id 13
  label "电解液"
  type "Material"
  composition "成分"
  purity "纯度"
]

edge [
  source 1
  target 3
  label "导致"
]

edge [
  source 2
  target 3
  label "导致"
]

edge [
  source 3
  target 6
  label "检测方法"
]

edge [
  source 4
  target 7
  label "检测方法"
]

edge [
  source 3
  target 8
  label "解决措施"
]

edge [
  source 10
  target 1
  label "涉及"
]
```

```
  edge [
    source 11
    target 10
    label "分析"
  ]

  edge [
    source 12
    target 6
    label "用于"
  ]

  edge [
    source 13
    target 4
    label "影响"
  ]

  edge [
    source 8
    target 13
    label "改变"
  ]

  edge [
    source 9
    target 3
    label "影响"
  ]

  edge [
    source 5
    target 7
    label "用于"
  ]

  edge [
    source 11
    target 8
    label "贡献"
    importance "重要性"
    innovation "创新点"
  ]
]
```

9.5.4 语法树

将知识图谱的图结构数据转换为语法树，是一种能够有效保留层次关系的表示方法。语法树通过将顶点和边表示为树形结构，可以使大模型更好地理解图中的层次关系。树形结构本质上是图结构的简化形式，它移除了循环路径等复杂元素，保留了具有层次性和层级依赖的关系。因此，在一些场景中，使用最小生成树等算法可以在最大限度保留图中信息的基础上，将图形简化为树形结构。最小生成树是一种从复杂的图结构中提取核心顶点的算法，它保证了数据的连通性和最小化冗余，避免出现环路，以便在许多场景中使用大模型进行自动的推理分析，如自顶向下或自底向上的推理过程。这种推理方法被广泛应用在自动化根因分析中，如制造业的故障分析、金融系统的风险预警、医疗领域的病因诊断等场景。

以制造业的故障分析场景为例。故障树分析（Fault Tree Analysis，FTA）方法是基于树形结构的一种经典分析手段。故障树通过根节点表示系统中的顶级故障，分支对应可能导致故障的不同原因，从而形成一种由上至下的递归层次结构。在具体应用中，从知识图谱中检索到的知识被转化为故障树，大模型可以借助树的层次进行推理分析。例如，在分析某个生产线设备的故障原因时，知识图谱中的实体和关系可以代表不同的设备、部件和故障之间的相互影响。大模型通过检索知识图谱得到问题相关的知识，将其转化为故障树，并对其进行层次化推理，识别出可能的原因及相关的故障机制。在这个过程中，通过语法树的形式将知识图谱的知识输入大模型，就是一个好的选择。

9.5.5 顶点序列

如果知识图谱检索出的知识是一个长长的路径，那么以顶点序列的方式将其输入大模型是一个好方法。顶点序列遵循特定的规则排列顶点和边，本质上是对知识图谱的一系列三元组或五元组的压缩表示。这种表示方式简洁易懂，既保留了结构信息，又降低了输入内容的复杂度，还方便工程师阅读。

9.6 GraphRAG 概述

GraphRAG 是由微软开源的一个知识图谱增强大模型的库，支持对原始文本提取知识图谱，并利用这些知识图谱来增强大模型的能力。从技术上看，GraphRAG 是一种结构化的、分层的检索增强生成方法，与使用纯文本片段的简单语义检索方法不同。GraphRAG 首先从原始文本中提取知识图谱，构建社区层次结构，为这些社区生成摘要，并在执行 RAG 任务时利用这些结构化的知识。

GraphRAG 自身涵盖了自动化构建知识图谱、利用知识图谱来增强大模型的整个流程，支持通过工作流来定义各个环节。GraphRAG 的流程如图 9-4 所示。

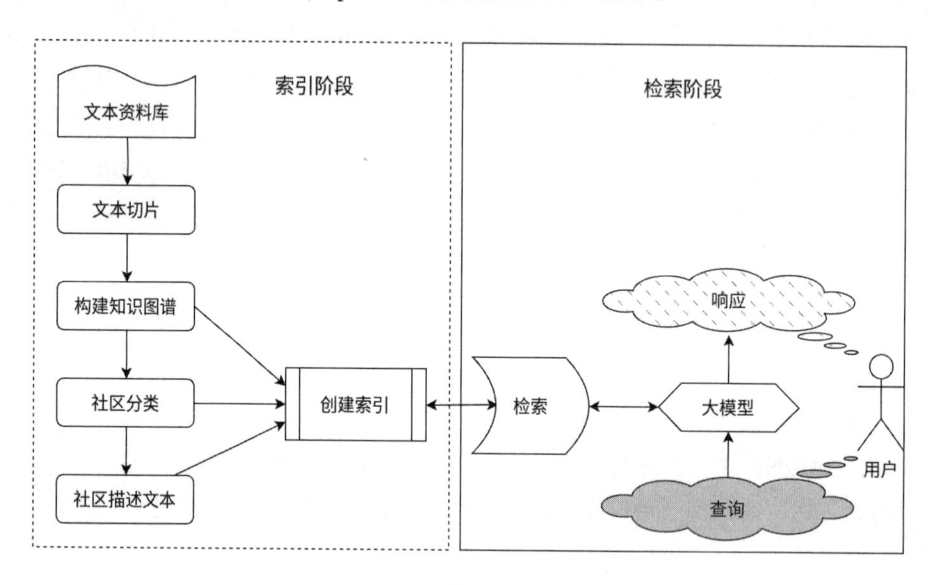

图 9-4

1. 文本切片

文本切片，是指将输入文档库的文本切分成合适粒度的文本块。文本切片看似简单，但它是 RAG 方法中最重要的环节之一。对一个 GraphRAG 来说，需要精心设计文本切片的策略，保证每个文本块都包含足够的上下文信息，同时又不过于冗长，从而为后续的知识抽取和构建知识图谱奠定基础。文本切片的粒度决定了知识抽取的召回率和精确度，所以平衡文本切片粒度并设计合适的策略至关重要。

2. 构建知识图谱

第 5 章和第 6 章介绍了利用大模型从文本中提取知识并构建知识图谱的过程。在开源的 GraphRAG 中内置了抽取实体、关系和事件的方法。在默认情况下，提取机构（organization）、人物（person）、地点（geo）和事件（event）这 4 种类型的实体，但并未定义实体之间的关系及事件类型，而是全部由大模型根据提示来抽取。事实上，这特指被限定了实体类型的半模式受限知识图谱。对事件来说，需要抽取主体、客体及类型、状态、描述、时间及关联的原文本，其中主体和客体的类型需要满足预定义的实体类型（前述4种实体类型）。在通用场合中，这种“傻瓜式”方法的表现比普通的RAG方法更好，但在专业领域，如医疗、金融、工业、能源、情报分析等，需要结合更专业的知识图谱模式完成深度分析。

利用GraphRAG构建知识图谱，将每个文本块和设计好的提示词一起传递给大模型，由大模型进行知识抽取，并构建知识图谱，包括以下3个步骤。

（1）识别文本中的所有实体，包括实体的名称、类型和描述。

（2）识别所有明确相关的实体之间的关系，包括源实体、目标实体，以及它们之间的关系描述。

（3）提取与检测实体相关的事件，包括主体、客体、类型、描述、源文本，以及开始和结束日期。

同时，GraphRAG中使用多轮的搜集（glean）过程进行知识抽取，使大模型尽可能完全地抽取出所需的实体、关系和事件，提升知识图谱的完整性。是否继续执行下一轮搜集过程，也是由大模型判断的。多轮搜集过程能够使用更大的文本块，而不会降低质量或引入噪声。GraphRAG的另一个工程实践是使用大模型创建实体、关系和事件的描述文本，丰富知识图谱中每个元素的内容。

3. 社区分类

GraphRAG会基于所构建的知识图谱应用社区检测算法，识别和构建知识图谱中的社区层次结构，从而深度挖掘知识结构的内在层次和语义关联，并构建多层次、多尺度的知识体系结构。GraphRAG能够利用知识间的内在联系和层次结构，为后续的知识检索和推理提供更丰富的语境信息。与利用大模型为知识元素生成描述文本类似，GraphRAG会为识别出的每个社区生成一个描述文本，形成类似层级知识主题的表示。社区中通常包含许多实体、关系或事件，因此社区的描述文本通常包含核心实体、关系或事件等元素。社区具备层次结构，除了叶子级社区，其他更高级别的社区往往是对下级社区主题的聚合，并识别共同的上位概念，生成社区的整体语义化描述文本。

4. 增强生成

在用户查询阶段，对于给定的用户输入，GraphRAG可以利用社区、关系、事件、实体、属性等进行综合检索，从而增强大模型生成的答案。

9.7 GraphRAG 实战

这里使用一个构建好的知识图谱来展示 GraphRAG 的增强效果。相比于 11.4 节中的检索流程，GraphRAG 更简单，仅使用向量来检索知识图谱，然而效果通常可能不及预期。在实际应用中，我们不能仅依赖 GraphRAG 方法，应根据业务场景的需要对 GraphRAG 进行增强开发。本节代码仅作为示例，请勿用于生产环境。

9.7.1 安装 GraphRAG 和数据资源准备

在系统上安装 GraphRAG 及其相关的 Python 软件包，代码如下。

```
pip install graphrag, tiktoken, openai, pandas
```

OpenKG 提供了许多已经构建好的知识图谱，可以直接使用。这里使用 OpenKG 的“企业投融资事件知识图谱”，可在 OpenKG 中搜索该名称或从配套仓库中获取，见链接 9-1。下载 graph.json 文件，将其置于 DATA_DIR 目录下。该数据集的样例如下。

```
{'name': '上海红日初升信息科技有限公司',
 'financingEvent': [{'investors': ['潜龙资本', '乳虎创投'],
   'rounds': 'B轮',
   'amount': '过亿元',
   'date': '7月25日'}],
 'legalRepresentative': '王五',
 'registeredCapital': 5500.0,
 'paidUpCapital': '-',
 'status': '开业',
 'foundingDate': '2014-03-28',
 'creditCode': '911100000000000000',
 'taxID': '911100000000000000',
 'regId': '911100000000000000',
 'organizationCode': '911100000000000000',
 'type': '有限责任公司',
 'industry': '科学研究和技术服务业',
 'approvalDate': '2019-01-31',
 'regAuthority': '上海工商行政管理局海淀分局',
 'area': '上海市',
 'EnglishName': 'Shanghai Hong Ri Chu Sheng Co, Ltd.',
 'usedName': '-',
 'peopleInsured': 168,
 'staffSize': '100-499人',
```

```
    'businessTerm': '2014-03-28 至 2034-03-27',
    'address': '上海市浦东新区世纪大道 88888888 号',
    'businessScope': '互联网技术、软件技术、计算机系统集成……'}
```

大模型需要支持 OpenAI 兼容 API 的服务，包括向量化（Embedding）和大模型对话 API。该服务既可以是大模型服务商提供的 API 服务，也可以自己搭建的。相关的配置项如下。

```
1.  DATA_DIR = "./data"
2.  LANCEDB_URI = f"{DATA_DIR}/lancedb"
3.
4.  api_key = '大模型服务的 API Key'
5.  base_url = '大模型服务提供商的 URL'
6.  llm_model = '对话模型，如 Qwen2.5-7B-Instruct 等'
8.  embedding_model = '向量化模型，如 bge-m3 等'
```

导入一些必备的库，代码如下。

```
1.  import json
2.  import pandas as pd
3.  import tiktoken
4.  from tqdm import tqdm
5.
6.  from graphrag.query.context_builder.entity_extraction import EntityVectorStoreKey
7.
8.  from graphrag.query.input.loaders.dfs import (
9.      read_community_reports,
10.     read_entities,
11.     read_relationships,
12. )
13.
14. from graphrag.query.input.loaders.dfs import (
15.     store_entity_semantic_embeddings,
16. )
17. from graphrag.query.llm.oai.chat_openai import ChatOpenAI
18. from graphrag.query.llm.oai.embedding import OpenAIEmbedding
19. from graphrag.query.llm.oai.typing import OpenaiApiType
20.
21. from graphrag.query.structured_search.local_search.mixed_context import
LocalSearchMixedContext
22. from graphrag.query.structured_search.local_search.search import LocalSearch
23.
24. from graphrag.query.structured_search.global_search.community_context
import GlobalCommunityContext
```

```
25. from graphrag.query.structured_search.global_search.search import GlobalSearch
26.
27. from graphrag.vector_stores.lancedb import LanceDBVectorStore
```

9.7.2 转换为实体的关系属性的 DataFrame

从上述内容中提取几个实体类型，如人物、地点、行业、公司类型、投资机构等，以及几种关系类型及其属性，如<公司, 法人, 人物>、<公司, 位于, 地点>、<投资机构, 投资, 公司>、<公司, 属于, 行业>等。示例代码如下。

```
1.  ents = []
2.  rels = []
3.
4.  # 读入数据
5.  with open(f"{DATA_DIR}/graph.json") as f:
6.      d = json.load(f)
7.
8.  for i in d:
9.      # 转换为实体的关系属性
10.     ents.append({'name': i['name'], 'type': i['type'],
11.                  'desc': i['businessScope']})
12.     ents.append({'name': i['legalRepresentative'], 'type': '人物',
13.                  'desc':  i['legalRepresentative']})
14.     rels.append({'src': i['legalRepresentative'], 'dst': i['name'],
15.                  'rel': '法人'})
16.     ents.append({'name': i['area'], 'type': '地点', 'desc': i['area']})
17.     rels.append({'src': i['name'], 'dst': i['area'], 'rel': '位于'})
18.     ents.append({'name': i['industry'], 'type': '行业',
19.                 'desc': i['industry']})
20.     rels.append({'src': i['name'], 'dst': i['industry'], 'rel': '属于'})
21.     for j in i['financingEvent']:
22.         for k in j['investors']:
23.             k = k.strip()
24.             ents.append({'name': k, 'type': '投资机构', 'desc': k})
25.             rels.append({'src': k, 'dst': i['name'], 'rel': '投资',
26.                          'amount': j['amount'], 'date':j['date']})
27. # 转换为pd.DataFrame，便于后续使用
28. df_ent = pd.DataFrame.from_records(ents)
29. df_ent = df_ent.drop_duplicates('name')
30. df_ent['id'] = range(1, len(df_ent)+1)
31. df_rel = pd.DataFrame.from_records(rels)
32. df_rel = df_rel.drop_duplicates()
33. df_rel['id'] = range(1, len(df_rel)+1)
```

9.7.3 计算实体、关系的排序值

通常，需要使用某些属性值对检索结果进行排序，本例中使用所构建的知识图谱中每个实体的出度。下面是一个简单的计算过程。

```
1.  df_rank = df_rel.groupby('src').count()
2.  df_rank = df_rank.reset_index()
3.  df_rank = df_rank.rename(columns={'src': 'name', 'dst': 'rank'})
4.  df_rank = df_rank[['name', 'rank']]
5.  df_ent = pd.merge(df_ent, df_rank, left_on='name',
6.                  right_on='name', how='outer')
7.  df_ent['rank'] = df_ent['rank'].fillna(0)
8.
9.  ent_rank = {}
10. for idx, row in df_ent.iterrows():
11.     ent_rank[row['name']] = row['rank']
12. df_rel['rank'] = df_rel['src'].apply(lambda x:ent_rank[x])
13. df_rel['rank'] = df_rel['rank'].astype('float')
```

9.7.4 为实体生成描述文本及向量化

利用大模型为实体生成描述信息，输入内容是实体名称及其属性列表，同时为实体名称及实体描述文本创建向量。

```
ENT_DESC_PROMPT = """
你是一个擅长根据提供的实体及其属性生成描述文本的助手。
给定一个实体，以及一个描述列表，描述列表是实体属性。
请根据给定的内容生成一个单一的、综合的描述文本，确保包含所有描述中的信息。
如果提供的描述有矛盾，请解决矛盾并提供一个单一的、一致的描述文本。
确保以第三人称书写，并包括实体名称，以便具备完整的上下文。
###输入###
实体：{entity_name}
描述列表：{desc_list}
###输出###
"""
# 利用大模型生成实体描述
descs = []
for idx, row in tqdm(df_ent.iterrows(), total=len(df_ent)):
    name = row['name']
    t = row['type']
    desc = row['desc']
```

```
    resp = client.chat.completions.create(model=llm_model,
        temperature=0.3, messages=[{'role': 'user',
          'content': ENT_DESC_PROMPT.format(
              entity_name=name, desc_list=f'类型:{t}; 说明: {desc}')}])
    descs.append(resp.choices[0].message.content)
df_ent['desc'] = descs

# 对名称和描述文本进行向量化
name_embs = []
desc_embs = []
for idx, row in tqdm(df_ent.iterrows(), total=len(df_ent)):
   name = row['name']
   desc = row['desc']
   # 实体名称向量化
   resp = client.embeddings.create(model=embedding_model, input=[name])
   name_embs.append(resp.data[0].embedding)
   # 实体描述文本向量化
   resp = client.embeddings.create(model=embedding_model, input=[desc])
   desc_embs.append(resp.data[0].embedding)

df_ent['name_emb'] = name_embs
df_ent['desc_emb'] = desc_embs
```

9.7.5 为关系生成描述文本及向量化

利用大模型为关系生成描述文本及向量化，输入内容是实体名称及其属性列表，同时为关系描述文本创建向量。

```
REL_DESC_PROMPT = """
你是一个擅长根据提供的三元组及其属性生成描述文本的助手。
给定一个三元组<头实体, 关系, 尾实体>, 以及一个关系属性列表。
请根据给定的内容生成一个单一的、综合的描述文本，确保包含所有描述中的信息。
如果提供的描述有矛盾，请解决矛盾并提供一个单一的、一致的描述文本。
确保以第三人称书写，并包括头实体、尾实体、关系名称，以便具备完整的上下文。
###输入###
三元组: {rel_tuple}
属性列表: {desc_list}
###输出###
"""
# 利用大模型为关系生成描述文本
descs = []
for idx, row in tqdm(df_rel.iterrows(), total=len(df_rel)):
    rel_tuple = '<' + row['src'] + ', '+ row['rel']+', ' +row['dst']+'>'
    desc = ''
```

```
        if row.rel == '投资':
            desc = '金额: ' + row['amount'] + '; ' + '时间: ' + row['date']
        resp = client.chat.completions.create(model=llm_model,
          temperature=0.3, messages=[{'role': 'user',
            'content': REL_DESC_PROMPT.format(
              rel_tuple=rel_tuple, desc_list=desc)}])
        descs.append(resp.choices[0].message.content)
    df_rel['desc'] = descs
    # 关系描述文本向量化
    rel_desc_embs = []
    for idx, row in df_rel.iterrows():
        desc = row['src'] + '->' + row['desc'] + '->' + row['dst']
        resp = client.embeddings.create(model=embedding_model, input=[desc])
        desc_emb = resp.data[0].embedding
        rel_desc_embs.append(desc_emb)
    df_rel['desc_emb'] = rel_desc_embs
```

9.7.6 社区分类和社区描述文本

使用社区检测算法（如 GN 算法、Louvain 算法）为知识图谱划分社区，并生成社区描述文本，以便在 GraphRAG 中获得宏观、全局的知识问答。在完成分类后，在 df_ent 中增加一列 community，该列用于描述每个实体所在的社区 id 列表，即 df_ent['community']表示实体对应的社区列表。具体的社区分类过程见 8.4 节。下面是一段非常长的提示词，包含生成描述文本的说明、目标、结构、输出格式及少样本示例等。

```
    COMMUNITY_REPORT_PROMPT = """
    你是一位AI助手，帮助人类分析师进行信息发现。信息发现是识别和评估与知识图谱中某些实体(如组织、人物)有关的信息的过程。

    # 目标
    根据属于社区的实体列表及其关系和可选的相关事件，撰写一份全面的社区报告。该报告将用于向决策者通报与社区有关的信息及其潜在影响。

    # 报告结构
    报告应包括以下部分：
    - 标题：代表其关键实体的社区名称，标题应简短但具体。在可能的情况下，在标题中包含具有代表性的命名实体。
    - 摘要：社区整体结构、其实体如何相互关联，以及与实体有关的重要信息的执行摘要。
    - 重要性评级：介于 0 到 100 之间的整数，代表社区内实体产生的影响的重要程度，表达了社区的评分重要性。
    - 评级说明：对影响重要性评级给出一句话解释。
    - 详细发现：关于社区的 5 到 10 个关键洞察的列表。每个洞察应有一个简短的摘要，后跟多个段落的解
```

```
释性文本，根据下面的依据规则进行说明，要全面。
    以格式良好的 JSON 格式字符串返回输出，格式如下：
        {{
            "title": <报告标题>,
            "summary": <摘要>,
            "rating": <重要性评级>,
            "rating_explanation": <评级说明>,
            "findings": [
                {{
                    "summary":<洞察 1 摘要>,
                    "explanation": <洞察 1 解释>
                }},
                {{
                    "summary":<洞察 2 摘要>,
                    "explanation": <洞察 2 解释>
                }}
            ]
        }}

    # 依据规则
    受数据支持的观点应按以下方式列出其数据引用：
    “这是一个由多个数据引用支持的示例句子 [数据:<数据集名称> (记录 id); <数据集名称> (记录 id)]。”
    在单个引用中不要列出超过 5 个记录 id。相反，列出最相关的前 5 个记录 id，并添加“+更多”以表示还有更多。
    例如：
    “X 是 Y 公司的所有者，并受到许多不当行为的指控 [数据:报告 (1)，实体 (5, 7); 关系 (23); 事件 (7, 2, 34, 64, 46, +更多)]。”
    其中 1、5、7、23、2、34、46 和 64 代表相关数据记录的 id(而不是索引)。
    不要包含没有提供支持证据的信息。

    # 示例输入
    -----------
    文本：


    实体：
    id,实体,类型,描述
    5,人民广场,地点,'人民广场是上海市中心的政治、经济、文化和交通枢纽，也是著名的地标之一'
    19,滨江森林公园,地点,'滨江森林公园是一个位于上海浦东新区的生态公园，集休闲、旅游、科普和观赏于一体'
    23,桑葚音乐节,活动,'桑葚音乐节是中国知名的户外音乐节，汇聚了众多本土及国际音乐人的活动'
    56,上海国际读书博览会,活动,'上海国际读书博览会是一个汇聚全球文学作品和文化交流的盛会，吸引众多作家、出版商和读者参与'
```

```
关系:
id,头实体,尾实体,关系,描述
17,桑葚音乐节,滨江森林公园,举办地,'2028 年的桑葚音乐节在上海滨江森林公园举办'
28,上海国际读书博览会,人民广场,举办地,'1998 年, 上海国际读书博览会在人民广场举办, 成为该地标性区域的重要文化活动之'
39,桑葚音乐节,人民广场,举办地,'第一届桑葚音乐节于 1875 年在人民广场举办。'

输出:
{{
    "title": "上海文化与活动社区报告",
    "summary":"该社区包括上海的几个重要地点和活动, 如人民广场、滨江森林公园、桑葚音乐节和上海国际读书博览会。人民广场和滨江森林公园是主要的地标性地点, 分别举办了多个重要的文化活动。桑葚音乐节和上海国际读书博览会是两个主要的文化活动, 吸引了大量的参与者和游客。这些实体和活动之间的关系展示了上海作为一个文化和活动中心的重要性。",
    "rating": 85,
    "rating_explanation": "重要性评级较高, 因为该社区的实体和活动对上海的文化和经济产生了重大影响。",
    "findings": [
        {{
            "summary": "人民广场是上海的政治、经济、文化和交通枢纽。",
            "explanation": "人民广场位于上海市中心, 是一个重要的地标。它不仅是政治和经济活动的中心, 也是文化和交通的枢纽。许多重要的文化活动, 如上海国际读书博览会, 都在这里举办 [数据: 地点 (5); 活动 (56); 关系 (28)]。"
        }},
        {{
            "summary": "滨江森林公园是一个重要的生态和休闲场所。",
            "explanation": "滨江森林公园位于上海浦东新区, 是一个集休闲、旅游、科普和观赏于一体的生态公园。它为市民和游客提供了一个亲近自然的场所, 并且是桑葚音乐节的举办地之一 [数据:地点 (19); 活动 (23); 关系 (17)]。"
        }},
        {{
            "summary": "桑葚音乐节是中国知名的户外音乐节。",
            "explanation":"桑葚音乐节汇聚了众多本土及国际音乐人, 是中国知名的户外音乐节。它曾在多个地点举办, 包括人民广场和滨江森林公园。该音乐节吸引了大量的音乐爱好者, 促进了文化交流和旅游业的发展 [数据:活动 (23); 地点 (5, 19); 关系 (17, 39)]。"
        }},
        {{
            "summary": "上海国际读书博览会是一个重要的文化交流活动。",
            "explanation": "上海国际读书博览会汇聚了全球的文学作品和文化交流, 吸引了众多作家、出版商和读者参与。该博览会在人民广场举办,成为该地标性区域的重要文化活动之一 [数据:活动 (56); 地点 (5); 关系 (28)]。"
        }},
        {{
            "summary": "人民广场和滨江森林公园作为活动举办地的重要性。",
```

```
                "explanation": "人民广场和滨江森林公园不仅是上海的重要地标，还作为多个重要文化活动的举办地。人民广场曾举办第一届桑葚音乐节和上海国际读书博览会，而滨江森林公园则是 2028 年桑葚音乐节的举办地 [数据:地点 (5, 19); 活动 (23, 56); 关系 (17, 28, 39)]。"
            }}
        ]
    }}

    # 真实数据
    使用以下文本作为你的答案。在你的回答中不要编造任何内容。
    文本:
    {input_text}

    报告应包括以下部分:
    - 标题:代表其关键实体的社区名称，标题应简短但具体。在可能的情况下，在标题中包含具有代表性的命名实体。
    - 摘要:社区整体结构、其实体如何相互关联，以及与实体相关的重要信息的执行摘要。
    - 重要性评级:介于 0 到 100 之间的整数，代表社区内实体产生的影响的重要程度，该程度表达了社区的评分重要性。
    - 评级说明:对影响重要性评级给出一句话解释。
    - 详细发现:关于社区的 5 到 10 个关键洞察的列表。每个洞察应有一个简短的摘要，后跟多个段落的解释性文本，根据下面的依据规则进行依据说明，要全面。
    以格式良好的 JSON 格式字符串返回输出，格式如下:
        {{
            "title": <报告标题>,
            "summary": <摘要>,
            "rating": <重要性评级>,
            "rating_explanation": <评级说明>,
            "findings": [
                {{
                    "summary":<洞察 1 摘要>,
                    "explanation": <洞察 1 解释>
                }},
                {{
                    "summary":<洞察 2 摘要>,
                    "explanation": <洞察 2 解释>
                }}
            ]
        }}

    # 依据规则
    受数据支持的观点应按以下方式列出其数据引用:
```

```
    "这是一个由多个数据引用支持的示例句子 [数据:<数据集名称> (记录 id); <数据集名称> (记录 id)]。"
    在单个引用中不要列出超过 5 个记录 id。相反，列出最相关的前 5 个记录 id，并添加"+更多"以表示还有更多。
    例如:
    "X 是 Y 公司的所有者，并受到许多不当行为的指控 [数据:报告 (1), 实体 (5, 7); 关系 (23); 事件 (7, 2, 34, 64, 46, +更多)]。"
    其中 1、5、7、23、2、34、46 和 64 代表相关数据记录的 id(而不是索引)。
    不要包含没有提供支持证据的信息。

    输出:
    """
```

下面为每个社区生成描述文本，对特定字段进行向量化，并转化为 GraphRAG 要求的 DataFrame，代码如下。注意，这个过程会消耗大量的词元，如果使用商业 API，请及时关注消耗的词元数量。

```
1.  # 从 df_ent 中提取每个社区的实体
2.  community = {}
3.  for idx, row in df_ent.iterrows():
4.      for c in row['community']:
5.          c = int(c)
6.          if c in community:
7.              community[c].append(row['name'])
8.          else:
9.              community[c] = [row['name']]
10.
11. # 根据上述提示词对输入数据的格式要求，生成每个社区的数据
12. community_reports = []
13. for k, vl in tqdm(community.items(), total=len(community)):
14.     eh = 'id,实体,类型,描述'
15.     el = []
16.     for v in vl:
17.         row = df_ent[df_ent['name']==v]
18.         el.append('{eid},{e},{t},{d}'.format(eid=row['id'],
19.             e=row['name'], t=row['type'], d=row['desc']))
20.     text = '\n\n 实体:\n\n' + eh + '\n\n' + '\n'.join(el)
21.     rh = 'id,头实体,尾实体,关系, 描述'
22.     rl = []
23.     drl = df_rel.apply(lambda x: x['src'] in vl and x['dst'] in vl, axis=1)
24.     for idx, row in df_rel[drl].iterrows():
```

```
25.         rl.append('{rid},{src},{dst},{r},{d}'.format(rid=row['id'],
26.             src=row['src'], dst=row['dst'], r=row['rel'], d=row['desc']))
27.     text += '\n\n关系:\n\n' + rh + '\n\n' + '\n'.join(rl)
28.     prompt = COMMUNITY_REPORT_PROMPT.format(input_text=text)
29.
30.     resp = client.chat.completions.create(model=llm_model,
31.         temperature=0.3, messages=[{'role': 'user',
32.             'content': prompt}])
33.     community_reports.append({'id': k,
34.         'report': resp.choices[0].message.content})
35.
36. # 根据要求的格式，将生成的社区描述文本转化为 DataFrame
37. tmp = []
38. for item in community_reports:
39.     k = item['id']
40.     r = item['report']
41.     rr = eval(r)
42.     rr['id'] = k
43.     rr['short_id'] = k
44.     rr['full_content'] = r
45.     # 生成摘要的向量
46.     resp = client.embeddings.create(model=embedding_model,
47.         input=[rr['summary']])
48.     rr['summary_embedding'] = resp.data[0].embedding
49.     # 生成全部描述文本的向量
50.     resp = client.embeddings.create(model=embedding_model, input=[r])
51.     rr['full_content_embedding'] = resp.data[0].embedding
52.     tmp.append(rr)
53. df_comm_report = pd.DataFrame.from_records(tmp)
54. df_comm_report['rating'] = df_comm_report['rating'].astype(float)
```

9.7.7 调用 API 生成 GraphRAG 可用数据

调用 GraphRAG 提供的 API，将实体、关系和社区转化为合适的数据和向量进行存储。

```
1. # 社区描述文本
2. communities = read_community_reports(df_comm_report, rank_col='rating',
3.     community_col='id')
4. # 实体
5. entities = read_entities(df_ent, id_col='id', short_id_col='id',
6.     title_col='name', type_col='type',
```

```
7.      description_col='desc', name_embedding_col='name_emb',
8.      description_embedding_col='desc_emb', graph_embedding_col=None,
9.      community_col='community', rank_col='rank')
10. description_embedding_store = LanceDBVectorStore(
11.     collection_name="entity_description_embeddings",
12. )
13. description_embedding_store.connect(db_uri=LANCEDB_URI)
14. entity_description_embeddings = store_entity_semantic_embeddings(
15.     entities=entities, vectorstore=description_embedding_store
16. )
17. # 关系
18. relationships = read_relationships(df_rel, id_col='id', short_id_col='id',
19.     source_col='src', target_col='dst', description_col='desc',
20.     description_embedding_col='desc_emb', weight_col='rank',
21.     attributes_cols=['rank'])
```

9.7.8 大模型的初始化

初始化与大模型有关的内容，代码如下。

```
1.  # 大模型 API
2.  llm = ChatOpenAI(api_key=api_key, api_base=base_url,
3.      model=llm_model, api_type=OpenaiApiType.OpenAI, max_retries=20)
4.  # 分词器
5.  token_encoder = tiktoken.get_encoding("cl100k_base")
6.  # 向量化
7.  text_embedder = OpenAIEmbedding(api_key=api_key, api_base=base_url,
8.      api_type=OpenaiApiType.OpenAI, model=embedding_model,
9.      deployment_name=embedding_model, max_retries=20)
```

9.7.9 局部搜索与全局搜索

局部搜索应关注细节，如实体、关系等，代码如下。

```
1.  # 传入数据，知识图谱作为 GraphRAG 的上下文数据
2.  local_context_builder = LocalSearchMixedContext(
3.     community_reports=communities, text_units=None,
4.     entities=entities, relationships=relationships,
5.     covariates=None,
6.     entity_text_embeddings=description_embedding_store,
7.     embedding_vectorstore_key=EntityVectorStoreKey.ID,
```

```
8.      text_embedder=text_embedder,
9.      token_encoder=token_encoder)
10.
11. # GraphRAG参数配置
12. local_context_params = {
13.     "text_unit_prop": 0.5,
14.     "community_prop": 0.1,
15.     "conversation_history_max_turns": 5,
16.     "conversation_history_user_turns_only": True,
17.     "top_k_mapped_entities": 10,
18.     "top_k_relationships": 10,
19.     "include_entity_rank": True,
20.     "include_relationship_weight": True,
21.     "include_community_rank": False,
22.     "return_candidate_context": False,
23.     "embedding_vectorstore_key": EntityVectorStoreKey.ID,
24.     "max_tokens": 12000}
25.
26. # 大模型参数
27. local_llm_params = {
28.     "max_tokens": 4096,
29.     "temperature": 0.3,
30. }
31.
32. # 局部知识检索增强大模型的初始化
33. local_search_engine = LocalSearch(
34.     llm=llm,
35.     context_builder=local_context_builder,
36.     token_encoder=token_encoder,
37.     llm_params=local_llm_params,
38.     context_builder_params=local_context_params,
39.     response_type="multiple paragraphs")
40.
41. # 开始提问吧
42. result = await local_search_engine.asearch("百度投资了哪些公司？")
43. print(result.response)
```

GraphRAG全局搜索能够得到更宏观的答案，更好地回答涉及大量文本数据的、综合的、全局性问题。这也是为什么要在GraphRAG中引入社区分类，特别是层次聚类的内容。这些方法使系统在不同的抽象层次上组织和访问知识，从而实现从微观细节到宏观概念的良好过渡。

多种的知识表示形式使 GraphRAG 能够处理范围广泛的查询，从具体的事实性问题到涉及深度综合和推理的复杂查询。GraphRAG 的搜索过程相当于人类专家解决复杂问题的思维方式：从收集基础事实开始，逐步构建更高层次的理解，最终形成全面的见解。全局搜索的示例如下。

```
1.  # 传入全局数据，核心是社区文本描述
2.  global_context_builder = GlobalCommunityContext(
3.      community_reports=communities,
4.      entities=entities, token_encoder=token_encoder)
5.
6.  # 全局搜索参数配置
7.  global_context_builder_params = {
8.      "use_community_summary": False,
9.      "shuffle_data": True,
10.     "include_community_rank": True,
11.     "min_community_rank": 0,
12.     "community_rank_name": "rank",
13.     "include_community_weight": True,
14.     "community_weight_name": "rating",
15.     "normalize_community_weight": True,
16.     "max_tokens": 12000,
17.     "context_name": "Reports",
18. }
19.
20. # 大模型参数配置
21. map_llm_params = {
22.     "max_tokens": 2048,
23.     "temperature": 0.3,
24.     "response_format": {"type": "json_object"},
25. }
26. reduce_llm_params = {
27.     "max_tokens": 4096,
28.     "temperature": 0.3,
29. }
30.
31. # 全局知识检索增强大模型的初始化
32. global_search_engine = GlobalSearch(
33.     llm=llm,
34.     context_builder=global_context_builder,
35.     token_encoder=token_encoder,
36.     max_data_tokens=12000,
37.     map_llm_params=map_llm_params,
38.     reduce_llm_params=reduce_llm_params,
39.     allow_general_knowledge=False,
```

```
40.     json_mode=False,  # 如果大模型支持返回json模式，那么建议改为True
41.     context_builder_params=global_context_builder_params,
42.     concurrent_coroutines=32,
43.     response_type="multiple paragraphs")
44.
45. # 开始提问吧
46. question = "福建省和安徽省在投融资方面的异同是什么？"
47. result = await global_search_engine.asearch(question)
48. print(result.response)
```

9.8 思考题

1. 在知识图谱增强生成中，知识表示形式（如邻接表、边表、模板生成文本）的语义表达能力存在哪些局限？

2. 如何充分利用知识图谱推理来增强大模型生成应用中的逻辑性（正向传递）或批判性（逆向传递）？

3. GraphRAG使用大模型实现全自动构建知识图谱，但在实践中存在诸多问题。如何设计一套流程、方法或模型，确保自动构建的知识图谱既符合业务场景的需求，又能生成高精度、高覆盖率的知识体系？

4. 如何将知识图谱增强生成扩展到多模态上，从而在实践中实现利用多模态（如图像、音频、视频等）知识图谱有效增强大模型的多模态生成能力？

5. 如何利用图神经网络等图表示学习方法更好地捕捉知识图谱中的复杂关系，并增强大模型的生成能力？

9.9 本章小结

本章探讨了如何利用知识图谱来增强大模型的生成能力，以及如何基于GraphRAG进行实战。首先介绍了知识图谱增强生成的原理，重点在于深度推理和实时推理，强调全局视野和深度洞察，并探讨了知识整合方式，由此提出知识图谱增强生成的通用框架。随后，探讨了知识图谱构建的索引方法和检索方法。针对索引方法，介绍了图索引、文本索引、向量索引和混合索引等；针对检索方法，介绍了检索过程和知识粒度等。接着，探讨了将知识从知识图谱中检索出来后的表示形式，其核心是为大模型提供不同层次和结构的知识支撑。知识的表示形式通常有邻接表、边表、模板生成文本、编程语言、语法树和顶点序列等。

基于上述理论，本章详细介绍了开源应用框架 GraphRAG，以及基于 GraphRAG 的知识图谱增强生成实战指南，涵盖 GraphRAG 的安装和数据资源准备、实体关系属性处理、实体与关系描述生成、向量化和社区分类、局部搜索和全局搜索等操作步骤，使读者学会在实际项目中实现和应用 GraphRAG。

第 10 章

知识增强大模型应用

所谓“实践是检验真理的唯一标准”，知识增强大模型的应用也要立足于实践检验，在具体应用场景中验证模型的实际表现和有效性。知识增强大模型是否满足应用需求，只能靠实际应用来检验。这是人工智能技术发展的基本规律。本章总结了笔者的一些实践经验，希望能够对读者有所启发和助力，也期待越来越多的人分享更多的实践经验来检验知识增强大模型！

知识增强大模型正在成为推动产业升级与智能化变革的重要驱动力。知识增强大模型将大模型与领域知识深度结合，不仅提升了大模型的推理能力，还显著提升了其在复杂任务中的应用价值。

本章从实践出发，从多个角度思考和探索知识增强大模型的落地应用，包括应用框架、知识来源、知识运营、应用指南与行业应用案例等。实践证明，知识增强大模型的应用深度不仅依赖大模型的涌现能力，而且取决于系统所能获取和整合的知识深度。

应用是技术的落脚点，本章梳理了各行各业的应用场景供读者参考。但不可否认的是，产业实践才是检验知识增强大模型乃至人工智能的唯一“真理”。

本章内容概要：

- 从宏观视角总结知识增强大模型的应用框架。
- 总结知识来源。
- 阐述知识运营的重要性及要点。
- 提供切实可借鉴、可落地的应用指南。
- 详细介绍文档助手——ChatDocument。
- 概述教育、金融、医疗和制造领域的众多应用场景。

10.1 应用框架

大模型具有幻觉和知识陈旧等固有特点，在应用上依赖具体场景，并非无所不能。在某些应用场景中，输出的可靠性和真实性并非核心诉求，高优先级的诉求反而是创意性、多样性、想象力和创造力等，因此允许大模型生成的内容存在不完全准确的情况。在一些场景中，如文学创作、广告文案、获取艺术灵感、语言学习、头脑风暴等，单纯使用大模型毫无疑问是非常有用和好用的。例如，短视频编剧可以使用大模型自动生成剧本等。但在需要可靠性、实时性、深度知识和可解释性等场合应用大模型，就需要用到知识增强的方法。

图 10-1 所示为知识增强大模型的应用框架。如同“一生二，二生三，三生万物”，知识是一，是基础、出发点；大模型和知识图谱是两种表示知识的范式，是当前人工智能应用的两个基础设施；副驾驶、智能体和对话是三，囊括了当下的众多应用。也就是说，从这三大类型出发，形成了无数的智能化应用。

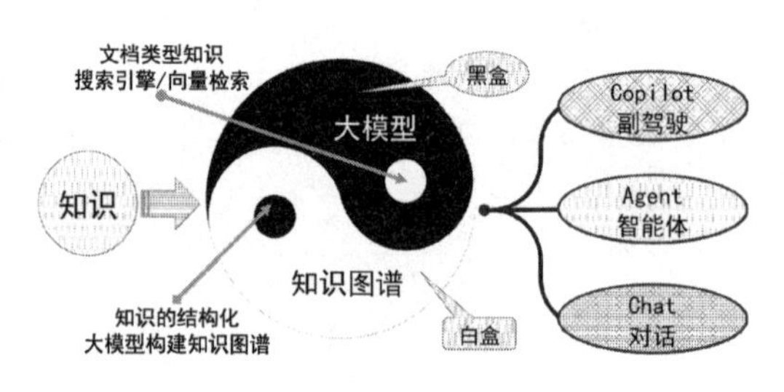

图 10-1

在知识增强大模型的框架中，大模型和知识图谱犹如太极图中的阴阳鱼。黑色表示黑盒范式，包括大模型、专有小模型和 LoRA 等神经网络模型，对人类来说是不可解释的。白色表示白盒范式，包括知识图谱、文档检索、搜索引擎等模型或方法，人类可以“一目了然”。黑中有白，对应基于文档检索的知识增强生成；白中有黑，表示大模型可以用于知识的结构化，分析其联系，构建专业性强的知识图谱，在一些场景中对应用户标注数据、自动生成推理规则等。在实践中，智能系统充分利用大模型、知识图谱的能力，形成图模互补，构建可靠、可信、可解释的应用。应用可以分为三大类：副驾驶、智能体和对话。

- 副驾驶（Copilot）：协作类应用，其目标是辅助人类专家完成复杂任务，提升效率。典型的例子是软件开发领域的 GitHub Copilot，其利用大模型分析代码上下文，为程序员提供自动补全与优化建议等。这种协作类应用的关键在于动态适配领域知识。RAG 和知识图谱增强可提供与项目有关的知识，并利用大模型生成合适的建议，帮助专家快速理解和应用这些知识进行决策。这种人机协作的形式不仅提高了工作效率，还能帮助人类专家将精力集中在更具创造性的任务上。

- 智能体（Agent）：智能体的核心在于自动化。通过大模型和业务知识的配合，智能体能够取代人类自动完成某一项具体的任务。典型的应用是差旅助手，它接收人类用户发出的差旅需求，自动分解任务，在酒店和机票、火车票等网站中预定酒店和交通，通过预先设置的支付方式自动付款，同时将行程同步到用户的日历上，并向合作伙伴发送邮件、IM 消息等。在自动化场景中，能够提供结构化的知识和进行确定性推理的知识图谱尤其重要。大模型与知识图谱的融合使智能体能够很好地分解任务，规划大模型的动作，调用外部接口，并给出可解释的反馈。例如，根据住宿标准和事件、地点等约束，给出预定某酒店的合理解释。智能体不仅能够自动化完成任务，还提供关于自动化决策过程的合理解释，提升用户的信任感。
- 对话（Chat）：对话旨在实现自然语言交互。在人类使用智能应用中，对话系统既是输入领域知识的入口，也是从系统中提取所需知识的途径。当前最典型的例子是各类知识管理系统，用户可以通过对话的方式获取所需的资料，包括文档、知识图谱以及各种数据库中的数据。

10.2 知识来源

在知识增强大模型中，知识来源多种多样，依其数据特性和结构可分为三类：非结构化知识、结构化数据库和知识图谱。它们各自都有非常多的适用场景。

10.2.1 非结构化知识

非结构化知识指的是文档资料，即那些没有固定的表格结构或逻辑关系的数据，大多以文本或媒体的形式存在，往往需要经过语义分析和自然语言理解才能被使用。基础的 RAG 系统就使用这类文档资料来增强大模型的知识，进而生成问题的答案。常见的文档资料有以下四类。

（1）PDF、Word、PPT 等文档：这类文档是非结构化知识的主要来源，包含各类政策文件、企业报告、技术白皮书、学术论文、内部技术文档、操作手册、培训材料、会议纪要、研究报告等。这些文件包含丰富的背景知识和专家见解，可以通过 OCR、文本抽取等技术进行预处理，并作为 RAG 系统的文档索引来源。

（2）网页：网络上的内容，如百科文章、博客、新闻报道、企业网站、技术论坛等，包含实时和海量的信息。网页内容覆盖广泛、更新及时，常用于获取某一领域的普遍知识和当前的热点信息。RAG 系统可以利用抓取或 API 接口，获取网页上的相关信息。通常，若要用好网页知识，需要一个好的搜索引擎。

（3）专业知识库：领域专家、研究机构或企业内部构建的专业知识库，如 PubMed 医学数据库、IEEE 技术文献库等学术论文库、专利库、标准库、法律文献库、裁判文书库、产品说明书和 FMEA 等企业内部的知识库。这些知识库通常提供经过专业审核的信息，覆盖特定领域的权威内容，特别适合构建具备专业性回答能力的 RAG 系统。

（4）实时数据源：如天气预报、社交媒体动态等，提供实时且动态更新的数据。RAG 系统可以结合实时数据源，确保生成的答案符合当前的实际情况。

10.2.2 结构化数据库

结构化数据库中的数据通常是结构化或半结构化的，具有明确的模式（Schema），便于快速检索和直接获取。在 RAG 系统中，数据库提供的是明确的数据存储和检索能力，适用于需要精确数值或符合逻辑关系的问答任务。

（1）关系数据库：如 MySQL、PostgreSQL 等，以表格的形式存储数据，适合存放企业内部信息、客户数据、订单记录、产品信息、传感器采集的数据人力资源、财务记录、资产管理、供应链数据、公开的金融市场实时交易的数据（如汇率、股票行情）、列车时刻表、商品价格等。这类数据库能提供快速、精准的数据查询能力，适合回答涉及具体数值、逻辑关系的问题。

（2）结构化数据集：通常以 excel 或 csv 等格式发布，包括政府发布的公开数据（如世界银行数据、国家统计数据、人口普查、经济指标）、行业统计、企业内部的实验结果和测试记录、市场分析数据、企业财务数据等。此类数据集可以直接提供统计数据和分析结果，为 RAG 系统提供权威的数值支撑。

（3）NoSQL 数据库：过去十几年来，许多企业构建了庞大的数据仓储、数据湖等，聚集了企业内部各类结构化和半结构化的数据。这类数据体量更庞大，是企业构建 RAG 系统的重要知识来源。

10.2.3 知识图谱

知识图谱以实体、关系的形式使知识拥有明确的语义结构，适用于推理和上下文关联等复杂任务。知识图谱具备强大的推理能力，通过推理可以发现错误和矛盾知识并进行纠正。知识图谱通常经过人工审核或人工抽样审核，是权威的知识来源。RAG 系统不仅能够直接利用权威知识来增强生成内容的可靠性，还可以利用知识图谱实现深层次的关联和推理。

（1）通用知识图谱：如 COSMO、Wikidata、DBpedia、ConceptNet、YaGO 等，涵盖广泛的百科知识，能为 RAG 系统提供基础性的信息关联和语义推理能力。例如，Wikidata 为 RAG 系统提供实体关系映射，如“莫奈（Claude Monet）”的生卒年（属性：生于 1840 年，卒于 1926 年）及其作品（关系：《睡莲》）、所属的艺术流派（印象派）等。

（2）领域知识图谱：是针对特定领域构建的语义关联网络，可确保知识的准确性和专业性。

- 医学知识图谱：构建药物、疾病、症状、治疗方法之间的语义关系，为医疗问答提供依据，如 UMLS（统一医学语言系统）、DrugBank（药物数据库）、Disease Ontology（疾病本体）等。
- 金融知识图谱：描述金融概念之间的关系，如公司、金融工具、市场行情等，为金融问答系统提供数据支持，如 FIBO（金融行业业务本体）、SEC 的 EDGAR（金融报告知识图谱）等。
- 基因本体 GO：用于描述基因、蛋白质、疾病等的关系，是生物医学研究和问答的基础。
- 制造业知识图谱：如 FMEA 知识图谱用于辅助分析制造过程中可能的失效模式及其影响，为制造工艺优化提供依据。又如工业设备知识图谱涵盖设备、部件、故障、维护方法等实体及其关系网络，实现工业设备知识的结构化表达与关联，支持智能诊断、预测维护和优化管理等。制造工艺知识图谱是对制造流程、工艺参数、材料、设备等相关知识的结构化表达，通过构建实体及其关系网络，支持工艺优化、流程管理和智能决策。
- 航空业知识图谱：如飞机知识图谱用于描述飞机部件、维护记录、技术规格等，便于航空公司或飞机制造商进行知识管理。又如材料科学知识图谱对航空材料、性能、制备工艺、应用场景及失效模式等知识的结构化表示，通过构建实体及关系网络，支持材料选择、性能优化和安全评估的智能化等。

10.3 知识运营

知识增强大模型应用的核心目标是，在准确、可靠和新鲜知识的支持下可靠地完成特定任务。这要求知识本身的质量足够高。如果无法保证知识的质量，那么知识增强大模型的应用效果将大幅降低。因此，知识运营工作应能确保知识及时更新、质量可靠，是知识增强大模型应用实践中的重要环节。

10.3.1 知识的质量

对于知识增强大模型应用来说，知识的质量是基础，它直接影响着应用的效果。例如，在医学领域，如果有关药品的知识错误或缺失，那么当询问与疾病有关的内容时，该智能应用给出的答案很有可能是错误的。在实践中，知识运营过程中通常涉及以下关于知识质量的指标。

- **准确性**：确保知识增强所用的数据、文档资料库和知识图谱精准无误。例如，对于一个金融服务平台而言，错误的汇率或利率可能导致生成的金融咨询内容出现严重偏差。因此，知识运营团队需持续校验数据的准确性，并设计自动化的数据验证流程，以确保数据始终符合实际情况。
- **时效性**：确保知识增强所用的数据、文档资料库和知识图谱与当前任务、场景的内容保持同步，这在时效性强的领域尤为重要。例如：一个医疗咨询系统如果无法及时更新药物指南或治疗方案，可能会输出过时的信息；对于企业内部的应用来说，如果报销标准发生了变化，而没有及时同步给该应用，那么员工获取的信息就是错误的。因此，知识运营团队应设立定期更新，甚至实时更新的机制，以确保数据与业务系统同步更新，知识库或知识图谱的知识是最新的，如政策知识图谱需要与其政策来源（如政府网站等）及时进行同步。
- **完整性**：确保知识增强所用的数据、文档资料库和知识图谱尽可能全面，以覆盖特定任务的需求。完整性不足会导致知识盲区，从而影响知识增强大模型的应用效果。以法律援助应用为例，知识图谱中应包含完整的法律法规、案例和条文解释，以确保答案的准确性和全面性。
- **一致性**：需要确保知识增强所用的数据、文档资料库与知识图谱中的知识一致。如果相同的知识点之间存在矛盾，不仅会影响大模型生成或知识图谱推理的效果，还会给用户带来困惑。知识运营团队可通过建立和执行一致性校验规则，提升知识库内部信息的统一性。

10.3.2 数据管理流程

数据与知识的来源、处理和存储会大幅影响知识运营的效率。知识运营需要从数据源管理、数据处理、存储管理，以及 API 和 SDK 调用管理等方面着手，使用各种自动化的工具辅助实现数据的全过程管理。图 10-2 汇总了常见的数据管理流程和所涉及的各方面内容。

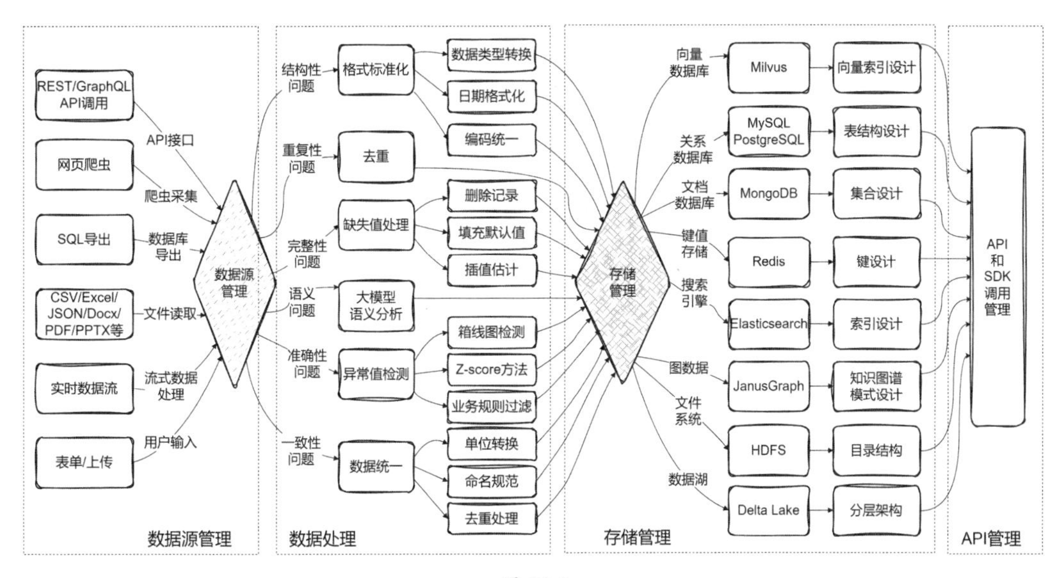

图 10-2

- **数据源管理**：用于知识增强的数据来源是多样的，包括互联网公开信息、内部数据库、人工录入、外部合作等。数据源管理就是将数据获取方式和数据源关联起来，确保能够及时地获取完整的数据。知识运营团队应通过设立可靠的数据来源和采集策略来确保数据的及时性和完整性。
- **数据处理**：原始数据通常含有噪声和冗余，格式复杂多样，未经处理的数据将影响到用于增强大模型的知识质量。知识运营团队需要建立系统化的数据处理流程，包括格式标准化、缺失值处理、异常值处理、去重、错别字校正、语义冲突消解等，以提升数据质量。自动化的数据处理工具、机器学习方法、深度学习方法乃至大模型本身都可以用于数据处理。
- **存储管理**：核心是使用合适的存储系统和策略来支持高效的知识检索，从而更好地实现知识增强。分布式存储、图数据库、向量数据库和内存数据库等技术都会被用于存储合适的数据，提升数据访问的效果、效率以及并发处理能力。

- **API 管理**：目的是便捷地提供数据访问的方式。同时，API 管理可以用于有效管理数据的权限，让合适的人或系统访问合适的数据。

10.3.3 法律合规、隐私与知识产权

在知识增强的过程中，知识运营应符合相关法律法规和行业标准，以保护数据隐私并尊重知识产权。

- **数据安全和隐私**：知识运营应遵循各国的相关法律，比如我国的《中华人民共和国数据安全法》、《中华人民共和国个人信息保护法》和《网络数据安全管理条例》，欧盟的《通用数据保护条例》，美国的《隐私法案》等，确保用户隐私数据不被非法使用。对于涉及个人敏感信息的数据，知识增强大模型应用系统应进行严格的加密和脱敏处理，以保证用户数据的安全性，避免隐私泄露。
- **知识产权**：使用来自第三方的数据或公开的文献资料应遵守知识产权保护规定，确保未侵犯版权和知识产权。
- **行业规范**：对于某些高敏感度的应用领域，如金融或医疗行业，知识运营应遵循特定的行业规范，符合监管要求。通过严格的合规措施，确保知识增强大模型应用系统输出内容在相关领域符合监管要求，具备合规性。
- **审计与监控**：在一些场景中，需要详细记录用于增强的知识以及大模型生成内容的日志，并定期审计、实时监控，避免发生隐私、安全等风险。

10.3.4 可观测性工具

可观测性工具是知识增强大模型应用系统中进行知识运营的重要工具，其核心是监控性能和运行状态，捕捉和分析系统内部的行为模式，从而为知识运营人员提供全面视图，使他们能够识别应用效果的瓶颈，预测可能需要的知识，实时响应潜在问题的知识补全，并优化系统的整体表现。

- **数据采集**：可观测性工具通过收集来自系统内部的各种数据源的信息，为运营人员提供知识来源的全景视图，使知识运营人员及时了解数据源可能存在的问题，并协助运营人员快速响应新知识源的接入。
- **存储**：随时了解各类高效的数据库状态，进行历史查询和分析。避免因数据库的故障导致系统在处理用户请求时出现故障。同时，及时响应数据库检索中存在的问题，优化索

引结构和检索策略等。

- **数据分析**：数据分析功能使知识运营人员能够从用户问答的请求中提取有价值的信息，包括数据查询、指标聚合、异常模式检测、未满足需求的问题等，从而帮助知识运营人员识别缺失或不准确的知识，为优化知识本身提供数据支撑。
- **可视化**：通过图表、仪表盘、报告等方式直观展示数据，可以帮助用户快速识别系统趋势、发现潜在问题并确定优化方向。
- **告警**：在问题发生时，告警机制能基于预设规则及时提醒用户，帮助知识运营人员及时响应。

可帮助知识运营人员实现上述目标的可观测性工具很多。例如，Phoenix 是一款开源的可观测性工具，主要侧重于查询引擎调用的可视化和执行效率分析。

- **跟踪与调试**：Phoenix 能够为知识增强大模型应用系统添加自动化的运行时追踪能力，以便用户直观了解大模型执行的调用链，定位瓶颈并优化系统。
- **评估**：Phoenix 提供了丰富的评估框架，支持离线和在线评测。用户可使用内置的评估模板（如生成文本的相关性、代码生成的准确性）或自定义评估器，进一步诊断知识增强大模型应用系统在特定任务上的表现，为优化应用系统提供方向指引。
- **数据集与实验管理**：Phoenix 支持版本化数据集管理，方便用户记录、导出和重用实验数据。

10.4 应用指南

知识增强大模型模拟人类的认知方式，将大模型能力与显式知识处理能力相结合。其中，大模型通过检索增强生成、知识图谱增强生成等方式引入外部知识，提升其推理和决策能力。这如同人类能够阅读书籍、搜索网络或引用文献，使用外部知识进行思考、推理和决策。显然，知识增强大模型应用系统要比单一的大模型更准确、可靠，且其决策过程也更容易被人理解和解释。知识增强大模型应用系统通过搜索引擎系统、向量检索系统或知识图谱系统获取最新、权威、实时的知识，以提示工程的方式将知识注入大模型，并由此开发基于大模型的智能体、副驾驶或对话系统，为企业或机构的业务赋能。那么，对于企业或机构来讲，知识增强大模型应用价值体现在哪里？如何开展知识增强大模型应用呢？本节提供了一份系统且可操作的行动指南，为企业或机构提供不同战略导向下的落地框架。

10.4.1 应用价值

对很多企业、组织机构及其内部某个团队来说，知识增强大模型是一个新鲜事物，无法衡量其价值，计算投入产出比，因此对是否引入知识增强大模型技术存有疑虑。知识增强大模型的应用价值如下。

（1）**副驾驶提升工程师的工作效率**：基于知识增强大模型的副驾驶应用系统，可以帮助工程师提高工作效率。典型的是 GitHub Copilot 可以提升软件工程师的效率。在机械设计和电子电路设计等领域，副驾驶系统可以根据设计规范与历史案例，为工程师生成初步设计方案。在设备维护场景中，工程师往往需要面对复杂的故障诊断任务。通过结合知识增强大模型技术，副驾驶系统能够快速分析设备传感器数据、历史故障记录，并生成可能的故障原因及解决方案。

（2）**智能体替代工程师自动化完成工作**：基于知识增强大模型的智能体系统能够代替部分劳动者和工程师完成一些较复杂且专业性强的知识型工作。在需要知识进行推理和决策的领域，这类智能体具备解决复杂问题的能力，进而自动化完成该领域的各类任务，如医疗领域的自动诊断、教育领域的个性化学习等。

（3）**效率提升带来产品和服务的溢价**：效率提升不仅能降低成本，还能显著提高产品和服务的质量，创造额外的价值。这种溢价不仅体现在经济收益上，还涵盖品牌声誉、用户体验和市场份额的扩张。例如，某汽车工业的厂商通过知识增强大模型辅助从研发、生产到售后的全链条质量管理，提升了质量控制的精准化程度，使产品质量更高，提升了品牌形象，进而提高了产品售价。

（4）**支持管理决策并控制风险**：现代企业的运营和管理面临着复杂的环境，数据、信息和知识异常丰富，每个决策都涉及非常多的要素，容易陷入信息过载而导致不得要领，或者被困入信息茧房却不自知而导致决策偏差等。知识增强大模型天然具备多源信息整合、模式识别、趋势预测、多因素组合分析等能力，并支持智能摘要、关键点提取、多维度假设分析等，能够结合最新、最全的知识增强来辅助管理层进行决策，显著提升决策水平。知识增强大模型看待问题的视角更全面，能够帮助管理者探索多样化的决策路径，实现全局的最优化决策。

（5）**突破个体认知局限的集体智慧**：集体智慧协同与组织进化是知识增强大模型在企业中最具变革力的价值，这是由于知识增强大模型应用系统具备多个领域的知识，能够实现企业内部多部门知识的协同应用，以数字化大脑的形式支持员工的工作，使员工突破个体的认知局限，促成整个组织的高效协同与合作，进而全面重塑组织的竞争力。

10.4.2 面向进取者：全面推进的策略

进取型组织的核心优势在于其较高的风险承受能力与创新动力。针对这类组织，建议采用“全栈式”实施策略，以高标准应对挑战，聚焦关键业务，使简单的问题迎刃而解，从而做到快速打造标杆业务，形成竞争优势。

1. 开始行动：摸清家底，明确需求

进取者应全面梳理组织内的数据资产、知识、资源及业务需求。同时，开展对大模型与知识图谱的技术培训，提升团队的技术敏感度。这样不仅有助于明确技术落地的可行性，还为后续的技术选型和开发策略提供了重要参考。举例来说，可以试着回答以下问题。

- 数据基础：数据是否足够全面、准确、可用？
- 知识储备：现有的知识库与行业知识是否能满足智能化需求？是否已经构建过知识图谱？
- 算力设施：当前的算力基础能否支持大模型的推理？
- 业务痛点：哪些业务流程存在效率低下或决策难题？需要实现哪些业务应用目标？

2. 构建技术基石：打造稳健的基础设施

基础设施建设是知识增强大模型成功的根本，需要部署以下关键组件。

- 计算资源：高性能 GPU/TPU/推理计算卡集群，具备较高的算力，能够支撑对先进大模型的部署和实施。
- 数据平台：用于清洗、标注和维护业务相关的数据集，具备多种多样的数据库系统，涵盖图数据库、向量数据库、SQL 和 NoSQL 数据库、搜索引擎等。
- 知识图谱系统：支持知识图谱模式设计、知识图谱自动化或半自动化构建，以及知识计算与推理的知识图谱系统。
- 大模型（含多模态大模型）：先进的开源大模型或商业大模型。

3. 制定衡量标准：明确成败的标准

根据业务需求定义具体的衡量指标，包括技术指标（如精确度、召回率、推理速度等）、商业指标（如投入、产出、收益等）、业务影响指标（如满足多大群体的需求、用户满意度变化情况、关键流程的效率提升多少等）、知识覆盖度指标（如 Know-How 知识的数量）、持续运营指标（如组件知识运营团队等）、风险指标（如项目可能遇到的挑战，包括数据隐私问题、知识产权问题、安全问题等）。制定清晰的衡量标准以便于定期评估，从而能够在项目实施过程中发现

问题、调整策略，避免偏离既定目标，确保项目在落地实施过程中的可控且可持续。

4. 采用工程化原则：复用经验与资源

知识增强大模型应用系统的开发与部署需要遵循工程化原则，在复用已有资源的同时积极创新。例如，选择既具备强大技术能力，又能提供行业经验的供应商；采购成熟的知识图谱模块，从而降低研发时间和成本。建立内部生态，培养技术团队，逐步摆脱对外部供应商的依赖。

5. 强有力的团队：构建跨部门协作团队

团队应由技术专家（负责算法开发）、业务专家（确保技术与业务对接）和项目经理（保证交付进度）组成，并且需要企业或机构高层人员的支持。团队的多样性、凝聚力及资源投入量等是项目成功实施的关键。

6. 从关键业务开始：打造标杆效应

优先选择影响力大的业务场景，如研发部门、关键产品的生产部门、客户服务、生产优化等。通过快速见效的案例展示技术的价值，为后续推广奠定信任基础。

10.4.3 面向保守者：试点驱动的策略

保守型组织需要稳健的策略，在落地应用知识增强大模型时，不要害怕挑战，积极尝试，或许能够找到更清晰的道路，为组织的可持续发展和第二增长曲线创造机会。

1. 小步快跑：从试点开始

选择业务风险低但有潜力的领域作为试点。例如，在合规风险管理中应用知识增强大模型，通过最小可行产品（MVP）验证其效果，以低成本探索价值。同时，组织机构可以从基础的培训和技术理解入手，逐步开展内部知识普及。通过组织技术讲座或内部培训，促进团队对大模型及知识图谱的理解，为后续实践奠定基础。

2. 摸排内外资源：定制化开发路径

充分了解组织的算力基础与数据质量，争取获得一定规模的资源支持。例如，在资源并不充分的情况下，保守者需要尽可能获得可预测的成功，以便于后续获取更多资源，并将其用于知识增强大模型应用开发。同时，应当尽量避免因失败而引发负面影响，避免因一次失败导致未来无法再次开发其他应用。

3. 向进取者学习：借鉴成功经验

通过行业交流、公开案例研究，掌握同行在知识增强大模型方面的成功经验，尤其是分析他们在技术选型、团队组建和指标制定上的策略。

4. 选择经验丰富的供应商

优先选择有相关领域开发经验的供应商，这样不仅能降低试错成本，还能加速试点项目的部署。

5. 强化试点团队：专注于价值交付

试点团队应对具体业务负责，确保在短时间内实现可量化的智能化提升，如减少操作流程的人工干预或提升决策的自动化水平。同时，在试点中总结经验，优化实施策略，以便持续地将知识增强大模型扩展到其他业务场景中。

6. 持续迭代：从试点到规模化

试点成功后，将经验复制到其他业务场景。建立灵活的评估体系，以确保每次扩展都基于明确的收益目标。试点业务的成功能够增强团队与高层的信心，加速项目整体的智能化进程。

10.4.4 选型的“四三二一”原则

在知识增强大模型应用落地过程中要做好选型，可以考虑让大模型能力占 40%、知识增强占 30%、产品设计占 20%、疑难杂症占 10%，如图 10-3 所示，简称“四三二一”原则。图 10-3 提供了一个相对全面的选型框架，这是使用大模型的一个良好的起点，能够帮助用户更系统地做决策。

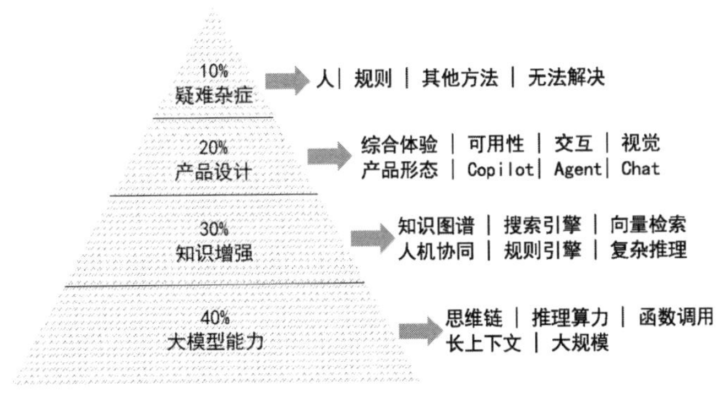

图 10-3

（1）大模型能力（40%）：选择一个适合应用场景的大模型非常重要。显然，更大、更复杂的模型（如 GPT-4 或 Llama-405B）通常在多种任务上表现出色，但它们的资源消耗、成本和部署难度更高。小模型可能不那么强大，需要更多工程上的考量。在实践中，需要根据具体应用场景来权衡。一般情况下，从 70B 的模型（如 Qwen 或 Llama）开始是一个好的选择。

（2）知识增强（30%）：有深度、完整的知识接入，选择合适的技术（向量检索、搜索引擎和知识图谱）能够确保落地过程更顺利。持续的知识运营和更新维护也需要考虑，这是确保知识准确性和时效性的唯一可行之路。

（3）产品设计（20%）：考虑交互界面的友好性、反馈机制的合理性等，良好的用户体验设计能够显著提升用户的满意度和黏性。此外，在有些场景中，如何在产品中体现可解释性也是值得深入思考的。

（4）疑难杂症（10%）：其他方面的问题与挑战，如需要人为辅助，或者用一些规则来完成特定的子任务等。

10.4.5 最佳实践要点

使用知识增强大模型开发应用系统逐渐被企业或机构采纳，并逐渐成为其内部用于信息处理与智能决策中的核心工具。在应用落地的过程中，不仅要了解大模型本身的能力，还要关注用于增强大模型能力的知识体系。在实践中，要充分发挥知识增强大模型应用系统的潜力，及其在动态性、开放性、敏捷性、持续改善和用户体验等方面的实践经验。

1. 动态性：适应环境与业务变化的灵活性

知识增强大模型并非静态工具，其知识、策略、内容与应用必须随业务需求和外部环境的变化而调整。动态性在本质上是一种“中庸之道”——既要接受变化的必然性，又要避免盲目变更带来的风险。

例如，一个面向医疗领域的知识增强大模型应用系统，需要随着新疾病的发现、诊疗手段的更新不断迭代自身的知识库。如果更新滞后，则可能无法提供准确的诊断。这要求设计动态机制，实现知识的自动更新，使用沙盒环境评估知识变更的影响。这样能够确保知识的新鲜性和应用系统的稳定性。

2. 开放性：技术与知识的多元融合

开放性是知识增强大模型实现跨领域深度应用与灵活应用的关键，包括开放的增强技术、知识来源和应用程序三大层面。

- 开放的增强技术：知识图谱、搜索引擎与向量检索等技术已经是常见的知识增强技术，各种新技术持续被提出，只要有效皆可用。
- 开放的知识来源：应用系统应当支持各种异构知识的来源，包括但不限于不同格式的文档（如 PDF、网页等）、不同知识的提供方（如政府网站的政策、企业内部的知识库等）。
- 开放的应用程序：业务需求的快速变化需要大模型支持灵活的应用程序开发。

3. 敏捷性：支持创新与快速迭代

知识增强大模型的广泛应用来自创新驱动，通过创新来提升生产力。但创新伴随着不确定性，这对应用系统的敏捷性提出了更高的要求。敏捷开发的关键在于降低试错成本，加速从失败中学习。例如，快速原型的构建、用户反馈驱动改进、模块化更新等。

4. 持续改善：构建长期竞争力

在知识增强大模型的应用中，持续改善是系统保持竞争力的关键。这包括大模型的持续迭代、知识图谱和知识库的及时更新、算法的持续优化，以及知识运营策略的长期规划等内容。

5. 用户体验：从技术到价值的全面体现

知识增强大模型的最终价值体现在用户体验上。优秀的用户体验需要从应用程序界面、系统性能、人机协同等多个角度考虑，达到技术与用户需求的平衡。这包括用户界面（UI）应直观、美观，交互体验（UX）应简化用户操作，响应用户请求应快速（用毫秒衡量，而不是秒），在需要人工参与的情况下提供良好的人机协同方法，内置用户反馈机制实现持续改进等。

10.5 行业应用案例

10.5.1 文档助手

文档助手（ChatDocument）是一种常见的知识增强大模型应用，即在应用中上传一份文档，用户通过对话的方式进行提问，以获取文档中的特定知识。文档助手的功能包含文档解析、内容定位、多轮对话提问等，被广泛应用在企业知识管理、教育与学习、各类用户手册查询等场景中。下面以 PDF 文档为例分析其实现过程。PDF 是一种复杂且使用广泛的文档格式。其他类型的文档，如 DOCX、PPTX、表格、图片、扫描件及专业性的文件类型等，都可以参考其实现。如果用于商业服务，通常需要支持尽可能多的文件格式。

1. 文档预处理

在预处理阶段，从 PDF 文件中提取文本数据。为了提取这些文本内容，需要使用合适的工具并进行必要的处理。

- **文本提取工具**：常见的用于提取 PDF 文件中文本内容的 Python 库有 MinerU、PyPDF2、PDF2TXT、PDF2MD、PDFMiner、unstructured.io、Nougat 等。这些工具能够解析 PDF 的基本结构，其中有些库（如 MinerU、PDF2MD 等）可能通过调用 OCR 等来识别图片中的文字。
- **图像文字识别**：若 PDF 文件中包含扫描的图像而非可选择的文本内容，则需要通过光学字符识别（Optical Character Recognition，OCR）技术将图像转化为机器可读的文本。Tesseract 和 PaddleOCR 等 OCR 工具可以解析图像，将其转换为可用文本。
- **质量控制**：为了保证提取文本的质量，通常需要进行清理工作，如移除多余字符或调整格式。对维护文本的可读性和问答的准确性来说，质量控制至关重要。

2. 处理多页内容

PDF 文件常包含多个页面，对问答系统来说，跨页面维护上下文信息至关重要。若忽略页面之间的上下文连接，可能导致内容断裂，影响回答的连贯性。

- **页面布局和分段**：对文档按逻辑单元（如段落或章节）进行分割，保证在问答过程中保持上下文的连贯性。可以使用规则（如字体或一些内嵌的描述符等）或深度学习模型等识别篇章结构。
- **元数据提取**：提取如文档标题、作者、页码、创建日期等元数据信息，有助于搜索与定位内容。例如，用户可能会根据页码、章节标题等线索定位特定信息，这些元数据能大幅提高系统的问答准确性。

3. 表格识别

识别文件中的表格，将特殊的标记嵌入文本中，或者将其完整地提取出来，保存为 CSV、Dataframe 或 Excel 文件等。常见的表格提取方法如下。

- **深度学习方法**：基于对象检测的深度学习模型，如 Table Transformer（TATR）高效地提取表格的结构和内容。其创新性指标，如网格表格相似度（GriTS）可更细致地评估表格提取效果。
- **规则的方法**：像 pdfplumber、Camelot 等 PDF 提取库可以提取表格，并支持通过调整参数细化提取规则。

- **复杂表格处理**：如分页或跨页的表格，需要编写额外逻辑，将多部分表格合并为完整结构。

4. 文本清洗与标准化

PDF 文件的结构化程度不同，可能会引入各种文本伪影，如多余的字符或排版问题。这些问题会影响模型的理解和问答质量，因此在使用模型前要做文本清洗与标准化的工作。

- **空白和标点**：去除或替换多余的空格和特殊字符，以提升文本的可读性。
- **格式化移除**：清除不必要的字体样式、大小和颜色等信息，保证模型只接收纯文本内容。
- **拼写检查**：OCR 或其他文本提取工具可能会存在拼写错误，可以通过拼写检查工具对文本进行纠正。

5. 文本分段及向量化

提取到文本后，需要对文本进行分段和向量化，供 RAG 系统进行语义化检索。第 3 章已经介绍了关于文本分段、向量化，以及将其存储到向量数据库并进行向量检索的过程。需要考虑的其他因素如下。

- **成本**：随着数据规模增大，成本会显著上升。
- **延迟与速度**：减少延迟和增加吞吐量能够提升用户体验，但也会提高成本。

6. 知识图谱构建

提取到文本后，可以根据领域特点构建知识图谱。通过知识图谱将关键实体结构化，通过大模型补全信息，基于实体之间的关系进行确定性推理，并从全局视角提供深度洞察。

7. 构建前端应用界面

可以使用 React 构建前端界面，使用 Python 的 Flask 框架开发后端的 API 服务，将上述内容串联起来，即可开发一个文档助手应用。

10.5.2 教育领域应用场景

大模型的出现对多个领域产生了深远影响，尤其是教育领域。如今，知识增强大模型通过整合和优化海量的教育资源，正在全方位变革教育流程——从学习内容的呈现到教学方法的创新，从学习方式的转变到个性化教育的实现。更重要的是，知识增强大模型不仅能显著提升教育质量，还为“因材施教”提供了技术支撑。

1. 因材施教：适配学生的个性化需求

知识增强大模型可根据学生的知识水平、认知偏好和学习目标，设计个性化学习路径。具体来说，利用知识图谱对学生当前掌握的知识点进行精细化评估，识别知识盲点和薄弱环节。通过提示工程输入学习理论，基于该理论利用大模型来规划学习路径。在资源方面，大模型结合知识图谱可自动生成教学大纲、学习资料、测试题目等，帮助学生重点学习薄弱之处。例如，某学生对微积分中的“定积分应用”掌握不牢固，利用大模型结合微积分知识图谱发现该学生对“曲线下面积”缺乏足够的理解，因此推荐一系列学习课程的资料（如视频、题目等），并通过实时反馈调整学习路径，使其掌握相关概念。

2. 智能辅导：AI 教师随叫随到、精准解惑

知识增强大模型应用通过模拟人类语言交互，促进学生交流与获取知识，同时为教师提供了教学辅助工具。具体来说，基于知识增强大模型的智能答疑系统能理解学生提出的问题，快速定位并生成精准的答案。同时基于学科知识图谱提供有针对性的教材，以及在学生学习完成后自动生成针对该问题的测验题目，进一步评估和巩固学习知识点。

3. 学习进度跟踪与反馈：解放老师的时间

利用点击次数、作答时间等行为数据，对学生的学习动态建模。将学习效果评估梳理成方法论，以提示工程的方式结合学习的动态数据输入大模型，大模型可以分析该学生的学习状态，生成数据驱动的学习报告，并提出改进建议。这样可以减少老师花费的时间，使其有更多时间关注学科知识和教育本身。其他方面的应用还有自动批改学生的作业和试卷，并给出评分等。

4. 学科知识图谱：揭示知识点间的关联

基于大模型构建各学科的知识网络，揭示知识点之间的联系乃至跨学科的联系，辅助学习将孤立的知识点拓展为系统化的知识体系，避免知识碎片化。其他方面的应用还有自动生成教学课件、教学案例、教学计划等材料。

10.5.3 智慧金融应用场景

知识增强大模型支持知识注入、语义理解与任务适配，在金融行业的应用非常广泛。

1. 知识中台

金融机构长期以来面临着数据孤岛和知识碎片化的挑战。海量的内外部文档和实时数据虽

然价值巨大，却难以实现高效整合与充分利用。在大模型出现前，不少金融机构已经利用知识图谱技术探索中台建设，致力于充分利用知识，但其中存在语义理解困难、知识获取方式依然以搜索为主等问题。知识增强大模型的出现通过融合搜索引擎、知识图谱和大模型等技术，使金融知识中台的建设更可行，并显著提升了应用效果。

知识增强型大模型运用智能解析与分类技术。将金融机构的内部报告、外部新闻、政策、公司财务报告、金融理论知识和实时市场行情等多模态数据统一整合到知识库中。同时，它还基于大模型和知识图谱技术，从文档中提取实体（如公司、产品、法规）及其关系（如交易、风险），构成语义丰富的知识网络。在此基础上，用户可以通过以图模互补为基础的对话系统，便捷地获取所需知识。这一系列技术创新大幅提升了金融机构的知识运转效率及其市场竞争力。

2. 合同管理与智能审计

合同管理是金融机构风险控制的核心环节，以往主要依赖人工审查，效率低且容易遗漏细节。知识增强大模型可通过以下方式优化合同管理，实现智能审计，辅助金融机构快速完成合规性审查和风险预警，降低法律及财务损失的风险。

- **风险自动识别**：将风控规则原子化，并构建风控策略知识图谱。当出现新的合同时，通过大模型解析合同条款，抽取关键信息，并基于风控测录知识图谱进行合同审查或审计，自动识别潜在的法律风险和财务风险。
- **关联分析**：结合历史案例和法律法规，实现自动化风险评估，提示类似场景中可能出现的问题。

3. 智能客服

基于知识增强大模型的智能客服是相对较新的应用，它通过知识图谱提供精准的知识，并基于大模型的对话系统实现友好的对话交流。基于知识增强大模型的智能客服，突破了传统客服的多种局限性。例如：客服人员的知识储备有限，难以应对复杂多样的咨询需求；24/7 全天候随时服务需要“多班倒”运营，成本高；难以实现除中文和英语之外的多语言个性化服务；单位时间内的事件接待能力有限等。基于知识增强大模型的智能客服能够很好地解决上述问题：通过知识图谱提供准确、专业的知识，覆盖面广，确保答案的准确性和权威性；服务高效，能够以低成本扩展单位时间内的服务人员数量，突破人工服务的容量限制，且能够真正实现 24/7 全天候随时服务；支持全球数十种语言服务，提供个性化服务，保持服务的稳定性；在保证质量的前提下，显著降低客户服务的成本，实现更高的服务效率。

4. 政策变更预警和政策知识问答

金融是一个对政策非常敏感的行业。基于知识增强大模型开发的政策变更预警和政策知识问答应用系统，能够根据业务需要进行政策分析、智能问答，当政策发生变化时自动检测和预警。这样不仅方便金融机构的员工随时了解业务相关的政策，而且可以通过图模互补的方法，自动分析政策变更并主动推送给订阅者，有助于业务人员及时了解政策的变化，在实际工作中正确应对。在技术实现层面，该系统采用了政策采集、政策知识图谱、政策变更预警逻辑、动态知识整合、订阅系统和对话系统等关键组件。

政策变更预警和政策知识问答还可以用在医疗、政府、工业园区等场景中，涵盖企业合规管理、政府公共管理、政策咨询服务等领域。在企业合规管理中，系统能够及时识别政策变化并评估其影响；在政府公共管理方面，能够辅助制定政策和优化实施方案；在政策咨询服务中，为专业人士提供高效的政策解读工具。

5. 金融事件分析及风险预警

金融市场瞬息万变，政策发布、突发事件、舆情信息等都可能成为引发市场波动的重要因素。基于知识增强大模型的金融事件分析及风险预警应用系统，可以结合实时采集的新闻事件和大模型强大的分析能力，实现精准的事件监测、风险挖掘和预警。采集系统从各类可靠的金融数据源（如新闻、研究报告、专有数据库）和不一定可靠的数据源（如社交媒体、短视频等）实时采集数据，使用知识图谱构建事件分析的范式和逻辑，用大模型来提取关键信息，利用提取的信息通过知识图谱中的事件分析范式来构建事件传导链，进而挖掘潜在的风险及其传导方向，对传导目标做出及时的风险预警。基于知识增强大模型的事件分析和风险预警框架如图 10-4 所示。

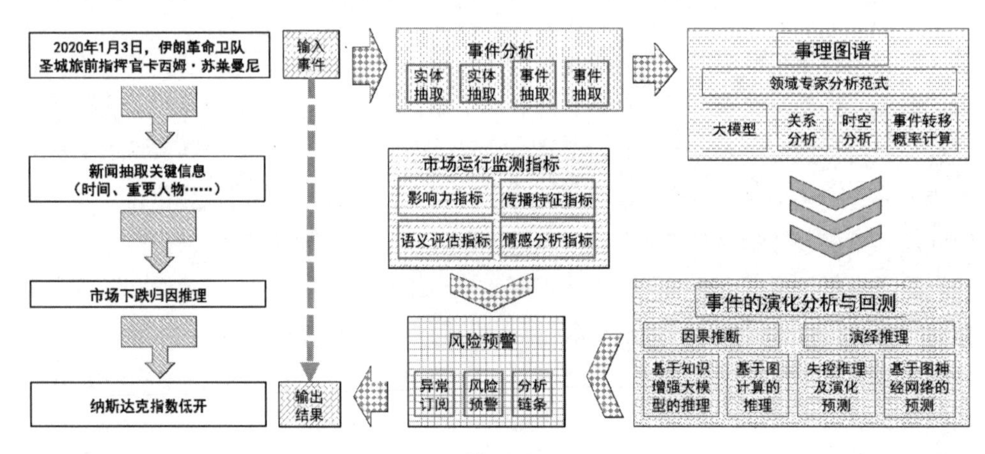

图 10-4

10.5.4 智慧医疗应用场景

医疗领域专业性强且知识面广，即使是专业的医护人员，也难以全面掌握某种疾病或药物的全部相关知识。现代医疗设备的功能和原理复杂，医生很难全面理解其中的细节。利用知识增强大模型技术，充分结合医生群体的智慧，能够有效集成和应用临床医学、药品和医疗器械等知识，为医生提供全面、精准的诊疗辅助，降低漏诊与误诊率；帮助医务人员深入理解药品特性，保障安全用药，提升其对复杂医疗设备的掌握程度。这样可以实现权威、专业、高效和低成本的医疗服务，提升医疗效率和质量，从而更好地保障人民群众的健康。

专业医疗领域的知识增强大模型应用系统依赖广泛的知识来源，知识来源应当是可靠的、新鲜的，而非模糊的、过时的。典型的知识包括以下内容。

- 药品说明书：详细说明药物成分、适应证、禁忌证、不良反应、用法用量及注意事项等，如抗生素阿莫西林说明书。
- 临床指南与规范：提供疾病的筛查、诊断和治疗的系统化流程，如美国糖尿病学会（ADA）发布的《2024 年糖尿病诊疗标准》，世界卫生组织（WHO）发布的《2009 年世界卫生组织手术安全核对表实施手册》等。
- 国家药典：涵盖药物质量标准，包括药物鉴别、检测方法和成分含量的最低要求，如《中华人民共和国药典》。
- 用药指南：规范药物的合理使用，以避免滥用，如《抗菌药物临床应用指导原则》等。
- 医疗器械的使用手册和故障维修手册：使用手册通常涵盖说明医疗器械的使用方法、参数调节说明等；故障维修手册详细介绍医疗器械的故障诊断方法和修复方法，并可能介绍医疗器械的原理等，如声波机器的操作手册。
- 病历与临床数据：包括症状、诊断、治疗方法及处方等。这些文档资料以个体患者为中心，记录完整的诊疗过程，使用时需要特别注重数据安全，避免患者的隐私泄露。
- 疑难疾病的分析报告：聚焦复杂和罕见病的诊断与治疗策略。
- 各类检验检查报告：如血液检查、心电图、B 超检查、CT 等影像检查等，为智慧医疗提供定量和定性的诊断依据。
- 医生门诊经验、诊断方法与决策过程：基于医生的临床实践，体现诊断和治疗的科学流程，是对医生经验知识的呈现和表达，如各类诊断分析报告、决策树或经验教训的总结等。
- 医学文献数据库中的论文：提供最新的科研成果和临床研究进展，如 PubMed 数据库、《新英格兰医学杂志》等。

- 行业标准、专利、医学百科及相关书籍：提供权威和广泛适用的知识框架，如国家食品药品监督管理总局发布 YY/T0287-2017/ISO13485:2016《医疗器械 质量管理体系 用于法规的要求》。

通过对这些知识进行抽取、关联与融合，构建医疗专业的多模态知识图谱，进而通过知识增强大模型应用系统，可以为医生、患者乃至普通人提供服务。

1. 专病智能诊疗辅助

针对特定重大疾病（如白血病、肿瘤），利用知识增强大模型汇聚海量的临床数据，结合辅助决策模型与人机交互界面，为医生提供诊疗支持。系统能够识别患者的临床表现特征，对诊疗过程进行建模，通过智能推荐提出针对性建议。尤其是在初级医生处理复杂的病例时，知识增强大模型系统能够通过对话的方式与医生交互，辅助医生做出更准确的决策。

2. 病毒研究与疫情防控

一系列公共卫生事件表明，知识增强大模型应用在病毒研究中具有巨大潜力。它可以快速整合病毒基本信息、传播途径、疫苗和治疗方案，分析病毒基因变异、宿主特性及药物相互作用，为专家提供全方位支持，还可用于普及防疫知识，实现低成本推广知识。通过实时分析更新的数据，自动关联最新科研成果，可为决策提供参考。

3. 临床诊疗支持

通过集成病历、临床数据和医生经验，知识增强大模型应用系统可以辅助医生解决不熟悉的临床问题。尤其是在处理疑难杂症时，通过推荐相似的病历及诊疗路径，有助于医生做出准确判断。对历史数据的深入分析还能揭示新的治疗方法或矛盾点，提醒医生优化诊断思路，降低误诊风险。

4. 精神疾病管理

以抑郁症为例，知识增强大模型可以结合临床试验数据、药物信息、心理学知识及患者生活信息，建立智能问答和认知推荐系统。患者及其家属可获得有针对性的知识服务，有效预防不良情绪或极端行为的发生。同时，经过情感微调过的大模型还具备聊天功能，可以帮助患者排除不良情绪，引导其走向积极的一面。

5. 智能导诊系统

在现代医疗体系中，患者常常难以准确判断自身病情，进而无法选择正确的科室挂号，特别是在专科细分的三甲医院中，这种情况时有发生。这一困境导致患者在就医前和候诊过程中耗费大量时间，也给医院带来了额外的人力资源压力。基于知识增强大模型开发的智能导诊系统，通过智能问答应用程序，为患者提供挂号建议，并全面优化候诊和就诊流程。患者通过对话的方式描述自身症状，智能导诊系统能够基于临床医疗知识图谱和知识推理算法，通过解析症状，为患者提供精准的科室推荐和挂号建议，减少错误挂号和重复咨询的困扰。通过集成患者挂号、候诊及诊疗过程中的数据，大模型和知识图谱技术可以优化候诊流程。此外，导诊还可以延伸到后续的医疗服务中，当患者在用药过程中或疾病症状变化时，可以通过智能问答获得用药知识，了解疾病症状是否影响治疗等，减少往返医院的情况。

6. 用药助手

药物的适用人群、用量及禁忌繁杂，普通患者和非专业医务人员难以完全掌握。基于药品说明书和相关文献构建的用药助手，可以通过知识增强大模型提供智能问答服务，确保安全、合理用药。

10.5.5 智能制造应用场景

随着智能制造的不断发展，制造过程的复杂性和精密性显著提升。大量跨学科的知识和实践经验贯穿产品生命周期的每一个环节。传统的知识管理和应用技术面临挑战，知识图谱技术曾经一度成为解决方案。现在，知识增强大模型技术为智能制造带来了更高效、更灵活的知识服务方式，能够在企业内部打通研发设计、供应链管理、试产、生产、存储、物流、售后服务等全生命周期中各个环节的质量数据流和知识流，在知识获取、问题解答、故障分析、设计优化等多个方面展现出极大的潜力。

1. 智能化的质量管理

在质量管理中，企业面临知识孤岛、数据分裂、追溯断层等难题。知识增强大模型应用能够融合知识图谱和大模型的能力，很好地解决这些问题。

- **质量问题诊断与归因分析**：通过结合企业的历史质量数据和知识库，知识增强大模型应用系统可以辅助工程师快速定位问题根源。具体来说，首先利用大模型的高级语义理解与生成能力，实现多源异构质量资料的治理和质量知识细粒度抽取、对齐与融合；接着，基于知识图谱的推理能力，对质量知识进行高效、精准的可溯源式检索，以可信任的问答方式提供服务；然后，大模型协同知识图谱对质量问题描述文本进行语义分析，准确识别质量问题模式，并利用大模型的深层推理算法和知识图谱中的因果关系模型，进行多层次、多因素的归因分析，准确判断质量问题的直接原因和根本原因；最后，结合历史最优解决方案和最佳实践，提供最合适的改进建议和预防措施。例如，在处理生产缺陷时，系统根据故障现象的描述，找到匹配的故障模型，并从知识图谱中推理得到历史分析报告，结合实时数据生成详细的原因分析报告。

- **智能问答与决策支持**：知识增强大模型应用系统通过解析质量管理相关问题，结合检索到的行业标准、操作手册等内容，为质量工程师提供精确、规范的指导。例如，针对“如何处理某材料的裂纹问题”，知识增强大模型应用系统不仅能提供操作步骤，还能生成替代解决方案的可行性分析，同时给出来自知识图谱推理的决策依据。
- **知识体系动态更新**：通过持续的检索，利用知识图谱的推理能力与大模型生成能力，知识增强大模型应用系统能够自动整理最新的质量案例和标准，并将其纳入企业知识体系，避免知识老化。

2. 设计研发与创新

产品设计与工艺研发是智能制造的核心竞争力所在。知识增强大模型应用系统在设计研发和工艺研发的许多方面都能够提供助力，包括前沿技术情报、辅助需求分析、多学科协同设计、自动化编程和数据分析等，以获得深度洞察。

- **前沿技术情报**：知识增强大模型应用系统能够快速获取和分析大量前沿技术信息，使企业更快地捕捉市场机会并优化研发策略。采集系统实时监测行业或竞品的专利、学术文献、行业报告和新闻事件，利用大模型构建前沿技术情报知识图谱，并使用大模型分析这些知识，生成创新动态的报告，对技术趋势做出预测。例如，工程师提出“优化高强度金属材料的焊接工艺”，系统可以检索相关工艺知识、论文、专利和竞品的详细信息，为工程师的决策提供支持。
- **辅助需求分析**：知识增强大模型应用系统能够在需求分析中帮助工程师汇总客户需求资料，提取关键需求内容，从用户反馈、市场调查和社交媒体中提取有用的信息并进行深度洞察。此过程能够帮助研发团队更清晰地定义产品功能和性能指标，使产品契合市场需要。
- **多学科协同设计**：在复杂的设计和工艺研发过程中，涉及机械、材料、电子等多领域的知识。知识增强大模型融合大模型的语义理解和知识图谱的深度推理，能够将不同学科的知识整合到一个统一平台上，并以对话的方式与工程师交流。实际上，在多学科协同设计中，知识增强大模型能够作为“对于 A 领域来说是最懂 B 领域和 C 领域的，而对于 B 来说是最懂 A 领域和 C 领域的‘AI 专家’”。这有助于多学科知识的融合，并作为桥梁为跨领域合作的专家提供帮助。例如，在机械设计中，知识增强大模型可以结合材料特性、力学分析和制造工艺，为设计方案提供优化建议。

- **自动化编程和数据分析**：知识增强大模型具有非常强大的自动编程能力，能够根据知识图谱中的经验积累实现自动编程，从而自动进行数据分析，为深度洞察提供支持。例如，通过分析生产设备的传感器数据，知识增强大模型能够从知识图谱中获取到改进解决问题的最佳思路。此外，在工艺研发中，知识增强大模型可以生成和优化代码，如为数控机床编写加工程序或调整设计文件以适应不同的制造条件。这种能力显著提高了研发效率和准确性辅助决策与预测。

3. 生产制造与设备运维

知识增强大模型应用系统在生产制造环节也有颇多应用，包括故障预测与诊断、设备手册助手、培训和知识传承等。

- **故障预测与诊断**：基于大模型从人员（人）、机器设备（机）、材料与零部件（料）、方法和工艺（法）、环境（环）和测量（测）等多方面，对设备故障分析报告、FMEA、FTA、故障维修手册、维修工单、历史故障数据等进行知识抽取和结构化，进而构建故障模式知识图谱。知识增强大模型应用系统可以结合故障模式知识图谱和传感器的实时数据进行自动化分析，必要时还可以自动编程，从实时数据中分析异常点，进而得到准确的故障分析。最后，大模型集合模板可以生成故障诊断和预测的分析报告。例如，针对机床异常，提出可能的失效模式及修复方法。结合知识图谱，知识增强大模型可以从设备维护记录和故障模式分析数据中快速提取相关信息。通过动态数据更新和嵌入向量检索，识别风险优先级最高的故障原因，从而提高诊断效率和准确性。
- **设备手册助手**：在设备操作和维护中，基于知识增强大模型可构建设备手册的智能助手，以对话的形式供用户使用。系统会根据用户查询及时提供精准的设备手册内容，并将其自动总结为操作指南和故障排除步骤的流程图，提升操作效率。
- **培训与知识传承**：针对新员工或生产线工人，基于知识增强大模型能够提供关于专家知识的实时答疑和操作指导，分享生产制造中的相关经验与知识。在新员工培训时，通过提取企业内部文档和经验，系统可以生成实时回答或培训材料，帮助新员工快速成长。

4. 售后服务与用户反馈分析

在售后服务中，知识增强大模型可帮助企业构建用户反馈与知识联动的智能系统。

- 解答客户问题：通过检索售后文档及维修知识库，知识增强大模型应用系统能够为客户提供及时、准确的解决方案。

- 分析反馈数据：知识增强大模型能够自动分析用户评价、新闻事件和自媒体的讨论，进行深度分析并生成趋势报告，辅助企业优化产品设计。

10.6 思考题

1. 随着知识增强大模型的应用规模不断扩大，知识运营的成本和难度也在增加，如何设计一种自动化的知识质量评估和维护机制，确保知识库的准确性和时效性？

2. 在知识增强大模型应用系统中，如何提供清晰的知识推理路径和决策依据，用什么产品形态来展现可解释的知识溯源和追踪链条，才能使用户清晰地了解系统在生成答案时所依赖的具体知识来源？

3. 在多源异构知识融合过程中，如何建立一种可靠的知识冲突检测机制，发觉知识的矛盾之处，并进行自动或半自动的修正，从而确保知识的一致性和可信度？

4. 教育是知识增强大模型最具价值的应用领域之一，本章总结了许多应用场景，但真正的目标还是“因材施教”，如何基于知识增强大模型设计出符合此要求的产品？如何设计或自动生成适应学生水平的个性化学习路径？

5. 在各行各业中，知识增强大模型还有哪些应用场景？

10.7 本章小结

本章系统阐述了知识增强大模型的实际应用——从宏观的应用框架到微观的知识来源、知识运营。在知识运营部分，重点探讨了知识的质量、数据管理流程、法律合规、隐私与知识产权保护，以及可观测性工具的部署等。同时，本章为企业或机构利用知识增强大模型开发实际应用提供了一份可操作、易落地的行动指南，针对进取者和保守者给出了典型的应用策略。在行业应用案例部分，详述了“文档助手”这一具体实例，同时梳理了教育、金融、医疗和制造等行业的实际应用场景。“文档助手”清晰展示了知识增强大模型解决实际问题的应用价值，非常适合作为学生的实践项目。

随着人工智能的发展，大模型已成为科技领域最耀眼的明星之一，知识增强大模型正逐渐成为将大模型能力转化为生产力的理想形态。它不仅是一个模型，而且是一个涵盖多项核心技术的完整技术生态，包括大模型本身、搜索引擎技术、向量检索与存储技术、知识图谱、图数据库、图计算与分析等。当这些技术协同运作时，一个由数据、知识与模型交织而成的系统便应运而生。

人工智能正在深刻改变世界，知识增强大模型无疑是这场变革中不可或缺的核心引擎，推动着技术力量转化为实际生产力，塑造着未来的无限可能。

附录 A

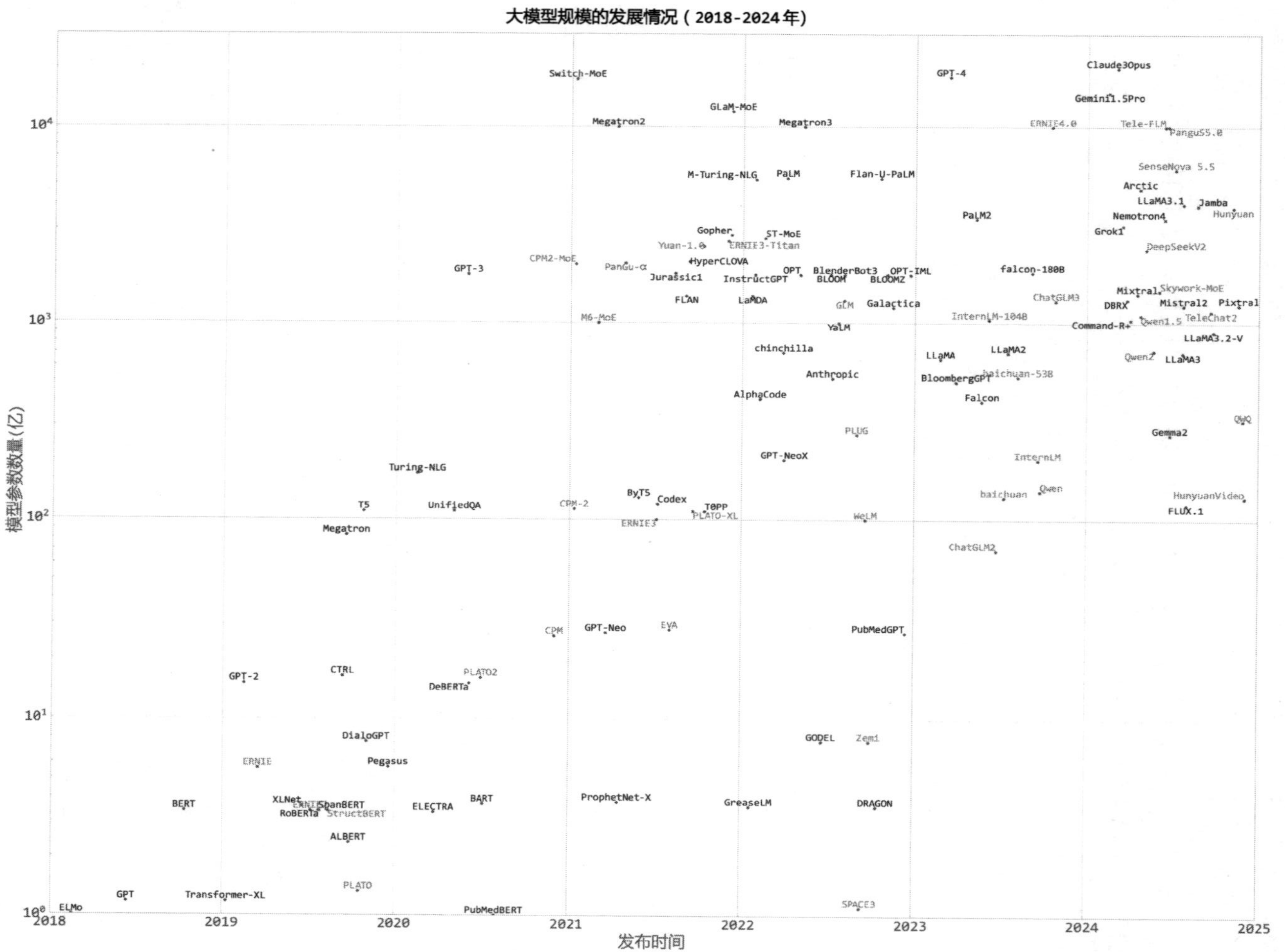

大模型规模的发展情况（2018-2024年）
模型参数数量(亿)
发布时间
10⁰
10¹
10²
10³
10⁴
2018
2019
2020
2021
2022
2023
2024
2025
ELMo
GPT
BERT
Transformer-XL
GPT-2
ERNIE
XLNet
RoBERTa
SpanBERT
StructBERT
ALBERT
CTRL
DialoGPT
Pegasus
PLATO
Megatron
T5
Turing-NLG
UnifiedQA
ELECTRA
BART
DeBERTa
PLATO2
PubMedBERT
GPT-3
CPM2-MoE
Switch-MoE
CPM
CPM-2
M6-MoE
GPT-Neo
Megatron2
PanGu-α
ProphetNet-X
ByT5
Codex
ERNIE3
EVA
Yuan-1.0
Jurassic1
HyperCLOVA
Gopher
FLAN
M-Turing-NLG
GLaM-MoE
T0PP
PLATO-XL
GreaseLM
ERNIE3-Titan
ST-MoE
LaMDA
InstructGPT
PaLM
AlphaCode
GPT-NeoX
chinchilla
Megatron3
OPT
BLOOM
BlenderBot3
GLM
YaLM
Anthropic
PLUG
WeLM
GODEL
Zemi
DRAGON
SPACE3
Flan-U-PaLM
BLOOMZ
OPT-IML
Galactica
PubMedGPT
GPT-4
LLaMA
BloombergGPT
PaLM2
InternLM-104B
Falcon
LLaMA2
baichuan-53B
ChatGLM2
baichuan
InternLM
Qwen
falcon-180B
ChatGLM3
ERNIE4.0
Claude3Opus
Gemini1.5Pro
Tele-FLM
Pangu5.0
Command-R+
DBRX
Mixtral
Grok1
Arctic
Nemotron4
LLaMA3.1
SenseNova 5.5
DeepSeekV2
Skywork-MoE
Qwen1.5
Qwen2
LLaMA3
Mistral2
Gemma2
TeleChat2
LLaMA3.2-V
Jamba
Hunyuan
Pixtral
HunyuanVideo
FLUX.1
QWQ

附录 B

```
gremlin> g.E().hasLabel("写").properties("时间").value().explain()
==>Traversal Explanation
=========================================================================================================================================================================
Original Traversal                                          [GraphStep(edge,[]), HasStep([~label.eq(写)]), PropertiesStep([时间],property), PropertyValueStep]

ConnectiveStrategy                                     [D]  [GraphStep(edge,[]), HasStep([~label.eq(写)]), PropertiesStep([时间],property), PropertyValueStep]
IdentityRemovalStrategy                                [O]  [GraphStep(edge,[]), HasStep([~label.eq(写)]), PropertiesStep([时间],property), PropertyValueStep]
MatchPredicateStrategy                                 [O]  [GraphStep(edge,[]), HasStep([~label.eq(写)]), PropertiesStep([时间],property), PropertyValueStep]
FilterRankingStrategy                                  [O]  [GraphStep(edge,[]), HasStep([~label.eq(写)]), PropertiesStep([时间],property), PropertyValueStep]
InlineFilterStrategy                                   [O]  [GraphStep(edge,[]), HasStep([~label.eq(写)]), PropertiesStep([时间],property), PropertyValueStep]
RepeatUnrollStrategy                                   [O]  [GraphStep(edge,[]), HasStep([~label.eq(写)]), PropertiesStep([时间],property), PropertyValueStep]
EarlyLimitStrategy                                     [O]  [GraphStep(edge,[]), HasStep([~label.eq(写)]), PropertiesStep([时间],property), PropertyValueStep]
IncidentToAdjacentStrategy                             [O]  [GraphStep(edge,[]), HasStep([~label.eq(写)]), PropertiesStep([时间],property), PropertyValueStep]
AdjacentToIncidentStrategy                             [O]  [GraphStep(edge,[]), HasStep([~label.eq(写)]), PropertiesStep([时间],property), PropertyValueStep]
ByModulatorOptimizationStrategy                        [O]  [GraphStep(edge,[]), HasStep([~label.eq(写)]), PropertiesStep([时间],property), PropertyValueStep]
CountStrategy                                          [O]  [GraphStep(edge,[]), HasStep([~label.eq(写)]), PropertiesStep([时间],property), PropertyValueStep]
PathRetractionStrategy                                 [O]  [GraphStep(edge,[]), HasStep([~label.eq(写)]), PropertiesStep([时间],property), PropertyValueStep]
LazyBarrierStrategy                                    [O]  [GraphStep(edge,[]), HasStep([~label.eq(写)]), PropertiesStep([时间],property), PropertyValueStep]
AdjacentVertexHasUniquePropertyOptimizerStrategy [P]  [GraphStep(edge,[]), HasStep([~label.eq(写)]), PropertiesStep([时间],property), PropertyValueStep]
JanusGraphStepStrategy                                 [P]  [JanusGraphStep([],[~label.eq(写)]), PropertiesStep([时间],property), PropertyValueStep]
JanusGraphMixedIndexCountStrategy                      [P]  [JanusGraphStep([],[~label.eq(写)]), PropertiesStep([时间],property), PropertyValueStep]
AdjacentVertexFilterOptimizerStrategy                  [P]  [JanusGraphStep([],[~label.eq(写)]), PropertiesStep([时间],property), PropertyValueStep]
AdjacentVertexHasIdOptimizerStrategy                   [P]  [JanusGraphStep([],[~label.eq(写)]), PropertiesStep([时间],property), PropertyValueStep]
AdjacentVertexIsOptimizerStrategy                      [P]  [JanusGraphStep([],[~label.eq(写)]), PropertiesStep([时间],property), PropertyValueStep]
JanusGraphMixedIndexAggStrategy                        [P]  [JanusGraphStep([],[~label.eq(写)]), PropertiesStep([时间],property), PropertyValueStep]
JanusGraphLocalQueryOptimizerStrategy                  [P]  [JanusGraphStep([],[~label.eq(写)]), JanusGraphPropertiesStep([时间],property), PropertyValueStep]
JanusGraphHasStepStrategy                              [P]  [JanusGraphStep([],[~label.eq(写)]), JanusGraphPropertiesStep([时间],property), PropertyValueStep]
JanusGraphMultiQueryStrategy                           [P]  [JanusGraphStep([],[~label.eq(写)]), JanusGraphMultiQueryStep, JanusGraphNoOpBarrierVertexOnlyStep(2500), JanusGraphPropertiesStep([时间],property), PropertyValueStep]
JanusGraphUnusedMultiQueryRemovalStrategy              [P]  [JanusGraphStep([],[~label.eq(写)]), JanusGraphMultiQueryStep, JanusGraphNoOpBarrierVertexOnlyStep(2500), JanusGraphPropertiesStep([时间],property), PropertyValueStep]
JanusGraphIoRegistrationStrategy                       [P]  [JanusGraphStep([],[~label.eq(写)]), JanusGraphMultiQueryStep, JanusGraphNoOpBarrierVertexOnlyStep(2500), JanusGraphPropertiesStep([时间],property), PropertyValueStep]
ProfileStrategy                                        [F]  [JanusGraphStep([],[~label.eq(写)]), JanusGraphMultiQueryStep, JanusGraphNoOpBarrierVertexOnlyStep(2500), JanusGraphPropertiesStep([时间],property), PropertyValueStep]
StandardVerificationStrategy                           [V]  [JanusGraphStep([],[~label.eq(写)]), JanusGraphMultiQueryStep, JanusGraphNoOpBarrierVertexOnlyStep(2500), JanusGraphPropertiesStep([时间],property), PropertyValueStep]

Final Traversal                                             [JanusGraphStep([],[~label.eq(写)]), JanusGraphMultiQueryStep, JanusGraphNoOpBarrierVertexOnlyStep(2500), JanusGraphPropertiesStep([时间],property), PropertyValueStep]
```

参考文献

[1] MCCULLOCH W S, PITTS W. A logical calculus of the ideas immanent in nervous activity[J]. Biol Math Biophys, 1943: 115-133.

[2] TURING A M. Computing machinery and intelligence[J]. Mind, 1950, 59(236): 433-460.

[3] WEIZENBAUM J. ELIZA—a computer program for the study of natural language communication between man and machine[J]. Communications of the ACM, 1966: 36-45.

[4] BROWN T B, MANN B, RYDER N, et al. Language models are few-shot learners[C]. Neural Information Processing Systems, 2020, 33:1877-1901.

[5] OUYANG L, WU J, JIANG X, et al. Training language models to follow instructions with human feedback[C]. Neural Information Processing Systems, 2022, 35:27730-27744.

[6] MOSBACH M, PIMENTEL T, RAVFOGEL S, et al. Few-shot fine-tuning vs. in-context learning: A fair comparison and evaluation[J]. Annual Meeting of the Association for Computational Linguistics, 2023.

[7] INDYK P, MOTWANI R. Approximate nearest neighbor: towards removing the curse of dimensionality[J]. ACM Symposium on Theory of Computing, 1998: 604-613.

[8] CHARIKAR, MOSES S. Similarity estimation techniques from rounding algorithms[J]. ACM Symposium on Theory of Computing, 2002: 380-388.

[9] LV Q, JOSEPHSON W, WANG Z, et al. Multi-probe LSH: efficient indexing for high-dimensional similarity search[C]. International Conference on Very Large Data Bases, 2007: 950-961.

[10] MALKOV Y A, YASHUNIN D A. Efficient and robust approximate nearest neighbor search using Hierarchical Navigable Small World graphs[J]. IEEE Transactions on Pattern Analysis and Machine Intelligence, 2016.

[11] MILGRAM S. The small world problem[J]. Psychology today, 1967, 2(1):60-67.

[12] KLEINBERG J. The small-world phenomenon: an algorithmic perspective[C]. ACM Symposium on Theory of Computing, 2000: 163-170.

[13] JEGOU H, DOUZE M, SCHMID C. Product quantization for nearest neighbor search[J]. IEEE Transactions on Pattern Analysis and Machine Intelligence, 2010, 33(1): 117-128.

[14] LEWIS P, PEREZ E, PIKTUS A, et al. Retrieval-augmented generation for knowledge-intensive NLP tasks[J]. Neural Information Processing Systems, 2020: 9459-9474.

[15] BRACHMAN R J, LEVESQUE H. Readings in knowledge representation[J]. Morgan Kaufmann Publishers Inc, 1985.

[16] HUME D. An enquiry concerning human understanding[M]. London: Routledge Press. 2006.

[17] 丹尼尔·卡尼曼. 思考，快与慢[M]. 胡晓姣, 李爱民, 何梦莹, 译. 北京：中信出版社， 2012.
[18] 周树斌，陈红丽，吴艳飞. 数字人文视域下古代灾荒文献知识图谱构建研究[J]. 文献与数据学报, 2024, 6(2) : 091-105.
[19] GILBERT S, LYNCH N. Brewer's conjecture and the feasibility of consistent, available, partition-tolerant web services[J]. ACM SIGACT News, 2002, 33(2): 51-59.
[20] NEWMAN M E J, GIRVAN M. Finding and evaluating community structure in networks[J]. Physical Review E, 2003, 69(2 Pt 2): 026113.
[21] NEWMAN M E J. Modularity and community structure in networks[J]. Proceedings of the National Academy of Sciences of the United States of America, 2006, 103(23): 8577-8582.
[22] VINCENT D B. JEAN-LOUP G, RENAUD L, et al. Fast unfolding of communities in large networks[J]. Journal of Statistical Mechanics: Theory and Experiment. 2008, 10:10008.
[23] TRAAG V A, WALTMAN L, VAN ECK N J. From Louvain to Leiden: guaranteeing well-connected communities[J]. Scientific Reports, 2019, 9(1): 1-12.
[24] ROSVALL M, BERGSTROM C T. Maps of information flow reveal community structure in complex networks[J]. Proceedings of the National Academy of Sciences of the United States of America, 2008: 1118-1123.
[25] PONS P, LATAPY M. Computing communities in large networks using random walks[J]. International Symposium on Computer and Information Sciences, 2005: 284-293.
[26] RAGHAVAN U N, RÉKA ALBERT, KUMARA S. Near linear time algorithm to detect community structures in large-scale networks[J]. Physical Review E, 2007, 76(3 Pt 2): 036106.
[27] NG A Y, JORDAN M I, WEISS Y. On spectral clustering: analysis and an algorithm[J]. Neural Information Processing Systems, 2001, 31: 849-856.
[28] KARYPIS G, HAN E H, KUMAR V. Chameleon: hierarchical clustering using dynamic modeling[J]. Computer, 1999, 32(8): 68-75.
[29] 黄勃，吴申奥，王文广，等. 图模互补：知识图谱与大模型融合综述[J]. 武汉大学学报（理学版）, 2024, 70(04): 397-412.
[30] BOSSELUT A, RASHKIN H, SAP M, et al. COMET: commonsense transformers for automatic knowledge graph construction[J]. Annual Meeting of the Association for Computational Linguistics, 2019.
[31] YAO L, PENG J, MAO C, et al. Exploring large language models for knowledge graph completion[EB/OL].(2024-02-18)[2024-12-26] https://www.hxedu.com.cn/Resource/202402375/01.htm.
[32] TANG R X, HAN X T, JIANG X Q, et al. Does synthetic data generation of LLMs help clinical text mining?[EB/OL].(2023-04-10)[2024-12-26] https://www.hxedu.com.cn/Resource/202402375/02.htm.
[33] CHEN B H, BERTOZZI A L. AutoKG: efficient automated knowledge graph generation for language models[C]//2023 IEEE International Conference on Big Data. New York: IEEE Press, 2023: 3117-3126.
[34] HUANG Y X, SHI L D, LIU A Q, et al. Evaluating and enhancing large language models for conversational reasoning on knowledge graphs[EB/OL].(2024-11-15)[2024-12-26] https://www.hxedu.com.cn/Resource/202402375/03.htm.
[35] AGARWAL O, GE H M, SHAKERI S, et al. Knowledge graph based synthetic corpus generation for

knowledge-enhanced language model pre-training[EB/OL].(2021-03-13)[2024-12-26] https://www.hxedu.com.cn/Resource/202402375/04.htm.

[36] CHEN W H, SU Y, YAN X F, et al. KGPT: knowledge-grounded pre-training for data-to-text generation[EB/OL].(2020-10-11)[2024-12-26] https://www.hxedu.com.cn/Resource/202402375/05.htm.

[37] LIU W J, ZHOU P, ZHAO Z, et al. K-BERT: enabling language representation with knowledge graph[J]. AAAI Conference on Artificial Intelligence, 2020, 34(03): 2901-2908.

[38] WANG X Z, GAO T Y, ZHU Z C, et al. KEPLER: a unified model for knowledge embedding and pre-trained language representation[J]. Transactions of the Association for Computational Linguistics, 2021, 9: 176-194.

[39] YASUNAGA M, REN H Y, BOSSELUT A, et al. QA-GNN: reasoning with language models and knowledge graphs for question answering[EB/OL].(2022-12-13)[2024-12-26] https://www.hxedu.com.cn/Resource/202402375/06.htm.

[40] YASUNAGA M, BOSSELUT A, REN H Y, et al. Deep bidirectional language-knowledge graph pretraining[J]. Neural Information Processing Systems, 2022, 35: 37309-37323.

[41] SUN Y Q, SHI Q, QI L, et al. JointLK: joint reasoning with language models and knowledge graphs for common-sense question answering[EB/OL].(2022-05-02)[2024-12-26] https://www.hxedu.com.cn/Resource/202402375/07.htm.

[42] CHEN Z Y, SINGH A K, SRA M. LMExplainer: a knowledge-enhanced explainer for language models[EB/OL].(2024-07-16)[2024-12-26] https://www.hxedu.com.cn/Resource/202402375/08.htm.

[43] CHEN Z, CHEN J, GAIDHANI M, et al. XplainLLM: a Knowledge-Augmented Dataset for Reliable Grounded Explanations in LLMs.[EB/OL].(2024-09-20)[2024-12-26] https://www.hxedu.com.cn/Resource/202402375/09.htm.

[44] Fang Y, Zhang Q, Zhang N, et al. Knowledge graph-enhanced molecular contrastive learning with functional prompt[J]. Nature Machine Intelligence, 2023, 5(5): 542-553.

[45] Sun L, Tao Z, Li Y, et al. ODA: observation-driven agent for integrating LLMs and knowledge graphs.[EB/OL].(2024-06-04)[2024-12-26] https://www.hxedu.com.cn/Resource/202402375/10.htm.